GUSTAV HERTZ

---

*Grundlagen und Arbeitsmethoden der Kernphysik*

# GRUNDLAGEN UND ARBEITSMETHODEN DER KERNPHYSIK

**Vortragsreihe veranstaltet von der Deutschen Akademie der Wissenschaften zu Berlin**

*Herausgegeben von*

**PROF. DR. GUSTAV HERTZ**

1957

AKADEMIE-VERLAG · BERLIN

Erschienen im Akademie-Verlag GmbH., Berlin W 8, Mohrenstr. 39
Lizenz Nr. 202 · 100/338/56
Gesamtherstellung: VEB Druckerei „Thomas Müntzer" Bad Langensalza
Bestell- und Verlagsnummer: 5219
Printed in Germany

# VORWORT

Infolge der äußeren Umstände ist es in Deutschland bisher nicht möglich gewesen, die Kernphysik in einem Umfange zu pflegen, welcher ihrer mit jedem Jahre zunehmenden Bedeutung entsprochen hätte. Dank der Hilfe der Sowjetunion werden jedoch in der Deutschen Demokratischen Republik in naher Zukunft die Voraussetzungen dafür gegeben sein, nicht nur Forschungs- und Entwicklungsarbeiten in der Richtung auf die friedliche Ausnutzung der Kernenergie durchzuführen, sondern auch die vielen Möglichkeiten auszunutzen, welche die Anwendung radioaktiver Isotope auf fast allen Gebieten der Wissenschaft und Technik bietet. Eine erfolgreiche Anwendung dieses neuen Hilfsmittels unter Vermeidung der damit verbundenen Gefahren setzt eine gründliche Kenntnis der kernphysikalischen Erscheinungen und Arbeitsmethoden voraus. Um den hieran interessierten Wissenschaftlern und Ingenieuren den Zugang zu diesem neuartigen Gebiet zu erleichtern, hat die Deutsche Akademie der Wissenschaften zu Berlin gegen Ende des Jahres 1955 eine Vortragsreihe veranstaltet, welche in dem vorliegenden Bande im Druck erscheint.

Die einzelnen Vorträge sind als in sich abgeschlossene Darstellungen aufzufassen, welche jedoch zusammen, wie wir hoffen, einen guten Überblick über das behandelte Gebiet ergeben. Hierbei dienen die ersten drei Vorträge in erster Linie dazu, den Leser mit den theoretischen Grundlagen und den experimentellen Tatsachen vertraut zu machen, während drei weitere Vorträge die speziell für das Arbeiten mit radioaktiven Substanzen entwickelten physikalischen und chemischen Arbeitsmethoden behandeln. Die Kernreaktoren, welche die Grundlage bilden für die Gewinnung von Kernenergie sowie für die Herstellung von radioaktiven Isotopen in größeren Mengen, werden in einem besonderen Vortrag ausführlich besprochen. Die im letzten Vortrage behandelte paramagnetische Kernresonanz bildet die Grundlage einer kernphysikalischen Meßmethode, welche in letzter Zeit als Hilfsmittel zur Erforschung der Struktur chemischer Verbindungen steigende Bedeutung erlangt hat.

Bei dem großen Umfang, welchen das Gebiet der Kernphysik bereits angenommen hat, kann eine erschöpfende Darstellung in so engem Rahmen nicht erwartet werden. Es ist versucht worden, den Leser mit den grundlegenden Tatsachen und den für die Kernphysik charakteristischen Begriffen vertraut zu machen und ihn auf diese Weise zum weiteren Studium dieses Gebietes anzuregen.

Leipzig, im Januar 1956. G. Hertz.

# INHALTSVERZEICHNIS

GUSTAV HERTZ

# DIE GRUNDLAGEN DER ATOMPHYSIK

Der Aufbau des Atoms aus einem positiv geladenen schweren Kern und einer ihn umgebenden Hülle von bewegten Elektronen, entsprechend den Vorstellungen von RUTHERFORD und BOHR, ist heute eine gesicherte Tatsache. Auf Grund der Ausmessung der Atomabstände in Kristallen mit Hilfe von Röntgenstrahlen bekannter Wellenlänge kennen wir mit großer Genauigkeit die Zahl der Moleküle pro Mol $L = 6{,}025 \cdot 10^{23}$ Mol$^{-1}$ und damit die Masse des Wasserstoffatoms

$$m_{\mathrm{H}} = 1{,}673 \cdot 10^{-24}\ \mathrm{g}$$

Außerdem sind Ladung und Masse des Elektrons bekannt:

$$e = 1{,}602 \cdot 10^{-19}\ \text{Coulomb}\,, \qquad m_e = 9{,}106 \cdot 10^{-28}\ \mathrm{g}$$

Die Masse des Elektrons beträgt also $\frac{1}{1836}$ der Masse des Wasserstoffatoms. Ebenso wie beim Wasserstoff ist in allen Atomen fast die gesamte Masse in der Masse des Atomkerns enthalten.

Die Atomphysik gliedert sich in zwei Teile, nämlich die Physik der Atomhülle und die Kernphysik. Die Physik der Atomhülle beschäftigt sich mit allen Erscheinungen, bei welchen der Kern unverändert bleibt, während die Kernphysik solche Vorgänge behandelt, bei denen der Kern selbst seinen Zustand verändert, zerfällt oder bei denen aus Kernbestandteilen neue Kerne aufgebaut werden.

## Die experimentellen Grundlagen der Quantenphysik

### *1. Das Plancksche Wirkungsquantum*

Es ist ohne weiteres ersichtlich, daß ein aus einem positiven Kern und um ihn kreisenden Elektronen aufgebautes Atom nicht mehr den Gesetzen der klassischen Physik gehorchen kann, denn nach diesen müßte die Bewegungsenergie der Elektronen in Form elektromagnetischer Strahlung ausgestrahlt werden, so daß die Elektronenbahnen immer enger werden und die Elektronen schließlich in den Kern fallen müßten. Die PLANCKsche Quantentheorie und die aus ihr entwickelte Wellenmechanik macht nicht nur die Stabilität der Atome verständlich, sondern hat auch zu einer bis ins einzelne gehenden theoretischen Erklärung aller experimentell beobachteten Eigenschaften der Atomhülle geführt.

Bei seiner Ableitung des Gesetzes der Wärmestrahlung eines schwarzen Körpers wurde PLANCK zu der Annahme geführt, daß Oszillatoren ihre Energie mit dem Strahlungsfeld nur in ganzzahligen Vielfachen eines Energiequants austauschen, welches proportional der Frequenz des Oszillators ist. Die Proportionalitätskonstante, die PLANCKsche Konstante, hat nach neueren Messungen den Wert $h = 6{,}625 \cdot 10^{-27}$ erg sec. Entsprechend ihrer Dimension (Energie · Zeit) wird die Größe $h$ als das PLANCKsche Wirkungsquantum bezeichnet. Das Auftreten der Energiequanten von der Größe $h\nu$ bei Wechselwirkungen zwischen Strahlung und Materie wurde sehr bald durch eine Reihe von ganz verschiedenartigen experimentellen Ergebnissen bestätigt.

## *2. Der Photoeffekt*

Trifft ultraviolettes Licht auf eine Metalloberfläche, so werden aus dieser Elektronen ausgelöst (Photoeffekt). Die Geschwindigkeit dieser Elektronen kann man messen, indem man sie gegen ein elektrisches Feld anlaufen läßt. Die maximale Geschwindigkeit $v$ der austretenden Elektronen ist gegeben durch die Gleichung

$$\frac{m}{2} v^2 = U_g e$$

wobei $m$ die Masse des Elektrons, $e$ seine Ladung und $U_g$ diejenige verzögernde Spannung bedeutet, bei welcher der auf die Auffangelektrode fallende Elektronenstrom gerade Null wird.

Im Gegensatz zu dem, was man nach der klassischen Physik hätte erwarten sollen, ergab sich diese maximale Geschwindigkeit unabhängig von der Intensität des Lichtes und nur abhängig von der Frequenz. Die Abb. 1 zeigt das Ergebnis

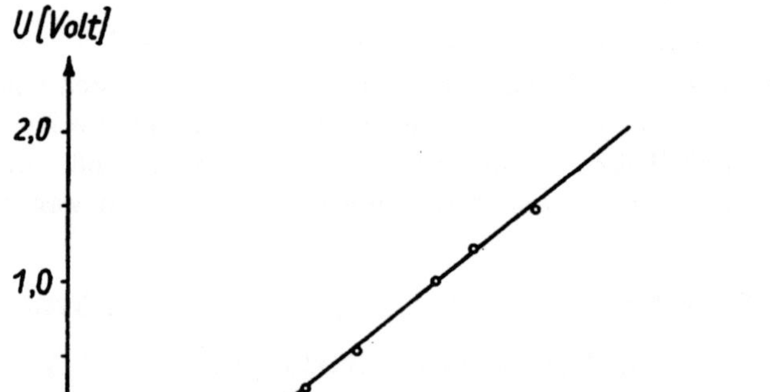


**Abb. 1. Maximale Energie der lichtelektrisch ausgelösten Elektronen, gemessen durch die Anlaufspannung, in ihrer Abhängigkeit von der Frequenz des Lichtes**

derartiger Messungen. Die experimentellen Ergebnisse werden nach EINSTEIN dargestellt durch die Gleichung

$$\frac{m}{2} v^2 = h\nu - W$$

in welcher $h$ die PLANCKsche Konstante, $\nu$ die Frequenz des Lichtes und $W$ die Austrittsarbeit der Elektronen für das betreffende Metall bedeutet. Es ergibt sich insbesondere, daß für jedes Metall eine langwellige Grenze für den Photoeffekt existiert, in dem Sinne, daß ein Photoeffekt nur auftritt, wenn die Wellenlänge des auffallenden Lichtes kürzer ist als diese Grenzwellenlänge. Die zugehörige Frequenz $\nu_g$ ergibt sich aus der EINSTEINschen Gleichung zu $h\nu_g = W$. Die Erklärung für dieses Verhalten ist offenbar, daß das Licht an die im Metall vorhandenen Elektronen Energie nur im Betrage $h\nu$ abgeben kann, und daß die kinetische Energie der Elektronen sich beim Austritt aus der Metalloberfläche um den Betrag der Austrittsarbeit $W$ vermindert.

### 3. *Die Röntgenbremsstrahlung*

Beschleunigt man Elektronen mit einer Spannung $U$ und läßt sie auf eine feste Antikathode fallen, so entstehen Röntgenstrahlen, deren Spektrum neben der Eigenstrahlung der Antikathode ein kontinuierliches Spektrum mit einer scharfen

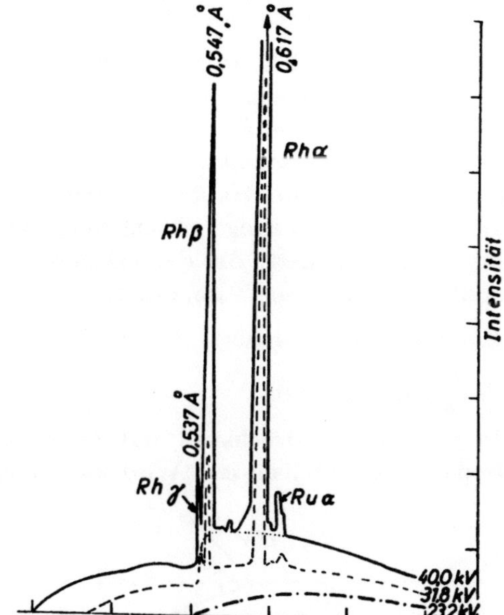


**Abb. 2. Energieverteilung der von einer Rhodiumantikathode ausgehenden Röntgenstrahlen für verschiedene Werte der die erregenden Elektronen beschleunigenden Spannung (nach SIEGBAHN 1924)**

Grenze nach der Seite der kurzen Wellen zeigt. Abb. 2 zeigt die Energieverteilung in einem solchen Spektrum, aufgenommen an einer Ruthenium-Antikathode mit verschiedenen Spannungen. Man erkennt, daß das Produkt aus der Grenzwellenlänge und der angelegten Spannung konstant ist, die Grenzfrequenz ist also der angelegten Spannung und damit der Energie der auf die Antikathode auftreffenden Elektronen porportional. Eine zahlenmäßige Auswertung führt zu dem Resultat, daß auch hier zwischen der Grenzfrequenz und der Energie der Elektronen die Beziehung besteht:

$$h\nu_g = Ue = \frac{m}{2} v^2$$

Damit Strahlung von der Frequenz $\nu$ erzeugt werden kann, muß also ein Elektron mindestens die kinetische Energie $h\nu$ besitzen. Die Deutung dieses Ergebnisses ist, daß Energie in Form von Strahlung der Frequenz $\nu$ bei der Bremsung von Elektronen nur in Beträgen $h\nu$ erzeugt werden kann. Bei extrem kurzen Wellen ($\gamma$-Strahlen), wie sie in der Kernphysik eine Rolle spielen, pflegt man eine Strahlung nicht durch die schwer genau meßbare Wellenlänge, sondern durch die Energie ihres Quants in Elektronvolt zu charakterisieren. Zum Beispiel ist ein $\gamma$-Strahl von 2 MeV ein solcher, dessen Energiequantum gleich der Energie eines Elektrons ist, welches mit einer Spannung von 2 Mill. Volt beschleunigt worden ist.

### 4. *Der Comptoneffekt*

Eine elektromagnetische Welle, welche senkrecht auf eine spiegelnde Oberfläche auftritt, übt auf diese einen Druck aus: den Strahlungsdruck. Da jede Kraft gleichwertig ist einem bestimmten pro Zeiteinheit zugeführten Impuls, so muß daher der fortschreitenden Welle ein Impuls zugeschrieben werden. Die Größe des Impulses pro sec und $cm^2$ muß gleich der Hälfte des Strahlungsdruckes sein, da die Welle bei der Reflexion ihre Fortpflanzungsrichtung umkehrt, ihr Impuls sich also um das Doppelte seines Betrages ändert. Aus der elektrodynamischen Theorie des Strahlungsdruckes ergibt sich auf diese Weise, daß zu einer durch eine Welle mitgeführten Energie $E$ der Impuls $\frac{E}{c}$ gehört. Einem Energiequantum $h\nu$ haben wir daher den Impuls $\frac{h\nu}{c}$ zuzuschreiben.

Der Comptoneffekt zeigt sehr eindrucksvoll, daß tatsächlich jedem einzelnen Lichtquant dieser Impuls zuzuschreiben ist. Wird kurzwelliges Licht an einem

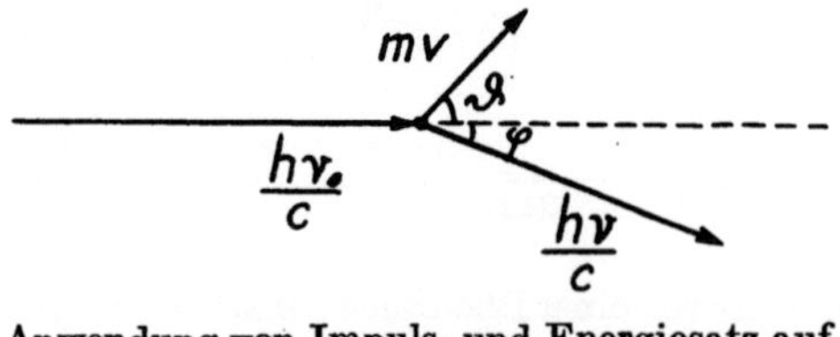


Abb. 3. Zur Anwendung von Impuls- und Energiesatz auf die Streuung eines Lichtquants an einem freien Elektron

freien Elektron gestreut, so bedeutet dieses, daß der Lichtstrahl dabei seine Richtung und damit seinen Impuls ändert. Da nach dem Impulssatz der gesamte Impuls konstant bleiben muß, so muß nach dem Streuvorgang das streuende Elektron eine solche Geschwindigkeit haben, daß sein Impuls gerade entgegengesetzt gleich der Änderung des Impulses der gestreuten Strahlen ist. Da das Elektron hierbei auch kinetische Energie erhält, so muß die Energie der Strahlung um diesen Betrag abnehmen. Handelt es sich dabei um Lichtquanten im Sinne der PLANCKschen Hypothese, so müßte, da die Energie kleiner wird, auch die Frequenz bei der Streuung kleiner werden. Dieses ist nun in der Tat der Fall. Wir berechnen die zu erwartende Frequenzänderung, indem wir annehmen, daß ein Quant gestreut wird und nach der Streuung in einer bestimmten Richtung weitergeht. In Abb. 3 trifft ein Quantum mit der Energie $h\nu_0$ auf ein ruhendes Elektron. Nach der Streuung ist die Richtung des Lichtquants um einen Winkel $\varphi$ verändert. Gleichzeitig hat das Elektron eine Geschwindigkeit bekommen, welches einen Winkel $\vartheta$ mit der ursprünglichen Strahlrichtung bildet. Ist nach der Strahlung die Frequenz des Lichtquantums $\nu$ und der Betrag der Geschwindigkeit des Elektrons $v$, so gilt nach dem Energiesatz

$$h\nu_0 = h\nu + \frac{m}{2} v^2$$

Ferner gilt nach dem Impulssatz für die beiden Komponenten des Impulses in der ursprünglichen Richtung und senkrecht dazu

$$\frac{h\nu_0}{c} = \frac{h\nu}{c} \cos\varphi + mv\cos\vartheta$$

$$0 = \frac{h\nu}{c} \sin\varphi + mv\sin\vartheta$$

Durch Elimination von $v$ und $\vartheta$ erhält man

$$h\nu_0 = h\nu + \frac{h^2}{2mc^2}(\nu_0^2 + \nu^2 - 2\,\nu_0\,\nu\cos\varphi)$$

Für die Frequenzdifferenz $\Delta\nu = \nu_0 - \nu$ ergibt sich unter Berücksichtigung der Tatsache, daß $\Delta\nu$ sehr klein ist gegen $\nu_0$

$$\Delta\nu = \frac{h\nu^2}{mc^2}(1 - \cos\varphi) = \frac{2\,h\nu^2}{mc^2}\sin^2\frac{\varphi}{2}$$

Die zugehörige Wellenlängenänderung ist

$$\Delta\lambda = \frac{2\,h}{mc}\sin^2\frac{\varphi}{2}$$

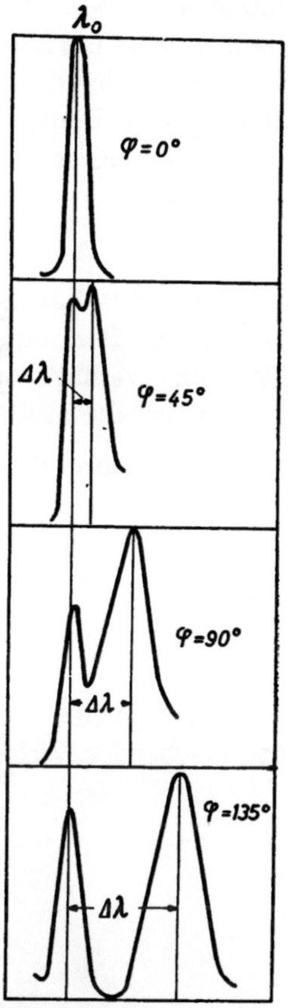


Abb. 4. Abhängigkeit der Wellenlängenverschiebung $\Delta\lambda$ der Comptonschen Streulinie gegen die Primärlinie vom Beobachtungswinkel $\varphi$ gegen den unabgelenkten Strahl (nach COMPTON 1926)

Sie ergibt sich also unabhängig von $\nu_0$. Die Größe $\frac{h}{mc}$ nennt man die Comptonwellenlänge des Elektrons. In Abb. 4 sind experimentell gefundene Intensitätsverteilungen für die unter verschiedenen Winkeln gestreute Röntgenstrahlung dargestellt. Man erkennt neben einer mit unveränderter Wellenlänge gestreuten Linie eine zweite von größerer Wellenlänge. Der Wellenlängenunterschied ist um so größer, je größer der Streuwinkel. Der Betrag des Wellenlängenunterschiedes und seine Winkelabhängigkeit entsprechen genau der obigen Gleichung. Ein solches Verhalten ist nach der klassischen Theorie durchaus nicht zu verstehen. Es zeigt, daß sich kurzwelliges Licht in mancher Beziehung mehr wie eine korpuskulare Strahlung als wie eine Wellenstrahlung verhält. Um dieses Verhalten anzudeuten, benutzt man häufig für Lichtquanten den Ausdruck Photonen. Der korpuskulare Charakter der Photonen tritt um so mehr hervor, je höher die Energie der Photonen ist, also besonders bei den äußerst energiereichen Photonen, die bei Kernprozessen auftreten.

### 5. *Die Wellennatur der Korpuskularstrahlen*

De Broglie hat die Vermutung ausgesprochen, daß ebenso wie das Licht sich in gewisser Beziehung wie eine Wellenstrahlung, in anderer wie korpuskulare Strahlung verhält, auch Korpuskularstrahlen in gewissen Beziehungen sich wie Wellen verhalten sollten. Indem er für den Impuls eines Teilchens ebenso wie für die Lichtquanten den Wert $\frac{h\nu}{c}$ einsetzt, erhält er

$$m v = \frac{h\nu}{c} = \frac{h}{\lambda}$$

also

$$\lambda = \frac{h}{m v}.$$

Diese Vermutung wurde durch die Entdeckung der Elektroneninterferenzen in überraschender Weise bestätigt. Abb. 5 zeigt zum Vergleich zwei Interferenz-

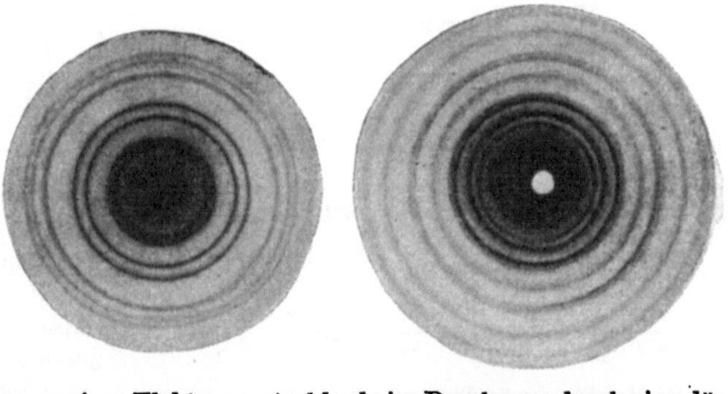

Abb. 5. a) Beugung eines Elektronenstrahles beim Durchgang durch eine dünne Silberfolie. b) Zum Vergleich ein mit Röntgenstrahlen erhaltenes Beugungsbild (nach Mark u. Wierl 1931)

bilder, welche an einer dünnen Silberfolie erhalten sind, rechts in der üblichen Weise durch einen Röntgenstrahl mit einer Wellenlänge von 1,4 Ångström-Einheiten und links durch einen Elektronenstrahl, dessen Elektronen eine Energie von 36 Kilovolt haben. Die Wellenlänge des Elektronenstrahls ergibt sich aus der Interferenz zu 0,06 Ångström genau entsprechend der De Broglie-Gleichung.

Für Elektronen, welche durch eine Spannung $U$ beschleunigt worden sind, gilt

$$\frac{m}{2} v^2 = Ue\,, \quad \text{also} \quad v = \sqrt{\frac{2\,Ue}{m}}\,.$$

Setzt man diesen Wert sowie die Werte für $h$ und $\frac{e}{m}$ in die de Brogliesche Gleichung ein, so erhält man für die Wellenlänge eines Elektrons die Zahlen-Gleichung

$$\lambda = \frac{12{,}3}{\sqrt{U}}\,,$$

wobei $U$ in Volt und $\lambda$ in Ångström-Einheiten zu messen ist. Der Wellencharakter der korpuskularen Strahlen ist nicht nur bei Elektronen, sondern sogar an Atomstrahlen durch entsprechende Beugungsversuche nachgewiesen worden, sowie an den später zu besprechenden Neutronen.

## Die Physik der Elektronenhülle des Atoms

### *6. Die Atomspektren*

Als besonders charakteristisch für die einzelnen Atome sind seit langem die Serienspektren bekannt. Die Spektroskopiker haben einen großen Teil der Spektren mit großer Genauigkeit ausgemessen und analysiert. Dabei zeigte sich, daß jedes Spektrum in eine Reihe von sogenannten Serien zerlegt werden kann, von denen jede in der Form

$$\nu = T_n - T_m$$

dargestellt werden kann. Die Größen $T$ werden als Terme bezeichnet. Die Gesamtheit aller Terme charakterisiert das gesamte Spektrum. Jede Serie ist eine Folge von Linien, bei welchen der Term $T_n$ konstant und der andere Term eine Reihe von Werten durchläuft. Abb. 6 zeigt am Beispiel des Caesiums die Zerlegung des zunächst unübersichtlichen Spektrums in einer Reihe von Serien. Abb. 7 zeigt das sogenannte Termschema. Dabei ist der Abstand von der oberen Begrenzung der Abbildung gleich der Größe des betreffenden Terms. Die senkrecht untereinander geordneten Terme bilden jeweils eine Termreihe, welche durch Kombination mit einem einzelnen Term einer anderen Termreihe eine Serie ergibt.

Die zugehörige Skala befindet sich am rechten Rand. Die Größe des Terms ist nicht in der Skala der Frequenz $\nu$, sondern in der ihr proportionalen Wellenzahl $\nu^* = \frac{1}{\lambda}$ angegeben. Die schrägen Verbindungslinien zwischen zwei Termen bedeuten, daß eine Spektrallinie existiert, deren Frequenz gleich der Differenz der beiden betreffenden Terme ist. Die zugehörige Wellenlänge ist angeschrieben. In der Abb. 7 sind nur die stärksten Linien eingezeichnet.

Die physikalische Bedeutung der Terme wird durch die Quanten-Hypothese sofort verständlich. Multiplizieren wir die obige Gleichung mit $h$, so erhalten wir $h\nu = h\,T_n - h\,T_m$. $h\nu$ ist die bei der Emission einer Spektrallinie abgegebene Energie. Um diesen Betrag nimmt also die Energie des Atoms bei der Emission einer Spektrallinie der Frequenz $\nu$ ab. Die Anwendung der Quantenlehre auf die

Atomspektren liefert also folgendes Bild: Ein Atom kann nur in einer Reihe von diskreten stationären Zuständen existieren, deren Energiewerte durch die mit der Konstanten $h$ multiplizierten Spektralterme gegeben sind. Die Emission einer Spektrallinie findet bei dem Übergang des Atoms aus einem stationären Zustand höherer Energie in einen solchen niedrigerer Energie statt.

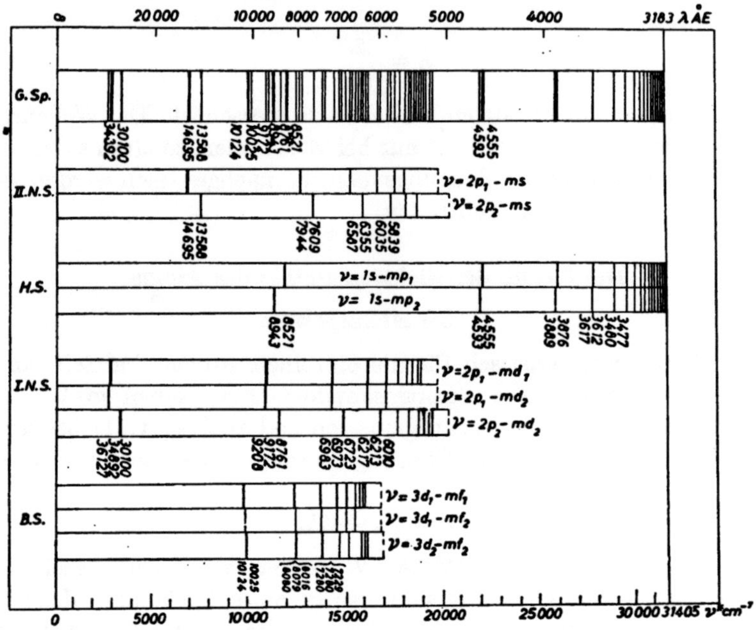


Abb. 6. Das Spektrum des Caesiums und seine Zerlegung in Serien (nach Grotrian 1928)

Wenn die Emission einer Spektrallinie bei einem Übergang von höherer zu niedrigerer Energie erfolgt, so muß umgekehrt die Absorption mit dem Übergang aus einem Zustand niedriger in einen Zustand höherer Energie verbunden sein. Die Erfahrung zeigt, daß Absorptionslinien nur solche Linien sind, deren einer Term der größte aller vorhandenen Terme ist (im Fall des Caesiums der in der Abb. 7 mit $1s$ bezeichnete Term). Daraus folgt, daß dieser Zustand der Zustand niedrigster Energie ist, also der Normalzustand des Atoms. Aus diesem Grunde sind in Abb. 7 die Termwerte von oben nach unten angegeben, so daß die Höhe der einzelnen Terme über dem Grundterm unmittelbar der Energie der zugehörigen stationären Zustände proportional ist. Im Gegensatz zu dem Normalzustand bezeichnet man die zu den höheren Termen gehörigen als angeregte Zustände. Von Einzelausnahmen abgesehen (metastabile Zustände) sind diese angeregten Zustände instabil. Das Atom geht aus ihnen nach kurzer Zeit mit der Emission einer Spektrallinie in einen Zustand niedrigerer Energie über.

Aus der Abb. 7 ist ersichtlich, daß sämtliche Termreihen nach oben hin gegen einen bestimmten Grenzwert konvergieren. Zustände höherer Energie gibt es also nicht. Dies wird dadurch erklärt, daß bei Zuführung noch höherer Energie ein Elektron aus dem Verband des Atoms losgelöst wird, daß also Ionisierung eintritt. Die dafür notwendige Arbeit nennt man die Ionisierungsarbeit. Sie ist also unmittelbar aus dem Termschema abzulesen.

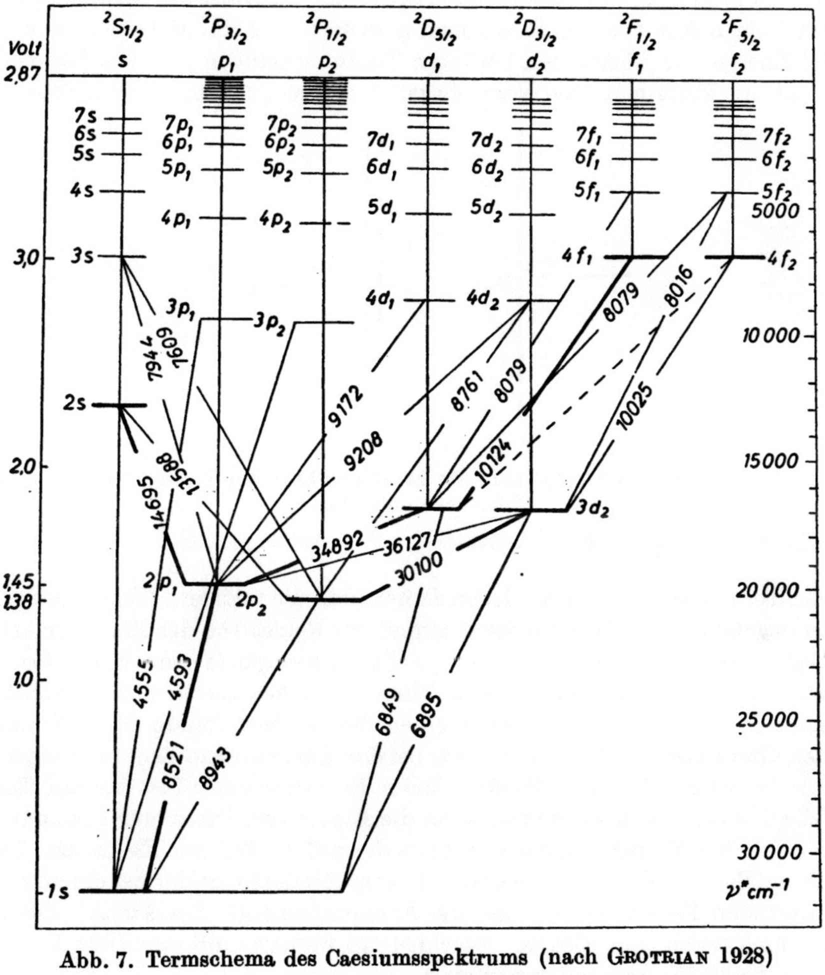


Abb. 7. Termschema des Caesiumsspektrums (nach GROTRIAN 1928)

### 7. *Der Energieaustausch bei Stößen zwischen Elektronen und Atomen*

Eine sehr eindrucksvolle Bestätigung erfuhr die Deutung der Spektralterme als Energiewerte für stationäre Zustände des Atoms durch die Elektronenstoßversuche. Bei diesen werden die Energieverluste untersucht, welche Elektronen beim Zusammenstoß mit Atomen erleiden. In Abb. 8 bedeutet $Q$ einen als Elektronenquelle dienenden Glühdraht, $P$ eine Auffangplatte und $N$ ein in einem kurzen Abstand davor befindliches Drahtnetz. Die von $Q$ ausgehenden Elektronen werden auf dem Wege bis zum Drahtnetz durch eine Spannung $U$ beschleunigt. Zwischen Drahtnetz $N$ und Platte $P$ ist eine verzögernde Spannung angelegt, so daß die am Netz ankommenden Elektronen die Platte nur erreichen können, wenn ihre Energie ausreicht, um gegen diese verzögernde Spannung anzulaufen. Durch Veränderung dieser verzögernden Spannung kann also die Energieverteilung der am Netz ankommenden Elektronen gemessen und damit bestimmt werden, wieviel Energie die Elektronen bei ihren Zusammenstößen mit den Atomen verloren haben. Füllt man das Versuchsgefäß mit einem einatomigen Gase, z. B.

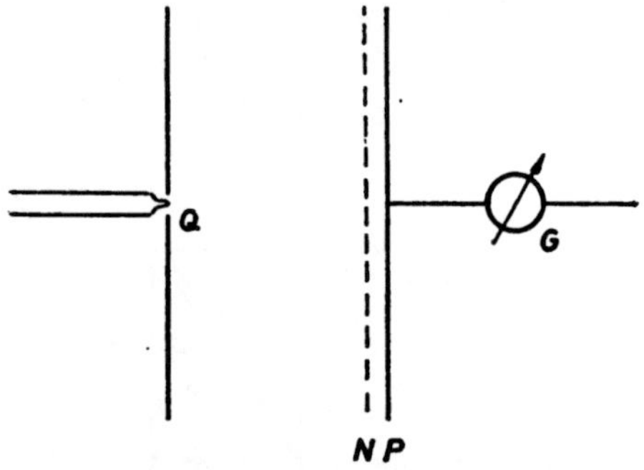


Abb. 8. Anordnung zur Untersuchung der Energieverluste bei Zusammenstößen zwischen Elektronen und Atomen

$Q$ = Elektronenquelle $N$ = Drahtnetz $P$ = Auffangplatte $G$ = Galvanometer

Quecksilberdampf, mit einem solchen Druck, daß die mittlere Weglänge der Elektronen ungefähr so groß ist wie der Abstand des Netzes von der Platte, so erleiden die Elektronen auf dem Wege von der Elektronenquelle zum Netz eine große Anzahl von Zusammenstößen. Bei solchen Versuchen zeigte sich zunächst, daß langsame Elektronen, deren Energie einen für das betreffende Atom charakteristischen Grenzwert nicht überschreitet, bei den Zusammenstößen überhaupt keine Energie verlieren (elastische Stöße). Beim Erreichen einer bestimmten Energie, im Falle des Quecksilberdampfes, wenn die Elektronen durch eine Spannung von etwa 5 Volt beschleunigt werden, verliert der größte Teil der Elektronen bei Zusammenstößen seine gesamte Energie. Diesen Mindestwert der bei einem Stoß zu übertragenden Energie nennt man die Anregungsenergie des Atoms. Die Spannung, durch welche ein Elektron beschleunigt werden muß, um diese Energie zu erhalten, heißt die Anregungsspannung.

Zur genauen Messung der Anregungsspannung kann man bei konstanter kleiner Gegenspannung zwischen Drahtnetz und Auffangplatte den Strom auf die Auffangplatte als Funktion der beschleunigenden Spannung zwischen Glühdraht und Drahtnetz messen. Das Ergebnis einer solchen, mit einer Gegenspannung von 0,5 V in Quecksilberdampf aufgenommenen Meßreihe, zeigt Abb. 9. Bei kleinen beschleunigenden Spannungen steigt der Strom wegen der zunehmenden Elektronenenergie an. Sobald jedoch die Anregungsspannung erreicht wird, verlieren die Elektronen ihre Energie kurz vor dem Drahtnetz und können daher nicht mehr gegen das Gegenfeld anlaufen. Der Strom fällt. Bei weiterer Steigerung der Spannung rückt die Zone, in welcher die Elektronen die Anregungsenergie erreichen und ihre Energie verlieren, weiter in Richtung zum Glühdraht, die Elektronen werden auf dem Rest ihres Weges erneut beschleunigt und der Strom auf die Auffangplatte steigt wieder an.

Sobald jedoch die doppelte Anregungsspannung erreicht ist, erreichen die Elektronen zum zweiten Male kurz vor dem Drahtnetz die Anregungsenergie, sie

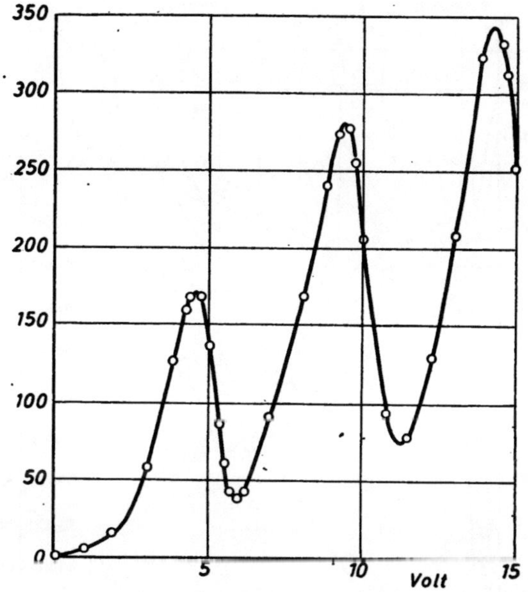


**Abb. 9. Strom zur Auffangplatte in Abhängigkeit von der die Elektronen beschleunigenden Spannung, gemessen in Quecksilberdampf mit einer Gegenspannung von 0,1 V**

verlieren abermals ihre Energie und können wieder nicht gegen das Gegenfeld anlaufen, der Strom fällt wieder ab. Auf diese Weise ergeben sich die äquidistanten Maxima der in Abb. 9 dargestellten Meßkurve. Der Abstand der Maxima ist gleich der Anregungsspannung, im Falle des Quecksilbers ergibt sich aus der Abb. 9 der Wert 4,9 V.

Die Versuche zeigen, daß das Atom auch beim Elektronenstoß nur bestimmte Energiequanten aufnehmen kann. Im Sinne der oben dargestellten Auffassung von der Bedeutung der Spektralterme müßte dieses niedrigste vom Atom aufgenommene Energiequantum gleich der Arbeit sein, welche nötig ist, um das Atom aus seinem Grundzustand in den ersten angeregten Zustand zu bringen. Abb. 10 zeigt das Termschema des Quecksilberdampfes. Auf der linken Seite ist eine Skala angebracht, welche die Energie der Zustände in Elektron-Volt darstellt (ein Elektron-Volt, abgekürzt eV, ist die Energie eines Elektrons, welche durch eine Spannung von einem Volt beschleunigt worden ist. Nach der Gleichung $\frac{m}{2} v^2 = Ue$

ist 1 eV = 1,602 · $10^{-19}$ Wattsec = 1,602 · $10^{-12}$ erg). Man sieht, daß tatsächlich der erste angeregte Term um 4,9 eV über dem Grundterm liegt.

Während bei dem angeführten Versuch das Elektron bei dem Durchgang durch das Gas gleichzeitig beschleunigt wird, werden bei verfeinerten Versuchen die Elektronen mit einer bestimmten Geschwindigkeit in einen feldfreien Raum geschossen, um dort eine größere Zahl von Zusammenstößen mit Atomen zu

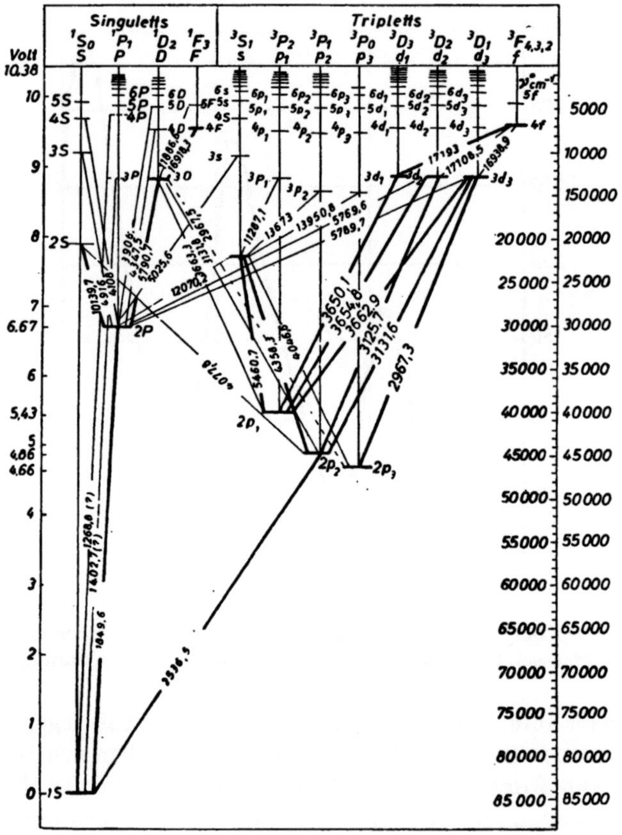


Abb. 10. Termschema des Quecksilberspektrums (nach Grotrian 1928)

erleiden. Mit derartigen Versuchen kann man nachweisen, daß nicht nur der erste angeregte Zustand, sondern auch die höheren angeregten Zustände durch Elektronenstoß erzeugt werden können und daß jeweils zur Erregung eines bestimmten Zustandes eine Mindestenergie des Elektrons notwendig ist, welche genau gleich ist dem Energiebetrag, um welchen der betreffende Energiezustand über dem Grundterm liegt. Experimentell äußert sich dieses darin, daß z. B. im Quecksilberdampf bei einer Elektronenenergie von 4,9 eV nur die ultraviolette Linie 2537 A ausgesandt wird und daß mit Steigerung der Elektronengeschwindigkeit nach und nach die verschiedenen anderen Linien des Spektrums auftreten, sobald die Energie der Elektronen zur Anregung des Ausgangszustandes der einzelnen Spektrallinien ausreicht. Auch die Deutung der zur Seriengrenze gehörigen Energie als Ionisierungsarbeit bestätigt sich. Die daraus berechnete Energie in eV ist genau gleich der Ionisierungsspannung, d. h. gleich derjenigen Spannung, durch welche Elektronen mindestens beschleunigt sein müssen, um die Atome durch Stoß zu ionisieren.

Ebenso wie bei den Elektronenstoßversuchen ist bei allen Versuchen mit schnellen Teilchen, welche durch elektrische Felder beschleunigt werden, die kinetische Energie des Teilchens gegeben durch die Gleichung $\frac{m}{2} v^2 = Ue$, wobei $e$ die Ladung und $U$ die vom Teilchen durchlaufene Spannung bedeutet. Es ist daher üblich, die oben eingeführte Einheit „Elektronvolt" allgemein als Einheit für die Messung der Energie schneller Teilchen zu benutzen und zwar auch in solchen Fällen, in denen die Teilchen ihre kinetische Energie nicht durch ein elektrisches Feld erhalten haben, wie z. B. bei $\alpha$- und $\beta$-Strahlen. Auch für die Angabe der Energie kurzwelliger Strahlung ($\gamma$-Strahlen) wird das Elektronvolt benutzt. Hier gilt die Gleichung $h\nu = Ue$, welche wir schon von der kurzwelligen Grenze des Röntgenspektrums her kennen. In der Physik der Elektronenhülle und der Chemie spielen im allgemeinen Energiebeträge in der Größenordnung von einigen Elektronvolt eine Rolle, in der Kernphysik dagegen solche von der Größenordnung von Mega-Elektronvolt. (1 MeV = $10^6$ eV.)

### 8. *Der Wirkungsquerschnitt*

Wenn ein Atom von einem Elektron getroffen wird, dessen Energie ausreicht, um das Atom in einen angeregten Zustand zu versetzen, so tritt dies keineswegs in jedem Falle ein. Es besteht vielmehr eine, in manchen Fällen nur kleine Wahrscheinlichkeit dafür, daß die Energie des Elektrons an das Atom überführt und zur Anregung benutzt wird. Diese Wahrscheinlichkeit ist gleich Null, solange die Energie des Elektrons kleiner ist als die Anregungsarbeit, nach dem Überschreiten dieser Grenze steigt die Wahrscheinlichkeit meist schnell zu einem Maximum, um dann für größere Elektronenenergien wieder zu sinken.

Bei dieser Definition der Anregungswahrscheinlichkeit ist vorausgesetzt, daß ein Zusammenstoß zwischen einem Elektron und einem Atom stattfindet. Es wird nach der Wahrscheinlichkeit dafür gefragt, daß dieser Zusammenstoß zu der Anregung eines bestimmten Zustandes führt. Besonders für schnelle Elektronen ist diese Definition nicht zweckmäßig, da solche Elektronen unter Umständen ohne Wechselwirkung mit dem Atom durch die Elektronenhülle hindurchlaufen können, so daß der Begriff des Zusammenstoßes seinen Sinn verliert. Man benutzt daher den Begriff des Wirkungsquerschnittes, welcher hier etwas ausführlicher besprochen werden soll, weil er in der Kernphysik eine sehr große Rolle spielt.

Wir betrachten ein Volumelement von der Form einer dünnen Schicht von 1 cm$^2$ Fläche und der Dicke $dx$ in einem Raum, in welchem sich unregelmäßig verteilt $n$ Atome pro cm$^3$ befinden. Durch diese Schicht sollen senkrecht zur Oberfläche in der Sekunde $N$ Elektronen gleicher Geschwindigkeit hindurchtreten, von denen einige innerhalb der Schicht mit Atomen in Wechselwirkung treten werden. Unter den verschiedenen, als Folge der Wechselwirkung möglichen Ereignisse fassen wir ein bestimmtes ins Auge, z. B. die Anregung eines bestimmten stationären Zustandes. Die Zahl der Elektronen pro sec, welche innerhalb des Volumelements durch Wechselwirkung mit Atomen die ins Auge gefaßte Wirkung hervorrufen, sei $dN$. Sie muß proportional sein der Zahl der insgesamt in einer Sekunde die Schicht durchquerenden Elektronen und der Zahl der in der Schicht vorhandenen Atome, also

$$dN = \sigma N n \, dx$$

Die Proportionalitätskonstante $\sigma$ wird als der Wirkungsquerschnitt für die betreffende Wirkung bezeichnet. Da $dN$ und $N$ die gleiche Dimension haben und $n$ die Dimension $cm^{-3}$ besitzt, so hat $\sigma$ in der Tat die Dimension eines Querschnittes.

Fassen wir für einen Augenblick die Atome als Kugeln auf und die Elektronen als punktförmige Teilchen, so erhält der Wirkungsquerschnitt eine sehr einfache geometrische Bedeutung. Denken wir uns alle in der Schicht enthaltenen Atome auf eine seiner Flächen projiziert, so erkennen wir, daß die Wahrscheinlichkeit für einen Zusammenstoß zwischen einem die Schicht durchsetzenden Elektron und einem Atom gleich der Summe der Querschnitte aller in einem $cm^2$ der Schicht enthaltenen Atome ist, d. h. der Wirkungsquerschnitt für Zusammenstöße ist in diesem Falle einfach gleich dem geometrischen Querschnitt des Atoms. In Wirklichkeit ist der geometrische Querschnitt des Atoms keine wohldefinierte Größe und der Wirkungsquerschnitt ist ausschließlich als Wahrscheinlichkeitsgröße definiert in dem Sinne, daß $\frac{dN}{N} = \sigma n \, dx$ die Wahrscheinlichkeit dafür darstellt, daß ein Elektron beim Durchlaufen der Schicht durch Wechselwirkung mit einem der Atome das Ereignis der betrachteten Art hervorruft.

Im allgemeinen sind als Folge des Elektronenstoßes verschiedene Ereignisse möglich, z.B. Streuung, Anregung oder Ionisierung, und es besteht für jede dieser möglichen Wirkungen eine bestimmte Wahrscheinlichkeit und dementsprechend ein bestimmter Wirkungsquerschnitt. Man bezeichnet diesen z. B. als Streuquerschnitt, Anregungsquerschnitt, Ionisierungsquerschnitt usw. Kennzeichnen wir diese verschiedenen möglichen Wirkungen durch die Indizes 1, 2 · · · m, so gelten die Gleichungen

$$\begin{aligned} dN_1 &= \sigma_1 Nn \, dx \\ dN_2 &= \sigma_2 Nn \, dx \\ &\vdots \\ dN_m &= \sigma_m Nn \, dx \end{aligned}$$

Die Gesamtzahl aller in der Sekunde innerhalb des Volumelements mit Atomen auf irgendeine Art in Wechselwirkung tretenden Elektronen ist

$$dN = \sum_1^m \sigma_\nu \cdot Nn \, dx = \sigma_T \, Nn \, dx.$$

Die Größe $\sigma_T$ bezeichnet man als den totalen Wirkungsquerschnitt. Sie bestimmt also die Wahrscheinlichkeit dafür, daß das Elektron auf irgendeine Weise mit einem Atom in Wechselwirkung tritt. Geometrisch kann man die Verhältnisse gemäß Abb. 11 veranschaulichen. Hier bedeutet die Fläche des Kreises den totalen Wirkungsquerschnitt und die einzelnen Sektoren die Wirkungsquerschnitte für die verschiedenen beim Stoß möglichen Wirkungen. Es wäre jedoch falsch anzunehmen, daß etwa die Oberfläche des wirklichen Atoms in verschiedene Zonen eingeteilt wäre, so daß beim Auftreffen des Elektrons auf die eine dieser

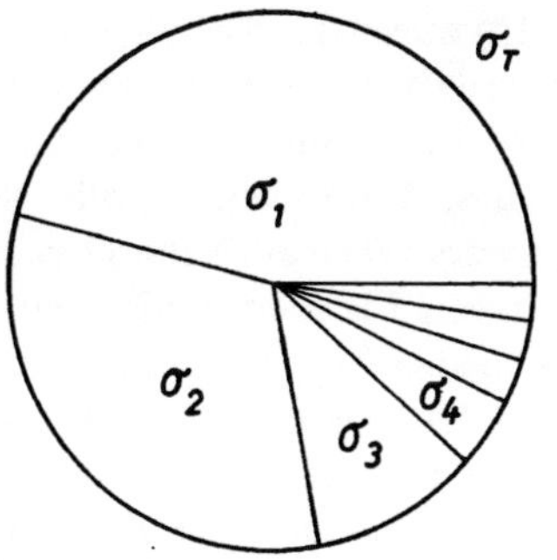


Abb. 11. Der totale Wirkungsquerschnitt als Summe der Wirkungsquerschnitte für Einzelvorgänge

Zonen Anregung, auf die andere Ionisierung stattfände usw. Der Begriff Wirkungsquerschnitt hat vielmehr lediglich die Bedeutung einer Wahrscheinlichkeit in dem angegebenen Sinne.

Sämtliche Wirkungsquerschnitte sind Funktionen der Elektronenenergie. So ist z. B. der Anregungsquerschnitt gleich null, solange die Elektronenenergie kleiner ist als die Anregungsarbeit. Beim Überschreiten der Anregungsspannung steigt der Wirkungsquerschnitt an, um bei höheren Elektronenenergien wieder abzufallen. Die Funktion, welche den Anregungsquerschnitt in seiner Abhängigkeit von der Elektronenenergie darstellt, nennt man auch Anregungsfunktion. Sie hat für verschiedene Atome und verschiedene Anregungszustände einen verschiedenen Charakter.

Gelegentlich benutzt man auch in der Physik der schnellen Teilchen den aus der Gastheorie bekannten Begriff der mittleren freien Weglänge. Hierunter versteht man die mittlere Länge des Weges, welchen ein Teilchen beim Durchlaufen eines Stoffes ohne Wechselwirkung mit den Atomen zurücklegt. Wie man leicht zeigen kann, ist

$$\lambda = \frac{1}{\sigma_T \cdot n}.$$

Der Begriff des Wirkungsquerschnittes spielt auch in der Kernphysik eine sehr große Rolle. An die Stelle der stoßenden Elektronen treten dort energiereiche Protonen, Deuteronen oder Neutronen. Auch dort gibt es Wirkungsquerschnitte in Bezug auf bestimmte Wirkungen der stoßenden Teilchen z. B. Streuquerschnitt,

Einfangquerschnitt, Umwandlungsquerschnitt usw. Während für die Wechselwirkung von langsamen Elektronen mit der Elektronenhülle die Wirkungsquerschnitte von der Größenordnung $10^{-16}$ cm² sind, hat man in der Kernphysik mit Wirkungsquerschnitten von der Größenordnung $10^{-24}$ cm² zu tun. Man verwendet daher in der Kernphysik für Wirkungsquerschnitte die Einheit 1 barn $= 10^{-24}$ cm².

### *9. Das Periodische System der Elemente*

In dem von Medelejew und von Lothar Meyer aufgestellten Periodischen System der Elemente (Abb. 12) waren die Elemente ursprünglich nach ihrem Atomgewicht angeordnet. Jedoch zeigte sich dabei, daß an gewissen Stellen die Reihenfolge abgeändert werden mußte, wenn die Periodizität der chemischen Eigenschaften erhalten bleiben sollte. Heute wissen wir, daß die Ordnungszahl eines Elements im Periodischen System eine einfache physikalische Bedeutung hat. Sie ist gleich der Zahl der positiven Elementarladungen im Kern, der sogenannten Kernladungszahl $Z$. Diese Tatsache folgt einerseits aus Messungen über die Streuung von $\alpha$-Teilchen, deren Gesetzmäßigkeit nach Rutherford durch die Ablenkung der $\alpha$-Teilchen unter dem Einfluß der elektrischen Abstoßung des Kernes erklärt werden kann und andererseits mit besonderer Genauigkeit aus den Gesetzen der Röntgenspektren. Schon vor der Entwicklung der Wellenmechanik war es Bohr gelungen, auf Grund bestimmter Annahmen über die Elektronenbahnen das Spektrum für das aus einem positiven Kern und einem einzelnen Elektron bestehende Atom zu berechnen. Für die Frequenzen der Linien dieses Spektrums erhielt er die Gleichung

$$\nu = RZ^2\left(\frac{1}{n^2} - \frac{1}{m^2}\right).$$

Hier bedeutet $Z$ die Kernladungszahl, $R$ die Rydbergkonstante, $n$ und $m$ zwei ganze Zahlen. (Für den speziellen Fall $Z = 1$ und $n = 2$ ergibt sich die bekannte Balmerserie des Wasserstoffs). Für Atome mit einer größeren Zahl von Kernladungen und entsprechenden Zahl von Elektronen wird für die äußeren Elektronen die Ladung des Kernes durch die inneren Elektronen zum größten Teil abgeschirmt. Nur für die dem Kern nächsten, also am festesten gebundenen Elektronen ist die volle Kernladung wirksam. Diese Elektronen sind maßgebend für die Emission des kurzwelligsten Röntgenspektrums, welches als das $K$-Spektrum bezeichnet wird. Wenden wir die Bohrsche Formel auf die Linien des $K$-Spektrums an, so müssen wir erwarten, daß die Größe $\sqrt{\frac{\nu}{R}}$ proportional der Kernladungszahl $Z$ ist. Abb. 13 zeigt die Größe $\sqrt{\frac{\nu}{R}}$ dargestellt als Funktion der Ordnungszahl der Elemente im Periodischen System. Wie man sieht, besteht tatsächlich fast genaue Proportionalität zwischen $\sqrt{\frac{\nu}{R}}$ und $Z$. Hiermit ist bewiesen, daß die Ordnungszahl im Periodischen System tatsächlich nichts anderes bedeutet als die Zahl der im Kern enthaltenen positiven Elementarladungen.

| Gruppe | Ia | Ib | IIa | IIb | IIIa | IIIb | IVa | IVb | Va | Vb | VIa | VIb | VIIa | VIIb | VIIIa | VIIIb | Anzahl der Elemente |
|---|---|---|---|---|---|---|---|---|---|---|---|---|---|---|---|---|---|
| 1 | 1 H<br>1,0080 | | | | | | | | | | | | | | 2 H<br>4,003 | | 2 |
| 2 | 3 Li<br>6,940 | | 4 Be<br>9,013 | | 5 B<br>10,82 | | 6 C<br>12,010 | | 7 N<br>14,008 | | 8 O<br>16,000 | | 9 F<br>19,00 | | 10 Ne<br>20,183 | | 8 |
| 3 | 11 Na<br>22,997 | | 12 Mg<br>24,32 | | 13 A<br>26,97 | | 14 Si<br>28,06 | | 15 P<br>30,98 | | 16 S<br>32,066 | | 17 Cl<br>35,457 | | 18 Ar<br>39,944 | | 8 |
| 4 | 19 Ka<br>39,096 | 29 *Cu*<br>63,54 | 20 Ca<br>40,08 | 30 *Zn*<br>65,38 | 31 Ga<br>69,72 | 21 *Sc*<br>45,10 | 32 Ge<br>72,60 | 22 *Ti*<br>47,90 | 33 As<br>74,91 | 23 *V*<br>50,95 | 34 Se<br>78,96 | 24 *Cr*<br>52,01 | 35 Br<br>79,916 | 25 *Mn*<br>54,93 | 36 Kr<br>83,7 | 26 *Fe* 27 *Co* 28 *Ni*<br>55,85 58,94 58,69 | 18 |
| 5 | 37 Rb<br>85,48 | 47 *Ag*<br>107,880 | 38 Sr<br>87,63 | 48 *Cd*<br>112,41 | 49 In<br>114,76 | 39 *Y*<br>88,92 | 50 Sn<br>118,70 | 40 *Zr*<br>91,22 | 51 Sb<br>121,76 | 41 *Nb*<br>92,91 | 52 Te<br>127,61 | 42 *Mo*<br>95,95 | 53 J<br>126,92 | 43 *Tc*<br>[99] | 54 X<br>131,3 | 44 *Ru* 45 *Rh* 46 *Pd*<br>101,7 102,91 106,7 | 18 |
| 6 | 55 Ca<br>132,91 | 79 *Au*<br>197,2 | 56 Ba<br>137,36 | 80 *Hg*<br>200,61 | 81 Ti<br>204,39 | 57 *La*<br>138,92 | 58–71<br>s. u.<br>82 Pb<br>207,21 | 72 *Hf*<br>178,6 | 83 Bi<br>209,00 | 73 *Ta*<br>180,88 | 84 Po<br>210 | 74 *W*<br>183,92 | 85 At<br>[210] | 75 *Re*<br>186,31 | 86 Em<br>222 | 76 *Os* 77 *Ir* 78 *Pi*<br>190,2 193,1 195,23 | 32 |
| 7 | 87 Fr<br>[223] | | 88 Ra<br>226,05 | | | 89 *Ac*<br>[227] | 90–98<br>s. u. | | | | | | | | | | |

*Lanthaniden (Seltene Erden)*

| | | | | | | | | | | | | | |
|---|---|---|---|---|---|---|---|---|---|---|---|---|---|
| 58 *Ce*<br>140,13 | 59 *Pr*<br>140,92 | 60 *Nd*<br>144,27 | 61 *Pm*<br>[147] | 62 *Sm*<br>150,43 | 63 *Eu*<br>152,0 | 64 *Gd*<br>156,9 | 65 *Tb*<br>159,2 | 66 *Dy*<br>162,46 | 67 *Ho*<br>164,94 | 68 *Er*<br>167,2 | 69 *Tu*<br>169,4 | 70 *Yb*<br>173,04 | 71 *Lu*<br>174,99 |

*Actiniden*

| | | | | | | | | | | | | | |
|---|---|---|---|---|---|---|---|---|---|---|---|---|---|
| 90 *Th*<br>232,12 | 51 *Pa*<br>231 | 92 *U*<br>238,07 | 93 *Np*<br>[237] | 94 *Pu*<br>[239] | 95 *Am*<br>[241] | 96 *Cm*<br>[242] | 97 *Bk*<br>— | 98 *Cf*<br>— | 99—<br>— | 100—<br>— | 101—<br>— | 102—<br>— | 103—<br>— |

Abb. 12. Das Periodische System der Elemente

Aufgabe der Quantentheorie des Atoms ist es, die physikalischen und chemischen Eigenschaften der Elemente des Periodischen Systems aus dem Verhalten der Elektronenhülle zu erklären. Dies wurde erst möglich unter Benutzung der von SCHRÖDINGER entwickelten Wellenmechanik. Während ein Strahl freier Elektronen, wie wir gesehen haben, einer fortschreitenden de Broglie-Welle entspricht,

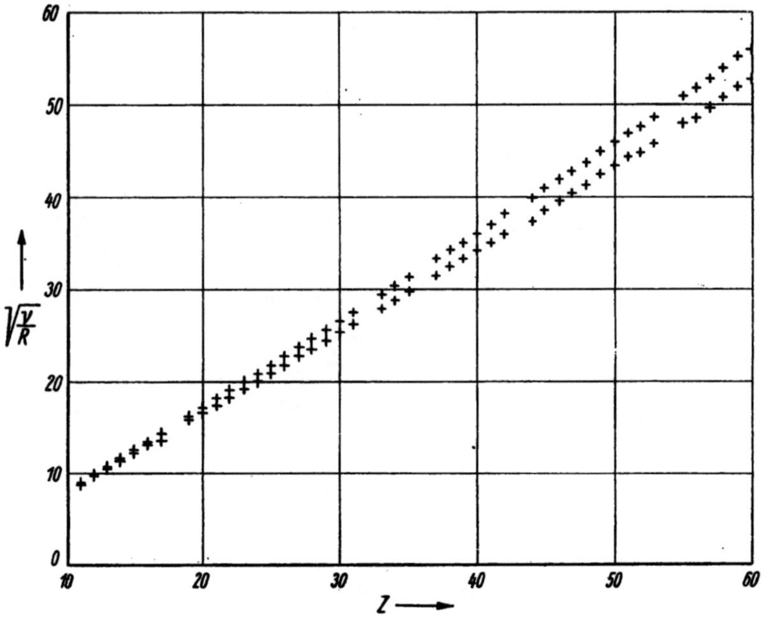


Abb. 13. Zusammenhang zwischen den Frequenzen der $K$-Linien des Röntgenspektrums und der Ordnungszahl im Periodischen System

wird das Verhalten der an einen Atomkern gebundenen Elektronen durch stationäre Schwingungsvorgänge ähnlich den Eigenschwingungen elastischer Körper beschrieben. Diese ergeben sich aus der Grundgleichung der Wellenmechanik (der sogenannten Schrödingergleichung) als Eigenfunktionen, welche durch bestimmte ganze Zahlen $n$, $l$ und $m$ charakterisiert sind. Diese Zahlen werden Quantenzahlen genannt. $n$ kann alle ganzzahligen Werte von 1 an annehmen, $l$ alle Werte von 0 bis $n - 1$, $m$ alle Werte von $-l$ bis $+l$. Zu diesen Quantenzahlen kommt noch eine weitere, welche mit $s$ bezeichnet wird und die Werte $+\frac{1}{2}$ oder $-\frac{1}{2}$ haben kann. Sie hängt mit der aus verschiedenen Erscheinungen abgeleiteten Tatsache zusammen, daß das Elektron selbst einen Eigendrehimpuls besitzt. Es ist üblich, diesen Eigendrehimpuls des Elektrons als seinen Spin zu bezeichnen, um ihn vom Drehimpuls seiner Umlaufbewegung, dem sogenannten Bahn-Drehimpuls zu unterscheiden. $s = \pm \frac{1}{2}$ bedeutet, daß der Spin des Elektrons entweder in der Richtung des Drehimpulses der Elektronenbewegung eingestellt ist oder entgegengesetzt dazu.

Jede Zusammenstellung von zulässigen Werten von $n$, $l$, $m$ und $s$ bedeutet einen möglichen Bewegungszustand eines Elektrons im Feld des Atomkerns. Nach einem von PAULI aufgestellten Prinzip müssen die Zustände der verschiedenen Elektronen eines Atoms sich untereinander in jeweils mindestens einer Quantenzahl unterscheiden. Hierdurch erklärt sich nun der Aufbau des Periodischen Systems. Nach den obigen Regeln über die zulässigen Werte der verschiedenen Quantenzahlen ergibt sich, daß es für $n = 1$ und $l = 0$ nur zwei mögliche Bewegungszustände gibt, nämlich die mit $s = \pm \frac{1}{2}$. Ebenso kann man durch einfache Abzählung feststellen, daß es für $n = 2$ 8 Möglichkeiten, für $n = 3$ 32 Möglichkeiten gibt. Wegen des Zusammenhanges zwischen der Hauptquantenzahl $n$ und den verschiedenen Röntgenspektren ist es üblich, die Elektronen mit $n = 1$ als $K$-Elektronen, $n = 2$ als $L$-Elektronen, die mit $n = 3$ als $M$-Elektronen zu bezeichnen.

Denken wir uns nun ein Atom aufgebaut, indem wir mit einem Wasserstoffatom beginnen mit der Kernladungszahl 1 und einem Elektron, und nacheinander jeweils eine positive Kernladung und ein Elektron hinzuzufügen. Da die Bindung der

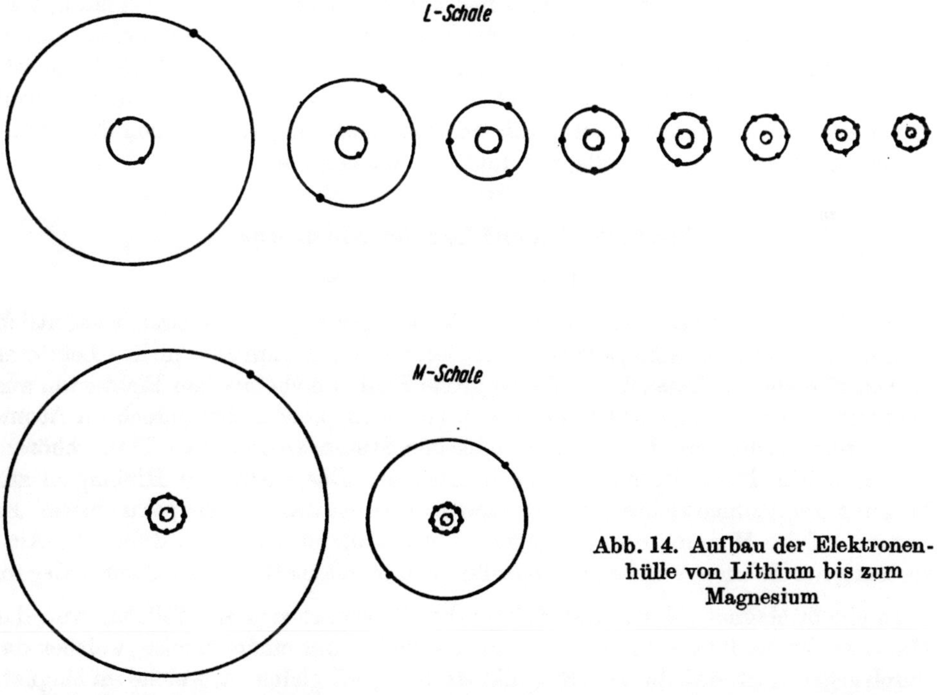


Abb. 14. Aufbau der Elektronenhülle von Lithium bis zum Magnesium

Elektronen im allgemeinen um so fester ist, je kleiner die Hauptquantenzahl $n$ ist, so werden die beiden Elektronen des Heliums ebenso wie das eine des Wasserstoffs, $K$-Elektronen sein. Beim Übergang zum Lithium ($Z = 3$, vgl. Abb. 14) wird das neu hinzukommende Elektron jedoch schon als $L$-Elektron mit $n = 2$ eingebaut werden müssen, da es mehr als zwei $K$-Elektronen nicht geben kann. Die höchste

Zahl der $L$-Elektronen beträgt 8. Infolgedessen ist beim Neon ($Z = 10$) die höchste Zahl der $L$-Elektronen erreicht oder wie man es ausdrückt, die $L$-Schale abgeschlossen, sodaß das zur Herstellung des Natriums neu hinzugefügte Elektron bereits als $M$-Elektron eingebaut werden muß. Es muß jedoch darauf aufmerksam gemacht werden, daß die Elektronenbahnen in der in der Figur schematisch dargestellten Form in Wirklichkeit nicht existieren und daß auch die zu einer Schale gehörigen Elektronen sich in ihrer räumlichen Verteilung untereinander infolge der verschiedenen Werte der Quantenzahl $l$ und $m$ erheblich unterscheiden. Durch die verschiedenen Radien der gezeichneten Elektronenbahnen wird angedeutet, daß mit Zunehmen der Kernladung der mittlere Abstand der Elektronen vom Kern sich verringert und daß andererseits das beim Anfang einer neuen Schale neu hinzukommende Elektron infolge der Abschirmung der Kernladung durch die innere Schale sich wieder im größeren Abstand befindet und dementsprechend schwächer gebunden ist.

Durch die quantenmechanische Behandlung der Elektronenhülle gelingt es, nicht nur den Aufbau des Periodischen Systems sondern alle charakteristischen Züge der durch die Elektronenhülle bedingten Erscheinungen zu erklären, insbesondere den Aufbau der Spektren, das chemische Verhalten und vieles andere, was indessen im Zusammenhang mit der Kernphysik nicht von Bedeutung ist. Der Schalenaufbau der Atomhülle ist hier eingehender besprochen worden, weil Anzeichen dafür vorhanden sind, daß sich die Bausteine, aus welchen die Atomkerne aufgebaut sind, ebenfalls in derartigen Schalen anordnen.

## Eigenschaften und Bau der Atomkerne

### *10. Massenspektrometrie*

Die chemisch bestimmten Atomgewichte bezogen auf O = 16 sind bekanntlich in einzelnen Fällen nahezu ganzzahlig, in den meisten Fällen aber nicht. Letzteres erklärt sich aus der Tatsache, daß eine große Zahl von chemischen Elementen aus Gemischen chemisch gleichartiger Atome bestehen, welche sich jedoch im Atomgewicht unterscheiden. Da sie im Periodischen System an denselben Platz gehören, werden solche Elemente als Isotope bezeichnet. Das wichtigste Hilfsmittel zur Messung der Atomgewichte der einzelnen Isotope ist das Massenspektrometer. Es beruht auf der Messung des Verhältnisses von Ladung zur Masse durch die Ausmessung der Bahnen, welche geladene Teilchen im magnetischen Feld zurücklegen.

In einem Magnetfeld von der Feldstärke $H$ bewegt sich ein Teilchen von der Masse $m$, der Ladung $e$ und der Geschwindigkeit $v$ auf einem Kreise, welcher dadurch gegeben ist, daß die Zentrifugalkraft der Kraft gleich ist, welche im Magnetfeld auf das bewegte Teilchen wirkt. Also muß sein

$$\frac{m v^2}{r} = \frac{e}{c} v H$$

oder

$$r = \frac{m v c}{e H} .$$

Durch Messung der Radien der Bahnen elektrisch geladener Teilchen von bekannter Geschwindigkeit und Ladung kann daher die Masse der Teilchen bestimmt werden. Dieses Prinzip wird im Massenspektrometer angewandt, wobei außerdem noch von der fokussierenden Eigenschaft des Magnetfeldes Gebrauch gemacht wird, wie sie aus Abb. 15 ersichtlich ist. Die aus einem Kanalstrahlrohr oder einer

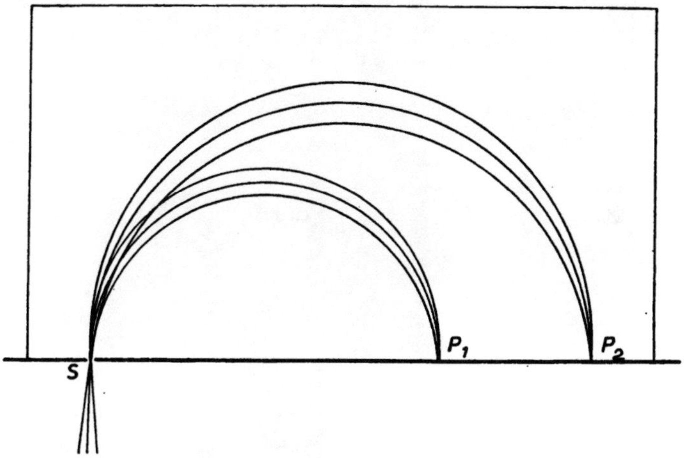


Abb. 15. Erzeugung eines Massenspektrums durch magnetische Ablenkung von Ionenstrahlen

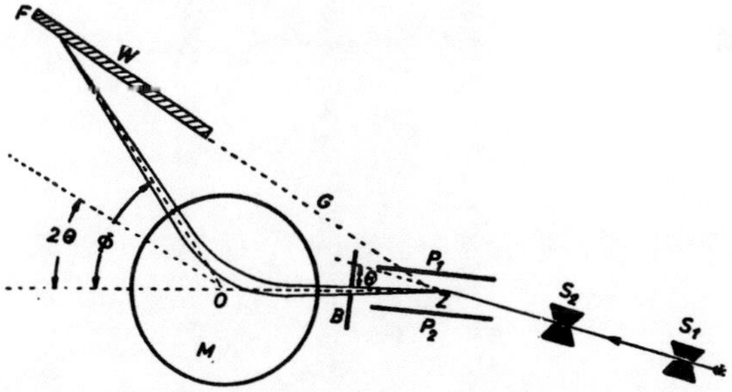


Abb. 16. Schema des Astonschen Massenspektrographen (nach ASTON 1923)

sonstigen Ionenquelle kommenden Ionen treten durch den Spalt $S$ hindurch und beschreiben unter dem Einfluß des senkrecht zur Ebene gedachten Magnetfeldes Kreisbahnen. Nach Durchlaufen eines Halbkreises werden sie wieder in einem Punkte vereinigt, auch wenn ihre Geschwindigkeiten beim Eintritt durch den Spalt nicht genau parallel gewesen sind. Da der Durchmesser des Kreises von der Masse der Teilchen abhängt, so werden Ionen verschiedener Massen an verschiedenen Orten $P_1$, $P_2$ fokussiert und es entsteht ein Massenspektrum. Das Massenspektrum kann entweder elektrometrisch ausgemessen oder auf einer photographischen Platte aufgenommen werden. Im ersten Fall spricht man von den

Massenspektrometern, im zweiten von Massenspektrographen. Die Fokussierung aller Ionen einer bestimmten Masse in einem Punkt setzt voraus, daß sie alle die gleiche Geschwindigkeit besitzen. Dies ist in Wirklichkeit niemals der Fall. Für genaue Messungen werden deshalb Präzisionsspektrographen benutzt, bei denen

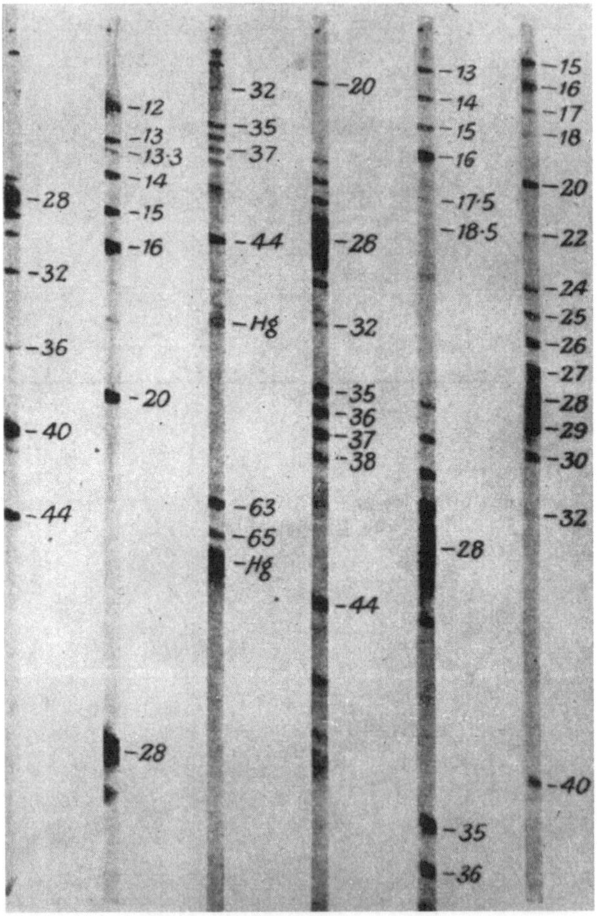


Abb. 17. Massenspektrogramme (nach Aston 1923)

durch Kombination von elektrischen und magnetischen Ablenkungen eine Fokussierung sowohl hinsichtlich der Richtung als auch hinsichtlich der Geschwindigkeit erreicht wird. Zum ersten Male ist dieses Prinzip von Aston angewandt worden, dessen Massenspektrograph in Abb. 16 schematisch dargestellt ist.

Aus dem aus einem Kanalstrahlrohr kommenden Ionenstrahl wird durch die Spalte $S_1$ und $S_2$ ein feines Bündel ausgeblendet. Dieses wird zunächst durch das elektrische Feld zwischen den Platten $P_1$ und $P_2$ abgelenkt. Hierbei tritt eine Aufspaltung des Strahles nach der Geschwindigkeit auf. In der nachfolgenden in der entgegengesetzten Richtung erfolgenden Ablenkung durch das Magnetfeld *M* erleiden die Ionen verschiedener Massen verschiedene Ablenkungen, während die Ionen gleicher Masse aber verschiedener Geschwindigkeit in einem Punkt auf der

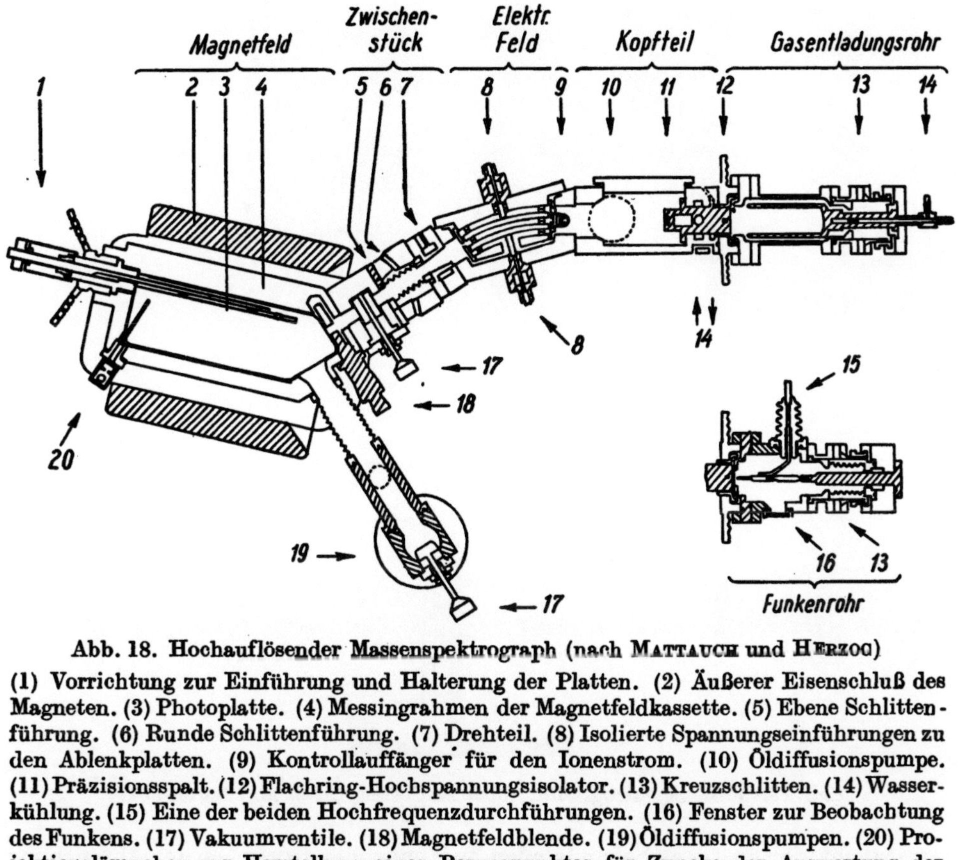


**Abb. 18.** Hochauflösender Massenspektrograph (nach MATTAUCH und HERZOG)

(1) Vorrichtung zur Einführung und Halterung der Platten. (2) Äußerer Eisenschluß des Magneten. (3) Photoplatte. (4) Messingrahmen der Magnetfeldkassette. (5) Ebene Schlittenführung. (6) Runde Schlittenführung. (7) Drehteil. (8) Isolierte Spannungseinführungen zu den Ablenkplatten. (9) Kontrollauffänger für den Ionenstrom. (10) Öldiffusionspumpe. (11) Präzisionsspalt. (12) Flachring-Hochspannungsisolator. (13) Kreuzschlitten. (14) Wasserkühlung. (15) Eine der beiden Hochfrequenzdurchführungen. (16) Fenster zur Beobachtung des Funkens. (17) Vakuumventile. (18) Magnetfeldblende. (19) Öldiffusionspumpen. (20) Projektionslämpchen zur Herstellung eines Bezugspunktes für Zwecke der Auswertung der Platten (aus EWALD HINTENBERGER 1953)

photographischen Platte *W* fokussiert werden. Abb. 17 gibt als Beispiele einige auf solche Weise erhaltene Massenspektren. Die angeschriebenen Zahlen bedeuten die Atomgewichte.

In neuerer Zeit ist das Auflösungsvermögen der Massenspektrographen noch erheblich gesteigert worden. Abb. 18 zeigt einen Massenspektrographen von MATTAUCH und HERZOG. Die elektrische Ablenkung erfolgt hier in einem Zylinderkondensator. Hierdurch und durch geeignete Formgebung des Magneten werden die Abbildungsfehler erheblich herabgesetzt. Als Beispiel für das, was mit einem solchen Apparat erreicht werden kann, ist in Abb. 19 ein Massenspektrum in der Umgebung des Atomgewichts 20 wiedergegeben. Es handelt sich um eine Anzahl von Ionen, deren Atomgewichte sämtlich in der unmittelbaren Nähe von 20 liegen, sich aber um Beträge von höchstens 0,06 davon unterscheiden. Das Auflösungsvermögen ist hier so groß, daß 1/50000 Masseneinheit noch getrennt werden kann. Diese außerordentlich hohe Genauigkeit der Massenspektroskopie hat es

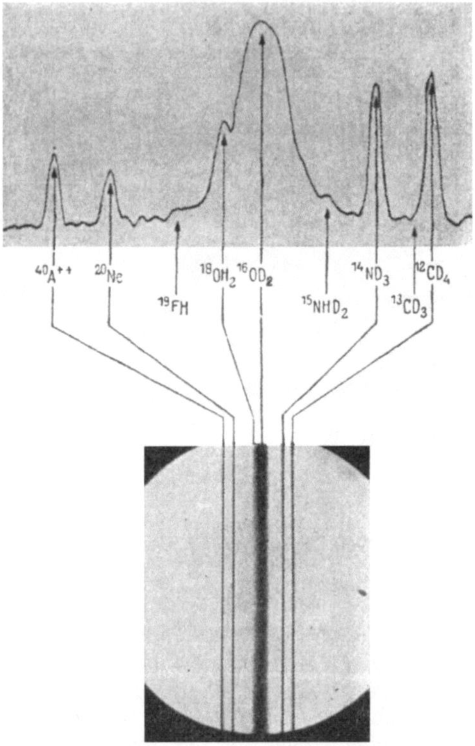


Abb. 19. Massenspektrogramm hoher Auflösung (nach Mattauch 1940)

ermöglicht, den später zu behandelnden Zusammenhang zwischen der Abweichung von der Ganzzahligkeit der Atomgewichte und den Kernenergien experimentell zu untersuchen.

Das Ergebnis der massenspektrographischen Messung ist, daß mit verhältnismäßig wenigen Ausnahmen die chemischen Elemente aus mehreren Isotopen bestehen. Das Atomgewicht der einzelnen Isotope ist nahezu ganzzahlig, wenn es auf Sauerstoff = 16 bezogen wird. Der Sauerstoff selbst besteht aus 3 Isotopen mit den Atomgewichten 16, 17 und 18 und zwar sind diese im natürlichen Sauerstoff zu 99,76%, 0,04% und 0,20% enthalten. In der Physik ist es üblich, die Atomgewichte auf das Sauerstoff-Isotop 16 zu beziehen, während die Chemie für das natürliche Isotopengemisch die Zahl 16 setzt. Infolgedessen sind die Atomgewichte in der physikalischen Skala um den Faktor 1,00272 größer als in der chemischen Skala. Wie schon gesagt, ist das Atomgewicht jedes einzelnen

Isotops nahezu eine ganze Zahl. Diese ganze Zahl nennt man die Massenzahl $A$ des betreffenden Isotops. Durch die Angabe der Kernladungszahl $Z$ und der Massenzahl $A$ wird das Isotop eindeutig gekennzeichnet. Tab. 1 gibt eine Übersicht über die Isotopen der ersten 14 Elemente des Periodischen Systems. Angegeben sind die Atomgewichte der einzelnen Isotopen, bezogen auf $O^{16}$ gleich 16, die relative Häufigkeit und das chemische Atomgewicht.

TABELLE 1

**Atomgewicht und relative Häufigkeit der Isotope der leichten Elemente**

| Z | Element | Massenzahl A | Isotopen-Gewicht $O^{16}=16,00000$ | Relative Häufigkeit % | Chemisches Atomgewicht (1952) |
|---|---|---|---|---|---|
| 1 | H | 1 | 1,00814 | 99,986 | 1,0080 |
| | (D) | 2 | 2,01474 | 0,014 | |
| 2 | He | 3 | 3,01698 | $10^{-4}$ | 4,003 |
| | | 4 | 4,00387 | 100 | |
| 3 | Li | 6 | 6,01702 | 7,30 | 6,940 |
| | | 7 | 7,01822 | 92,70 | |
| 4 | Be | 9 | 9,01504 | 100 | 9,013 |
| 5 | B | 10 | 10,01611 | 18,83 | 10,82 |
| | | 11 | 11,01279 | 81,17 | |
| 6 | C | 12 | 12,00384 | 98,89 | 12,010 |
| | | 13 | 13,00747 | 1,11 | |
| 7 | N | 14 | 14,00755 | 99,62 | 14,008 |
| | | 15 | 15,00490 | 0,38 | |
| 8 | O | 16 | 16,00000 | 99,76 | 16,0000 |
| | | 17 | 17,00453 | 0,04 | |
| | | 18 | 18,00490 | 0,20 | |
| 9 | F | 19 | 19,00442 | 100 | 19,00 |
| 10 | Ne | 20 | 19,99877 | 90,00 | 20,183 |
| | | 21 | 21,00039 | 0,27 | |
| | | 22 | 21,99835 | 9,73 | |
| 11 | Na | 23 | 22,9969 | 100 | 22,997 |
| 12 | Mg | 24 | 23,9925 | 78,41 | 24,32 |
| | | 25 | 24,9938 | 10,18 | |
| | | 26 | 25,9907 | 11,41 | |
| 13 | Al | 27 | 26,9900 | 100 | 26,98 |
| 14 | Si | 28 | 27,98580 | 92,27 | 28,09 |
| | | 29 | 28,98570 | 4,63 | |
| | | 30 | 29,98331 | 3,05 | |

Wie man sieht, bestehen außer Beryllium, Fluor, Natrium und Aluminium sämtliche Elemente dieser Tabelle aus mehreren Isotopen. Bei den schweren Elementen ist die Zahl der Isotope zum Teil noch erheblich größer. Z.B. besteht das Zinn aus 10 Isotopen mit den Massenzahlen 112, 114, 115, 116, 117, 118, 119, 120, 122 und 124. Zur Bezeichnung der Isotope ist es üblich, das chemische Symbol zu benutzen und als oberen Index die Massenzahl anzugeben. Häufig wird außerdem als unterer Index noch die Kernladungszahl hinzugefügt, obgleich diese eigentlich durch das chemische Symbol schon festgelegt ist. Also werden z. B. die beiden Neon-Isotope mit den Massen 20 und 22 geschrieben: $Ne^{20}$, $Ne^{22}$ oder auch $_{10}Ne^{20}$, $_{10}Ne^{22}$ .

### 11. *Isotopentrennung*

Die physikalischen und chemischen Eigenschaften der Isotope sind fast völlig gleich, da sie durch die Elektronenhülle bestimmt werden. Aus diesem Grunde ist es schwierig, aus einem natürlichen Isotopengemisch ein einzelnes Isotop rein abzutrennen. Verhältnismäßig leicht gelingt dies nur bei den Isotopen des Wasserstoffs, dem normalen Wasserstoff und dem sogenannten schweren Wasserstoff oder Deuterium mit dem Atomgewicht 2. Da sich die Massen hier um den Faktor 2 unterscheiden, ergeben sich verhältnismäßig große Unterschiede in den physikalischen Eigenschaften. So ist z. B. für das schwere Wasser $D_2O$ die Dichte 1,1071 g $cm^{-3}$, der Gefrierpunkt 3,82° C, der Siedepunkt 101,42° C. Bei der Wasserelektrolyse tritt eine erhebliche Trennung der Wasserstoffisotope ein in dem Sinn, daß der entstehende Wasserstoff ungefähr 3—5 mal weniger schweren Wasserstoff enthält als der im Wasser vorhandene. Infolgedessen findet sich in dem Rückstand von Anlagen zur elektrolytischen Herstellung von Wasserstoff das schwere Wasser stark angereichert und es kann auf diese Weise rein dargestellt werden. Von den übrigen Verfahren zur Isotopentrennung sollen hier nur zwei besprochen werden, die magnetische Trennung und die Trennung durch Diffusion. Die magnetische Trennung benutzt das Prinzip des Massenspektrographen. Das zu trennende Material wird in Form eines Ionenstrahles durch einen Spalt in ein Magnetfeld geschickt und die Ionen der zu trennenden Isotopen getrennt aufgefangen. Dieses Verfahren eignet sich speziell für die Herstellung kleinerer Mengen. Es ist jedoch auch schon in großem Maßstabe zur Trennung der Uran-Isotope benutzt worden.

Die Trennung durch Diffusion benutzt die Tatsache, daß bei der Diffusion eines Gasgemisches durch eine poröse Wand ins Vakuum die Diffusionsgeschwindigkeiten der einzelnen Komponenten sich verhalten wie die Wurzeln aus den Molekulargewichten. Bei einmaliger Diffusion durch eine poröse Wand ergibt das den Trennfaktor $\sqrt{\frac{M_s}{M_e}}$, wenn $M_s$ bzw. $M_e$ die Molekulargewichte des schwereren bzw. leichteren Isotops bedeuten.

Da dieser Faktor im allgemeinen sehr klein ist, so muß das Verfahren sehr häufig wiederholt werden. Eine Anordnung, bei welcher dies kontinuierlich in einer großen Zahl von Stufen geschieht, ist die Diffusionskaskade, welche schematisch in Abb. 20 dargestellt ist. Sie besteht aus einer Reihe von Röhren mit porösen Wänden, welche sich in vakuumdichten Mänteln befinden, und dazu gehörigen Pumpen. Jede Pumpe pumpt das an der betreffenden Stelle vorhandene Gemisch in das zugehörige poröse Rohr. Durch dieses diffundiert die Hälfte des Gemisches hindurch und wird durch die rechts gelegene Nachbarpumpe angesaugt. Der Rest fließt über eine Drossel zur links gelegenen Nachbarpumpe ab. Jedes aus Pumpe und porösem Rohr bestehende sogenannte Trennungsglied zerlegt daher das an der Stelle vorhandene

Gemisch in eine leichte und eine schwere Fraktion und gibt die leichte an das rechts benachbarte Trennungsglied, die schwere an das links benachbarte Trennungsglied ab. Auf diese Weise ergibt sich längs der Kaskade eine von Trennungsglied zu Trennungsglied ansteigende Konzentration des abzutrennenden Isotops. Dieses Verfahren wird im industriellen Maßstab zur Abtrennung des für die Gewinnung von Kernenergie wichtigen Isotops $U^{235}$ benutzt, welches zu 0,7% im natürlichen Uran enthalten ist. Für die Diffusionstrennung wird die gasförmige

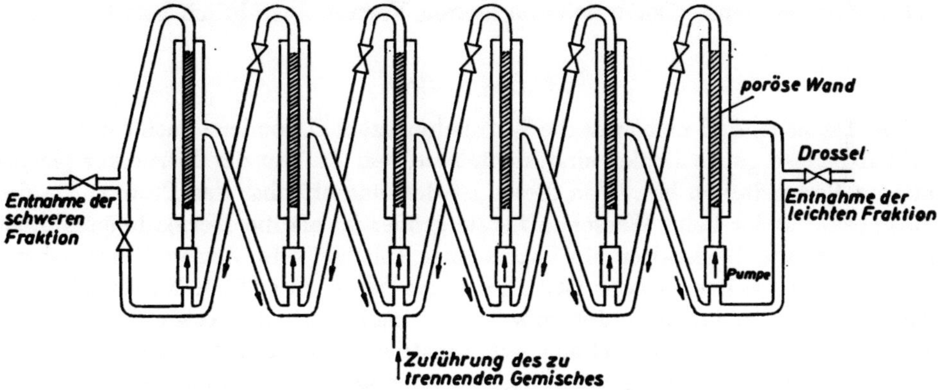


Abb. 20. Schema einer Anlage zur Trennung von Isotopen durch Diffusion

Verbindung $UF_6$ (Uranhexafluorid) benutzt. Die Molekulargewichte der beiden Moleküle $U^{235}F_6^{19}$ und $U^{238}F_6^{19}$ sind 349 und 352. Der Trennfaktor für eine einfache Diffusion ist also $\sqrt{\frac{352}{349}} = 1{,}0043$. Um aus dem natürlichen Uran hochgradiges $U^{235}$ zu gewinnen, sind demnach Kaskaden von mehreren 1000 Gliedern notwendig. Andere Verfahren, welche hauptsächlich für die Trennung von Isotopen in kleineren Mengen in Frage kommen, sind das Verfahren der Thermodiffusion, des chemischen Austausches und der fraktionierten Destillation.

## *12. Der Kernspin*

Wie wir gesehen haben, sind das Verhalten der Elektronenhülle und damit die wesentlichsten physikalischen und chemischen Eigenschaften der Atome in der Hauptsache durch die Ladung und die Masse des Atomkerns bestimmt. Um die Einzelheiten der sogenannten Hyperfeinstruktur der optischen Spektrallinien zu erklären, ist es jedoch notwendig, dem Atomkern ähnlich wie dem Elektron, auch einen Spin und ein magnetisches Moment zuzuschreiben. Der Spin ist von Kern zu Kern verschieden und stets gleich einem ganz- oder halbzahligen Vielfachen der Größe $\frac{h}{2\pi}$. Die magnetischen Momente der Kerne sind in ihrer Größenordnung im Verhältnis Masse des Elektrons durch Masse des Protons kleiner als das des Elektrons. Man mißt sie in der Einheit $\mu_k = \frac{e}{2\,m_p\,c}\,\frac{h}{2\pi}$ welche man als ein Kernmagneton bezeichnet ($m_p$ Masse des Protons). Die magnetischen Kernmomente sind im allgemeinen nicht ganzzahlige Vielfache des Kernmagnetons. Z. B. ist das magnetische Moment des Protons 2,79 $\mu_k$.

Der Kern verhält sich also wie ein Kreisel mit einem magnetischen Moment. Im Magnetfeld macht er daher eine Präzessionsbewegung. Die Frequenz dieser Präzessionsbewegung liegt im Gebiete der Radiofrequenzen und kann daher mit Hochfrequenzmethoden gemessen werden. Dies ist die Methode der paramagnetischen Kernresonanz, über welche im letzten Vortrag ausführlich berichtet wird.

### *13. Das Neutron*

Die Tatsache, daß nicht nur die Kernladungszahl $Z$, sondern auch die Massenzahl $A$ nahezu ganze Zahlen sind, deutet auf den Aufbau der Kerne aus gleichartigen Bestandteilen hin. Von diesen ist der eine offenbar das Proton. Da die Massenzahl außer beim Wasserstoff stets größer ist als die Kernladungszahl, so muß der zweite Bestandteil ein ungeladenes Teilchen sein, dessen Masse nahezu gleich der Masse des Protons ist. Dieses uns heute unter dem Namen Neutron bekannte Teilchen kommt unter irdischen Bedingungen in der Natur nicht frei vor. Es wurde erst bei Untersuchung der künstlichen Kernumwandlung 1932 von CHADWICK entdeckt. Eine heute viel verwendete Neutronenquelle benutzt die Umwandlung des Berylliums in das Kohlenstoffisotop $C^{12}$ unter dem Einfluß von $\alpha$-Strahlen. Diese Kernreaktion kann man darstellen durch die Gleichung

$$_4\mathrm{Be}^9 + \alpha \rightarrow {_6\mathrm{C}^{12}} + \mathrm{n}$$

oder auch, da das $\alpha$-Teilchen ein doppelt geladenes Ion von Helium 4 ist

$$_4\mathrm{Be}^9 + {_2\mathrm{He}^4} \rightarrow {_6\mathrm{C}^{12}} + {_0\mathrm{n}^1}$$

n ist das Symbol für das Neutron. $_0n^1$ bedeutet, daß für das Neutron die Kernladungszahl 0 und die Massenzahl 1 ist. Eine solche Neutronenquelle besteht aus einem Röhrchen, in welchem Berylliumpulver mit einer geringen Menge Radium eingeschlossen ist. Sie liefert Neutronen mit Energien bis zu 13,7 MeV. Die Neutronenenergie ist nicht einheitlich, da das Radium zusammen mit seinen Folgeprodukten eine nicht einheitliche Strahlung aussendet. Als stärkere Neutronenquellen werden Kernreaktionen benutzt, welche durch künstlich beschleunigte Protonen oder Deuteronen in verschiedenen Substanzen hervorgerufen werden. Die stärksten Neutronenquellen sind die Kernreaktoren, in welchen außerordentlich hohe Neutronendichten vorhanden sind.

Der Nachweis der Neutronen erfolgt ebenfalls hauptsächlich durch Kernreaktionen, zum Beispiel durch die Reaktion $_5\mathrm{B}^{10} + \mathrm{n} \rightarrow {_3\mathrm{Li}^7} + {_2\mathrm{He}^4}$. Bei dieser Reaktion entsteht das $He^4$ als $\alpha$-Teilchen großer Energie, dessen ionisierende Wirkung zur Messung benutzt wird, z. B. in Zählrohren, deren Wände mit Bor bekleidet sind.

Zusammenstöße von Neutronen mit Atomkernen, bei denen keine Kernreaktion auftritt, verlaufen als elastische Stöße. Hierbei gibt das Neutron entsprechend den

Stoßgesetzen einen Teil seiner Energie an den gestoßenen Kern ab und wird selbst dadurch verlangsamt. Am wirksamsten ist diese Verlangsamung bei Stößen mit Protonen, da hier wegen der Gleichheit der Masse der Energieverlust des Neutrons am größten ist. Die durch den Stoß beschleunigten Protonen, sogenannte Rückstoßprotonen, werden ebenfalls zum Nachweis von Neutronen benutzt. Abb. 21 zeigt derartige Rückstoßprotonen sichtbar gemacht in einer Nebelkammer.

Abb. 21. Nebelkammeraufnahme von Rückstoßprotonen (aus GENTNER, Nebelkammerbilder, 1940)

Läßt man Neutronen durch Wasser oder Graphit diffundieren, so verlieren sie dabei allmählich ihre Energie, welche anfangs einige MeV beträgt, bis sie schließlich sogenannte thermische Neutronen werden, deren Energie gleich der mittleren thermischen Energie der Gasmoleküle ist, also kleiner ist als 0,1 eV. Nach den Stoßgesetzen ist die Zahl der dazu notwendigen Stöße um so größer je schwerer der gestoßene Kern ist. Die ungefähre Zahl der zur Erzeugung von thermischen Neutronen notwendigen Stöße beträgt bei normalem Wasser 18, bei schwerem Wasser 25, bei Beryllium 90 und bei Kohlenstoff 114. Der für diese elastischen Stöße maßgebende Wirkungsquerschnitt, der Streuquerschnitt, ist bei allen Substanzen von der Größenordnung von $10^{-24}$ cm$^2$. Daraus ergibt sich die mittlere freie Weglänge $\lambda = \frac{1}{Q\,n}$ z. B. für Wasser zu 15 cm. Für langsame Neutronen wird der Wirkungsquerschnitt größer. Die Weglänge beträgt aber immer noch mehrere cm.

Wie in späteren Vorträgen näher gezeigt werden wird, sind die wichtigsten durch Neutronen hervorgerufenen Kernreaktionen solche, bei denen ein Neutron vom Kern eingefangen wird. Der hierfür maßgebende Wirkungsquerschnitt, der Einfangquerschnitt, ist von Fall zu Fall sehr verschieden und hat z. B. für thermische

Neutronen gemessen in der Einheit $10^{-24}$ cm$^2$ = 1 barn für die angeführten Elemente folgende Werte:

| H | D | He | Be | C |
|---|---|---|---|---|
| 0,2 | 0,0008 | 0 | 0,01 | 0,005 . |

Die hier aufgeführten Elemente sind diejenigen, in denen der Einfangquerschnitt besonders klein ist und welche daher vorzugsweise für die Erzeugung von langsamen Neutronen benutzt werden. In anderen Fällen ist der Einfangquerschnitt oft sehr erheblich größer.

## *14. Aufbau der Kerne*

Als Elementarteilchen, aus welchen die Kerne aufgebaut sind, werden Protonen und Neutronen mit dem gemeinsamen Namen *Nukleonen* bezeichnet. Genaue Messungen ergeben für das Atomgewicht des Protons, also seine Masse bezogen auf $O^{16} = 16$ $M_P = 1{,}00758$, für die des Neutrons $M_N = 1{,}00894$. Beide haben den Spin $\frac{1}{2} \frac{h}{2\pi}$. Das magnetische Moment des Protons beträgt 2,7926, das des Neutrons —1,9135 Kernmagnetonen.

Der durch die Kernladungszahl $Z$ und die Massenzahl $A$ gekennzeichnete Kern enthält $Z$ Protonen, $A—Z$ Neutronen. Sein Atomgewicht sollte also sein

$$ZM_P + (A - Z)\, M_N\,.$$

In Wirklichkeit ist in allen Fällen kleiner. Ist $M$ der genaue Wert der Masse bezogen auf $O^{16} = 16$ so bezeichnet man die Größe

$$\Delta M = ZM_P + (A - Z)\, M_N - M$$

als den Massendefekt.

Die physikalische Bedeutung des Massendefektes wird erklärt durch die Einsteinsche Beziehung zwischen Energie und Masse. Aus der Relativitätstheorie folgt, daß jede Energie $E$ eine Trägheit besitzt, welche durch die Masse $m = \frac{E}{c^2}$ charakterisiert ist. $c$ ist die Lichtgeschwindigkeit.

Wenn beim Aufbau eines Kerns aus mehreren Nukleonen eine bestimmte Energie frei wird, so muß demnach gemäß der Einsteinschen Beziehung die Masse des entstehenden Kernes um die der frei werdenden Energie äquivalente Masse kleiner sein als die Summe der Masse der Nukleonen, d. h. der Massendefekt bedeutet nichts anderes als die beim Aufbau des Kernes frei werdende Energie, dividiert durch $c^2$. Eine Atomgewichtseinheit entspricht 1/16 der Masse eines Sauerstoffatoms $O^{16}$ also $1{,}66 \cdot 10^{-24}$ g. Die Einsteinsche Gleichung ergibt hierfür die Energie $1{,}49 \cdot 10^{-3}$ erg, was gleichwertig ist mit 931 MeV. Diese Energie entspricht also einer Einheit des Atomgewichtes. Beträgt also der Massendefekt eines bestimmten Kerns gerechnet in Einheiten des Atomgewichtes $\Delta M$, so ist die gesamte beim Aufbau dieses Kerns aus den Nukleonen frei werdende Bindungsenergie $\Delta M \cdot 931$ MeV. Die auf diese Weise berechnete Bindungsenergie aller bekannten Kerne ist in Abb. 22 als Funktion der Massenzahl aufgetragen. Die Kurve ist annähernd geradlinig, das bedeutet, daß die Bindungsenergie für ein einzelnes Nukleon annähernd konstant ist. Aus der Steigung der Kurve ergibt sich für die mittlere Bindungsenergie pro Nukleon ein Wert von 8 MeV, ent-

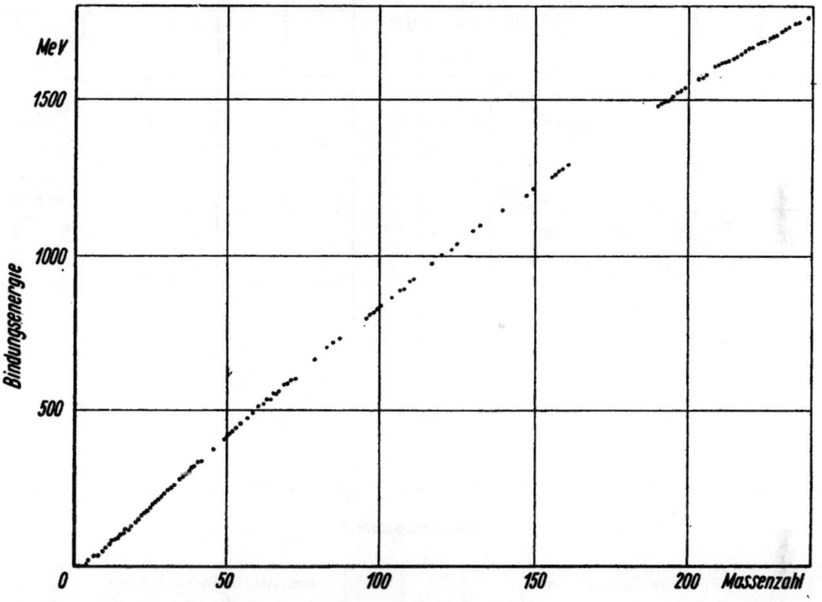


**Abb. 22.** Die Bindungsenergie der stabilen Atomkerne in ihrer Abhängigkeit von der Massenzahl

sprechend 0,0089 Atomgewichtseinheiten. Bei der Bildung des Kernes geht also durchschnittlich 0,9% der Massen der Nukleonen als frei werdende Bindungsenergie verloren.

Die Abweichung der Kurve von der Geradlinigkeit bedeutet, daß für die oberen Kerne die Bindungsenergie pro Nukleon bis zu 10% kleiner ist. Dies ist, wie wir sehen werden, die Grundlage für die Gewinnung von Kernenergie durch die Uranspaltung.

### *15. Natürliche Radioaktivität*

Schon seit langem bekannt ist die Erscheinung, daß einige der schweren Elemente am Ende des Periodischen Systems sich spontan unter Aussendung von $\alpha$-, $\beta$- und $\gamma$-Strahlen in andere Elemente umwandeln. Sind von einem solchen radioaktiven Element zur Zeit $t = 0$ $n_0$ Atome vorhanden, so nimmt die Zahl der noch nicht zerfallenen Atome mit der Zeit ab nach dem Gesetz

$$n = n_0 e^{-\lambda t}$$

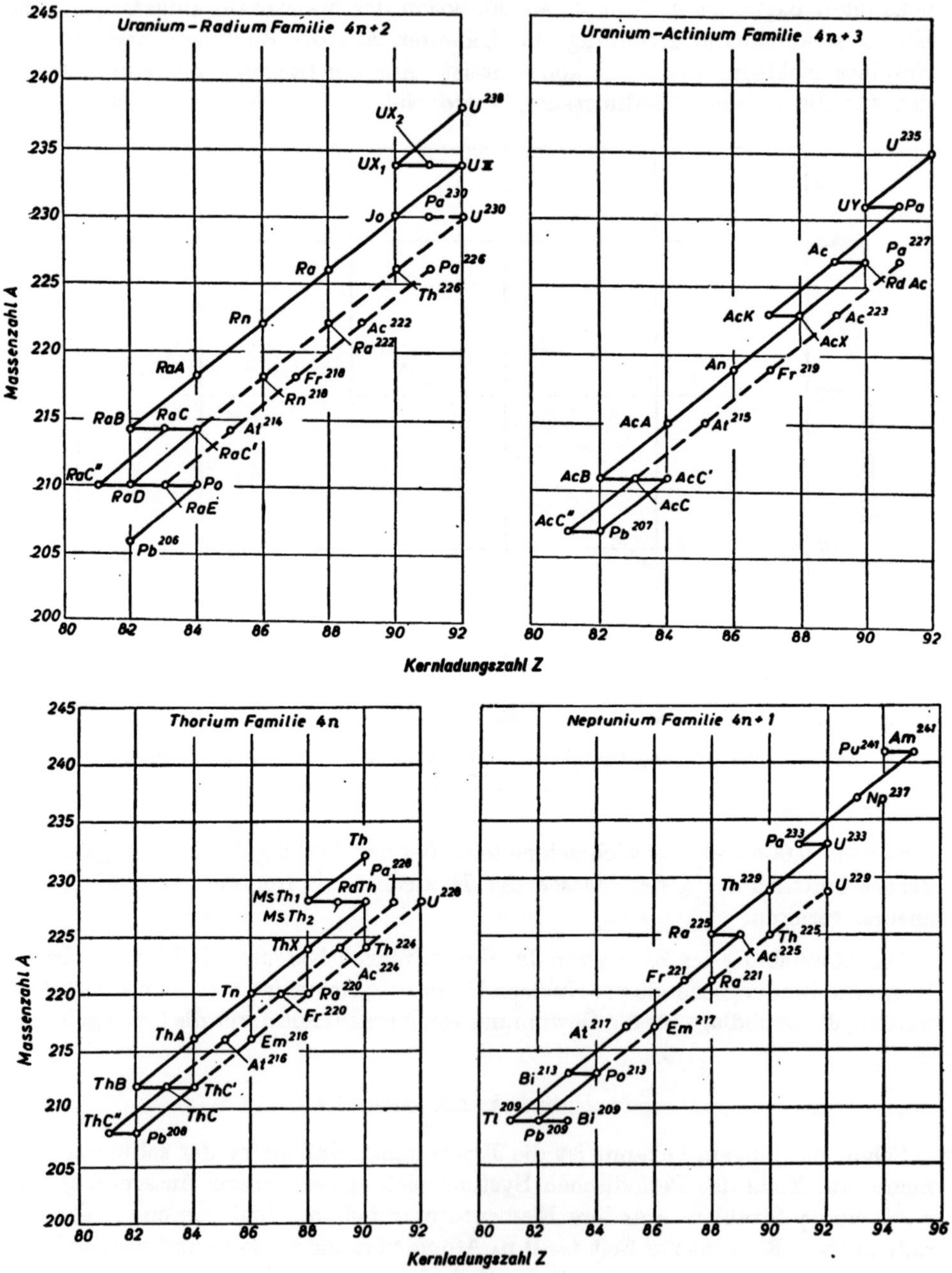


Abb. 23. Die radioaktiven Zerfallsreihen

$\lambda$ ist die Zerfallskonstante. Meist wird der radioaktive Zerfall nicht durch die Zerfallskonstante, sondern durch die Halbwertzeit $T$ charakterisiert. Das ist die Zeit, nach welcher die Hälfte der Atome zerfallen sind. Aus dem Zerfallsgesetz folgt, daß

$$T = \frac{\ln 2}{\lambda}.$$

Es gibt zwei Arten von radioaktivem Zerfall. Beim $\alpha$-Zerfall wird ein $\alpha$-Teilchen, also ein doppelt geladenes Helium-Atom, ausgesandt, beim $\beta$-Zerfall dagegen ein Elektron. Die radioaktiven Verschiebungssätze besagen:

1. Beim $\alpha$-Zerfall rückt das Element im Periodischen System um zwei Plätze nach links und das Atomgewicht nimmt um den Betrag 4 ab.
2. Beim $\beta$-Zerfall rückt das Element um einen Platz nach rechts und das Atomgewicht bleibt unverändert.

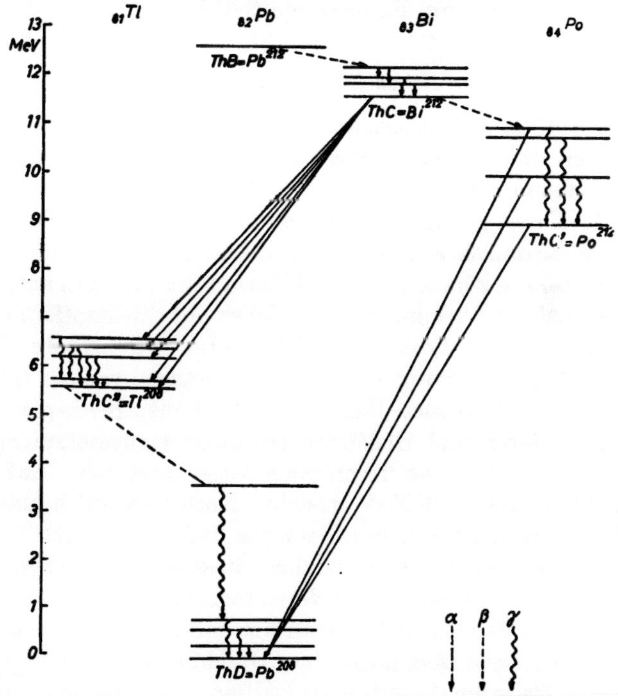


Abb. 24. Termschema für die $\alpha$-, $\beta$- und $\gamma$-Übergänge am Ende der radioaktiven Thoriumreihe (Darstellung n. FINKELNBURG 1954)

Diese Sätze erklären sich ohne weiteres damit, daß die $\alpha$-Teilchen als doppelt geladene He-Atome die Kernladungszahl 2 und das Atomgewicht 4 haben, während das Elektron eine negative Elementarladung trägt und seine Masse sehr klein gegen die Atomgewichtseinheit ist. Infolgedessen nimmt bei $\alpha$-Zerfall die

Kernladungszahl um 2 und die Massenzahl um 4 ab. Im Falle des $\beta$-Zerfalles dagegen nimmt die Kernladungszahl um 1 zu und die Massenzahl bleibt unverändert.

Die beim radioaktiven Zerfall entstehenden Atome sind meist wieder radioaktiv. Es entstehen so radioaktive Zerfallsreihen, wie sie in der Abb. 23 dargestellt sind. In dieser Abbildung sind die verschiedenen Elemente in einem Koordinatensystem dargestellt, in welchem als Abszisse die Kernladungszahl und als Ordinate die Massenzahl aufgetragen ist. Aus der Art der Verschiebung ergibt sich, ob es sich um $\alpha$- oder $\beta$-Zerfall handelt. Die Endprodukte sämtlicher Reihen sind verschiedene stabile Isotope des Bleis. Die $\gamma$-Strahlen treten als Begleiterscheinung hauptsächlich beim $\alpha$-Zerfall auf. Hier entsteht der neue Kern in einem angeregten Zustande und geht unter Aussendung von $\gamma$-Strahlen in seinen Grundzustand über. Für die $\gamma$-Strahlen läßt sich ebenso wie für die optischen Spektren ein Termschema aufstellen, wie es z. B. in Abb. 24 für verschiedene Umwandlungen am Ende der radioaktiven Thorium-Reihe dargestellt ist.

### *16. Künstliche Kernumwandlung*

Obgleich beim Aufbau von Kernen aus den Nukleonen sehr hohe Energiebeträge frei werden, treten unter gewöhnlichen Umständen keine Kernreaktionen auf, weil durch die Coulombsche Abstoßung zwischen den Kernladungen verhindert wird, daß sich die Kerne genügend nahe kommen. Haben Teilchen jedoch genügend hohe Energie, so daß sie sich gegen die Abstoßungskräfte anderen Kernen auf geringen Abstand nähern können, so treten Kernumwandlungen auf, wie sie zuerst von Rutherford bei der Wirkung von $\alpha$-Teilchen auf Stickstoffatome beobachtet worden sind. Um auch mit Protonen und Deuteronen künstliche Kernumwandlungen hervorzurufen, ist es nötig, diese mit Spannungen von der Größenordnung von einem MeV zu beschleunigen. Diesem Zwecke dienen Hochspannungsanlagen, teils aus Transformatoren und Gleichrichtern zusammengesetzte Spannungsvervielfacher, teils elektrostatische Hochspannungsgeneratoren. Auf diese Weise werden Spannungen bis etwa 3 MeV erreicht. Noch wesentlich höhere Teilchenenergien erzielt man durch Stufenbeschleuniger, bei welchen das Teilchen in ein- und demselben System zeitlich nacheinander immer wieder durch eine hohe Spannung beschleunigt wird. Der wichtigste Vertreter dieser Gruppe ist das Zyklotron. Es besteht aus zwei Elektroden, welche man sich dadurch entstanden denken kann, daß eine flache zylindrische Dose längs eines Durchmessers in zwei gleiche Hälften zerschnitten wird. Zwischen diese beiden Hälften wird eine hochfrequente Spannung angelegt. Senkrecht zur Ebene dieser beiden Dosen wird ein starkes Magnetfeld von etwa 15000 Oersted erzeugt; die geladenen Teilchen heschreiben in diesem Magnetfeld Kreise. Die zum Durchlaufen eines Halbkreises notwendige Zeit ist dabei unabhängig von der Teilchengeschwindigkeit.

Besitzt die zwischen die beiden Halbdosen angelegte Hochfrequenzspannung eine solche Frequenz, daß die Halbperiode gleich der Zeit ist, welche das geladene Teilchen zum Durchlaufen eines Halbkreises benötigt, so werden Teilchen, welche einmal im Spalt zwischen den beiden Dosen beschleunigt worden sind, nach einer Halbperiode wieder durch die Spalte laufen und infolge der inzwischen umgepolten Spannung wieder beschleunigt, so daß die Teilchen bei gleichzeitig wachsendem Bahnradius eine größere Zahl von Beschleunigungen erleiden. Abb. 25 zeigt schematisch die Wirkungsweise des Zyklotrons. Die durch die beschleunigten Teilchen zu behandelnden Proben werden meist innerhalb des Zyklotrons an-

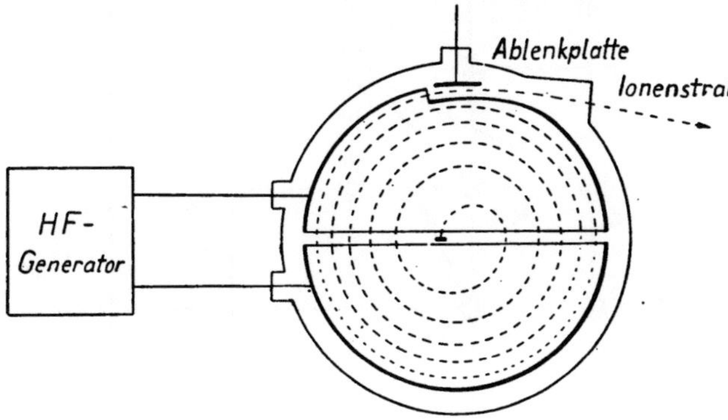


Abb. 25. Schema des Zyklotrons

geordnet, so daß sie von den auf der äußeren Kreisbahn laufenden Teilchen getroffen werden. Mittels der in der Abbildung gezeichneten Ablenkplatte können die Teilchen aber auch als Strahl nach außen geleitet werden.

Neutronen können sich infolge der fehlenden Ladung auch bei sehr niedriger Energie den Atomkernen beliebig nähern und daher Kernreaktionen auslösen. Durch diese erfolgen in vielen Fällen Kernumwandlungen mit außerordentlich hoher Ausbeute. So ist z. B. für Cadmium für Neutronen mit einer Energie von 0,2 eV der Einfangquerschnitt $7 \cdot 10^{-21}$ cm², also ungefähr 7000 mal größer als der normale Streuquerschnitt.

Es gibt eine außerordentlich große Anzahl von möglichen Kernreaktionen. Als Beispiel sind in Abb. 26 die Kernreaktionen dargestellt, welche beim Kern ${}_9F^{19}$ möglich sind. Als Abszisse ist hier die Kernladungszahl und als Ordinate die Neutronenzahl aufgetragen, also Zahl der Protonen bzw. Zahl der Neutronen im Kern. Die voll bezeichneten Kreise entsprechen stabilen Isotopen, die leeren nichtstabilen.

Um eine bestimmte Kernreaktion zu beschreiben, kann man die in der Chemie übliche Bezeichnung anwenden. Wenn z. B. ein Fluoratom von einem $\alpha$-Teilchen getroffen wird und es tritt dabei eine Kernreaktion auf, in deren Verlauf ein Proton ausgestoßen wird und der Kern als $Ne^{22}$ zurückbleibt, so kann man schreiben

$$ {}_9F^{19} + {}_2He^4 \rightarrow {}_{10}Ne^{22} + {}^1H_1 \, . $$

Stattdessen ist es in der Kernphysik üblich, die folgende einfache Schreibweise zu benutzen: ${}_9F^{19}\,(\alpha, p)\,{}_{10}Ne^{22}$. Das bedeutet: Der Ausgangskern ${}_9F^{19}$ nimmt ein $\alpha$-Teilchen auf, gibt ein Proton ab und das Ergebnis der Reaktion ist ein Kern ${}_{10}Ne^{22}$.

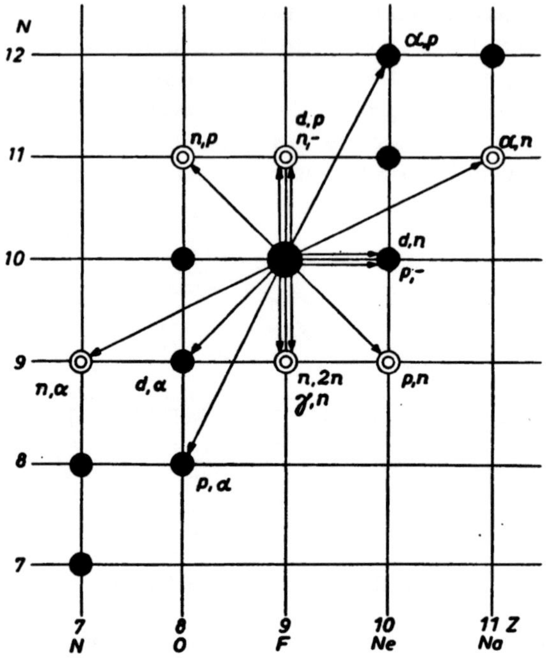


Abb. 26. Die verschiedenen bekannten Kernumwandlungen des Fluorkerns (nach Riezler 1953)

## 17. *Die Kernspaltung*

Abb. 22 zeigt, daß die Bindungsenergie, also die gesamte Energie, welche bei dem Aufbau eines Atomkerns aus den Nukleonen frei wird, nicht genau proportional der Zahl der Nukleonen ist. Vielmehr ist die Kurve ein wenig gekrümmt. Die Bindungsenergie, bezogen auf ein Nukleon ist bei den schwersten Elementen um ungefähr 10% kleiner als bei den Elementen der mittleren Atomgewichte. Das bedeutet, daß etwa ein Zehntel der gesamten Bindungsenergie noch frei wird, wenn man eines der schwersten Atome in zwei etwa gleich schwere zerlegt. Bei einer Spaltung eines schweren Atomkerns in zwei leichte muß also dieser Energiebetrag frei werden. Eine solche Spaltung tritt im allgemeinen spontan nicht oder nur als äußerst seltenes Ereignis ein, dagegen haben einzelne Kerne die Eigenschaft, daß sie beim Auftreffen von Neutronen in einen Zustand kommen, welcher zur Spaltung führt. Zu diesen Elementen gehört insbesondere das Uran, wobei das Uran-Isotop $U^{235}$ die besondere Eigenschaft hat, daß bei ihm nicht nur durch schnelle, sondern auch durch langsame Neutronen eine Spaltung ausgelöst wird. Da aber weiterhin die Zahl der Neutronen im Verhältnis zur Zahl der Protonen bei den mittleren Elementen etwas kleiner ist als bei den schweren, so werden bei der Spaltung zusätzlich Neutronen frei. Hiermit ist die Grundlage für die Kettenreaktion gegeben, welche die Ausnutzung der Atomenergie mit Hilfe der Kernspaltung ermöglicht. Wegen aller Einzelheiten kann auf die späteren Vorträge verwiesen werden.

### *18. Die künstliche Radioaktivität*

Fast alle bei künstlichen Kernumwandlungen entstehenden Kerne sind instabil, sie sind also radioaktiv und zerfallen mit einer meßbaren Halbwertszeit. Das gleiche gilt von den bei der Spaltung schwerer Kerne entstehenden Spaltprodukten. Nur ein Teil der bei der Spaltung frei werdenden Energie tritt als kinetische Energie der Spaltprodukte in Erscheinung, der Rest wird als Energie der beim Zerfall der Spaltprodukte auftretenden radioaktiven Strahlen frei. Die künstliche Radioaktivität tritt fast stets als $\beta$-Zerfall auf, nur in seltenen Fällen wird $\alpha$-Zerfall oder ein Zerfall mit Neutronenemission beobachtet. Während aber bei der natürlichen Radioaktivität der $\beta$-Zerfall nur in der Form vorkommt, daß sich innerhalb des Kernes ein Neutron unter Emission eines negativen Elektrons in ein Proton verwandelt, tritt bei der künstlichen Radioaktivität auch der umgekehrte Vorgang auf: Ist in einem durch künstliche Umwandlung entstandenen Kern die Zahl der Protonen gegenüber der der Neutronen zu groß, so verwandelt sich ein Proton in ein Neutron und es wird ein Teilchen emittiert, welches dieselben Eigenschaften hat wie das Elektron, jedoch positiv geladen ist.

Dieses sonst in der Natur, außer in der kosmischen Strahlung, nicht vorkommende positive Elektron wird auch Positron genannt. Daß das Positron in der Natur nicht vorkommt, hat seinen Grund darin, daß es sich beim Zusammentreffen mit einem negativen Elektron mit diesem vereinigt, so daß die Ladungen sich neutralisieren. Die Massen der beiden Elektronen werden dabei in Energie verwandelt und zwar in zwei Strahlungsquanten. Diese bei der Vereinigung von 2 Elektronen verschiedenen Vorzeichens auftretende energiereiche Strahlung nennt man Vernichtungsstrahlung. Ihre Energie berechnet sich aus der Einsteinschen Gleichung als das Äquivalent für die doppelte Elektronenmasse zu rund 1 MeV. Auch der umgekehrte Vorgang tritt auf, nämlich der, daß ein Strahlungsquant, dessen Energie höher ist als 1 MeV, sich in ein Paar von Elektronen verwandelt, von dem das eine positiv, das andere negativ geladen ist. Diesen Vorgang bezeichnet man als Paarbildung. Übertrifft die Energie des Quants den zur Erzeugung der beiden Elektronenmassen notwendigen Betrag von 1 MeV, so tritt der Überschuß als kinetische Energie der Elektronen in Erscheinung.

Neben der Emission von positiven Elektronen gibt es noch einen anderen Vorgang, welcher ebenfalls zur Umwandlung eines Protons in ein Neutron führt. Dieser Vorgang tritt besonders bei den schwersten Kernen auf, bei welchen infolge der großen Kernladung die $K$-Elektronen dem Kern sehr nahe kommen. Dieser als $K$-Einfang bezeichnete Vorgang besteht darin, daß ein $K$-Elektron in den Kern übertritt und die positive Ladung des Protons neutralisiert. Auf den durch das Verschwinden des einen $K$-Elektrons freien Platz in der $K$-Schale rückt ein Elektron der Elektronenhülle nach. Es wird also bei diesem Prozeß das Röntgen-$K$-Spektrum des bei dem Vorgang entstehenden Elementes emittiert.

In diesem Zusammenhang soll noch ein Vorgang erwähnt werden, welcher in manchen Fällen zum Auftreten von Elektronenstrahlen führt, ohne daß eine $\beta$-Umwandlung vorliegt. Entsteht ein Kern in einem angeregten Zustand, so wird normalerweise die Anregungsenergie in Form von $\gamma$-Strahlung ausgesandt, wie es z. B. in Abb. 24 dargestellt ist. Wenn die Energie dieses $\gamma$-Quants schon bei ihrer Entstehung nach der Art eines Photoeffektes in kinetische Energie eines der $K$-Elektronen desselben Atoms umgewandelt wird, so nennt man diesen Vorgang innere Umwandlung. Die kinetische Energie des Elektrons ist natürlich gleich der Energie des $\gamma$-Quants vermindert um die Ablösearbeit für das $K$-Elektron.

Außer dem Positron sind noch zwei Elementarteilchen zu nennen, welche in der Kernphysik zu den bis dahin bekannten hinzukommen und die hier nur der Vollständigkeit halber erwähnt werden sollen. Das erste ist das Neutrino, ein hypothetisches Teilchen mit der Ladung 0 und der Ruhmasse 0, dessen Existenz experimentell noch nicht mit Sicherheit bewiesen ist. Es wird angenommen, daß beim $\beta$-Zerfall gleichzeitig mit dem $\beta$-Teilchen ein solches Neutrino emittiert wird, weil ohne diese Annahme Energie- und Impulssatz für den $\beta$-Zerfall nicht erfüllt wären.

Ferner sei das Meson erwähnt, ein Teilchen mit der Ladung eines Elementarquants und einer Masse ungefähr gleich der 200fachen Elektronenmasse. Es spielt in der theoretischen Kernphysik bei der Theorie der Kernkräfte eine Rolle. Seine Existenz ist aber nicht nur durch Beobachtung an der Höhenstrahlung sicher gestellt, sondern es ist sogar gelungen, Mesonen künstlich herzustellen. Hierzu ist, wie sich durch Anwendung der Einsteinschen Gleichung auf die Mesonenmasse ergibt, eine Energie von über 100 MeV notwendig.

Außer dem Meson kommt in der Höhenstrahlung noch eine ganze Reihe weiterer schwerer Teilchen vor, welche indessen in der Kernphysik bisher keine Rolle spielen.

## Literatur

*Zur Einführung*

1. Grimsehl-Tomaschek, Lehrbuch der Physik. Bd. III, Materie und Äther. Leipzig: B. G. Teubner, 10. Aufl., 1942.
2. Pohl, R. W., Einführung in die Physik. Bd. III, Optik und Atomphysik. Berlin/Göttingen/Heidelberg: Springer, 9. Aufl., 1954.
3. Westphal, W. H., Physik. Ein Lehrbuch. Berlin/Göttingen/Heidelberg: Springer, 16. u. 17. Aufl., 1953.
4. Espe, W., und A. Kuhn, Elementare Grundlagen der Kernphysik. Leipzig: Akadem. Verlagsgesellsch. 1955.

*Ausführlichere Darstellungen*

1. Finkelnburg, W., Einführung in die Atomphysik. Berlin/Göttingen/Heidelberg: Springer, 3. Aufl., 1954.
2. Bauer, H. A., Grundlagen der Atomphysik. Wien: Springer, 4. Aufl. 1951.
3. Schpolski, E. W., Atomphysik. 2 Bde. (russ.), Moskau-Leningrad: Staatsverl. f. technisch-theoretische Literatur, 1951.
4. Schpolski, E. W., Atomphysik. Teil 1, (deutsche Übers.). Berlin: Deutscher Verlag d. Wissenschaften, 1954.
5. Grimsehl, Lehrbuch der Physik. Bd. IV, Struktur der Materie. Hrsg. v. W. Schallreuter, Leipzig: B. G. Teubner (Erscheint Anfang 1957).
6. Riezler, W., Einführung in die Kernphysik. München: R. Oldenbourg, 5. Aufl., 1953.

*Theoretische Lehrbücher*

1. SOMMERFELD, A., Atombau und Spektrallinien. Bd. I u. II. Braunschweig: F. Vieweg, Bd. I, 7. Aufl., 1951; Bd. II, 2. Aufl., 1951.
2. BLOCHINZEW, D. I., Grundlagen der Quantenmechanik. Berlin: Deutscher Verlag d. Wissenschaften 1953.
3. SCHAEFER, C., Einführung in die theoretische Physik. Bd. III/2, Quantentheorie. Berlin: Walter de Gruyter, 2. Aufl., 1951.
4. WEIZEL, W., Lehrbuch der theoretischen Physik. Bd. II, Struktur der Materie. Berlin/Göttingen/Heidelberg: Springer 1950.

## *Quellen-Nachweis der Abbildungen*

Abb. 2. SIEGBAHN, M., Spektroskopie der Röntgenstrahlen. Springer-Verlag, Berlin, 1924.

Abb. 4. COMPTON, ARTHUR H., X-Rays and Electrons. Van Nostrand Company, New York, 1926.

Abb. 5. MARK, H. und R. WIERL, Die experimentellen und theoretischen Grundlagen der Elektronenbeugung. Fortschritte der Chemie, Physik und Physik. Chemie 21, 4 (1931). Verlag Borntraeger, Berlin.

Abb. 6, 7, 10. GROTRIAN, W., Graphische Darstellung der Spektren von Atomen und Ionen mit ein, zwei und drei Valenzelektronen. Springer-Verlag, Berlin, 1928.

Abb. 16, 17. ASTON, Isotope. Hirzel-Verlag, Leipzig, 1923.

Abb. 18. EWALD-HINTENBERGER, Methoden und Anwendungen der Massenspektroskopie. Verlag Chemie, Weinheim/Bergstr., 1953.

Abb. 19. MATTAUCH, J., Massenspektrographie und ihre Anwendung auf Probleme der Atom- und Kernchemie. Erg. exakt. Naturwissenschaften 19, 230 (1940).

Abb. 21. GENTNER, Atlas typischer Nebelkammerbilder mit Einführung in die Wilsonsche Methode. Springer-Verlag, Berlin, 1940.

Abb. 24. FINKELNBURG, W., Einführung in die Atomphysik. Springer-Verlag, Berlin-Göttingen-Heidelberg, 1954.

Abb. 26. RIEZLER, W., Einführung in die Kernphysik. Oldenbourg-Verlag, München, 1953.

WILHELM MACKE

# DER AUFBAU DES ATOMKERNS

## *1. Grundsätzliches*

Bereits um 1900 konnte RUTHERFORD zeigen, daß das Atom, das bis dahin als kleinster Bestandteil der Materie angesehen wurde, mit seiner Größe von $10^{-8}$ cm weitgehend durchlässig für $\alpha$-Strahlen radioaktiver Substanzen ist. Es stellte sich heraus, daß nahezu die gesamte Masse des Atoms in einem kleinen, positiv elektrisch geladenen Kern auf etwa $10^{-12}$ cm konzentriert ist. Der umgebende Raum, die Hülle, ist nahezu leer und in äußerst geringer Konzentration mit den 2000mal leichteren Elektronen erfüllt. Das hat zur Folge, daß die Materie im Kern zu ungeheuren Dichten konzentriert ist, die $(10^{-8}/10^{-12})^3 = 10^{12}$mal so groß sind wie die der Makrophysik. Die Dichte der Kernmaterie beträgt daher etwa 1 Million to/cm$^3$. Warum konzentriert sich die Materie im Kern auf einen so engen Raum? Das ist die erste der hier auftretenden Fragen; letzten Endes eine Frage nach den Kräften, die die einzelnen Bestandteile zusammenhalten, die also den Aufbau des Atomkerns bestimmen.

Aus zwei Fragestellungen heraus soll die Behandlung dieses Themas erfolgen; der experimentellen „welche Eigenschaften des Kerns sind beobachtbar?" und der theoretischen „welche Folgerungen lassen sich aus diesen Beobachtungen ziehen?" Zunächst soll die erste Frage beantwortet werden. Aus ihrer Diskussion heraus ergibt sich die Beantwortung der zweiten.

Da im Atomkern möglicherweise ganz andere physikalische Gesetze herrschen, entsteht die Frage „Welche Größen sind einer direkten Beobachtung zugänglich?" Dies aber sind die von der klassischen Physik her als Erhaltungsgrößen bekannten physikalischen Eigenschaften wie Energie $E$ und Drehimpuls $J$. Nach dem Einsteinschen Gesetz der Äquivalenz von Masse und Energie

$$E = Mc^2 \tag{1}$$

sind auch die Massen $M$ der Kerne zu den beobachtbaren Größen zu zählen bzw. die Energie $E$ der Kerne durch Bestimmung ihrer Massen $M$ zu ermitteln. Bei Kernumwandlungen treten noch zeitliche und geometrische Größen als meßbar auf wie Lebensdauer $\tau$ und Zerfallswahrscheinlichkeit $\gamma = \frac{1}{\tau}$ instabiler Kerne und wie die Wirkungsquerschnitte bei Kernreaktionen.

Aber nicht nur die Energie eines Atomkerns als abgeschlossenes System ist eine meßbare Größe, vielmehr sind auch die Wechselwirkungsenergien zwischen einem

Atomkern und äußeren elektrischen wie magnetischen Feldern der Messung unmittelbar zugänglich. Da diese Wechselwirkungen ($E = QV, \vec{\mu}\,\mathfrak{H}, \ldots$) stets aus einem Anteil ($V, \mathfrak{H}, \ldots$) zusammengesetzt sind, der das äußere Feld beschreibt, und einem Anteil ($Q, \vec{\mu}, \ldots$), der eine Eigenschaft des Kerns enthält, sind auch diese letzteren Größen unmittelbar meßbare Eigenschaften des Kerns. Es handelt sich dabei um die elektrische Ladung $Q$, die elektrischen und magnetischen Dipolmomente $\mathfrak{p}, \vec{\mu}$, das elektrische Quadrupolmoment $q$ sowie Momente höherer Ordnung (Oktopol-, Multipolmomente), wobei letztere aber keine praktische Rolle spielen.

Das beobachtete elektrische Dipolmoment $\mathfrak{p}$ des Kerns ist stets gleich Null. Es gibt sehr allgemeine theoretische Gründe, die die Erfahrung $\mathfrak{p} = 0$ verständlich machen (Nichtvorhandensein einer Symmetrierichtung des Kerns, an der sich $\mathfrak{p}$ orientieren könnte, Invarianz physikalischer Erscheinungen gegenüber Spiegelungen des Raums).

Alle über die genannten hinausgehenden Eigenschaften des Kerns sind nicht unmittelbar meßbar, sondern nur durch theoretische Rückschlüsse, also auf der Basis irgendwelcher Theorien zu ermitteln. Sie stellen Abstraktionen in einem höheren Sinne dar. Größen dieser Art sind Kernradius, Materiedichte und Ladungsdichte des Kerns, seine Kompressibilität und Temperatur wie auch selbst so fundamentale Begriffe wie Nukleonen, Protonen, Neutronen und Kernkräfte.

Die Aufgabe einer Theorie über den Aufbau des Atomkerns besteht darin, die hier genannten meßbaren Größen der verschiedensten Atomkerne miteinander zu vergleichen, um aus dem Erfahrungsmaterial Rückschlüsse auf die innere Struktur des Kerns selbst zu ziehen.

### *2. Theorie des Atomkerns*

Die Massen $M$ der verschiedensten Atome, die ja, wie erwähnt, mit den Kernmassen nahezu identisch sind, lassen sich als nahezu ganzzahlige Vielfache einer einzigen Grundmasse darstellen, wie alle Experimente zeigen. Diese Tatsache läßt einen ersten Schluß auf die Struktur des Atomkerns zu, nämlich, daß dieser aus einzelnen, untereinander gleichen Bausteinen, den Nukleonen, aufgebaut ist. Ein Kern mit der $A$-fachen Grundmasse besteht demnach aus $A$ Nukleonen.

Die vorerwähnten Rutherfordschen Streuversuche zeigen weiter, daß die (positive) Ladung des Kerns $Q$ ein exaktes Vielfaches

$$Q = e\,Z \qquad (1)$$

der Elektronenladung $e$ ist, daß aber stets die (ganzzahlige) Ladungszahl $Z$ kleiner als die ebenfalls (ganzzahlige) Massenzahl $A$ des Kerns ist. Es sind demnach geladene und ungeladene Nukleonen zu unterscheiden, nämlich die sogenannten Protonen und Neutronen. Ein Kern mit $A$ Nukleonen enthält $Z$ Protonen und $N = A - Z$ Neutronen.

Diese Protonen und Neutronen können auch frei, also außerhalb des Kerns beobachtet werden. Ihre Eigenschaften sind ($h = 2\pi\hbar$ Plancksches Wirkungsquantum, $c$ Lichtgeschwindigkeit, $M_p$ Masse des Protons).

| | Masse | Spin | Ladung | magnetisches Moment |
|---|---|---|---|---|
| Protonen | $1{,}6725 \cdot 10^{-24}$ g | $\frac{1}{2}\hbar$ | $+e$ | $2{,}7934 \frac{e\hbar}{2 M_p c}$ |
| Neutronen | $1{,}6748^{8}\ 10^{-24}$ g | $\frac{1}{2}\hbar$ | 0 | $-1{,}9135 \frac{e\hbar}{2 M_p c}$ |

Weiter zeigen die vorerwähnten Streuversuche, daß das Volumen $V$ der Kerne ihrer Masse $M$ proportional ist, daß also alle Kerne von den allerleichtesten mit $A = 1$ bis zu den schwersten mit $A = 240$ eine ungefähr konstante Massendichte $\frac{M}{V}$ aufweisen.

Um nunmehr eine theoretische Beschreibung des Kerns aufzufinden, kann man versuchen, den Kern als ein mechanisches System von $A$ Nukleonen zu behandeln. Wegen der hohen Materiekonzentration reichen die Gesetze der klassischen Physik nicht aus, sondern muß die Quanthentheorie in vollem Umfang berücksichtigt werden. Von ihren Ergebnissen sei hier nur erwähnt, daß in der quantenmechanischen Beschreibung das Nukleon sowohl Teilcheneigenschaften, wie Energie $E$ und Impuls $\mathfrak{p}$, als auch Welleneigenschaften, wie Frequenz $\nu$ und Wellenlänge $\lambda$, hat. Der Zusammenhang zwischen ihnen ist durch die Relationen von Planck und de Broglie

$$E = h\nu \qquad p = \frac{h}{\lambda} \tag{2}$$

gegeben. Andererseits aber sind diese Eigenschaften eingeschränkt dadurch, daß Orte $x$ und Impulse $p$ nach Heisenberg mit Unbestimmtheiten $\Delta x$ und $\Delta p$ behaftet sind, deren Produkt

$$\Delta p\, \Delta x \geq \frac{\hbar}{2} \tag{3}$$

die Grenze $\frac{\hbar}{2}$ nicht unterschreiten kann. Der niedrigste Energiezustand eines Nukleons im Kernverband, der sogenannte Grundzustand, kann daher kein Zustand der Ruhe an einem Ort mit $x = 0$ und $\Delta x = 0$ sein, weil diesem Zustand eine unendlich hohe kinetische Energie $E_{kin} = \frac{(\Delta p)^2}{2m} = \infty$ nach der Unbestimmtheitsrelation (3) entsprechen würde. Er ist vielmehr ein Gleichgewichtszustand, in dem zwar die potentielle Energie möglichst niedrig ist, in dem andererseits aber auch die durch die Unbestimmtheit hervorgerufene kinetische Energie nicht zu groß wird.

Zu erwähnen ist weiter, daß in der *Quantentheorie* beobachtbare Größen immer dann diskrete Werte, die sogenannten Eigenwerte, annehmen, wenn die der

Größe zugehörige Bewegung örtlich beschränkt ist. Da Drehungen zum Beispiel nur die Winkel zwischen Null und $2\pi$ durchlaufen, sind die ihnen zugeordneten Drehimpulse diskret, nämlich

$$J = \hbar j \qquad j = 0, \frac{1}{2}, 1, \frac{3}{2}, \ldots \tag{4}$$

Die Energie $E$ eines gebundenen Nukleons kann ebenfalls nur in bestimmten Werten $E_n$, den Energiezuständen, gemessen werden, da in diesen Zuständen das Nukleon auf einen engen Ortsbereich konzentriert ist.

Wie bereits grundsätzliche Überlegungen zum Kernaufbau zeigen, bewegen sich die Nukleonen im Kern bedeutend schneller als die Elektronen in der Hülle. Ihre Geschwindigkeit ist etwa $\frac{c}{10}$ ($c$ = Lichtgeschwindigkeit) gegenüber $\frac{c}{100}$ bei Elektronen. Bei genauen Rechnungen ist daher, wie überall in der Physik, wo Geschwindigkeiten von der Größenordnung der Lichtgeschwindigkeit eine Rolle spielen, die *Relativitätstheorie* zu berücksichtigen.

Da der Kern sehr viele, nämlich bis zu 240 Nukleonen enthält, stellt er vom Standpunkt eines mechanischen Systems ein sogenanntes *Vielkörperproblem* dar, das auch in einfacheren Fällen nicht exakt lösbar ist; bekanntlich läßt sich bereits das Dreikörperproblem nicht mehr exakt behandeln.

Schließlich gehören zu einem solchen mechanischen System noch Angaben über die Kräfte, die die einzelnen Nukleonen im Kern zusammenhalten, über die *Kernkräfte* also. Diese Kräfte müssen, da sie im Gegensatz zu elektrischen Kräften außerhalb des Atomkerns nicht beobachtet werden, von kurzer *Reichweite* ($10^{-12}$ cm) sein. Es gibt Theorien der Kernkräfte, die (im Rahmen der Quantenfeldtheorie) zeigen, daß die Anziehungskräfte zwischen Nukleonen im engen Zusammenhang stehen mit einer neuen Sorte von ebenfalls beobachtbaren Elementarteilchen, den Mesonen, die ihrerseits von einem Nukleon erzeugt und vom benachbarten Nukleon wieder kurzzeitig absorbiert werden, also zwischen den Nukleonen kurzzeitig hin und her springen. Die quantitative Durchführung dieser Theorien führt jedoch bei den hier auftretenden sehr hohen Energien zu erheblichen Schwierigkeiten, da neben der Wirkung eines solchen „virtuellen" Mesons auch die Wirkung von zwei und mehr virtuellen Mesonen eine Rolle spielt und zu mathematisch unübersehbaren Ausdrücken führt.

Ein anderes Verfahren beruht im „Erraten" der Kernkräfte. Es werden für sie versuchsweise bestimmte mathematische Ansätze gemacht und die berechneten Ergebnisse mit der Erfahrung verglichen. Der Vergleich wiederum zeigt, in welcher Richtung der jeweilige Ansatz zu verbessern ist. Die auf diesem indirekten Wege berechneten Kräfte werden auch phänomenologische Kernkräfte genannt.

Zusammenfassend läßt sich also feststellen, daß die theoretische Behandlung des Atomkerns auf eine Reihe grundsätzlicher Schwierigkeiten stößt. Quantentheorie und Relativitätstheorie müssen berücksichtigt werden, und im übrigen bleibt das Problem ein mechanisches Vielkörperproblem mit zunächst unbekannten Kernkräften. Es kommen für eine Behandlung des Atomkerns daher grundsätzlich nur Näherungsmethoden in Betracht; Näherungsmethoden, die nach folgendem Prinzip arbeiten: Es werden aus qualitativen Überlegungen heraus Vermutungen über die Bewegung und Verteilung der Nukleonen im Kern gemacht und über eine anschließende Rechnung mit der Erfahrung verglichen. Das Ergebnis zeigt jeweils, wie richtig oder falsch die Vermutung war und in welcher Richtung sie zu verbessern ist. Logisch zusammengehörige und durch die Erfahrung indirekt bestätigte Vermutungen dieser Art ergeben ein Modell. Es sind eine Reihe von Kernmodellen entwickelt worden, die die vielfältigen Eigenschaften der Atomkerne systematisch verstehen lassen und die auch untereinander widerspruchsfrei zusammengehören.

### 3. *Beobachtung stabiler Kerne*

In Abb. 1 sind die in der Natur vorkommenden stabilen Kerne durch Punkte charakterisiert. Die Lage der einzelnen Punkte wird durch eine Protonenzahl $Z$ und Neutronenzahl $N$ im Diagramm bestimmt. Es fällt dabei auf, daß alle stabilen Kerne in der Nähe der Diagonalen des Diagramms konzentriert sind. Bei leichteren stabilen Kernen ist $N \approx Z$ und bei den schwersten $N \approx 3/2 \cdot Z$.

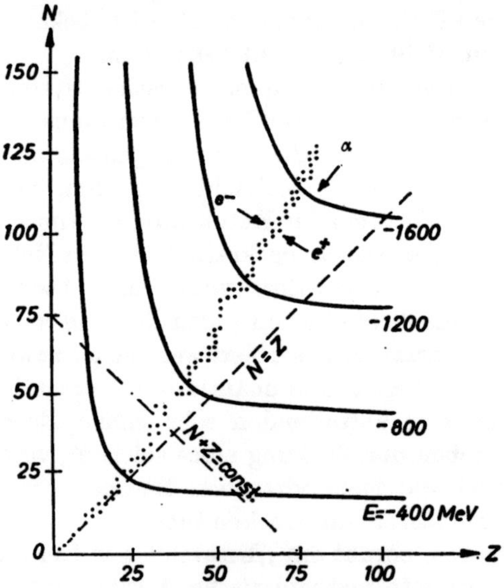


Abb. 1. $N$, $Z$-Diagramm der stabilen Kerne

Genauere Bestimmungen der Massen im Massenspektrographen zeigen gewisse Abweichungen von der Ganzzahligkeit. Die experimentell gefundenen Massen lassen sich durch

$$M_{exp} = ZM_p + NM_n + \frac{E_B}{c^2} \tag{1}$$

ausdrücken. Hierin ist $\frac{E_B}{c^2}$ klein gegen die ersten beiden Terme und im übrigen ist wegen der Einsteinschen Beziehung (1.1) $E_B = -|E_B|$ die sogenannte Bindungsenergie des Kerns. $|E_B|$ ist demnach die erforderliche Arbeit, um den Kern in seine sämtlichen Bestandteile, also seine Protonen und Neutronen, zu zerlegen.

*Stabile Kerne* (I) sind dadurch charakterisiert, daß sie sich ohne Arbeitsaufwand nicht in irgendwelche Teilkerne (II und III) zerlegen lassen. Die Bedingung der Stabilität lautet demnach

$$|E_B^{\mathrm{I}}| > |E_B^{\mathrm{II}}| + |E_B^{\mathrm{III}}| . \tag{2}$$

Die stabilsten Kerne sind demzufolge diejenigen mit der negativsten Bindungsenergie. Man kann sich die Bindungsenergie $E_B(N, Z)$ als Funktion der Neutronen- und Protonenzahl, als eine Fläche über der $NZ$-Ebene von Abb. 1 vorstellen. Diese

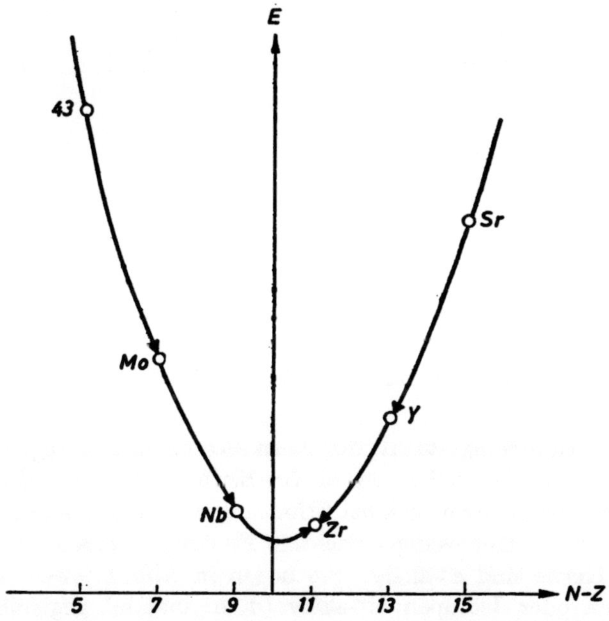


Abb. 2. Bindungsenergie für die Kerne $A = 91$ in Abhängigkeit vom Neutronenüberschuß

Fläche muß offenbar dort ihre tiefsten Werte, also eine Talmulde, aufweisen, wo sich im Diagramm die stabilen Kerne befinden; denn nur so kann die Stabilitätsbedingung (2) erfüllt werden, da für die Zerlegung eines stabilen Kerns Arbeit aufgewandt, also $|E_B|$ vergrößert werden muß.

Betrachtet man den Verlauf der Energiefläche über Abb. 1 auf einem Querschnitt parallel zur strichpunktierten Linie dieser Abbildung, so zeigt die Energiefläche in diesem Querschnitt etwa den Verlauf von Abb. 2 mit der Talsohle dort, wo sich die stabilen Kerne befinden. Im übrigen zeigt die Bestimmung der Bindungsenergie $E_B$ über Gleichung (1), daß diese mit der Nukleonenzahl, also mit $A$, wächst. Die mittlere Bindung pro Nukleon, also $\frac{E_B}{A}$ ist in Abb. 3 dargestellt. Sie beträgt etwa 6—8 MeV und zeigt bei mittleren Kernen einen nahezu waagerechten Verlauf. Die leichteren sowie die noch schwereren Kerne dagegen erscheinen in dieser Stabilitätskurve weniger stabil. Neben den besprochenen stabilen Kernen existiert noch eine große Anzahl nichtstabiler Kerne, die mit einer bestimmten Zerfallswahrscheinlichkeit $\gamma = \frac{1}{\tau}$ sich selbsttätig umwandeln. Beim $\alpha$-Zerfall sendet der Kern $\alpha$-Teilchen (Heliumkerne mit $N = Z = 2$) aus. Ein $\alpha$-aktiver Kern verwandelt sich in einen entsprechend um $N = 2$ und $Z = 2$ leichteren Kern um, wie in Abb. 1 durch den entsprechenden Pfeil angedeutet. Der $\alpha$-Zerfall ist eine Folgeerscheinung der in Abb. 3 bei schweren Kernen umbiegenden Stabilitätskurve, der geringeren Stabilität schwerer Kerne also. Bei mittleren oder leichteren Kernen kann kein natürlicher $\alpha$-Zerfall auftreten, weil zu dieser Umwandlung

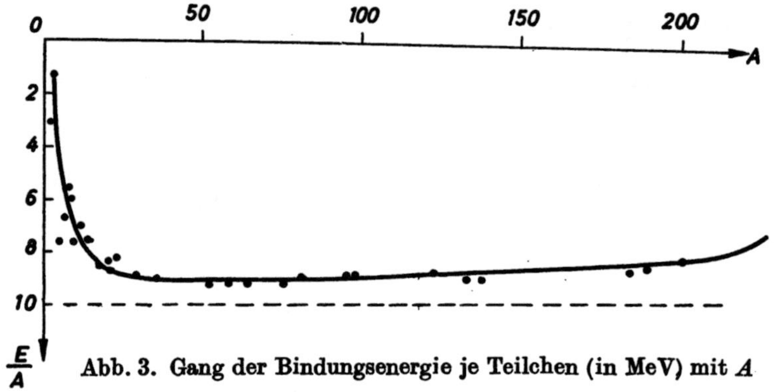


Abb. 3. Gang der Bindungsenergie je Teilchen (in MeV) mit $A$

Arbeit in den Kern hineingesteckt, der Kern also zuvor angeregt werden müßte. Beim $\beta$- oder $e^-$-Zerfall emittiert der aktive Kern ein Elektron dadurch, daß im Innern des Kerns ein Neutron sich bei Erhaltung der Gesamtladung in ein Proton, ein Elektron und das hier weniger wichtige Neutrino verwandelt. Nur die neutronenreichen Kerne sind $e^-$-aktiv. Sie liegen in Abb. 1 jeweils links von den stabilen Kernen oder Isotopen. $e^+$-aktiv (d. h. instabil gegenüber Protonenemission) dagegen sind die protonenreichen Kerne, die im Diagramm rechts neben den stabilen Kernen liegen. Die $\gamma$-Aktivität, Emission elektromagnetischer Wellen, findet nur im Anschluß an eine Kernumwandlung statt, wenn der neu gebildete Kern sich noch nicht im energetisch niedrigsten, dem Grundzustand, sondern in einem angeregten Zustand befindet. Die überschüssige Energie wird dabei in Form elektromagnetischer Strahlung abgegeben.

Schließlich läßt sich der Stabilitätskurve von Abb. 3 noch entnehmen, daß die schwersten Kerne gegenüber einer Zerlegung in zwei etwa gleichgroße Teile nicht stabil sein können, da bei mittleren Kernen die Bindungsenergie pro Nukleon um etwa 1 MeV niedriger liegt. Der bei einer solchen Kernspaltung auftretende Energiegewinn ist also recht groß, nämlich $\approx 1$ MeV pro Nukleon oder $\approx 240$ MeV pro Kern. Außerdem liegen die bei einer solchen Spaltung entstehenden Teilkerne in Abb. 1 links von den stabilen Kernen, sind also sehr neutronenreich, $e^-$-aktiv und wegen ihrer hohen Anregungsenergie auch imstande, Neutronen zu emittieren, wozu nach Abb. 3 eine Anregungsenergie von $\approx 8$ MeV pro emittiertem Neutron erforderlich ist.

Ferner weist das Beobachtungsmaterial einige weitere Feinheiten auf, die noch zu erwähnen sind. Je nachdem, ob $Z$ und $N$ gerade ($g$) oder ungerade ($u$) sind, lassen sich die Kerne unterscheiden in die 4 Typen ($gg$), ($gu$), ($ug$), ($uu$). Die $gg$-Kerne sind besonders stabil; ein Hinweis darauf, daß sich zwei Protonen oder zwei Neutronen jeweils enger miteinander verbinden, also energetisch fester liegen. Die $gu$- und $ug$-Kerne sind etwa gleich stabil, die $uu$-Kerne dagegen besonders instabil. Gegenüber den mittleren Energien ergeben sich je nach Typ im Mittel folgende Unterschiede in der Bindungsenergie:

$$\Delta E \approx \pm \frac{33{,}5\ \mathrm{MeV}}{A^{3/4}}\,. \tag{3}$$

Weiter verschwinden bei den $gg$-Kernen stets Kernspin, magnetisches Moment und Quadrupolmoment. Es ist also für diese

$$(gg) \qquad J = \mu = Q = 0\,. \tag{4}$$

Weiter ist unter den Feinheiten zu erwähnen, daß Kerne mit ganz bestimmter Neutronenzahl $N$ oder Protonenzahl $Z$ besonders stabil sind. Diese Zahlen, die sogenannten magischen Zahlen, sind

$$N, Z = 2, 8, 20, 28, 50, 82, 126\,. \tag{5}$$

### 4. *Das Tröpfchenmodell*

Eine halbempirische Beschreibung für die Bindungsenergie $E_B(N,Z)$ liefert die Bethe-Weizsäcker-Formel

$$E_B(N,Z) = -aA + bA^{2/3} + c\left(\frac{N-Z}{N+Z}\right)^2 A + \frac{3}{5}\,\frac{e^2}{R_0}\,\frac{Z^2}{A^{1/3}}\,, \tag{1}$$

in der die vier empirischen Konstanten (in MeV)

$$a = 14{,}7 \qquad b = 15{,}4 \qquad c = 20{,}5 \qquad \frac{3}{5}\,\frac{e^2}{R_0} = 0{,}6 \tag{2}$$

auftauchen. Diese Formel enthält, abgesehen von den am Schluß von Kapitel 3 erwähnten Feinheiten, den allgemeinen Verlauf der Energiefläche für die verschiedenen Neutronen- und Protonenzahlen $N$ und $Z$. Ihre theoretische Begründung erfolgt aus einer gewissen Modellvorstellung heraus, bei der der Atomkern mit einem Flüssigkeitströpfchen verglichen wird. Dem Bild des Flüssigkeitströpfchens entspricht die in Kapitel 2 erwähnte konstante Massendichte im Kern, nach der das Volumen wie in einer Flüssigkeit proportional zur Zahl der Kernteilchen $A$ ist. Entsprechend wird der Radius proportional zur dritten Wurzel von $A$. Es gilt somit

$$R = R_0 \cdot A^{1/3} \qquad R_0 = 1{,}4 \cdot 10^{-13}\ \mathrm{cm}\,. \tag{3}$$

In letzter Zeit hat sich herausgestellt, daß der Ansatz

$$R = (0{,}75 + 1{,}26\, A^{1/3})\, 10^{-13}\ \mathrm{cm} \tag{4}$$

die empirischen Daten besser befriedigt.

In der Abb. 4 des Flüssigkeitströpfchens nimmt jedes Nukleon einen gewissen konstanten Raum ein. Es befindet sich daher wegen der kurzen Reichweite der Kernkräfte nur mit seinen unmittelbaren Nachbarn in Wechselwirkung. Jedes neu hinzutretende Nukleon wird durch seine umgebenden Nachbarn gebunden. Jedem hinzutretenden Nukleon entspricht also ein konstanter Beitrag zur Bindungsenergie. Die Bindungsenergie enthält somit ein zur Teilchenzahl proportionales Glied; das Glied mit $a$ in (1).

Bei dieser Überlegung ist die Bindungsenergie der am Rande befindlichen Nukleonen, die ja eine geringere Anzahl von Nachbarn als die im Innern der Flüssigkeit befindlichen Nukleonen haben, überschätzt. Es ist daher ein zur Oberfläche und damit zu $A^{2/3}$ proportionales Glied mit umgekehrtem Vorzeichen der Bindungsenergie hinzuzufügen, der zweite Term in (1), die Oberflächenenergie.

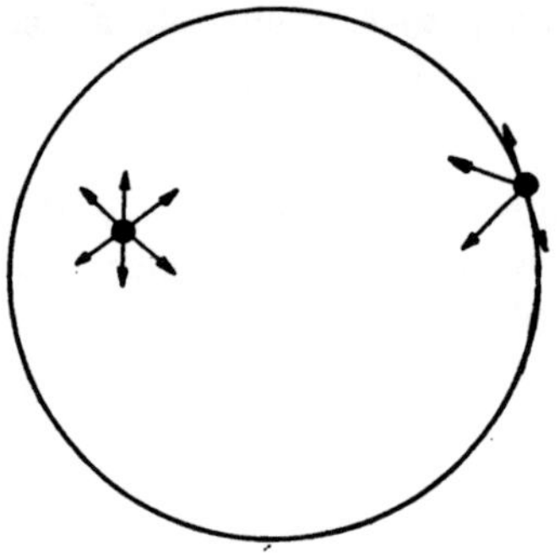

Abb. 4. Schematische Darstellung der Nukleonenwechselwirkung im Innern und am Rande des Kerns

Weiter weist in Abb. 1 die Lage der leichteren stabilen Kerne in der Nähe der gestrichelt gezeichneten Diagonalen $N = Z$ auf eine Symmetrie der Kernkräfte hin. Die neutronenreichen Kerne sind offenbar im gleichen Maße unstabil verglichen mit den Kernen auf der Diagonalen, wie die protonenreichen Kerne. Die Kräfte zwischen den Protonen untereinander wie den Neutronen untereinander müssen daher gleich groß sein. Die Anziehungskräfte zwischen Protonen und Neutronen aber müssen zu einer effektiv festeren Bindung führen, da sich nur so die Lage der stabilen Kerne auf der Diagonalen verstehen läßt. Diese Symmetrie der Kernkräfte berücksichtigt das dritte Glied von (1) empirisch. Es sorgt dafür, daß unter den verschiedenen Kernen mit gleicher Nukleonenzahl $A$, in Abb. 1 strichpunktiert, diejenigen mit $N = Z$ die niedrigste Bindungsenergie aufweisen, während die Abweichungen bei $N \neq Z$ sich für neutronenreiche wie für protonenreiche Kerne in gleicher Weise bemerkbar machen.

Schließlich ist zu berücksichtigen, daß die Protonen eine positive elektrische Ladung aufweisen, mit der eine elektrostatische Abstoßung und ein entsprechend positiver Energiebeitrag verbunden ist. Im Bild des Flüssigkeitströpfchens ist diese elektrostatische Abstoßung etwa gleich der elektrostatischen Energie einer mit der Gesamtladung $eZ$ homogen geladenen Kugel und damit gleich dem vierten

Term der Bethe-Weizsäcker-Formel. Im Zähler steht das Quadrat der Ladung, im Nenner der Kernradius. Der Faktor 3/5 entsteht bei der Mittelung von $\frac{1}{r}$ über die Kugel.

Diese elektrostatische Abstoßung als spezifische Eigenschaft der Protonen zerstört die Symmetrie des Kerns. Sie macht sich wegen ihrer Abhängigkeit von $Z^2$ nur bei schweren Kernen bemerkbar und führt dazu, daß protonenreiche, schwere Kerne bedeutend instabiler sind als die entsprechenden neutronenreichen Kerne. Das vierte Glied der Formel also führt zur Verschiebung der Stabilitätslage schwerer Kerne in Abb. 1 nach der Seite der neutronenreichen Kerne.

Die Bethe-Weizsäcker-Formel, entwickelt aus der Vorstellung von einer Nukleonenanordnung im Kern ähnlich einer Molekülanordnung im Flüssigkeitströpfchen, gibt das empirische Material vorzüglich wieder. Sie gibt Auskunft über die Form der Energiefläche, die Stabilität der Kerne und ihre Lage im Diagramm der Abb. 1. Es bleibt dabei die Frage offen, ob die Anordnung der Nukleonen im Kern wirklich derjenigen eines Flüssigkeitstropfens entspricht oder ob es sich hierbei um eine mehr zufällige Analogie handelt und in Wirklichkeit nur ganz spezifische Eigenschaften der Nukleonenanordnung und der Kernkräfte mit den Verhältnissen im Flüssigkeitstropfen übereinstimmen.

## *5. Das Schalenmodell*

Im Tröpfchenmodell bleibt ein Problem unbeantwortet, und zwar prinzipiell unbeantwortet, nämlich das der magischen Zahlen. Geht man von der Vorstellung des Flüssigkeitströpfchens aus, so tritt ein hinzukommendes Nukleon lediglich in Wechselwirkung mit seinen allernächsten Nachbarn, unabhängig davon ob sich bereits $n$ oder $n + 1$ Nukleonen in einem Tröpfchen befinden, und es bleibt daher unverständlich, daß insbesondere bei hohen Nukleonenzahlen, wie 82 oder 126, energetisch besonders günstige Konfigurationen auftreten, die zu einer besonders festen Bindung führen. Ein solches Verhalten der Nukleonen, das bei bestimmten Protonenzahlen oder Neutronenzahlen zu besonders festen Bindungen führt, ist überhaupt nur dann verständlich, wenn wirklich alle Teilchen in einem direkten Kontakt zueinander stehen (sich sozusagen gegenseitig zählen können, um zu entscheiden, ob sie zu einer magischen Konfiguration gehören oder nicht), wenn also das einzelne Nukleon den ganzen Bereich des Kerns durchlaufen kann, im Kern also nahezu frei beweglich ist.

Die freie Beweglichkeit der Nukleonen im Kern aber ist eine den Voraussetzungen des Flüssigkeitsmodells zuwiderlaufende Annahme. Ihre Voraussetzung führt zum Schalenmodell, und es bleibt dabei anschließend noch die Frage zu klären, in welcher Weise zwei so verschiedene Modelle wie das Schalenmodell und das Flüssigkeitsmodell sich widerspruchsfrei als gleichzeitig gültig verstehen lassen. Unter der Voraussetzung einer nahezu freien Beweglichkeit der Nukleonen im Kern wird sich die Wechselwirkung der einzelnen Nukleonen untereinander im Innern der Kerne im Mittel ausgleichen, am Rande jedoch das Nukleon bremsen. Beschreibt man den Einfluß der Wechselwirkung daher summarisch durch ein

Potential, so wird dieses Potential im Kerninnern konstant bleiben und am Rand steil anlaufen. Es ist in Abb. 5 wiedergegeben.

Da die Bewegung der einzelnen Nukleonen im Potential der Abb. 5 quantenmechanisch beschrieben werden muß, gibt es nur bestimmte Energiezustände, in denen sich die Nukleonen aufhalten können. Die Niveaus der Energiezustände sind in Abb. 5 schematisch eingetragen. Sie liegen um so dichter, je größer der dem Nukleon zur Verfügung stehende Raum ist, beim schweren Kern also sehr viel dichter als beim leichten. Außerdem liegen die Energieniveaus nicht in gleichen Abständen, sondern gruppenweise zusammen, wie die Abbildung andeuten soll.

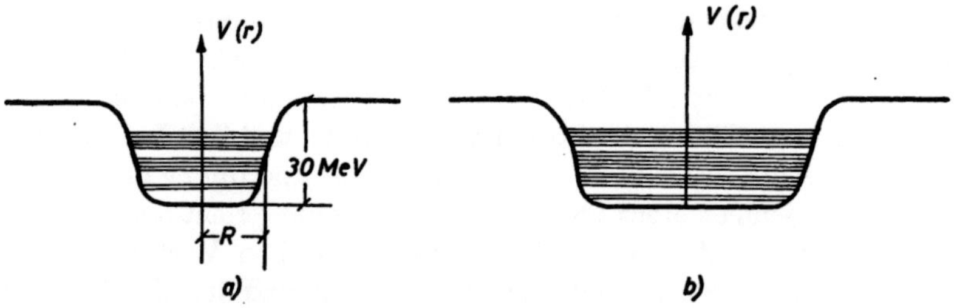


Abb. 5. Potential und Energiezustände im Schalenmodell
a) bei leichten und b) bei schweren Kernen

Protonen und Neutronen unterliegen, genau wie die Elektronen in der Atomhülle, einzeln dem Pauliprinzip, nach dem jedes Energieniveau nur von einem einzigen Teilchen (gegebener Spinrichtung) besetzt werden darf. Es ist daher jeder durch ein Energieniveau der Abb. 5 charakterisierte Zustand mit je einem Teilchen besetzt. Die zu je einer Energiegruppe gehörenden Teilchen bilden eine sogenannte Schale. Jedes hinzutretende Nukleon wird im nächsthöheren Energiezustand angelagert. Es wird somit der obersten (äußersten) Schale hinzugefügt, und falls gerade eine Schale voll besetzt ist, wird das unterste Energieniveau der nächst höheren Schale besetzt. Dabei wird das hinzugekommene Teilchen besonders fest gebunden sein, wenn mit seinem Hinzutreten eine Schale abgeschlossen und besonders locker, wenn mit ihm eine neue Schale begonnen wird.

Die Kerne mit abgeschlossenen Schalen sind also energetisch günstiger und darum besonders stabil. Da Protonen und Neutronen dem Pauli-Prinzip gesondert genügen, bilden sie ihre Schalen unabhängig voneinander. Die Schalenbildung führt somit zu einem Verständnis der in Kapitel 3 erwähnten magischen Zahlen.

Die besonderen, vom Experiment gefundenen magischen Zahlen 2, 8, 20, 28, 50, 82, 126 lassen sich dabei nur unter einer besonderen Voraussetzung verstehen, nämlich der, daß zwischen dem Spin, dem Eigendrehimpuls des Nukleons und seinem Bahndrehimpuls eine Kopplung herrscht derart, daß zwei verschiedene Energieniveaus entstehen, je nachdem, ob Spin $\mathfrak{s}$ und Bahndrehimpuls $\mathfrak{l}$ des Nukleons zueinander parallel oder antiparallel gerichtet sind. Die Spinbahnkopplung führt zu einem Energiebeitrag für das einzelne Nukleon von der Art

$$E \sim -(\mathfrak{l}\mathfrak{s}) \tag{1}$$

Eine solche Spinbahnkopplung wird auch bei den Elektronen der Atomhülle beobachtet, allerdings mit umgekehrtem Vorzeichen. Sie entsteht dort als eine magnetische Wechselwirkung zwischen dem mit dem Eigendrehimpuls des Elektrons verbundenen magnetischen Moment und dem magnetischen Moment, welches durch den Umlauf der elektronischen Ladung auf der Bohrschen Bahn hervorgerufen wird. Da trotz vieler Versuche bislang keine andere Hypothese als die der Spinbahnkopplung zu den speziell beobachteten magischen Zahlen geführt hat, gilt die Existenz einer solchen Kopplung für die Nukleonen im Kern als sehr wahrscheinlich.

Aber nicht nur die magischen Zahlen finden im Schalenmodell ihre Erklärung, sondern auch die Größen der Kernspins $J$ von (2.4), die magnetischen Momente $\mu$ und elektrischen Quadrupolmomente $q$. Da, wie vorher bereits erwähnt, die Spins je zweier Protonen oder auch Neutronen sich gegenseitig antiparallel stellen, sich also gegenseitig zu einem Gesamtspin Null absättigen, sollte der Gesamtspin des Kerns immer gleich dem Spin des jeweils letzten hinzugetretenen Nukleons sein, was auch tatsächlich beobachtet wird. In Hunderten von Beispielen stimmen die Kernspins mit den berechneten Spins der letzten Nukleonen in der obersten Schale überein bis auf wenige Ausnahmen, für die sich im einzelnen besondere Gründe anführen lassen.

Nach den gemachten Voraussetzungen müßten auch die Momente $\mu$ und $q$ des Kerns mit den entsprechenden Momenten des einzelnen letzten Nukleons, die sich im Schalenmodell berechnen lassen, übereinstimmen. Der Vergleich zwischen Theorie und Erfahrung zeigt allerdings keine exakte Übereinstimmung, sondern liefert nur ungefähr richtige Werte für $\mu$ und $q$, aber immerhin stets die richtigen Vorzeichen. Insbesondere sind die Quadrupolmomente, die ein Maß für die Abweichung des Kerns von der Kugelsymmetrie darstellen, im allgemeinen viel zu klein.

Um mit den experimentellen Daten in Übereinstimmung zu kommen, muß die Tiefe des Topfs $\approx 30$ MeV betragen, während der Radius $R$ nach (4.3) einzusetzen ist. Da die Energieniveaus dann zwischen —30 MeV und 0 MeV verteilt sind, erhält man so die mittlere Bindung der einzelnen Nukleonen von —15 MeV entsprechend der Konstanten $a$ der Bethe-Weizsäcker-Formel (4.1).

Das Schalenmodell liefert natürlich keine Möglichkeit, die Bindungsenergien $E_B$ absolut zu bestimmen, da deren Wert von der Willkür in den speziellen Voraussetzungen des zugrunde gelegten Potentialtopfs abhängt. Diese Bindungsenergien lassen sich erst bestimmen, wenn man den mehr phänomenologischen Potentialverlauf der Abb. 5 auf die ihm zugrunde liegenden Wechselwirkungen der einzelnen Nukleonen untereinander, auf die Kernkräfte also, zurückführt.

Weiter bliebe noch das Problem zu lösen, vom Standpunkt des Schalenmodells aus die Bethe-Weizsäcker-Formel für die Energiefläche auf einer neuen Grundlage zu erklären, die sich also von der Tröpfchenvorstellung mit nahezu ortsfesten Teilchen frei macht und die freie Beweglichkeit der Nukleonen im Kern, entsprechend der experimentellen Bestätigung des Schalenmodells, berücksichtigt.

## *6. Das Modell der paarweisen Wechselwirkung*

Das willkürlich eingeführte Potential des Schalenmodells soll hier auf die realistischere Vorstellung von paarweisen Anziehungskräften zwischen den Nukleonen zurückgeführt werden. Dabei werden die Anziehungskräfte durch ein Potential $V(1 \cdots A)$ dargestellt, im übrigen aber so angenommen, daß die mit ihnen errechneten Ergebnisse die Experimente möglichst gut darstellen.

Die Annahme der paarweisen Wechselwirkung bedeutet, daß je 2 Nukleonen einem Potential $V_{12}$ unterliegen. Die Wechselwirkung zwischen 3 Nukleonen $V(1, 2, 3)$ wird durch die paarweise Wechselwirkung zwischen je zwei Teilchen $V_{12} + V_{13} + V_{23}$ ersetzt. Dieser Vereinfachung liegt eine gewisse Willkür zugrunde, die für die Wechselwirkung von Elektronen erwiesenermaßen erfüllt ist, die für die Wechselwirkung der Nukleonen jedoch sicherlich nicht ganz zutrifft. Die Gesamtwechselwirkung von $A$ Nukleonen wird durch diese Annahme damit zurückgeführt auf

$$V = V(1 \cdots A) = \sum_{i<k} V_{ik}, \tag{1}$$

wobei die Summation über alle Paare von Nukleonen zu erstrecken ist.

In (1) stehen die Zahlen 1, 2 . . . symbolisch für sämtliche charakteristischen Merkmale der Nukleonen 1, 2, . . . wie Ort, Ladung, Geschwindigkeit, Spin. Es ist darauf zu achten, daß das Potential hier im Gegensatz zur üblichen nichtrelativistischen Beschreibung geschwindigkeitsabhängig sein kann.

Außerdem treten zu den gewöhnlichen, nur von den Eigenschaften der Teilchen abhängigen Kräften noch sogenannte Austauschkräfte hinzu, deren Wirkung anschaulich in der Vertauschung der Eigenschaften der wechselwirkenden Nukleonen liegt. Man kann sich die Wirkung der Austauschkräfte an folgendem Beispiel veranschaulichen: Fliegt ein Proton an einem Wasserstoffatom vorüber, so findet zwischen Proton und Wasserstoff in erster Näherung keine Wechselwirkung statt, da das Wasserstoffatom elektrisch neutral ist. Es besteht aber (in zweiter Näherung) die Möglichkeit, daß das Elektron des Wasserstoffatoms beim Vorüberlaufen des Protons seinen Platz wechselt und mit dem Proton weiterläuft. Das ursprüngliche Proton läuft dann als Wasserstoffatom weiter, während das ursprüngliche Wasserstoffatom als Proton zurückbleibt. Die Austauschwechselwirkung entsteht vom Standpunkt der Theorie der Kernkräfte aus unter ähnlichen Voraussetzungen, wobei die Rolle des Elektrons von einem geladenen Meson übernommen wird.

In der Praxis wird dieses 2-Teilchen-Wechselwirkungspotential als beliebige mathematische Funktion der charakteristischen Teilcheneigenschaften dargestellt. Die speziell gewählten Funktionen entsprechen den Vermutungen, die man über die Eigenschaften der Nukleonen-Wechselwirkung anstellt, und enthalten im übrigen noch eine gewisse Anzahl freier Parameter $V[\alpha, \beta, \gamma, \ldots]$. Mit diesen Potentialen werden die verschiedenen Atomkerne berechnet und die noch willkürlichen Parameter im Anschluß an die Rechnung so justiert, daß sie die experimentellen Tatbestände möglichst gut befriedigen. Auf diese Weise erhält man

Aussagen über die zwischen den Nukleonen herrschenden Kräfte; denn die Fixierung jeder der Konstanten $\alpha$, $\beta$, $\gamma$ . . . bedeutet je eine Aussage über die Eigenschaften der Kernkräfte, ein Verfahren, das sich durch sukzessive Wiederholung laufend verbessern läßt.

Die unmittelbarsten Aussagen über die Kernkräfte erhält man aus experimentellen Größen, an deren Zustandekommen nur zwei Nukleonen beteiligt sind. Dazu gehören die Größen $E_B$, $I$, $\mu$, $q$ des einfachsten Kerns, des aus Proton und Neutron bestehenden Deuterons. Dazu gehören aber auch die beobachtbaren Streuprozesse zwischen zwei Nukleonen bei den verschiedensten Energien.

Bei allen aus mehr als zwei Nukleonen aufgebauten Kernen machen sich bei der Rechnung die Schwierigkeiten des Vielkörperproblems geltend. Es werden zu ihrer Bewältigung die verschiedensten Näherungsmethoden angewandt. Dabei lassen sich die Kerne von $H^2$ bis $He^4$ noch recht genau durch die Anwendung von Variationsverfahren bestimmen.

Die leichten Kerne von $He^4$ bis $O^{16}$ lassen sich mit dem aus der Atomhülle bekannten Hartree-Fockschen Näherungsverfahren bestimmen, dessen Anwendung jedoch um so schwieriger wird, je größer die Zahl der beteiligten Nukleonen ist. Insbesondere sind die Ergebnisse dieses Verfahrens beim Kern nicht so gut wie in der Elektronenhülle, weil hier kein starkes Führungspotential wie in der Hülle vorliegt.

Die schweren Kerne können überhaupt nur nach der statistischen, von Thomas und Fermi begründeten Methode berechnet werden. Auch auf mittlere Kerne wird diese Methode angewandt, obwohl die statistischen Voraussetzungen hier weniger gut erfüllt sind. Es fehlt jedoch zur Zeit noch ein für diese Kerne ($A \approx 100$) besonders geeignetes Verfahren.

Die experimentellen Ergebnisse über die Streuung zweier Nukleonen, wie über Bindungsenergie, Kernspin, magnetisches Moment und Quadrupolmoment des Deuterons reichen etwa für die wichtigsten Aussagen über die Kernkräfte aus. Die Berechnung der übrigen Kerne und der Vergleich mit den experimentell beobachtbaren Bindungsenergien $E_B$ und sonstigen Kerneigenschaften ist dann rein theoretisch möglich. Sie liefert Aussagen über die Güte dieses Modells der paarweisen Wechselwirkung und dient ferner zur Kontrolle der Annahmen über die Kernkräfte.

Dieses Verfahren einer indirekten Bestimmung der Kernkräfte hat man bis heute noch nicht in quantitativer und eindeutiger Form durchführen können. Verschiedene allgemeinere Eigenschaften der Kernkräfte jedoch haben sich dabei als gesichert herausgestellt. So verhält sich das Kernpotential zweier Nukleonen in großem Abstand wie $V \sim e^{-\frac{r}{a}}$. $a = 2 \cdot 10^{-13}$ cm kann daher als Reichweite der Kernkräfte angesehen werden. Der Anteil der Austauschkräfte an der Gesamtkraft beträgt etwa 50%; außerdem findet die Symmetrie der Kernkräfte ihre Bestätigung: zwischen Protonen existiert die gleiche Wechselwirkung wie zwischen Neutronen. Seit einiger Zeit nimmt man als sehr wahrscheinlich an, daß bei sehr kleinen Abständen von etwa $0{,}7 \cdot 10^{-13}$ cm die Kernkraft plötzlich stark werden die Schwingungsamplituden so groß, daß die Oberflächenspannung nicht mehr zum Zusammenhalten des Kerns ausreicht, und es findet der in Abb. 6 dargestellte Spaltungsvorgang statt.

Wenn nämlich unter den verschiedensten denkbaren Oberschwingungen der Kern gerade die in der Abbildung durch eine Einschnürung gekennzeichnete Deformation bekommt, so überlegt man sich leicht, daß in diesem Zustand der

Abb. 6. Schematische Darstellung der Kernspaltung durch Deformation

Kern nicht mehr in sein ursprüngliches Gleichgewicht zurückfindet. Die resultierende Wirkung der Oberflächenspannung ist auf die beiden neu gebildeten Zentren des Kerns gerichtet und kompensiert nicht mehr die Coulombsche Abstoßungskraft, die sich nunmehr als eine Abstoßungskraft zwischen diesen beiden neu gebildeten Zentren verstehen läßt. Der Kern wird in zwei nahezu gleich große Stücke gespalten, die infolge der Coulombschen Abstoßung auf eine sehr hohe Geschwindigkeit beschleunigt werden und auseinanderfliegen.

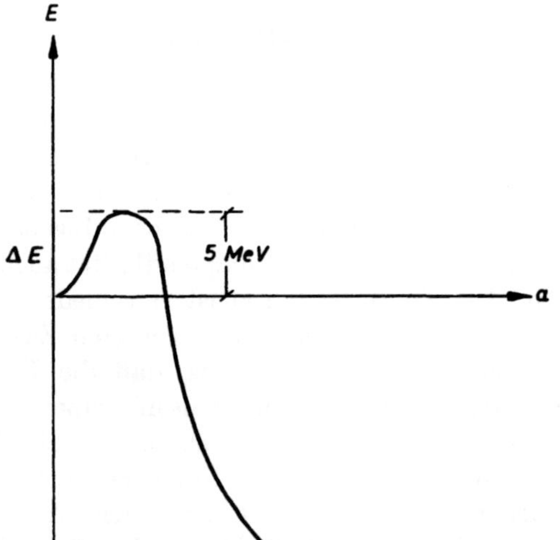


Abb. 7. Qualitativer Energieverlauf bei der Kernspaltung

Betrachtet man die Energieabhängigkeit des Kerns bei verschiedenen Abständen $a$ der beiden Zentren, so ergibt sich der qualitative Energieverlauf von Abb. 7. Man entnimmt der Zeichnung, daß die beiden Zentren erst die Energieschwelle $\Delta E$ überwinden müssen, damit die Spaltung stattfinden kann. Die dabei frei werdende Energie von 200 MeV wurde bereits in Kapitel 3 bei der Diskussion der Energiefläche erwähnt.

Das kollektive Modell wurde auch von AAGE BOHR zur genaueren Berechnung der Quadrupolmomente herangezogen, die beim Schalenmodell, wie erwähnt, mit den richtigen Vorzeichen, aber viel zu kleinen Werten herauskamen. Bei einem verfeinerten Schalenmodell für einen Kern mit Quadrupolmoment muß man berücksichtigen, daß auch das Potential des einzelnen Nukleons nicht mehr kugelsymmetrisch sein kann, sondern im Sinne des Quadrupolmoments durch ein Ellipsoid dargestellt werden muß. Die Form des Ellipsoids wiederum kann man berechnen, wenn man sich einen solchen Kern aus einem kugelsymmetrischen kollektiven Kernrumpf mit einem zusätzlichen Nukleon, dem „Leuchtnukleon" aufgebaut denkt, welches, wie in Abb. 8 dargestellt, den Kernrumpf umläuft. Die Anziehungskräfte zwischen dem Leuchtnukleon und dem Restkern bewirken, daß auch die Kernflüssigkeit deformiert wird in dem Sinne, daß die Wirkung des umlaufenden Nukleons als Quadrupolmoment durch die von innen nach außen gezogenen übrigen Nukleonen stark vergrößert wird. Als Ergebnis erhält A. BOHR Quadrupolmomente, die 10 bis 30mal größer sind als die vom einfachen Schalenmodell berechneten Quadrupolmomente und die recht gut mit den empirischen Werten übereinstimmen.

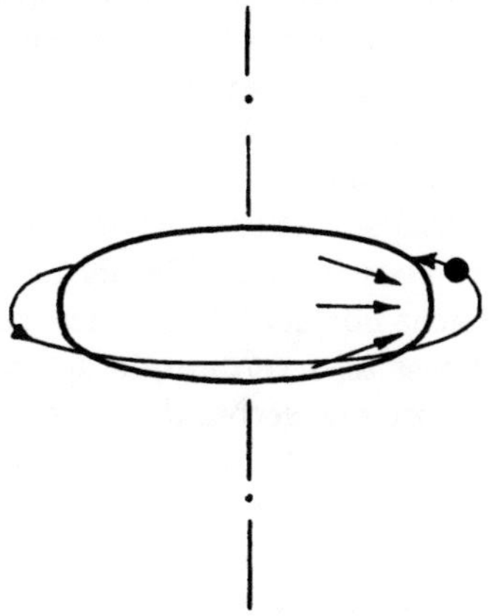

Abb. 8. Bahn des Leuchtnukleons um den Kernrumpf

Auch die vom Schalenmodell nicht sehr genau bestimmten magnetischen Momente lassen sich mit dem kollektiven Modell verbessert berechnen. Der kollektive Kern verändert das magnetische Moment des umlaufenden Nukleons dabei dadurch, daß die Kernflüssigkeit eine gewisse magnetische Permeabilität besitzt, die bei der Berechnung des magnetischen Moments natürlich berücksichtigt werden muß. Weitere allgemeine physikalische Begriffe, wie z. B. die Wärmeleitfähigkeit, sind mit Erfolg bei mittleren und schweren Kernen angewandt worden.

## *9. Das Bohrsche Sandsackmodell*

Trifft irgendein Elementarteilchen, etwa ein Neutron, mit hoher Energie auf einen Kern, so treten eine Reihe innerer Umwandlungsprozesse des Kerns unter hoher Anregungsenergie auf, die die anschließende Emission der verschiedensten Teilchen zur Folge haben und wegen ihrer Kompliziertheit und der vielfältigen Möglichkeiten im Detail schwer zu überschauen sind. Eine Beschreibung dieser Vorgänge fand N. BOHR durch die Annahme, daß der Kern auf ein einfallendes Teilchen hoher Energie genauso reagiert wie ein Sandsack, in den ein Geschoß eindringt: Wegen der vielen Freiheitsgrade der kleinen Sandkörner wird die Energie des Geschosses sehr schnell auf diese Freiheitsgrade statistisch verteilt, das heißt in Wärme überführt und das Geschoß somit abgestoppt.

In diesem Sinne ist der vom einfallenden hochenergetischen Teilchen hervorgerufene Kernprozeß in drei Abschnitte zu unterteilen. Im ersten Abschnitt wird das einfallende Teilchen vom Kern absorbiert. In der zweiten Phase verteilt sich die Energie statistisch gleichmäßig über die Freiheitsgrade, so daß es sinnvoll ist, von einer Temperatur des Kerns zu sprechen. Wird zum Beispiel ein mit 25 MeV auftreffendes Neutron von einem schweren Kern absorbiert, so wird der Kern dabei auf eine Temperatur von 100 Millionen Grad Celsius erhitzt. Es bildet sich in dieser zweiten Phase also ein thermodynamisches Gleichgewicht aus. In der dritten Phase finden nun Prozesse statt, die sich mit der Glühemission von Metallen vergleichen lassen. Es werden die verschiedensten Elementarteilchen und auch ganze Kernbruchstücke emittiert; ein Vorgang, der sich theoretisch leicht mit der Theorie der Verdampfungsgleichgewichte verstehen läßt. In dieser Phase also verdampft der Kern solange Teilchen, bis er infolge der mit der Verdampfung verbundenen Abkühlung seine gesamte Anregungsenergie wieder abgegeben hat. Von einer gewöhnlichen Verdampfung unterscheiden sich diese Vorgänge nur in quantitativen Details. Es muß zum Beispiel berücksichtigt werden, daß Nukleonen im Kern dem Pauli-Prinzip genügen, sich also in einem hoch entarteten Zustand befinden; anschaulich gesprochen: es muß beachtet werden, daß der Kern „superfluid“ bzw. „supraleitend“ ist.

Weiter führen die verdampften Teilchen im allgemeinen eine so hohe Energie mit sich, daß die Kerntemperaturen vor und nach der Emission wesentlich voneinander verschieden sind. Bestätigt wird diese Theorie der Kernverdampfung bei den Kernexplosionen, die durch kosmische Strahlung hervorgerufen werden. Sie werden in Fotoplatten beobachtet, die in großer Höhe einige Wochen exponiert wurden.

Die wichtigste theoretische Voraussetzung für dieses Sandsackmodell besteht in der Annahme, daß zwischen den Nukleonen eine starke Wechselwirkung herrscht, daß also die Zeit zur Herausbildung des Verdampfungsgleichgewichts kurz ist gegenüber der Zeit, die zum Verdampfen einzelner Elementarteilchen benötigt wird. Die dabei angenommene starke Wechselwirkung steht in einem gewissen Widerspruch zu den Hypothesen des Schalenmodells, demzufolge die Nukleonen sich relativ frei und damit nur unter geringer Wechselwirkung im Kern bewegen. Es gibt jedoch theoretische Argumente dafür, daß die Nukleonenbewegung im Innern des Kerns wirklich relativ frei erfolgt und somit die Gültigkeit des Schalenmodells gerechtfertigt ist, während am Rande dagegen eine sehr starke Wechselwirkung der Nukleonen stattfindet, die die kurzzeitige Energieabgabe des einfallenden Teilchens ermöglicht.

### *10. Das optische Modell*

Die Beschreibung von Streuprozessen von Neutronen an schweren Kernen läßt sich in einer Form mit der Erfahrung in gute Übereinstimmung bringen, die den Methoden der Optik sehr ähnelt und vom Standpunkt der Theorie des Atomkerns dem Schalenmodell nahesteht. Der Kern wird pauschal durch ein Streupotential $V$ beschrieben. Im Wellenbild des Neutrons entspricht eine solche Beschreibung der

Einführung eines von eins verschiedenen Brechungsindex. Die elastische Streuung findet vornehmlich am Rand des Kerns statt, beim Übergang vom Brechungsindex 1 zum Brechungsindex $n$ des Kerns.

Bei sehr hohen Energien versagt diese Beschreibung, weil hier die Bindungsenergie der Nukleonen im Kern von wenigen MeV keine Rolle mehr spielt gegenüber der Einfallsenergie des Neutrons. Hier also können die Nukleonen des Kerns wie einzelne, frei im Raume befindliche Nukleonen behandelt werden.

Neben der Möglichkeit einer elastischen Streuung besteht bei einem solchen Prozeß aber auch eine gewisse Wahrscheinlichkeit dafür, daß das Neutron im Kern zurückbleibt, also absorbiert wird. Genauso wie in der Metalltheorie die Absorption elektromagnetischer Wellen durch Einführung eines komplexen Brechungs-

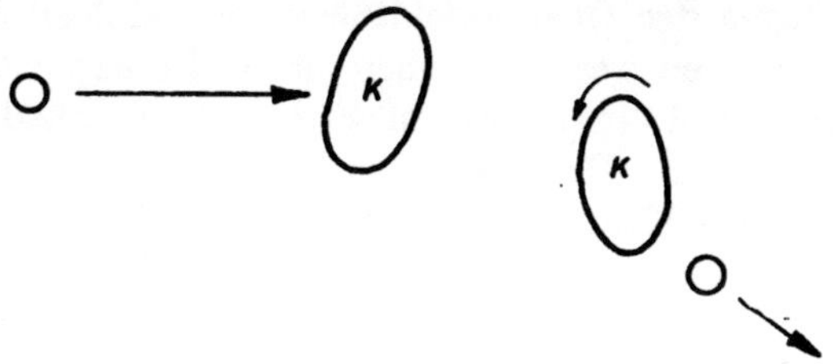


Abb. 9. Streuung eines Teilchens an einem nicht kugelsymmetrischen schweren Kern $K$

index behandelt werden kann, wobei der Imaginärteil die Dämpfung der Welle beschreibt, so läßt sich auch hier die Neutronenabsorption im Kern durch Hinzufügen eines imaginären Anteils zum Brechungsindex behandeln. Absorption und elastische Streuung werden so durch ein komplexes Potential beschrieben. Beim Vergleich mit den experimentell ermittelten Wirkungsquerschnitten ergibt sich gute Übereinstimmung. Es ist zu beachten, daß hier nur zwei Annahmen über den komplexen Brechungsindex zu vielen Aussagen über die Wirkungsquerschnitte geführt haben. Wäre das nicht der Fall, so würde die Übereinstimmung mit dem Experiment natürlich trivial sein, weil selbstverständlich eine Theorie um so mehr Aussagen liefert, je mehr Annahmen man willkürlich in sie hineinsteckt.

In jüngster Zeit ist es gelungen, auch die nichtelastische Streuung von Elektronen an schweren Kernen, die Streuung unter Energieverlust also, vom Standpunkt des optischen wie des kollektiven Modells zu verstehen. Diese Kerne, soweit sie nicht kugelsymmetrisch sind, werden durch ein entsprechend geformtes, aber beweglich angeordnetes Potential wie in Abb. 9 beschrieben. Findet ein nichtzentraler Stoß auf den Kern statt, so wird ein Teil der einfallenden Energie dazu verwandt, den Kern in Rotation zu versetzen. In der Sprache der Quantentheorie heißt das, es werden Rotationszustände des zurückbleibenden Kerns angeregt. Dabei ist die Energie des weiterlaufenden Teilchens um so kleiner, je stärker der Kern angeregt wurde. Die Energieabhängigkeit der gestreuten Teilchen gibt somit Aufschlüsse über die Rotationszustände. Es hat sich herausgestellt, daß auf diese Weise die ersten angeregten Zustände von nicht kugelsymmetrischen schweren Kernen verstanden werden können.

### *11. Zum gegenwärtigen Stand der Forschung*

Betrachtet man den gegenwärtigen Stand unserer Kenntnis vom Aufbau des Atomkerns im Zusammenhang, so ergibt sich folgendes Bild: Die Atomkerne mit ihren physikalischen Eigenschaften und ihrem Verhalten bei den verschiedensten Experimenten können heute als einigermaßen bekannt angesehen werden. Dabei ist es gelungen, nahezu alle beobachteten Phänomene zumindest qualitativ zu verstehen.

Unbefriedigend am gegenwärtigen Stand der Entwicklung ist dabei, daß es vielfach nicht gelingt, die Aussagen der Theorie mit denen der Experimente in bessere Übereinstimmung als bis etwa 5—10% zu bringen. Ein bis heute ziemlich ungelöstes Problem ist das der Kernkräfte und ihrer feldtheoretischen Berechnung. Obwohl die Grundlagen der Quantenfeldtheorie seit einigen Jahren als einigermaßen gesichert angesehen werden können, stößt die explizite Berechnung der Wechselwirkung von zwei Nukleonen über das Quantenfeld der Mesonen auf allergrößte Schwierigkeiten. Das kollektive Modell erlaubt noch eine Reihe von Anwendungen, die unsere Kenntnis vom Atomkern weiter vertiefen könnte.

Zusammenfassend zeichnen sich also bezüglich der Theorie des Atomkerns vier Hauptaufgaben ab: Die genauere Erforschung der Kernkräfte, die intensive Untersuchung der Grundlagen der Theorie der Elementarteilchen, das in Kapitel 7 behandelte Problem der Absättigung der Kernkräfte und schließlich ein weiterer Ausbau der Modellvorstellungen ihrer gegenseitigen Zusammenfassung.

GUSTAV RICHTER

# KERNREAKTIONEN

## *1. Einleitung*

Die Entdeckung der Radioaktivität durch H. Bequerel (1896) und ihre weitere Erforschung hatte um 1909 zu der gesicherten Erkenntnis geführt, daß die chemischen Elemente am Ende des periodischen Systems unter Entwicklung gewaltiger Energiemengen sich spontan in ihre Nachbarelemente umwandeln. Im Zusammenhang mit diesen Erscheinungen entstand 1911 das Rutherfordsche Atommodell, wonach die Radioaktivität einen Prozeß im Innern des Atomkerns selbst darstellt, während alle chemischen Veränderungen nur die Elektronen der Atomhülle betreffen. Lange Zeit war es trotz vielfacher Versuche unmöglich gewesen, irgendeine Reaktion des Atomkerns auf äußere Einwirkungen festzustellen, bis E. Rutherford 1919 bei Beschuß von Stickstoff mit $\alpha$-Strahlen des Ra-C′ historisch erstmalig eine künstliche Kernreaktion durch das Auftreten von Protonen langer Reichweite beobachtete. Damit war in den natürlichen $\alpha$-Strahlen das erste wirksame Mittel zur Erzeugung von Kernreaktionen gefunden, und nun gelangen mit ihm weitere grundlegende Entdeckungen.

Zunächst fand man an fast allen leichten Elementen von Bor bis Kalium (mit Ausnahme von C und O) mit Protonenemission einhergehende Prozesse wie am Stickstoff.

Auf der Suche nach andersartigen Kernprozessen stießen W. Bothe und H. Becker 1930 bei Bestrahlung von Be mit $\alpha$-Strahlen des Po auf eine neue Art von künstlichen Kernreaktionen, bei denen eine Kern-$\gamma$-Strahlung angeregt wurde.

Weitere Versuche mit dieser neuen „Be-Strahlung" führten schließlich J. Chadwik 1932 zur Entdeckung des Neutrons. Die hieran anschließenden Arbeiten E. Fermis (1934) eröffneten das weite Feld der Kernumwandlungen durch Neutronen.

Bei Untersuchungen über die Neutronenemission aus Aluminium unter Einwirkung von $\alpha$-Strahlen entdeckten F. Joliot und I. Curie 1934 die künstliche Radioaktivität und zugleich die erste Methode zur Erzeugung von Positronen.

Schließlich brachte die Auffindung der Uranspaltung durch O. Hahn und F. Strassmann (1938) in der Folgezeit die Möglichkeit einer Umwandlung und Neuerzeugung von Elementen sowie der Freisetzung der Kernenergie im großen Maßstab.

Inzwischen war es 1932 J. D. Cockroft und E. Walton gelungen, mit rein elektrisch beschleunigten Protonen eine Kernreaktion am Li hervorzurufen. Seitdem sind immer mächtigere Teilchenbeschleuniger entwickelt worden. Besonders mit dem Zyklotron und seinen Abarten gelang es, H-, D-, He- und anderen Teilchen weit größere Energien als die der natürlichen $\alpha$-Strahlen zu erteilen und mit ihnen Kernreaktionen an allen Elementen zu erzeugen.

Als Ergebnis dieser Arbeiten ist die Anzahl der heute bekannten Kernprozesse derart angewachsen, daß wir uns hier auf die Betrachtung einiger ausgewählter Beispiele beschränken müssen. Bevor wir aber auf diese näher eingehen, seien einige Erläuterungen über die inneren Vorgänge bei Kernreaktionen vorangestellt. Abschließend betrachten wir dann die Kernspaltung.

## 2. *Die verschiedenen Arten von Kernreaktionen*

Kernreaktionen entstehen beim Auftreffen von $\alpha$-Teilchen, Protonen $p$, Deuteronen $d$, Neutronen $n$, $\gamma$-Quanten, Mesonen u. a. auf Atomkerne. Der getroffene Kern $A$ reagiert dabei mit dem auftreffenden Teilchen $a$, wobei ein Teilchen $b$ der oben genannten Art emittiert wird und in unmeßbar kurzer Zeit ein neuer Kern $B$ entsteht. Analog einer chemischen Gleichung beschreibt man diesen Vorgang durch:

$$A + a = b + B\,. \tag{1}$$

Der Endkern $B$ kann stabil oder auch radioaktiv sein und weiter zerfallen. Die von Rutherford gefundene Umwandlung des Stickstoffs durch $\alpha$-Strahlen war die Reaktion:

$$\mathrm{N}^{14} + \mathrm{He}^{4} = \mathrm{H}^{1} + \mathrm{O}^{17}\,. \tag{2}$$

Der Einschuß eines $\alpha$-Teilchens ($\mathrm{He}^4$) in $\mathrm{N}^{14}$ führt zur Emission eines Protons, $\mathrm{H}^1$, und übrig bleibt ein $\mathrm{O}^{17}$-Kern. Statt (1) bzw. (2) benutzt man oft die abkürzende Schreibweise nach Bothe und Fleischmann:

$$A(a, b)B \quad \text{bzw.} \quad \mathrm{N}^{14}\,(\alpha, p)\mathrm{O}^{17}\,. \tag{3}$$

Bei der Reaktion treten Energietönungen $Q$ bis zu mehreren MeV pro Einzelprozeß auf, und (1) lautet daher genauer:

$$A + a = b + B + Q\,, \tag{4}$$

eine Beziehung, die man als Energiegleichung oder als Massenbilanz auffassen kann. Für die Umrechnung der Energie $Q$ in Masse $\Delta m$ gilt nach Einstein:

$$\Delta m = Q/c^2 \quad (c = \text{Lichtgeschwindigkeit})\,. \tag{5}$$

1 TME (tausendstel Masseneinheit) entspricht 0,931 MeV. Bei Zahlenangaben wird $Q$ stets auf die Geschwindigkeit Null der einfallenden Teilchen bezogen. Es gibt exotherme Reaktionen, $Q > 0$, und endotherme, $Q < 0$, wie im Beispiel (2), wo $Q = -1{,}26$ MeV. Letztere können natürlich nur eintreten, wenn das Geschoßteilchen den Energieverbrauch der Reaktion durch seine kinetische Energie decken kann.

Außer den Erhaltungssätzen für Energie und Masse gelten bei jeder Reaktion noch die für Impuls, Spin (Drehimpuls) und elektrische Ladung.

Je nach der Art der auftretenden Prozesse kann man im wesentlichen folgende Typen von Kernreaktionen unterscheiden:

a) *Einfangreaktionen*

Ein Teilchen fliegt in den Kern und bleibt dort stecken. Die dabei freiwerdende Energie wird als $\gamma$-Strahlung abgegeben. Mit langsamen Neutronen sind diese Prozesse besonders häufig. Ein Sonderfall ist der $K$-Einfang, wobei der Kern ein Hüllenelektron absorbiert und Neutrinos anstelle von $\gamma$-Quanten auftreten.

b) *Austauschreaktionen*

Der Kern emittiert nach Einfang eines Teilchens ein Partikel anderer Art. Bei hinreichend großen Einfallsenergien können auch weitere Teilchen, meist Neutronen, den Kern verlassen.

c) *Unelastische und elastische Streuung (Stöße)*

Hier verläßt das Geschoßteilchen selber oder auch ein anderes Teilchen der gleichen Art den getroffenen Kern.
Unelastische Stöße versetzen den Kern in einen angeregten Zustand, aus welchem er nachträglich durch $\gamma$-Strahlung wieder in den Grundzustand zurückfällt. Das wegfliegende Teilchen hat eine seinem Energieverlust entsprechend kleinere Geschwindigkeit als das einfallende.
Bei den elastischen Stößen haben die ein- und ausfliegenden Teilchen relativ zum Kern dieselbe Geschwindigkeit, es findet kein innerer Energieumsatz statt.

d) *Kernphotoeffekt*

Ein $\gamma$-Quant wird absorbiert, und ein Teilchen, meist ein Neutron, wird aus dem Kern geschleudert. Das $\gamma$-Quant muß dabei mindestens die Bindungsenergie des herausfliegenden Teilchens aufbringen. Der Vorgang ist analog dem Photoeffekt an den Hüllenelektronen des Atoms.

e) *Kernspaltung*

Nach Absorption eines Neutrons (oder auch anderer Teilchen bzw. $\gamma$-Quanten hinreichender Energie) zerfällt der Kern in zwei annähernd gleiche Teile, wobei noch 2 bis 3 Neutronen emittiert werden.

f) *Spallation*

Bei Beschuß mit sehr energiereichen Teilchen von mehr als $\sim$100 MeV oder mit Mesonen u. a. werden aus dem Kern eine größere Anzahl Neutronen, Protonen, $\alpha$-Teilchen und andere Bruchstücke herausgeschlagen.
Im folgenden befassen wir uns aber nicht mit diesen Prozessen, sondern beschränken uns auf das Gebiet kleinerer Energien.

## Innere Vorgänge bei Kernreaktionen

### *3. Der Zwischenkern*

Ein anschauliches Verständnis der inneren Vorgänge bei Kernreaktionen vermittelt das von N. Bohr 1936 entwickelte „Sandsackmodell", welches die Nukleonenbewegung im Kern statistisch behandelt. Das Modell ist in erster Linie für die Darstellung der Vorgänge in mittelschweren und schweren Kernen bei Anregungsenergien von der Größenordnung der Bindungsenergie bis zu einigen Dutzend MeV geeignet. Bei den leichten Kernen ist mit mehr oder weniger starken individuellen Abweichungen zu rechnen.

Ebenso sind bei niedrigen Anregungsenergien weiter unterhalb der Bindungsenergie eines Nukleons die Aussagen des Modells nur bedingt verwendbar. Hier liegt mehr die Domäne des Schalenmodells, worauf wir aber nicht weiter eingehen wollen.

Im Bilde des Sandsackmodells hat man sich den Kern analog einem gewöhnlichen Flüssigkeitstropfen aufgebaut zu denken, allerdings aus nur relativ wenigen (höchstens $\sim$250) Teilchen, zwischen denen starke Kräfte kurzer Reichweite wirken. Einer Kernreaktion entspricht die Kondensation und Verdampfung eines Moleküls oder die Absorption und Emission eines Strahlungsquants durch den Tropfen. Hierzu gesellt sich noch ein durch die elektrischen Ladungen der miteinander reagierenden Partner bedingter Effekt. Man kann daher insgesamt drei Phasen einer Kernreaktion unterscheiden:

a) Die Annäherung des Teilchens an den Kern.
b) Der Einfang des Teilchens unter Bildung eines sog. Zwischenkerns.
c) Die Umwandlung des Zwischenkerns durch Emission eines Teilchens oder eines $\gamma$-Quants.

Während der Annäherungsphase verhalten sich positiv geladene Teilchen wegen der Abstoßung durch die Kernladung sehr verschieden von den Neutronen. Wir kommen hierauf später noch zurück.

Stößt aber einmal ein Teilchen auf die Kernoberfläche, so wird angenommen, daß es praktisch immer eingefangen wird. Schon beim ersten Stoß mit einem Kernnukleon verliert das ankommende Teilchen so viel Energie, daß es den Kern zunächst nicht mehr verlassen kann, und es entsteht der Zwischenkern oder Compoundkern.

Die Anregungsenergie $E_A$ des neuen Teilchens, die aus seiner Bindungsenergie $E_B$ [1]) und der von außen mitgebrachten kinetischen Energie $E$ [2]) besteht, verteilt sich durch weitere Stöße allmählich auf alle anderen Nukleonen, und es bildet sich eine Art Wärmegleichgewicht unter den Kernteilchen aus, dem eine bestimmte Temperatur $T$ zugeordnet werden kann.[3]) Analog den Elektronen in Metallen sind die Nukleonen im Kern wegen ihrer dichten Packung als „Fermigas" zu betrachten, und es gilt, mit den Bezeichnungen: $k$ = Bolzmann-Konstante,

[1]) $E_B$ ist der energetische Abstand des Grundniveaus des Zwischenkerns vom Nullniveau, welches dem System zugeordnet ist, wenn das stoßende Teilchen außerhalb der Reichweite der Kernkräfte ruht.

[2]) Unter $E$ ist hier wie im folgenden stets die Energie gemeint, die beim unelastischen Stoß als innere Energie dem Zwischenkern übertragen wird. Stößt ein Teilchen der Masse $m$ mit der Bewegungsenergie $E_{Lab}$, gemessen relativ zum Laboratorium, unelastisch auf einen ruhenden Kern der Masse $M$, so ist $E = E_{Lab} \cdot [1 - m/(M + m)]$, der Rest geht als kinetische Energie der Schwerpunktsbewegung für die Anregung verloren.

[3]) Diese Annahme trifft jedenfalls zu im Bereich der Anregungsenergien von etwa der Größe der Bindungsenergie bis zu einigen Dutzend MeV.

$A$ = Zahl der Kernnukleonen, $E_A = E_B + E$ und $\zeta_0$ = Fermische Grenzenergie der Nukleonen im Potentialtopf des Kernes ($\approx$ 24 MeV, praktisch unabhängig von $A$):

$$kT = \frac{2}{\pi}\sqrt{\frac{\zeta_0 \cdot E_A}{A}}, \quad \text{solange } kT \ll \zeta_0,$$

und numerisch:

$$(kT)_{\mathrm{MeV}} = 3{,}14 \cdot \sqrt{\frac{E_A\,(\mathrm{MeV})}{A}}, \quad \text{oder} \quad T(C^\circ) = 3{,}7 \cdot 10^{10}\sqrt{\frac{E_A\,(\mathrm{MeV})}{A}}. \tag{6}$$

$E_B$ beträgt für $n$ und $p$ bei allen schwereren Kernen etwa 6—8 MeV, während bei den leichteren mit $A \lesssim 100$ starke individuelle Unterschiede auftreten.

Nach (6) ist beispielsweise die Temperatur eines Urankerns nach Einfang eines langsamen Neutrons ($E = 0$ und $E_B = 6$ MeV) etwa $T = 5{,}9 \cdot 10^9$ C°.

Diese thermisch-statistische Verteilung der Anregungsenergie auf die Kernnukleonen wird ermöglicht durch die im Vergleich zur Stoßzeit $\tau_0$ eines Nukleons im Kern ($\tau_0 \approx 10^{-21}$ sec)[1]) sehr lange Lebensdauer des Zwischenkerns von $\tau \approx 10^{-12} - 10^{-18}$ sec. Jedes Kernteilchen erfährt $10^3$ bis $10^9$ Zusammenstöße während der Lebensdauer des Zwischenkerns, und so entsteht eine thermische Energieverteilung.

Als gequanteltes System hat der Zwischenkern — unabhängig von der Art der zu seiner Erzeugung benutzten Reaktionen — eine Reihe mehr oder weniger scharf definierter Energiezustände. Nur der Anregungsgrad ist von der Entstehungsweise abhängig. So führen die Reaktionen $N^{14}(n, p)C^{14}$, $N^{14}(n, \alpha)B^{11}$, $B^{11}(\alpha, n)N^{14}$, $C^{14}(p, n)N^{14}$ alle über denselben Zwischenkern $N^{15}$, und soweit die bei den einzelnen Prozessen beobachteten Energiegebiete sich überlappen, findet man in der Tat dieselben Niveauwerte.

Der angeregte Zwischenkern geht nach Art aller radioaktiven Kerne unter Aussendung eines Teilchens oder $\gamma$-Quants mit einer definierten Halbwertszeit in einen energetisch niedrigeren Quantenzustand über, wobei der neue Kern wiederum radioaktiv sein kann. Wir schätzen die ungefähre Zerfallszeit ab, um die Hauptvoraussetzung des Modells, nämlich die relativ lange Lebensdauer des Zwischenkerns, verständlich zu machen.

### *4. Zerfall des Zwischenkerns durch Teilchenemission*

Bei der Emission eines Teilchens muß durch einen recht unwahrscheinlichen Schwankungsvorgang ein großer Teil oder gar die gesamte Anregungsenergie auf ein einzelnes Nukleon konzentriert werden, damit dieses gegen die große Bindungsenergie imstande ist, den Kern zu verlassen. Das wird um so schwieriger, je weniger der Zwischenkern angeregt ist und je mehr Nukleonen er enthält. Der Vorgang einer Neutronenemission erfolgt analog der Verdampfung einer Flüssigkeit oder besser wie die Verdampfung von Elektronen aus glühenden Metallen, wofür die bekannte Richardsonsche Formel gilt. Für die sekundliche Verdampfungs-

[1]) Die Geschwindigkeit eines Nukleons im Kern ist $\approx 10^9$ cm/sec, die freie Weglänge $\lesssim 10^{-12}$ cm, also $\tau_0 \lesssim 10^{-12}/10^9 = 10^{-21}$ sec.

wahrscheinlichkeit $w_n$ eines Neutrons aus einem hoch angeregten Kern bzw. für die Lebensdauer gegen Neutronenemission ($\tau_n$) erhält man:

$$w_n = \frac{1}{\tau_n} \approx \cdot C\,(kT)^2 \cdot e^{-\frac{E_B}{kT}}\,. \tag{7}$$

Hierin ist

$C = 8\,\pi^2\,R^2\,m/h^3$ ($R$ = Kernradius, $m$ = Neutronenmasse, $h$ = Plancksche Konstante),

$T$ = Temperatur zur Anregungsenergie $E_A$.

Der Faktor $(kT)^2$ gilt nur für $E_A \gg E_B$, d. h. $E \gg E_B$.

Betrachten wir als Beispiel einen $U$-Kern, der ein 14 MeV-Neutron einfängt. Es ist: $A = 238$, $E_B \approx 6$ MeV und $R = 9 \cdot 10^{-13}$ cm, also $C = 7{,}5 \cdot 10^{20}\,\text{sec}^{-1} \cdot \text{MeV}^{-2}$, $E_A = 20$ MeV, $kT = 0{,}9$ MeV ($T = 1{,}07 \cdot 10^{10}$ C°), $w_n \approx 0{,}8 \cdot 10^{18}\,\text{sec}^{-1}$. Die Lebensdauer wird $\tau_n = 1/w_n \approx 10^{-18}$ sec.

Für $E \ll E_B$ ($E_A \approx E_B$) gelten die thermodynamischen Voraussetzungen, unter denen (7) abgeleitet wurde, nicht mehr. Im Gegensatz zur gewöhnlichen Verdampfung aus makroskopischen Flüssigkeiten kühlt sich ein Kern schon beim Verdampfen eines einzigen Teilchens sehr stark ab; im Falle kleiner Werte von $E$, wenn die Neutronenemission zum Grundzustand des Restkerns führt, sogar bis zum absoluten Nullpunkt. Bei $E \to 0$ ($E_A \to E_B$) muß $w_n \to 0$ sein, und zwar verläuft für kleine $E$ (auf Grund anderer Überlegungen) $w_n \sim \sqrt{E}$. Es ist also $w_n$ als Funktion von $\sqrt{E}$ zuerst linear, um dann im Gebiet $E \gg E_B$ in die Form (7) überzugehen, wo übrigens $(kT)^2 \sim (E_B + E)$. Zum Zwecke einer ersten Orientierung wollen wir diesen Verlauf interpolieren, indem wir (7) mit $\sqrt{E/(E_B + E)}$ multiplizieren. Im obigen Beispiel ergibt sich dann bei einer Anregung mit langsamen Neutronen von z. B. $E = 1$ eV: $kT = 0{,}5$ MeV, $w_n \approx 10^{12}\,\text{sec}^{-1}$, also $\tau \approx 10^{-12}$ sec. Das emittierte Neutron ist hier als elastisch gestreut zu betrachten, da es mit derselben Energie herausfliegen muß, die das eingefangene Neutron besaß. Die Anregungsenergie reicht nämlich nicht aus, um ein Neutron zu „verdampfen“ und zugleich den Restkern in einem der unteren angeregten Zustände zurückzulassen. Das herausfliegende Neutron muß vor der Emission die gesamte Anregungsenergie auf sich sammeln, und die Unwahrscheinlichkeit eines solchen Vorganges ergibt die lange Lebensdauer des Zwischenkerns. Wie wir sogleich noch sehen werden, kommt dann im allgemeinen eine $\gamma$-Emission der Neutronenverdampfung zuvor. Bei Reaktionen mit langsamen Neutronen von $E < 15$ eV ist das fast stets der Fall. Bei höheren Energien kommen auch im Bereich der langsamen Neutronen ($E < 1$ keV) fast rein elastische Streuprozesse vor wie die Resonanzstreuung am Mn bei 300 eV.

Die Verdampfung von Protonen erfolgt erheblich seltener als die von Neutronen gleicher Geschwindigkeit, weil geladene Teilchen noch zusätzlich die Coulomb-Barriere überwinden müssen, wodurch die Emissionswahrscheinlichkeit um den aus der Theorie des $\alpha$-Zerfalls bekannten Gamow-Faktor $G$ verringert wird.[1])

[1]) Siehe Ziff. 11.

Protonen und $\alpha$-Teilchen treten daher nur bei höheren Anregungsenergien auf. $D$-Teilchen werden praktisch nicht emittiert, weil sie offenbar wegen der geringen Bindungsenergie im Kern stets zerfallen sind. Die Behinderung der Emission geladener Teilchen wird naturgemäß mit wachsender Kernladung immer ausgeprägter (abgesehen von der $\alpha$-Emission aus den $\alpha$-instabilen Kernen).

### *5. Zerfall des Zwischenkerns durch $\gamma$-Emission*

Wir betrachten nun die Lebensdauer des Zwischenkerns gegen $\gamma$-Emission. Die $\gamma$-Strahlung aus Kernen erfolgt oft als Quadrupol- oder höhere Multipolstrahlung, im Gegensatz zur Lichtstrahlung aus der Atomhülle, wo die Dipolstrahlung bei weitem dominiert. Zu einer Kern-Dipolstrahlung müßte der Ladungsschwerpunkt der Protonen oszillieren, d. h., die Protonen müßten gleichphasig schwingen, was nur unter besonderen Bedingungen zu erwarten ist. Quadrupolstrahlung entspricht einer etwa ellipsoidförmigen Schwingungsfigur des Kerntröpfchens und ist offensichtlich leichter anregbar. Höhere Multipolstrahlung wird von komplizierteren Schwingungstypen angeregt. Unter der modellmäßigen Annahme, daß die Intensität der Multipolstrahlung der Ordnung $2^l$ ($l$ = ganze Zahl $> 0$) etwa der einer mit dem Kernradius $R$ als Amplitude schwingenden Elementarladung $e$ vergleichbar ist, folgt für die Wahrscheinlichkeit $w_\gamma$ der Emission eines $\gamma$-Quants pro sec bzw. für die Lebensdauer $\tau_\gamma$ des $\gamma$-strahlenden Niveaus:

$$w_\gamma = \frac{1}{\tau_\gamma} \approx \frac{8\pi(l+1)}{l[1\cdot 3\cdot 5\cdots(2l+1)]^2}\cdot\frac{c}{R}\cdot\left(\frac{e^2}{\hbar c}\right)\left(\frac{2\pi R}{\lambda}\right)^{2l+1}. \tag{8}$$

Hier ist [1]) $e^2/\hbar c = 1/137$, und $\lambda = hc/\Delta E$ ist die Wellenlänge eines $\gamma$-Quants der Energie $\Delta E$. $l = 1, 2, 3, \ldots$ entspricht einer Dipol-, Quadrupol-, Oktopol-, ... Strahlung.

Für einen $U$-Kern z. B. (Radius $R = 9\cdot 10^{-13}$ cm) gilt mit $\Delta E$ in MeV und $\tau_\gamma$ in sec:

$$\tau_\gamma(U) \approx 1\cdot 10^{-19}\cdot\frac{l}{l+1}\cdot[1\cdot 3\cdot 5\cdots(2l+1)]^2\cdot\left(\frac{22}{\Delta E}\right)^{2l+1}. \tag{8a}$$

Bei einer $\gamma$-Strahlung von etwa 1 MeV folgt für Dipolstrahlung $\tau_\gamma \approx 4\cdot 10^{-15}$ sec, für Quadrupolstrahlung $\tau_\gamma \approx 8\cdot 10^{-11}$ sec. Es ist also $\tau_\gamma$ sehr viel größer als die Stoßzeit $\tau_0$.

Der Multipolcharakter der Strahlung ist nun bemerkenswerterweise mit der Kernspinänderung beim $\gamma$-Übergang verknüpft. Das von einem elektrischen $2^l$-Pol emittierte $\gamma$-Quant besitzt nämlich relativ zum Kern einen Drehimpuls, dessen Komponente in der Impulsrichtung $\vec{l}$ den (maximalen) Wert $l\hbar$ hat. Der Drehimpulssatz fordert, daß die Differenz der Komponenten des Kernspins in Richtung $\vec{l}$ vor und nach der Emission $= l\hbar$ sei. Wenn nun für einen $\gamma$-Übergang die Spinquantenzahlen $J_a$ und $J_e$ des Anfangs- und Endkerns vorgegeben sind, kann die Komponentendifferenz alle ganzzahligen Werte von $|J_a - J_e|$ bis $J_a + J_e$ annehmen. Das liefert für $l$ die Bedingung:

$$|J_a - J_e| \le l \le J_a + J_e\,. \tag{8b}$$

[1]) $e$ = Elektronenladung; $c$ = Lichtgeschwindigkeit; $\hbar = h/2\pi$.

Die wirklich emittierte Multipolstrahlung entspricht dem kleinsten nach (8b) möglichen $l$-Wert; denn da praktisch stets $2\pi R/\lambda \ll 1$, wird laut (8) die Strahlung der nächst höheren Ordnung schon wesentlich schwächer. In dem speziellen Fall $J_a = J_e = 0$ gibt (8b) $l = 0$, und der $\gamma$-Übergang ist „verboten", weil $\gamma$-Quanten mit $l = 0$ nicht existieren.

Allgemein wird die Lebensdauer eines $\gamma$-strahlenden Niveaus um so größer, je größer $\Delta J = |J_a - J_e|$ und je kleiner $\Delta E$ wird. Dieses Verhalten läßt die Möglichkeit von isomeren Kernen erkennen, worunter Kerne mit denselben Protonen- und Neutronenzahlen, $Z$ und $N$, aber in verschiedenen, gegen $\gamma$-Strahlung metastabilen Zuständen zu verstehen sind (O. HAHN, 1923). Ist nämlich die Spindifferenz $|\Delta J|$ zwischen Ausgangs- und Endniveau bei einem $\gamma$-Übergang zufällig sehr groß, etwa 3 oder 4, und zugleich die Energiedifferenz $\Delta E$ relativ klein, etwa[1]) $\leq 0{,}022$ MeV, so wird in (8a) $\tau_\gamma \geq 9$ Tage. Man hat also ein gegen $\gamma$-Strahlung sehr langlebiges Niveau, d. h. ein Isomer (C. F. v. WEIZSÄCKER, 1936). Diese Fälle stellen aber Ausnahmen dar; im allgemeinen sind die $\gamma$-Lebensdauern von der Größenordnung $10^{-13}$ bis $10^{-16}$ sec. Ein Vergleich mit den Lebensdauern gegen Neutronenverdampfung zeigt uns folgende Regel:

Bei kleinen Energien $E$ der einfallenden Teilchen ist die $\gamma$-Emission des Zwischenkerns der wahrscheinlichste Prozeß, denn ihr steht immer im Übergang zum Grundzustand oder zu einem der unteren Niveaus eine Energie von mehreren MeV zur Verfügung. Hier ist $w_\gamma$ von $E$ unabhängig, solange $E \ll E_B$. Es erfolgt Teilcheneinfang. Mit wachsender Primärenergie wird die Wahrscheinlichkeit einer Teilchenverdampfung immer größer, bis zuerst Neutronen in merklicher Menge herauskommen; später folgen die Protonen, danach die $\alpha$-Teilchen.

Diese Abschätzung der Zerfallswahrscheinlichkeiten durch Teilchen- und $\gamma$-Emission sollte uns nur die ungefähren Größenordnungen zur ersten Orientierung angeben und die für die Existenz des Zwischenkerns notwendigen langen Lebensdauern plausibel machen.

Ein $\beta$-Zerfall des Zwischenkerns ist erfahrungsgemäß gegenüber den anderen Prozessen zu vernachlässigen. Er wird erst am Endkern beobachtbar.

### *6. Die Niveaubreite*

Zur Charakterisierung der Zerfallswahrscheinlichkeit $w$ oder der mittleren Lebensdauer $\tau = 1/w$ wird vielfach die „Niveaubreite" $\Gamma$ des betreffenden Kernniveaus angegeben. Nach HEISENBERGS Unbestimmtheitsbeziehung bedingt eine endliche Lebensdauer $\tau$ zwangsläufig eine Energieunschärfe $\Gamma$ des Niveaus, die durch $\tau\Gamma = \hbar$ gegeben ist; also gilt

$$\Gamma = \frac{\hbar}{\tau} = w\hbar\,, \tag{9}$$

oder, wenn wir $\Gamma$ in eV und $\tau$ in sec ausdrücken:

$$\Gamma_{(\mathrm{eV})} = 6{,}62 \cdot 10^{-16}\, w(\mathrm{sec}^{-1}) = \frac{6{,}62 \cdot 10^{-16}}{\tau(\mathrm{sec})}\,.$$

[1]) Zur bequemen Rechnung in (8a)

Im Falle der $\gamma$-Strahlung bedeutet $\tau$ die Zeitdauer des $\gamma$-Wellenzuges im klassischen Bilde, womit eine Frequenzunschärfe $\Delta\nu \approx 1/2\pi\tau$ verknüpft ist. Aus der zugehörigen Unbestimmtheit der Energie des $\gamma$-Quants, $\Delta E = h \cdot \Delta\nu$, folgt in Übereinstimmung mit (9): $\Delta E \approx h/2\pi\tau$.

Hat das Niveau mehrere Zerfallsmöglichkeiten über einen $n$-, $p$- oder $\gamma$-Prozeß mit den dazu gehörigen Zerfallswahrscheinlichkeiten $w_n$, $w_p$, $w_\gamma$ bzw. Niveaubreiten $\Gamma_n$, $\Gamma_p$, $\Gamma_\gamma$, so ist die Gesamtzerfallswahrscheinlichkeit $w$:

$$w = w_n + w_p + w_\gamma \qquad (10)$$

und die resultierende Niveaubreite

$$\Gamma = \Gamma_n + \Gamma_p + \Gamma_\gamma\,. \qquad (11)$$

Die $\Gamma$'s bestimmen die Zerfallseigenschaften des Zwischenkerns auf dessen Bildungsprozeß und die dabei auftretenden Wirkungsquerschnitte wir nunmehr zurückkommen müssen.

## 7. *Die $\gamma$-Absorption*

Die einfachste Bildungsweise des Zwischenkerns liegt beim Kernphotoeffekt vor, da hier kein neues Teilchen eingebaut wird. Der Kern absorbiert ein $\gamma$-Quant und geht in einen angeregten Zustand (Zwischenkern) über, der dann auf eine der oben angegebenen Arten durch Emission eines $\gamma$-Quants, eines Neutrons, Protons usw. zerfallen kann. Hat der beschossene Kern ein $\gamma$-strahlendes Isomer, so kann ein langlebiger $\gamma$-aktiver Kern entstehen, wozu meist schon relativ geringe Energien ($< 1$ MeV) der primären $\gamma$-Strahlung ausreichen. Bei $\gamma$-Energien über der Bindungsenergie eines Neutrons entstehen $(\gamma, n)$-Prozesse, die oft zu Positronenstrahlern führen. $(\gamma, p)$-Reaktionen erfordern noch größere Energien. Die Wirkungsquerschnitte sind in allen Fällen klein, etwa $10^{-3}$ bis $10^{-4}$ barn (1 barn $= 10^{-24}$ cm$^2$), und die Reaktion ist stets endotherm.

Als nächstes betrachten wir die Neutronenprozesse.

## 8. *Allgemeines über Neutroneneinfang*

Als ungeladene Teilchen können Neutronen ungehindert durch das elektrische Kernfeld auch bei beliebig kleinen Geschwindigkeiten in den Kern eindringen und Kernreaktionen hervorrufen. Empirisch findet man für den Einfangquerschnitt $\sigma$ als Funktion der Geschwindigkeit $v$ des einfallenden Neutrons bei kleinem $v$ oft einen Gang mit $1/v$. Diesem Verlauf überlagern sich vielfach Stellen selektiver Absorptionsmaxima, in deren Nähe die $\sigma$-$v$-Kurve an die Resonanzkurve eines schwach gedämpften Schwingungskreises erinnert. Bei großen Geschwindigkeiten nähert sich der Einfangsquerschnitt etwa dem geometrischen Kernquerschnitt $\pi R^2$.

Nach klassischen Vorstellungen aus der kinetischen Gastheorie sollte stets $\sigma \approx \pi R^2$ sein. Die starke Energieabhängigkeit von $\sigma$ und seine außerordentliche Größe, die in manchen Fällen $10^6$ mal den geometrischen Querschnitt übertrifft, lassen sich nur durch die Welleneigenschaften des Neutrons erklären. Nach De Broglie sind den Neutronen Materiewellen $\psi$[1]) der Wellenlänge $\lambda = h/m v$ zugeordnet, wo $m$ die Masse des Neutrons bezeichnet. Numerisch gilt:

$$\lambda_{\text{cm}} = 2{,}87 \cdot 10^{-9}/\sqrt{E_{\text{eV}}}\,, \tag{12}$$

wenn man $v$ durch die kinetische Energie $E$ in eV ausdrückt und $\lambda$ in cm mißt. Treffen solche Materiewellen auf einen Kern, so wird im Innern desselben eine Wellenerregung $\psi_i$ ausgelöst, die entsprechend der größeren Geschwindigkeit $v_i$ der Nukleonen im Kern eine kleinere Wellenlänge $\lambda_i = h/m v_i$ als im Außenraum hat. Die $\psi$-Wellen verhalten sich hier ähnlich wie Licht oder elektrische Wellen, die einer dielektrischen Kugel, z. B. aus Wasser oder Glas, begegnen. Nach der Bedeutung von $\psi_i$ ist die Wahrscheinlichkeit dafür, daß sich ein Neutron im Kern aufhält, gleich dem Kernvolumen $V_k = 4\pi R^3/3$ mal der mittleren Wellenintensität $\overline{|\psi_i|^2}$. Von einer großen Zahl $M$ beschossener Kerne haben daher

$$N = M \cdot V_k \cdot \overline{|\psi_i|^2}$$

ein Neutron eingefangen und bilden einen Zwischenkern. Von diesen zerfallen pro sec $w \cdot N$, wo $w$ die Zerfallswahrscheinlichkeit bedeutet. Wenn der einfallende Neutronenstrahl $q$ Neutronen im cm³ enthält, so ist die Zahl der pro sec neu entstehenden Zwischenkerne lt. Definition von $\sigma$ gleich $M q v \sigma$. Sie muß im stationären Zustand $= w \cdot N$ sein. Daraus folgt:

$$\sigma = \frac{w}{v} \cdot V_k \cdot \frac{1}{q} \overline{|\psi_i|^2}\,; \qquad (q = \text{const.})\,. \tag{13}$$

Diese Beziehung gilt auch einzeln für jede Art von Prozessen: Absorption, Streuung usw. $\sigma$ und $w$ sind dann für diese Teilprozesse zu nehmen.

Der Wert von $\overline{|\psi_i|^2}$ ist nun eine Funktion der Wellenlänge $\lambda$ der Neutronen. Diese Abhängigkeit können wir an dem oben erwähnten Bilde einer dielektrischen Kugel oder dem einer kleinen Antenne in einem elektromagnetischen Wellenfeld der Wellenlänge $\lambda$ — wenigstens innerhalb gewisser Grenzen — veranschaulichen:

Eine Antenne bzw. eine dielektrische Kugel mit einer gewissen Leitfähigkeit hat einen Strahlungswiderstand $R_s$ und einen inneren Ohmschen Widerstand $R_i$ sowie eine oder mehrere Resonanzfrequenzen $\omega_r$ bzw. Resonanzwellenlängen $\lambda_r$. Bei hinreichend großer Wellenlänge $\lambda$ befindet sich die Kugel in einem quasistatischen Feld, und die Wellenintensität im Innern hängt praktisch nicht von $\lambda$ ab. Gleiches gilt im mittleren Gebiet zwischen je zwei weiter entfernten Resonanzen. Wenn sich aber $\lambda$ einer Resonanzstelle nähert, so schwillt die Wellenerregung im Innern stark an, und aus dem Wellenfeld kann eine sehr große Leistung entnommen werden, die teils durch den Strahlungswiderstand $R_s$ wieder ausgestrahlt, teils im inneren Widerstand $R_i$ verbraucht wird. Aus der Hochfrequenztechnik ist bekannt, daß theoretisch bei richtiger Anpassung, wenn man stets $R_i = R_s$ machen könnte,

[1]) $\psi$ entspricht etwa dem elektrischen Feld einer Lichtwelle bei der Beschreibung der Bewegung von Photonen.

der Empfangsquerschnitt selbst einer gegen $\lambda$ beliebig kurzen Antenne im Resonanzfall $\approx \frac{\lambda_r^2}{4\pi}$ beträgt.[1]) Er kann sehr erheblich größer sein als die geometrische Antennenfläche oder der geometrische Kugelquerschnitt. Dieses elektromagnetische Analogon veranschaulicht die Erklärung des großen Wirkungsquerschnittes der Atomkerne mit Hilfe der De Broglie-Wellen.

Ein ähnliches Verhalten zeigt auch der Wirkungsquerschnitt von Atomen gegen Licht, der im Resonanzfall um viele Zehnerpotenzen größer sein kann als der Atomquerschnitt (Resonanzfluoreszenz von $J_2$- oder Na-Dampf).

Die $\psi$-Wellen verhalten sich gegenüber dem Kern gemäß dem optischen Modell im wesentlichen wie elektromagnetische Wellen gegenüber der dielektrischen Kugel. Als Brechungsindex der Neutronenwellen zwischen Vakuum und Kernmaterie gilt dabei

$$n = \lambda/\lambda_i = v_i/v = \sqrt{(V+E)/E}\,,$$

wo $V$ die Tiefe des Potentialtopfes der Kerne bedeutet und (abgesehen von den leichtesten Kernen) unabhängig von $A$ rd. 30 MeV beträgt[2])

## *9. Das 1/v-Gesetz*

Für langsame Neutronen ist $\lambda \gg R$, denn einem Neutron von z. B. 1 eV entspricht $\lambda = 2{,}9 \cdot 10^{-9}$ cm, während $R \lesssim 10^{-12}$ cm mißt. Die Wellenlänge im Kern innern beträgt $\lambda_{i\,(\mathrm{cm})} = 2{,}9 \cdot 10^{-9}/\sqrt{(V+E)_{\mathrm{Volt}}}$, also $\lambda_i \lesssim 5 \cdot 10^{-13}$ cm, und hängt nur sehr schwach von $E$ ab, solange $E \ll V$. In genügendem Abstand von Resonanzstellen ist nach dem Gesagten $|\psi_i|^2$ praktisch unabhängig von $v$. Ferner ist bei langsamen Neutronen die $\gamma$-Emission vorherrschend, und es ist $w_\gamma$ konstant. Gleichung (13) liefert daher für den Einfangsquerschnitt das Fermische Gesetz:

$$\sigma \approx 1/v\,. \tag{14}$$

In seinem Gültigkeitsbereich hängt die Neutronenabsorption in einem Material nur von der Neutronendichte ab, nicht aber von der Geschwindigkeit $v$.

## *10. Die Resonanzabsorption*

Kommt die Neutronenwelle in Resonanz mit dem Kern, so wird — wie bei unserem elektromagnetischen Analogon — $\psi_i$ und damit $|\psi_i|^2$ stark ansteigen. Die energetische Lage dieser Resonanzstellen läßt sich wie im Falle der Lichtabsorption durch Atome mit den Energieniveaus des Zwischenkerns in Beziehung setzen. Wird ein Neutron eingefangen, so wird die dabei freiwerdende Anregungsenergie vollständig auf den Zwischenkern übertragen. Da dieser aber ein gequanteltes System mit diskreten Energieniveaus darstellt, können nur ganz bestimmte Anregungsenergien aufgenommen werden: Der Einfang kann nur für diskrete

[1]) Im Mittel über alle möglichen Lagen der Antenne zum Wellenfeld.
[2]) Nach neueren Angaben 40 MeV.

Energiewerte erfolgen, eben für die „Resonanzenergien" $E_r$. Der entstehende Zwischenkern hat dann die Anregungsenergie $E_B + E_r$, wo sich gerade ein Kernniveau befinden muß. Diese Tatsache wird häufig zur experimentellen Bestimmung dieser Niveaus ausgenutzt. Eine absolut scharfe Resonanz ist allerdings in Wirklichkeit nicht vorhanden, da durch die Energieunschärfe $\Gamma$ der Kernzustände die Resonanz verbreitert wird.

Die wellenmechanische Berechnung des Vorganges liefert nach Breit und Wigner für den Einfangsquerschnitt bei Vorhandensein einer einzigen Resonanzstelle

$$\sigma = \frac{\lambda^2}{4\pi} \frac{\Gamma_n \Gamma_\gamma}{(E - E_r)^2 + \frac{1}{4}(\Gamma_n + \Gamma_\gamma)^2}. \tag{15}$$

[Unser elektromagnetisches Modell liefert übrigens im wesentlichen dieselbe Formel für den Empfangsquerschnitt, wenn man die Energieabsorption in $R_i$ mit dem Neutroneneinfang und die elektromagnetische Streuung durch $R_s$ mit der elastischen Neutronenstreuung vergleicht. Dabei entsprechen $R_i$ dem $\Gamma_\gamma$ und $R_s$ dem $\Gamma_n$ sowie $\Gamma_n + \Gamma_\gamma$ der Gesamtdämpfung der Antenne durch $R_i + R_s$. $E$ korrespondiert der Frequenz $\omega = E/\hbar$ und $E_r$ der Resonanzfrequenz $\omega_r = E_r/\hbar$.]

Nach (15) hat $\sigma$ das bei starker Resonanz theoretisch mögliche Maximum

$$(\sigma)_{\max} = \frac{\lambda_r^2}{4\pi}. \tag{16}$$

Es wird praktisch erreicht, wenn bei der Resonanzenergie $E = E_r$ bzw. Resonanzwellenlänge $\lambda = \lambda_r$ zugleich $\Gamma_n = \Gamma_\gamma$ wird. Da für thermische Neutronen ($E = 1/40$ eV) $\lambda = 1{,}8 \cdot 10^{-8}$ cm, also mehr als $10^4$ mal den Kerndurchmesser übertrifft, ist hiermit die Möglichkeit der extrem großen Wirkungsquerschnitte gegeben. Sie können nach (16) bei thermischen Neutronen das $\approx 10^7$-fache des geometrischen Kernquerschnitts erreichen. Tatsächlich hat $Xe^{135}$ einen maximalen Wirkungsquerschnitt von $3{,}4 \cdot 10^6$ barn, was $2 \cdot 10^6$ mal größer ist als der Kernquerschnitt von Xe (1,7 b)[1]).

Aus Gleichung (15) können wir den Charakter der Absorptionskurve entnehmen, wenn wir noch die Energieabhängigkeit von $\Gamma_n$ sowie die von $\Gamma_\gamma$ kennen. Nach früherem ist $\Gamma_\gamma$ bei langsamen Neutronen unabhängig von $E$. Es gilt über das gesamte periodische System $\Gamma_\gamma \approx 0{,}1$ eV mit einer Variation um einen Faktor 10 nach beiden Seiten. Ferner ist $w_n \ll w_\gamma$, also $\Gamma_n \ll \Gamma_\gamma$, und $\Gamma = \Gamma_n + \Gamma_\gamma$ daher praktisch unabhängig von $E$. Für kleine $E$ gilt weiter $\Gamma_n \sim v \sim \sqrt{E}$, wie man aus anderen Betrachtungen oder durch Vergleich von (14) mit (15) im Bereich $E \ll |E_r|$ findet. Da $\lambda \sim 1/\sqrt{E}$, läßt sich (15) in folgender Form schreiben:

$$\sigma = \sigma_r \sqrt{\frac{|E_r|}{E}} \frac{1}{1 + \left(\frac{2 E_r}{\Gamma}\right)^2 \left(1 - \frac{E}{E_r}\right)^2}. \tag{17}$$

---

1) b = barn = $10^{-24}$ cm².

$\sigma_r$ ist der Wert von $\sigma$ bei der Resonanzenergie $E = E_r$. Im Gebiet $E \ll |E_r|$ liefert (17) wieder das $1/v$-Gesetz:

$$\sigma \sim 1/\sqrt{E} \sim 1/v\,.$$

Der Charakter der $\sigma$-$E$-Kurve hängt von dem Wert der Größe $\Gamma/E_r$ ab. Ist $\Gamma \ll E_r$, so findet man eine ausgeprägte Resonanz bei $E = E_r$ mit der Halbwertsbreite $\Delta E = \Gamma$. Jenseits $E_r$ nimmt $\sigma$ rasch ab. Allerdings gilt (17) für $E \gg E_r$ nicht mehr genau. Je größer $\Gamma/E_r$, um so unschärfer wird die Resonanz. Bei $\Gamma \approx 1{,}8\ E_r$ verschwindet sie völlig, und $\sigma$ ändert sich wenig in einem relativ weiten $E$-Intervall im Gebiet $E < E_r$, um für $E > E_r$ stärker abzufallen. Für $\Gamma > 1{,}8\ E_r$ hat $\sigma$ einen monoton mit $E$ abfallenden Charakter wie beim $1/v$-Gesetz.

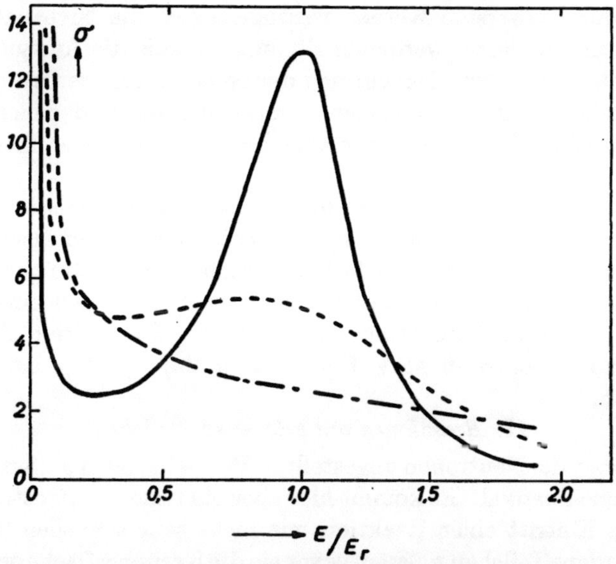


Abb. 1. Wirkungsquerschnitt $\sigma$ (in willkürlichem Maßstab) als Funktion der Neutronenenergie $E$ (in Einheiten $E_r$) für einige Werte des Verhältnisses $\Gamma/E_r$.[1])

——— für $\Gamma/E_r = 1/2$ (mittelstarke Resonanz)
— — — für $\Gamma/E_r = 2$ (annähernd der Fall Cd)
—·—· für $\Gamma/E_r = 4$ (fast $1/v$-Gesetz)
(nach Bethe 1948)

Es kommt vor, daß ein Kern ein Resonanzniveau dicht unterhalb der Energie „Null" aufweist. Man kann dann die Resonanzstelle selber nicht beobachten, aber ihre Flanke im Gebiet $E > 0$ macht sich durch einen stärkeren $\sigma$-Abfall als nach dem $1/v$-Gesetz bemerkbar (s. w. u. Tab. 3. Hg). In (17) ist dann $E_r < 0$ zu setzen. In Abb. 1 sind einige typische Fälle von $\sigma$-$E$-Kurven dargestellt.

Viele Kerne haben mehrere ausgeprägte Resonanzstellen. Man kann sie angenähert durch eine Summe von Ausdrücken der Form (17) beschreiben, wenn ihre gegenseitigen Abstände genügend groß im Vergleich zu ihren Eigenbreiten

[1]) Quellennachweis für die Abbildungen s. S. 106.

sind. Die Anzahl der Resonanzniveaus ist allerdings besonders bei schweren Kernen ganz erheblich größer, als es sich nach dem einfachen optischen Modell erwarten läßt, wird aber sofort verständlich, wenn man die große Zahl der möglichen Quantenzustände eines Mehrteilchensystems gemäß dem Sandsackmodell beachtet. Die Schematisierung des Kernes durch einen strukturlosen „Potentialtopf" ist offenbar in diesem Punkte unzureichend.

Die Abstände der Resonanzniveaus und die Niveaubreiten werden nach den schweren Kernen zu immer kleiner. Bei Li ist der durchschnittliche Abstand $\sim$ 500 keV, die Breite $\sim$ 11 keV. Bei Al sind die entsprechenden Zahlen in der Gegend des Nullniveaus 30 keV und 1 keV. Für Kerne mit $A > 100$ liegen die Niveaus $\sim$ 100 eV bis einige eV auseinander, die Breiten betragen einige eV bis $10^{-2}$ eV. Bei den schwersten Kernen verringern sich die Niveauabstände nicht mehr weiter, weil die kleiner werdende Bindungsenergie die Anregung und damit die Niveaudichte herabsetzt. Bei ein und demselben Kern werden mit steigender Anregungsenergie die Resonanzniveaus immer dichter und gleichzeitig immer breiter, bis sie schließlich ineinander verschwimmen und der Resonanzeinfang verschwindet.

Während bei langsamen Neutronen nur Einfang- und elastische Streuprozesse auftreten, werden bei Neutronenenergien oberhalb der niedrigsten Anregungsenergie des beschossenen Kerns unelastische Stöße immer häufiger: Ein Neutron verläßt den Zwischenkern unter Zurücklassung des Restkerns in einem angeregten Zustand. Die Neutronenabsorption wird seltener. Die weitere Steigerung der Neutronenenergie über 6—9 MeV führt zu $(n, 2n)$-, $(n, 3n)$- usw., $(n, p)$- und $(n, \alpha)$-Prozessen.

### *11. Reaktionen mit geladenen Teilchen*

Die soeben über die Neutronen angestellten Betrachtungen gelten grundsätzlich auch für geladene Partikel. Es kommt hier aber ein neuer elektrostatischer Effekt hinzu, der den Eintritt einer Reaktion mit nicht sehr schnellen Teilchen stark behindert. Geladene Teilchen müssen, bevor sie die Kernoberfläche erreichen, gegen die Coulombsche Abstoßung der Kernladung $Ze$ einen Potentialwall überwinden. Dessen Höhe $H$ beträgt für $z$-fach geladene Teilchen, wenn man das Coulombsche Gesetz bis zum Kernradius $R_{\text{cm}} = 1{,}4 \cdot 10^{-13} \sqrt[3]{A}$ als gültig annimmt:

$$H = \frac{e\,Zz}{R} = 1{,}0 \cdot \frac{zZ}{\sqrt[3]{A}}\ (\text{MeV})\,.$$

Teilchen mit Energien $E < H$ könnten gemäß der klassischen Mechanik den Kern überhaupt nicht erreichen. Selbst für den leichtesten Kern wäre rd. 1 MeV notwendig. Die Welleneigenschaft der Teilchen ermöglicht aber doch eine gewisse, aus der Theorie des $\alpha$-Zerfalls bekannte Durchlässigkeit $G$ der Potentialschwelle durch den sog. Tunneleffekt. $G$ wird um so kleiner, je höher der Potentialberg und je kleiner die Teilchenenergie wird. Im Falle $E \ll H$, d. h. $G \ll 1$, gilt [1])

$$G = g \cdot e^{-g}, \quad \text{mit} \quad g = \frac{4\,\pi^2\, e^2\, zZ}{h\,v}\,. \tag{20}$$

[1]) Genauer ist $G = \bar{g}/(e^{\bar{g}} - 1)$ und $\bar{g} = g \cdot \frac{2}{\pi}\left[\arccos\sqrt{x} - \sqrt{x\cdot(1-x)}\right]$, wo $x = E/H$.

Im Bereich $E \geq H$ ist $G = 1$ zu setzen. $v$ bedeutet die Relativgeschwindigkeit der aufeinander stoßenden Partikel. Für den üblichen Fall, daß Geschoßteilchen der Masse $m$ mit der kinetischen Energie $E$ (in keV) auf einen ruhenden Kern stoßen, lautet $g$ in numerisch bequemerer Fassung:

$$g = 32{,}5 \frac{z\,Z}{\sqrt{E_{\mathrm{keV}}}} \cdot \sqrt{\frac{m}{m_p}}. \qquad (21)$$

Hier wurde die Masse des Protons, $m_p$, als Standardmasse gewählt. Für Teilchen aus einem elektrischen Beschleuniger der Spannung $U$ hat man $E = z \cdot U$ zu nehmen.

Zu diesem Verhalten der Materiewellen beim Durchgang durch Potentialschwellen gibt es auch ein optisches Analogon: Oft ist ein Sprung in einem Glasstück durch Totalreflexion des Lichtes zu erkennen. Beträgt aber die Dicke des Sprunges weniger als eine Lichtwellenlänge, dann ist er unsichtbar, das Licht geht ohne Reflexion hindurch. Dem Coulombschen Potentialwall entspricht die Luftschicht im Sprung, und die Photonen vollführen wegen ihrer Welleneigenschaft einen „Tunneleffekt" durch dieses nach der geometrischen Optik verbotene Gebiet der Totalreflexion.

Die Beziehung (13) für den Wirkungsquerschnitt $\sigma$ gilt auch für geladene Teilchen. Nur enthält jetzt $|\psi_i|^2$ den Faktor $G$. Im Falle der Li-Reaktion mit Protonen von z. B. 100 keV verkleinert sich $\sigma$ wegen der Coulombabstoßung um einen Faktor $G \approx 10 \cdot e^{-10} \approx 6 \cdot 10^{-4}$.

Kommt bei der Reaktion ein geladenes Teilchen heraus, so wird auch die Wahrscheinlichkeit dieses Prozesses [d. h. $w$ in (13)] um einen entsprechenden Faktor $G_{aus}$ verkleinert. Der Wirkungsquerschnitt von Reaktionen, bei denen die ein- und austretenden Teilchen beide geladen sind, wird also durch Gamow-Faktoren in doppelter Weise beeinflußt. Bei $(n, p)$- oder $(n, \alpha)$-Prozessen macht sich nur der Faktor $G_{aus}$ bemerkbar. Ist die Reaktion stark exotherm, derart, daß $Q \gtrsim H$, so ist die Energie des herausfliegenden Teilchens so groß, daß $G_{aus} = 1$ wird. In diesem Falle beobachtet man experimentell nur die Veränderung des Wirkungsquerschnitts durch den Eindringprozeß allein. Das gleiche findet man, wenn die Einfallsenergie $E \ll Q$ ist, dann kann zwar $G_{aus} \ll 1$ sein, bleibt aber in dem fraglichen Energiebereich praktisch konstant.

Wegen des $G$-Faktors ist für alle exothermen Reaktionen mit geladenen Teilchen ein anfangs exponentieller Anstieg des Wirkungsquerschnitts mit der Teilchenenergie charakteristisch. Bei endothermen Reaktionen muß natürlich erst die Schwellenenergie überschritten werden, damit überhaupt ein Prozeß stattfindet. Wird ein geladenes Teilchen hierbei ausgesandt, so steigt $\sigma$ nach Überschreitung der Schwelle exponentiell mit der Geschwindigkeit $v'$ des emittierten Teilchens an. Bei Neutronenemission (z. B. durch $(\gamma, n)$-Prozesse) wächst dagegen $\sigma$ linear mit $v'$.

Übersteigt die primäre Teilchenenergie die Höhe des Coulombwalles, so verschwindet der elektrostatische Einfluß der Kernladung, und die Verhältnisse nähern sich denen bei Neutronen.

## Experimentelle Ergebnisse über Kernreaktionen

Aus der Fülle der bekannten Kernreaktionen betrachten wir im folgenden einige Beispiele, die aus rein physikalischen oder historischen Gesichtspunkten oder für die Anwendungen der Kernphysik bedeutungsvoll sind. Wir besprechen sie geordnet nach der Art der sie erzeugenden Teilchen.

### *12. Kernreaktionen durch $\gamma$-Quanten*

#### $(\gamma, -)$-*Prozesse*

Bei kleinen $\gamma$-Energien, welche für $(\gamma, n)$-Prozesse noch nicht ausreichen, kann man in vielen Fällen ein $\gamma$-strahlendes Isomer des beschossenen Kernes erzeugen. Tab. 1 zeigt einige Beispiele.

TABELLE 1

| Reaktion | $\gamma$-Energie keV | Halbwertszeit | Strahlung |
|---|---|---|---|
| $Se^{77}$ $(\gamma, -)$ $Se^{77*}$ | 160 | 17,5 sec | $\gamma$; (i. U.) |
| $Sr^{87}$ $(\gamma, -)$ $Sr^{87*}$ | 390 | 2,8 h | $\gamma$; (i. U. 15%) |
| $Rh^{103}$ $(\gamma, -)$ $Rh^{103*}$ | 40 | 52 m | $\gamma$; (i. U.) |
| $Ag^{107}$ $(\gamma, -)$ $Ag^{107*}$ | 93 | 44 sec | $\gamma$; (i. U. $\sim$ 96%) |
| $Cd^{111}$ $(\gamma, -)$ $Cd^{111*}$ | 150; 240 | 50 m | $\gamma$; (i. U. $>$ 90%) |
| $In^{115}$ $(\gamma, -)$ $In^{115*}$ | $\left\{\begin{matrix}\gamma\ 334\\ \beta\ 830\end{matrix}\right\}$ | 4,5 h | $\left\{\begin{matrix}\gamma;\ \text{(i. U. 25\%)}\\ \beta^-\ \sim 6\%)\end{matrix}\right.$ |

* bezeichnet ein Isomer; (i. U.) bedeutet „innere Umwandlung"; die % hinter „i. U." geben die $\alpha$-Werte. Die emittierten $\gamma$-Strahlen sind — wie nach Gl. (8) wegen der langen Lebensdauer auch zu erwarten ist — alle relativ energiearm.

In den meisten Fällen gibt der Kern seine Anregungsenergie nicht nur durch $\gamma$-Strahlung ab, sondern auch durch eine direkte Übertragung auf ein Hüllenelektron der $K$- oder seltener der $L$-Schale, welches dann mit einer scharf definierten Energie den Atomverband verläßt. Hierdurch unterscheiden sich diese sog. Konversionselektronen $e^-$ von den $\beta$-Strahlen, die ja eine kontinuierliche Energieverteilung aufweisen, wie etwa die $\beta$-Strahlung des in der Tabelle angeführten $In^{115*}$, welche von demselben Niveau wie der $\gamma$(i. U.)-Übergang ausgeht.

Die Bezeichnung dieses Vorganges als „innere Umwandlung" (i. U.) ist historisch bedingt durch die ältere Vorstellung, wonach die Konversionselektronen sekundär durch einen inneren Photoeffekt der $\gamma$-Strahlung an den Hüllenelektronen entstehen sollten.

Die Häufigkeit $N_e$ der Konversionselektronen im Vergleich zu der der $\gamma$-Quanten, $N_\gamma$, bzw. der Konversionskoeffizient[1]) $\alpha = N_e/(N_e + N_\gamma)$ ist von großer Bedeutung für die Ermittlung des Multipolcharakters der $\gamma$-Strahlung bzw. der beim isomeren Übergang auftretenden Änderung des Kernspins und damit für

[1]) In der Literatur wird auch $\alpha' = N_e/N_\gamma$ als Konversionskoeffizient bezeichnet.

die Klassifizierung der Kernniveaus. Die Isomerie tritt im periodischen System der Elemente in drei getrennten Gruppen [1]) und praktisch nur bei Kernen mit ungerader Massenzahl [2]) auf. Sie liefert — jedenfalls soweit es die Klassifizierung der Terme nach Quantenzahlen betrifft — eine der verblüffendsten Bestätigungen des Schalenmodells der Atomkerne.

Wir erwähnen hier gleich, daß isomere Kerne auch bei Reaktionen mit schweren Teilchen entstehen können, wie z. B. alle Isomere der Tabelle 1, zu denen ein stabiles Isotop mit der nächst kleineren Massenzahl vorhanden ist, sich durch $(n, \gamma)$-Reaktionen erzeugen lassen, ebenso wie das w. u. in Tabelle 4 angeführte $Zn^{69*}$.

### $(\gamma, n)$-*Prozesse*

Diese Reaktionen sind alle stark endotherm und brauchen im allgemeinen $\gamma$-Energien zwischen 6 bis 17 MeV. Sie führen oft zu Positronen-Strahlern, wie z. B.

$$P^{31}_{15}(\gamma, n)P^{30}_{15} \xrightarrow[130\,\text{sec}]{\beta+} Si^{30}_{14}\,.$$

Entsteht wie hier ein $(u, u)$-Endkern [3]), so ist er stets radioaktiv, abgesehen von den 5 Ausnahmen: $D^2_1$, $Li^6_3$, $B^{10}_5$, $N^{14}_7$ und $V^{50}_{23}$.

Leichte Kerne haben oft niedrigere Schwellenwerte. So sind die Reaktionen:

$$Be^9(\gamma, n)Be^8 \to 2\alpha, \qquad \text{Schwelle} = 1{,}6\ \text{MeV},$$
$$D^2(\gamma, n)H^1, \qquad \text{Schwelle} = 2{,}2\ \text{MeV},$$

mit *Ra*- oder anderen monochromatischen $\gamma$-Strahlern ausgeführt, gute monoenergetische Neutronenquellen. Nur ist die Ausbeute sehr klein.

Der $(\gamma, n)$-Prozeß an $D$ ist übrigens der historisch erstmalig beobachtete Kernphotoeffekt (Chadwick und Goldhaber 1934). Er lieferte damals die genaueste Bestimmung der Neutronenmasse $m_n$ auf dem Umwege über die Bindungsenergie des Deuterons, $E_D$. Diese ist aus der Reaktion zu bestimmen, indem man von der $\gamma$-Energie die doppelte kinetische Energie [4]) des herausfliegenden Protons abzieht. Man erhält $E_D = 2{,}19$ MeV $= 2{,}35$ TME. Für die Masse des Neutrons ergibt sich dann mit den massenspektroskopischen Werten $m_d = 2{,}01473$ und $m_p = 1{,}00813$:

$$m_n = m_d + E_D - m_p = 1{,}00895\,.$$

### $(\gamma, p)$-*Prozesse*

$(\gamma, p)$-Reaktionen erfordern große $\gamma$-Energien. Mit den 17,1 MeV-$\gamma$-Quanten aus dem $Li^7(p, \gamma)$-Prozeß wurde am Mg die erste Reaktion dieser Art, $Mg^{26}(\gamma, p)Na^{25}$, beobachtet. $Na^{25}$ zerfällt unter $\beta$-Strahlung von 3,3 MeV mit 60 sec Halbwertszeit.

---

[1]) Die Isomere haben eine (ungerade) Anzahl von Neutronen oder Protonen zwischen 38 und 50, zwischen 64 und 82 und zwischen 100 und 126.

[2]) Es sind nur 3 isomere Kerne mit gerader Massenzahl bekannt: $Hf^{180}$; $Pb^{202}$; $Pb^{204}$.

[3]) Das erste Zeichen in (..., ...) kennzeichnet die Anzahl der Protonen als gerade, „*g*“, oder als ungerade, „*u*“; das zweite gibt dasselbe für die Neutronenzahl an.

[4]) Da der Impuls des benutzten $\gamma$-Quants von ThC″ (2,62 MeV) gegen den vom Proton bzw. Neutron zu vernachlässigen ist, erhalten diese beiden Teilchen gleiche kinetische Energien.

Die $\gamma$-Reaktionen sind wegen ihres kleinen Wirkungsquerschnitts für praktische Anwendungen, etwa zur Erzeugung radioaktiver Isotope, alle ungeeignet.

### *13. Kernumwandlung mit Protonen*

#### $(p, \alpha)$-*Prozesse*

Die historisch erste Kernreaktion mit Protonen wurde von Cockroft und Walton 1932 an Li erzielt:

$$Li^7 + H^1 = Be^8 \to 2\,\alpha\,, \qquad Q = 17{,}2\ \mathrm{MeV}\,.$$

Die Reaktion ist stark exotherm, und der $Be^8$-Zwischenkern zerplatzt schon bei den kleinsten Protonenenergien in zwei sehr schnelle $\alpha$-Teilchen von je 8,4 cm Reichweite in Luft unter Normalbedingungen. Das bedeutet je Teilchen 8,6 MeV kinetischer Energie oder 17,2 MeV Reaktionsenergie.

Manchmal zerfällt der Zwischenkern $Be^8$ nicht gleich in zwei $\alpha$-Teilchen, sondern geht unter Emission eines $\gamma$-Quants von 17,1 MeV in den Grundzustand des $Be^8$ über, der aber anschließend mit einer kleinen Energieentwicklung von $\sim$ 0,09 MeV in zwei $\alpha$-Teilchen auseinanderfällt. Der $Li^7(p, \gamma\alpha)$-Prozeß ist eine gute Quelle homogener, harter $\gamma$-Strahlen. Auch hier ist die gesamte Energietönung 17,2 MeV.

Diese Reaktionsenergie $Q$ läßt sich auch aus den bekannten Massen von $Li^7 = 7{,}01822$, $H^1 = 1{,}00812$ und $He^4 = 4{,}00390$ berechnen: Die Masse von zwei $\alpha$-Teilchen erweist sich um $\Delta m = 0{,}01854$ kleiner als die Summe der Massen von $Li^7$ und $H^1$. Nach der Einsteinschen Formel (5) beträgt das zugehörige Energieäquivalent

$$Q = 18{,}54 \cdot 0{,}931 = 17{,}2\ \mathrm{MeV}\,.$$

Die ausgezeichnete Übereinstimmung mit dem direkt gemessenen Wert zeigt die genaue Gültigkeit der Masse—Energie-Beziehung bei Kernreaktionen. Dies rechtfertigt ihre Verwendung zur Berechnung eines evtl. unbekannten Massenwertes eines Reaktionspartners aus der Energietönung, wie oben beim Neutron, oder umgekehrt.

An diesem Beispiel läßt sich auch das Walten des Tunneleffektes erkennen. Die $\alpha$-Strahlen kann man nämlich bis zu etwa 10 keV Protonengeschwindigkeit beobachten. Der Potentialwall an $Li^7$ ($Z = 3$) hat aber eine Höhe von $\approx 1{,}5$ MeV. Demnach erreichen den Li-Kern noch Protonen mit 150 mal kleinerer Energie, als sie zur Überwindung des Coulombberges gemäß der klassischen Mechanik haben müßten. Der $G_{aus}$-Faktor für die austretenden $\alpha$-Teilchen ist, da $Q \gg H$, gleich 1. Also wird in (13) $w$ unabhängig von $E$, und für den Wirkungsquerschnitt folgt nach (20) und (21) mit $z = 1$ und $Z = 3$:

$$\sigma \sim (1/v) g e^{-g} \sim (1/E) \cdot e^{-94/\sqrt{E}}\,, \qquad (E \text{ in keV})\,.$$

Bei der extrem großen Reaktionsenergie sind wegen zu kleiner Lebensdauer des Zwischenkerns keine scharfen Resonanzen zu erwarten, die ohnehin bei $Be^8$ nur in weiten Abständen oberhalb 2,9 MeV auftreten. Die im Intervall 40—200 keV gemessenen $\sigma$-Werte lassen sich nun tatsächlich gut durch die obige theoretische

Formel darstellen, obwohl sich $\sigma$ in dem Meßbereich um mehr als einen Faktor 1000 ändert. Das Ergebnis spricht für die zugrundeliegenden Vorstellungen und Berechnungsmethoden.

Auch $Li^6$ gibt mit Protonen eine $\alpha$-Reaktion:

$$Li^6 + H^1 \rightarrow Be^7 \rightarrow He^4 + He^3 .$$

Der Zwischenkern $Be^7$ zerfällt in $He^4$ und $He^3$, die in Luft die Reichweiten 0,82 cm ($He^4$) und 1,19 cm ($He^3$) haben.

Mit natürlichem Li, welches zu 92% aus $Li^7$ und 8% aus $Li^6$ besteht, erhält man[1]) also insgesamt $\alpha$-Strahlen von drei verschiedenen Reichweiten. Eine Wilsonkammeraufnahme dieses Vorganges zeigt Abb. 2.

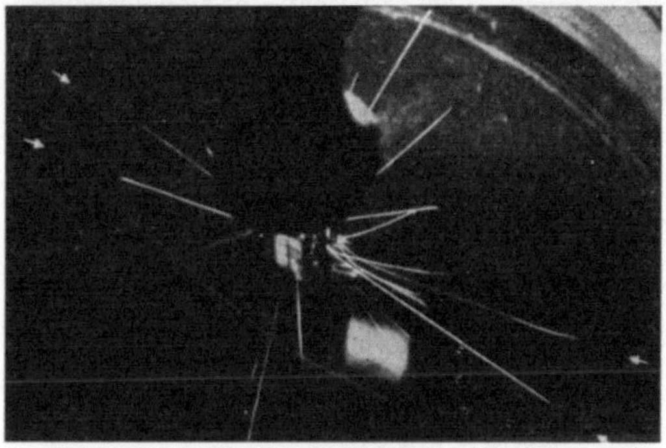

Abb. 2. Wilsonkammeraufnahme von Li $(p, \alpha)$-Reaktionen (aus GAMOW and CRITCHFIELD 1949/50)

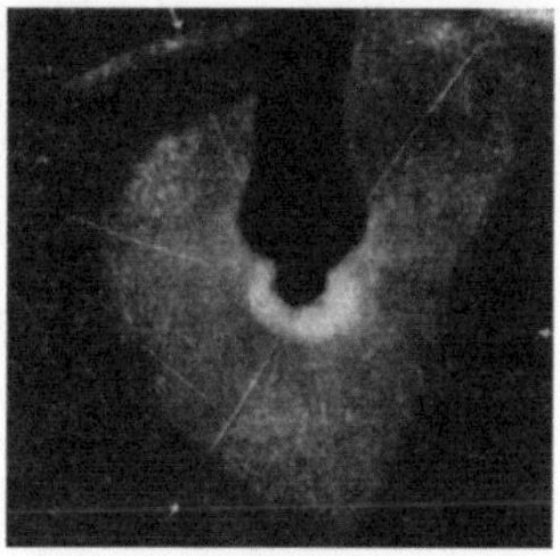

Abb. 3 Wilsonkammeraufnahme der Reaktion $B^{11} + H^1 \rightarrow 3\,\alpha$. Die Pfeile weisen auf 3 zusammengehörige $\alpha$-Spuren (aus GAMOW and CRITCHFIELD 1949/50)

Eine durch das Entstehen von 3 $\alpha$-Teilchen bemerkenswerte Reaktion tritt bei Beschuß von Bor mit Protonen ein:

$$B^{11} + H^1 \rightarrow C^{12} \rightarrow 3\,He^4 + 8{,}7\ \text{MeV} .$$

Abb. 3 zeigt eine Aufnahme dieses Prozesses. Die drei $\alpha$-Teilchen müßten, wenn sie alle gleichzeitig entstünden, bei definierter Gesamtenergie einzeln alle Geschwindigkeiten zwischen Null und einem Maximum (5,7 cm Reichweite) in statistischer Verteilung aufweisen. In Wirklichkeit erhebt sich aber über einer kontinuierlichen $\alpha$-Gruppe eine zweite, quasidiskrete Gruppe, die eine mittlere Streuung von $\approx 0{,}25$ MeV um die Linienmitte bei 3,85 MeV aufweist.

Die Erklärung ist, daß $C^{12}$ nicht gleichzeitig in drei $He^4$ zerfällt, sondern zuerst ein $\alpha$-Teilchen der mittleren Energie von 3,85 MeV emittiert und in ein angeregtes $Be^8$ übergeht, welches gleich darauf in zwei $He^4$ zerfällt:

$$C^{12} \rightarrow Be^8 + He^4$$
$$Be^8 \rightarrow 2\,He^4$$

1) Abgesehen von der Störung durch den Impuls der $H^1$-Teilchen.

Die quasidiskrete Gruppe gehört zum $\alpha$-Zerfall des $C^{12}$. Die Lebensdauer des $Be^8$-Niveaus[1]) muß aber offenbar wegen dessen beträchtlicher Zerfallsenergie so klein sein, daß die dadurch bedingte Energieunschärfe die für einen $\alpha$-Zerfall ungewöhnlich starke Energiestreuung verursacht. Das Beispiel illustriert die Heisenbergsche Beziehung (9) zwischen Energieunschärfe und Lebensdauer.

Die kontinuierliche $\alpha$-Gruppe stammt von dem Zerfall des beim ersten $\alpha$-Prozeß stark beschleunigten $Be^8$: Die Überlagerung der Schwerpunktsbewegung des $Be^8$ mit den beim Zerfall den $\alpha$-Teilchen mitgeteilten Geschwindigkeiten ergibt das Kontinuum.

### $(p, \gamma)$-*Prozesse*

Mit Protonen treten auch $(p, \gamma)$-Prozesse auf; das Proton wird eingefangen und die Anregungsenergie als $\gamma$-Strahlung abgegeben. Die Lebensdauer des Zwischen-

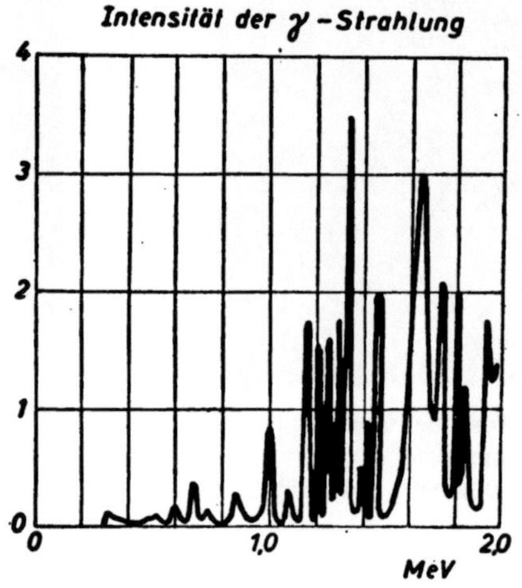


Abb. 4. Anregungsfunktion für die Umwandlung $Na^{23}$ $(p, \gamma)$ $Mg^{24}$ nach Burling. (aus Riezler 1953)

kerns ist wesentlich länger als bei den vorigen $(p, \alpha)$-Prozessen, die Niveaus sind also schärfer. Es zeigen sich oft ausgeprägte Resonanzlinien. Als Beispiel ist die $\sigma$-$E$-Kurve für die Reaktion

$$Na^{23}(p, \gamma)Mg^{24} \text{ (stabil)}$$

in Abb. 4 dargestellt. Dem allgemeinen Anstieg des Wirkungsquerschnitts mit $E$ ist eine große Anzahl schmaler Resonanzlinien überlagert.

Die radioaktiven Endkerne aus $(p, \gamma)$-Prozessen sind, wie zu erwarten, meist $\beta^+$-Strahler. Doch kommen auch $\beta^-$-Strahler vor wie $Sc^{47}$, das bei dem Prozeß $Ca^{46}(p, \gamma)Sc^{47}$ entsteht.

### $(p, n)$-*Reaktionen*

Reaktionen vom Typ $(p, n)$ werden viel zur Erzeugung freier Neutronen benutzt. Der Endkern wird hier isobar mit dem Ausgangskern und hat eine um eine Einheit

1) Möglicherweise sind mehrere dicht beieinander liegende Niveaus vorhanden.

größere Kernladung. Nach der Isobaren-Regel von MATTAUCH ist daher der Endkern radioaktiv, wenn der Ausgangskern [1]) stabil war. In diesem Fall hat der Endkern ein Proton mehr, als es für die Stabilität zulässig ist. Er wandelt sich daher in den meisten Fällen unter $K$-Einfang oder $\beta^+$-Emission in den Ausgangskern zurück. In seltenen Fällen kommen auch $\beta^-$-Strahler vor wie $Sc^{48}$, das über $Ca^{48}(p, n)$ hergestellt werden kann.

Die $(p, n)$-Prozesse an stabilen Kernen sind immer stark endotherm und setzen meist erst bei $\sim 2$ MeV merklich ein. Die theoretische Schwellenenergie beträgt bei $K$-einfangenden Endkernen, $\geq 0{,}78$ MeV, bei $\beta^+$-strahlenden Endkernen $\geq 1{,}80$ MeV[2])

Viel benutzte Quellen für homogene Neutronen sind die Reaktionen

$$Li^7 + H^1 \rightarrow Be^7 + n - 1{,}65\ \text{MeV}$$
$$T^3 + H^1 \rightarrow He^3 + n - 0{,}764\ \text{MeV}\,.$$

In beiden Fällen ist einer der Kerne radioaktiv. $T^3$ ist $\beta^-$-Strahler und geht mit rd. 12 Jahren Halbwertszeit in $He^3$ über. $Be^7$ ist $K$-Einfänger und bildet mit 53 Tagen Halbwertszeit $Li^7$, wobei 10% der $Li^7$-Kerne im angeregten Zustand entstehen und eine $\gamma$-Strahlung von 0,45 MeV aussenden.

Eine interessante Verwendung des $Be^7$ mag erwähnt sein: $Be^7$ ist der leichteste bekannte $K$-Einfänger. Da er außerdem keine Positronen aussendet, ist er das geeignetste Objekt zur Untersuchung des Neutrino-Rückstoßes, der in diesem Fall $\sim 58$ eV betragen sollte, entsprechend einer Neutrino-Energie von 0,87 MeV. Als zweites Beispiel einer Anwendung der Masse-Energie-Beziehung (5) sei diese Neutrino-Energie hier abgeleitet: Aus der Reaktionsenergie (—1,65 MeV) und dem Energieverbrauch für den $p$-$n$-Austausch folgt, daß $Be^7$ gegen $Li^7$ eine Energiedifferenz von $1{,}65 - 1{,}29 = 0{,}36$ MeV aufweist. Diese Energie reicht nicht aus, um ein Positron aus $Be^7$ zu emittieren. Dazu wären mindestens 0,51 MeV notwendig, und darum fehlt die Positronenstrahlung. Der Einfang eines $K$-Elektrons macht aber $0{,}36 + 0{,}51 = 0{,}87$ MeV frei, die das Neutrino abführen muß. Unter der Annahme einer Neutrino-Ruhemasse Null ergibt der Impulssatz den oben angegebenen Rückstoß auf $Be^7$. Experimentell wurde er von ALLEN 1942 tatsächlich in der erwarteten Größe quantitativ festgestellt.

### *14. Kernreaktionen mit α-Strahlen*

Mit den schnellsten natürlichen $\alpha$-Strahlen (8,8 MeV) hat man Kernreaktionen an allen leichten Elementen bis etwa zur Kernladungszahl 19 (Kalium) [3]) beobachtet, H und He ausgenommen. Für Elemente höherer Ordnungszahl stehen heute $\alpha$-Teilchen aus Zyklotrons zur Verfügung. Da bei Uran die Potentialschwelle für $\alpha$-Teilchen rd. 30 MeV beträgt, kann man von etwa dieser Energie an auch die schwersten Elemente mit guter Ausbeute umwandeln.

[1]) Ausnahmen: $Cd^{113}$, $Sb^{123}$.

[2]) Nach Rückverwandlung des Endkerns in den Ausgangskern ist nämlich als Gesamtresultat ein $p$ in ein $n$ verwandelt, wozu 1,29 MeV verbraucht werden: ferner wurde ein $e^-$ vernichtet bzw. ein $\beta^+$ erzeugt, was $\mp$ 0,51 MeV zur Schwellenenergie beisteuert.

[3]) Höhe des Potentialwalles für $\alpha$-Teilchen: $\sim 11$ MeV.

### ($\alpha$, $p$)-*Prozesse*

Die historisch erstmalig beobachtete Kernreaktion $N^{14}(\alpha, p)O^{17}$ wurde bereits eingangs erwähnt. Abb. 5 zeigt eine Wilsonaufnahme des Vorganges. Die Spur des Protons bildet mit der Flugrichtung des $\alpha$-Teilchens einen stumpfen Winkel, woraus schon zu erkennen ist, daß es sich um keinen gewöhnlichen Zusammenstoß handelt. Mit den $\alpha$-Strahlen des RaC′ oder ThC′ wurden anschließend an diese Entdeckung ($\alpha$, $p$)-Prozesse an allen Elementen unter Ca festgestellt, außer an H, He, Li, Be, C und O.

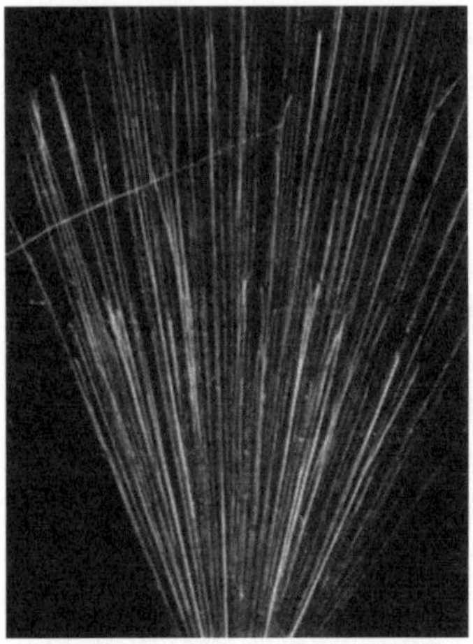

Abb. 5. Wilsonkammeraufnahme der historisch erstmalig von RUTHERFORD beobachteten Reaktion $N^{14}+He^{4}\rightarrow O^{17}+H^{1}$ (aus GAMOW and CRITCHFIELD 1949/50)

An Al findet sich z. B. die Reaktion

$$A^{27} + He^{4} \rightarrow P^{31} \rightarrow Si^{30} + H^{1}.$$

Es existieren auch hier $\alpha$-Einfangresonanzen (Posr). Für jede $\alpha$-Energie beobachtet man vier Protonengruppen; z. B. für die niedrigste $\alpha$-Resonanz Protonenenergien von 9,34, 6,98, 5,5 und 4,2—4,65 MeV. Sie sind offenbar vier verschiedenen, tiefer liegenden Niveaus des Endkerns zuzuordnen: Die erste Gruppe führt zum Grundzustand, die drei anderen zu höheren angeregten Zuständen, von denen der Endkern anschließend an die Protonenemission durch $\gamma$-Strahlung in den Grundzustand übergeht. In der Tat kann man bei diesen Gruppen $p$-$\gamma$-Koinzidenzen beobachten, nicht dagegen bei der ersten Gruppe.

Die Energie der langsamsten herauskommenden Protonen liegt unter der Höhe des Coulombberges von $Si^{30}_{14}$ ($\sim$ 4,5 MeV) und zeigt dadurch das Vorhandensein eines Tunneleffektes an, was wiederum auf die Existenz eines Zwischenkerns hinweist.

### ($\alpha$, $n$)-*Prozesse*

Auch diese Prozesse stehen in der Geschichte der Kernreaktionen an hervorragender Stelle. Die Entdeckung des Neutrons erfolgte am ($\alpha$, $n$)-Prozeß an Be:

$$Be^{9}(\alpha, n)C^{12}, \qquad Q = 5{,}65 \text{ MeV}.$$

BOTHE und BECKER hatten 1930 bei Beschuß einiger leichter Elemente mit Polonium-$\alpha$-Strahlen die erste künstliche Kernanregung mit Emission von $\gamma$-Strahlen beobachtet. Eine auffallend starke Strahlung zeigte Be. Bald darauf fanden CURIE und JOLIOT, daß diese „Be-Strahlung" aus H-haltigen Substanzen Rückstoßprotonen erzeugte, und CHADWICK wies schnelle Rückstoßkerne auch bei schwereren Elementen bis A nach. Die abnorm großen Energien aller Rückstoßteilchen standen im Widerspruch zu jeder möglichen Annahme über die

Quantenenergie der Be-$\gamma$-Strahlung. CHADWICK erkannte nun (1932), daß alle Beobachtungen durch ein neutrales Teilchen mit der Masse eines Protons erklärt werden können. Das bedeutete die Entdeckung der von RUTHERFORD bereits seit 1920 vermuteten und gesuchten Neutronen.

Die Be($\alpha$, $n$)-Reaktion stellt eine heute noch viel gebrauchte Neutronenquelle dar, die in Form einer Mischung von Be-Pulver mit Ra oder Po hergestellt wird.

An den Reaktionen

$$B^{10}\,(\alpha, n)\,N^{13}; \quad N^{13} \xrightarrow[10\text{ min}]{\beta+} C^{13}$$

$$Mg^{24}\,(\alpha, n)\,Si^{27}; \quad Si^{27} \xrightarrow[5\text{ sec}]{\beta+} Al^{27}$$

$$Al^{27}\,(\alpha, n)\,P^{30}; \quad P^{30} \xrightarrow[2{,}2\text{ min}]{\beta+} Si^{30}$$

entdeckten F. JULIOT und I. CURIE die künstliche Radioaktivität und die erste Methode zur künstlichen Erzeugung von Positronen. Die Endkerne von ($\alpha$, $n$)-Prozessen sind fast immer positronenaktiv, weil sie durch Anlagerung relativ zu vieler Protonen, nämlich 2 gegen 1 Neutron, erzeugt wurden.

Auch bei dem historischen ($\alpha$, $p$)-Prozeß an $N^{14}$ läuft eine ($\alpha$, $n$)-Reaktion parallel, die zu dem Positronenstrahler $F^{17}$ führt:

$$N^{14}\,(\alpha, n)\,F^{17} \xrightarrow[1{,}2\text{ min}]{\beta+} O^{17}\,.$$

Mit den energiereichen Zyklotron-$\alpha$-Strahlen kann man auch die schwersten Kerne umwandeln. Die $\alpha$-Energien sind dabei oft so hoch, daß auch ($\alpha$, $2n$)- und ($\alpha$, $3n$)-Prozesse auftreten. Mehrere neue Elemente wurden auf diese Weise hergestellt, z. B.:

a) Astatin, Element Nr. 85 (mit 29 MeV-$\alpha$-Strahlen) durch die Reaktion $Bi^{209}_{83}\,(\alpha, 3n)\,At^{210}_{85}$.
   $At^{210}_{85}$ ist das stabilste der At-Isotope. Es wandelt sich unter $K$-Einfang mit $8{,}3^h$ Halbwertszeit in $Po^{210}_{84}$ um.

b) Die Transurane Pu, Am, Cm, Bk und Cf (mit 40 bis 44 MeV-$\alpha$-Strahlen) wie folgt:

$$U^{238}_{92}\,(\alpha, n)\,Pu^{241}_{94} \xrightarrow[10\text{ a}]{\beta-} Am^{241}_{95} \xrightarrow[490\text{ a}]{\alpha} Np^{237}_{93} \xrightarrow[2{,}2\cdot 10^6\text{ a}]{\alpha}$$

$$Pu^{239}_{94}\,(\alpha, n)\,Cm^{242}_{96} \xrightarrow[150\text{ d}]{\alpha}$$

$$Am^{241}_{95}\,(\alpha, n)\,Bk^{244}_{97} \xrightarrow[4{,}5\text{ h}]{\alpha}$$

$$Cm^{242}_{96}\,(\alpha, 2\,n)\,Cf^{244}_{98} \xrightarrow[45\text{ m}]{\alpha}.$$

Ersichtlich nimmt die $\alpha$-Aktivität allgemein mit der Ordnungszahl $Z$ zu, so daß es immer schwieriger wird, weitere Elemente zu erzeugen und zu isolieren. In jüngster

Zeit hat man noch die Reihe der künstlich hergestellten Elemente bis zur Kernladungszahl 101 fortsetzen können. Sie wurden (in der Reihenfolge ihrer Ordnungszahlen) mit Einsteinium E, Fermium Fm und Mendelevium Mv bezeichnet.

### *15. Reaktionen mit Deuteronen*

Das Deuteron entwickelt eine besonders auffällige Wirksamkeit bei Kernreaktionen. Es ist dies die Folge seiner kleinen Bindungsenergie von nur 2,19 MeV. Die Absorption eines freien Nukleons setzt im allgemeinen — abgesehen bei den leichteren Kernen — eine Bindungsenergie von 6—8 MeV frei; der Einfang eines Deuterons entwickelt daher 10—14 MeV, was entsprechend heftige Reaktionen hervorruft. [$\alpha$-Teilchen geben wegen der festen Eigenbindung (28 MeV) eine viel schwächere Anlagerungsenergie, die bei den schwersten Kernen sogar negativ wird, wie ihre natürliche Radioaktivität beweist.]

#### *(d, n)-Reaktionen*

Diese Reaktionen werden häufig als Neutronenquellen verwendet. Die einfachste dieser Art, welche monoenergetische Neutronen liefert, ist:

$$D^2\ (d, n)\ \mathrm{He}^3, \qquad Q = 3{,}28\ \mathrm{MeV}.$$

Die Reaktionsenergie (3,28 MeV) verteilt sich gemäß dem Impulssatz auf $\mathrm{He}^3$ und das herauskommende Neutron, welches dadurch schon bei kleinsten Energien der $D$-Teilchen eine Geschwindigkeit von 2,4 MeV erhält. Bei größeren Deuteronenenergien erhöht sich entsprechend auch die Neutronengeschwindigkeit.

Eine noch bessere Quelle dieser Art liefert die Reaktion

$$\mathrm{T}^3\ (d, n)\ \mathrm{He}^4\,, \qquad Q = 17{,}6\ \mathrm{MeV}\,,$$

mit einem größten Wirkungsquerschnitt von $\sim 4{,}5$ barn bei 200 KeV. Sie liefert je nach der primären $D$-Energie homogene Neutronen von 14 MeV und mehr. Das $\mathrm{T}^3$ bestrahlt man am besten als Gas in einer kleinen Kammer.

Neutronen mit einer einheitlichen Energie zwischen denen der vorgenannten Quellen erhält man aus

$$\mathrm{N}^{14}\ (d, n)\ \mathrm{O}^{15}, \quad \text{mit} \quad Q = 5{,}1\ \mathrm{MeV}.$$

Der Wirkungsquerschnitt ist aber klein.

Hohe Neutronenenergien mit guten Ausbeuten geben die Prozesse (Crane, Lauritsen und Soltan, 1933):

$$\mathrm{Li}^7\ (d, n)\ 2\ \mathrm{He}^4, \qquad Q = 14{,}5\ \mathrm{MeV},$$

$$\mathrm{Be}^9\ (d, n)\ \mathrm{B}^{10}, \qquad Q = 4{,}2\ \mathrm{MeV}.$$

Leider sind hier die Neutronen energetisch nicht homogen; bei $\mathrm{Li}^7$ wegen der Dreiteilung des Zwischenkerns, bei $\mathrm{Be}^9$ wegen verschiedener möglicher Anregungszustände des Restkerns $\mathrm{B}^{10}$. In Abb. 6 sind die Neutronenausbeuten bei den Prozessen $D$—$d$, Li—$d$, und Be—$d$ in Abhängigkeit von der Energie der primären $d$-Teilchen dargestellt.

Bei kleinen Spannungen ist der *D—d*-Prozeß am ergiebigsten. Selbst bei nur 5000 V ist die Reaktion noch beobachtbar mit etwa 1 Neutron auf $10^{15}$ einfallende Deuteronen (DÖPEL). Bei größeren Spannungen ist die Li-Reaktion besser, bei noch höheren Energien die mit Be. Diese Reihenfolge ist durch die Coulomb-

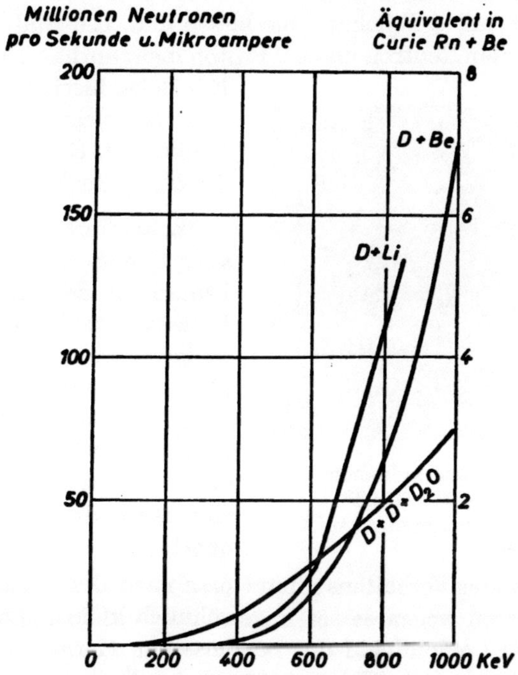


Abb. 6. Ergiebigkeit verschiedener Neutronenquellen (aus RIEZLER 1953, verändert)

Abstoßung bedingt, und die Gamow-Formel (20) gibt auch hier die richtige Größenordnung des Wirkungsquerschnitts.

### *(d, 2n)-Prozesse*

Bei großer Energie der Deuteronen treten auch *(d, 2n)*-Prozesse auf. Historisch bedeutungsvoll war die Herstellung von 0,5 $\mu$g $Pu^{238}$ mit Hilfe der Reaktion

$$U^{238}\,(d,\,2\,n)\,Np^{238} \xrightarrow[2{,}0\,d]{\beta} Pu^{238} \xrightarrow[92\,a]{\alpha} U^{234}\,.$$

Mit dieser winzigen Menge $Pu^{238}$, das ein starker $\alpha$-Strahler von 92 *a* Halbwertszeit ist, wurde die chemische Technologie für die erste Pu-Trennanlage ausgearbeitet.

### *(d, p)-Prozesse*

Als eine der historisch ersten Reaktionen mit Deuteronen beobachteten 1934 OLIPHANT, HARTECK und RUTHERFORD die *D—d*-Reaktion:

$$D^2\,(d,\,p)\,H^3,$$

bei welcher Protonen von 14,3 cm Reichweite (3,0 MeV) und $H^3$-Teilchen mit 1,6 cm Reichweite (1,0 MeV) auftreten. In der Wilsonkammeraufnahme dieses Vorganges (Abb. 7) gehört die lange Spur zum gewöhnlichen Proton, die kurze Spur zum Tritium $H^3$.

Die $(d, p)$-Reaktionen an leichten Kernen zeigen ein ähnliches Verhalten wie die mit Protonen oder mit $\alpha$-Teilchen. Sie lassen u. a. die Bildung eines Zwischenkerns erkennen, der ein Neutron und ein Proton mehr enthält als der Ausgangskern. Ein Beleg hierfür ist die Beobachtung, daß die Resonanzniveaus der $(d, p)$-Reaktion z. B. an C und N mit denen der $(d, n)$-Reaktion übereinstimmen.

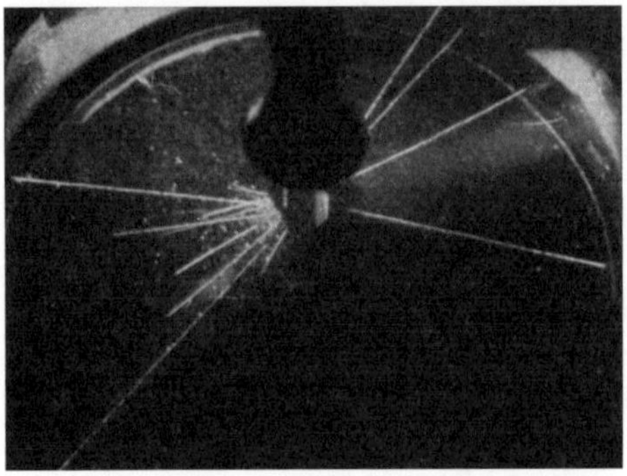

Abb. 7. Wilsonkammeraufnahme der Reaktion $D^2+D^2 \rightarrow H^1+T^3$ (aus GAMOW and CRITCHFIELD 1949/50)

An schwereren Kernen macht sich aber immer mehr ein neuer Vorgang bemerkbar, der den Eintritt der $(d, p)$-Prozesse stark begünstigt: Die Wirkungsquerschnitte sind besonders bei kleinen Energien viel größer, als man nach der Gamow-Formel erwartet — unter der stillschweigenden Annahme, daß das Deuteron als Ganzes bis zum Kernrand den Potentialwall durchquert.

Zur Erklärung dieses Verhaltens nimmt man nach OPPENHEIMER und PHILIPPS an, daß das Deuteron wegen seiner ungewöhnlich kleinen Bindungsenergie von 2,19 MeV schon im Coulombfeld des beschossenen Kernes zerfällt und nur das Neutron bis zum Kern weiterfliegt, während das Proton schon vorher umkehrt. Die Bremskraft des elektrischen Feldes wirkt ja nur auf das Proton, während das Neutron weiterzufliegen trachtet. Im starken elektrischen Feld schwerer Kerne kann dadurch die $D$-Bindung zerreißen, oder wenn dies nicht eintritt, so wird das Neutron doch zuerst in den Bereich der Kernkraft geraten und vom Proton abgerissen. Auf jeden Fall braucht das Proton nicht den ganzen Potentialtunnel zu durchqueren, und dadurch können diese „Philipps-Oppenheimer-Prozesse" leichter eintreten als Prozesse der Art $(d, n)$. Aus Abb. 8 ist zu ersehen, daß z. B. der Wirkungsquerschnitt der $(d, p)$-Reaktion an $Au^{197}$ bei kleinen Energien etwa 10 mal größer ist als der vom $(d, n)$-Prozeß.

Bei Energien, die es dem Deuteron ermöglichen, als Ganzes in den Kern einzudringen, werden auch die $(d, n)$-Prozesse häufiger. Dabei zeigt es sich, daß neben Reaktionen mit Zwischenkernbildung durch $D$-Einfang auch hier viele Reaktionen in der Weise verlaufen, daß das ankommende Deuteron durch die Wirkung der Coulomb- und der Kernkraft des beschossenen Kerns zerfällt und nur einer seiner Bestandteile mit etwa gleicher Wahrscheinlichkeit eingefangen wird, während der andere Teil weiterfliegt, ohne an der Zwischenkernbildung teilzunehmen. Diese sog. Strippingreaktionen zeigen eine bevorzugte Vorwärtsstreuung des weiterfliegenden Neutrons oder Protons. Bei allen Stripping- und Oppenheimer-Prozessen ist wegen der Statistik des Deuteron-Zerfalls die Energie des eingefangenen bzw. wegfliegenden Teilchens und damit die Anregungsenergie des durch $p$- oder $n$-Einfang entstehenden Zwischenkerns nur sehr unscharf durch die Primär-

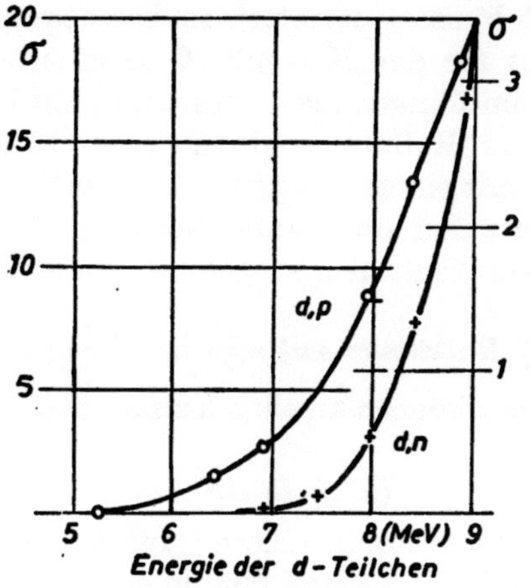


Abb. 8. Vergleich der Anregungsfunktionen von $(d, p)$- mit $(d, n)$-Prozessen an schweren Kernen am Beispiel $Au^{197}$. $\sigma$ in $10^{-3}$ barn. Nach KRISCHNAN und NAHUM (aus RIEZLER 1953)

energie des Deuterons bestimmt. Man beobachtet daher kaum Resonanzen in der $\sigma$-$E$-Abhängigkeit des Gesamtwirkungsquerschnitts, während sie bei Reaktionen mit Zwischenkernbildung durch $D$-Einfang durchaus hervortreten.

Wegen der schon bei kleinen Energien guten Ausbeute werden $(d, p)$-Reaktionen häufig zur Erzeugung radioaktiver Isotope benutzt. Eine kleine Auswahl unter ihnen bringt folgende Tabelle:

TABELLE 2

| Radioaktives Isotop | Erzeugungs-Reaktion | Halbwertszeit | Strahlung | |
|---|---|---|---|---|
| | | | $\beta$, (MeV)$_{max}$ | $\gamma$, MeV |
| $Na^{24}$ | $Na^{23}$ $(d, p)$ | 14,8 h | $\beta^-$, 1,4 | 1,4; 2,7 |
| $P^{32}$ | $P^{31}$ $(d, p)$ | 14,3 d | $\beta^-$, 1,7 | keine |
| $Ca^{45}$ | $Ca^{44}$ $(d, p)$ | 152 d | $\beta^-$, 0,25 | keine |
| $Fe^{59}$ | $Fe^{58}$ $(d, p)$ | 47 d | $\beta^-$, 0,46 | 1, 1; 1,3 |
| $Cu^{64}$ | $Cu^{63}$ $(d, p)$ | 12,9 h | $\beta^-$ 0,57<br>$\beta^+$ 0,66<br>$K$ | (nach $K$), 1,3 |
| $Sr^{89}$ | $Sr^{88}$ $(d, p)$ | 55 d | $\beta^-$ 1,5 | keine |

Im Endergebnis ist ein $(d, p)$-Prozeß äquivalent einem Neutroneneinfang, den wir nun näher betrachten wollen.

### *16. Kernreaktionen mit Neutronen*

Neutronen ergeben im Gegensatz zu geladenen Teilchen sehr viel größere Reaktionsausbeuten. Jedes freie Neutron beliebiger Anfangsgeschwindigkeit führt nämlich schließlich zu einer Kernreaktion, während geladene Teilchen weitaus am häufigsten durch Ionisationsverluste im beschossenen Material ihre Energie aufbrauchen und damit für den Kernprozeß verlorengehen.

Ein Neutron zerfällt im übrigen auch spontan in ein Proton und ein Elektron (und Neutrino) mit einer Halbwertszeit von etwa 12 Minuten, wenn es keine Gelegenheit hat, zuvor mit einem Atomkern in Reaktion zu treten.

Die Kernprozesse verlaufen stark unterschiedlich, je nachdem sie mit langsamen oder mit schnellen Neutronen ausgeführt werden.

#### *a) Reaktionen mit schnellen Neutronen*

Sehr schnelle Neutronen können an allen Kernen u.a. $(n, p)$-, $(n, \alpha)$- und $(n, 2n)$-Prozesse ausführen.

#### $(n, p)$-*Reaktionen*

Der $(n, p)$-Prozeß an einem stabilen Kern [1]) führt immer zu einem radioaktiven Endkern, der sich meist durch $\beta^-$-Strahlung in den Ausgangskern zurückverwandelt. Zur Ordnungszahl $Z$ gibt es nämlich kein stabiles Isobar mit $Z$—1. Ein Beispiel ist

$$Al^{27}\,(n, p)\,Mg^{27} \xrightarrow[10\,\text{min}]{\beta^-} Al^{27}\,.$$

Es gibt aber auch einige Fälle, in denen $\beta^+$-Strahler oder $K$-Fänger entstehen und in seltenen Fällen Kerne, welche außerdem noch Elektronen aussenden, z. B.

$$Cd^{106}_{48}\,(n, p)\,Ag^{106}_{47} \xrightarrow[25\,\text{min}]{\beta^+} Pd^{106}_{46}$$

$$Zn^{64}_{30}\,(n, p)\,Cu^{64}_{29} \begin{cases} \xrightarrow{\beta^+,\,K} Ni^{64}_{28} \\ \quad 13\,\text{h} \\ \xrightarrow[\beta^-]{} Zn^{64}_{30} \end{cases}.$$

Die bei steigender Neutronengeschwindigkeit zuerst herauskommenden Protonen haben wesentlich kleinere Energien als die Höhe der Coulomb-Barriere des Endkerns und zeigen damit, daß sie mittels Tunneleffekt den Zwischenkern verlassen haben, was wiederum dessen endliche Lebensdauer beweist.

#### $(n, \alpha)$-*Prozesse mit schnellen Neutronen*

Die erste entdeckte Reaktion mit Neutronen war auch ein Prozeß am Stickstoff:

$$N^{14}\,(n, \alpha)\,B^{11}\ \text{(stabil)}.$$

Abb. 9 zeigt dazu eine Wilsonaufnahme. Das Neutron kommt im Bilde unsichtbar von links, trifft auf einen N-Kern und erzeugt eine „Gabel", bei der das $\alpha$-Teilchen die lange und der $B^{11}$-Kern die kurze dicke Spur bildet.

---

[1]) Ausgenommen $In^{113}$, $Te^{123}$.

Eine andere Reaktion ist:

$$C^{12}\,(n, \alpha)\,Be^{9}.$$

Das ist die genaue Umkehr zu der uns schon bekannten Reaktion

$$Be^{9}\,(\alpha, n)\,C^{12}.$$

Überhaupt gibt es zu jeder Kernreaktion einen Umkehrprozeß; allerdings sind manche Prozesse, wie mit $d$, oder bei denen mehrere Teilchen zugleich herausgeschlagen werden, im Laboratorium kaum umzukehren.

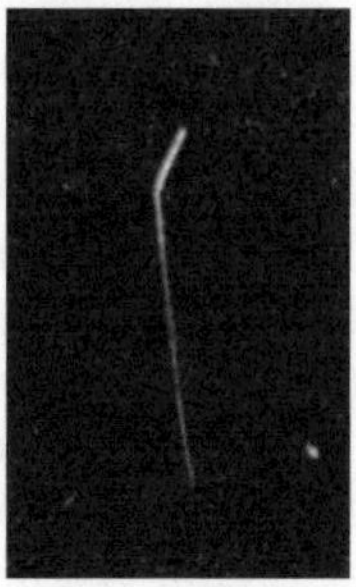

Abb. 9. Wilsonkammeraufnahme der Reaktion $N^{14}\,(n, \alpha)\,B^{11}$ (aus GAMOW and CRITCHFIELD 1949/50)

Die Endkerne nach $(n, \alpha)$-Prozessen sind sehr häufig elektronenaktiv, da sie im allgemeinen ein Protonendefizit im Vergleich zu ihren stabilen Isobaren haben werden. Zum Beispiel kann man das schon oben erwähnte $\beta^-$-aktive Radionatrium auch durch folgende $(n, \alpha)$-Reaktion erzeugen:

$$Al^{27}\,(n, \alpha)\,Na^{24} \xrightarrow[14{,}8\,h]{\beta^-} Mg^{24}.$$

## $(n, 2n)$-*Prozesse*

Diese führen bei einem Ausgangskern mit ungerader Ordnungszahl $Z$ ($u$-$g$-Kern) immer zu einem $u$-$u$-Kern, d. h. zu einem radioaktiven Isotop.[1]) Im anderen Fall ist das Endprodukt auch oft radioaktiv. So ergibt ein $(n, 2n)$-Prozeß am $U^{238}$ das mit 6,8 Tagen Halbwertszeit $\beta^-$-strahlende $U^{237}$, aus welchem erstmalig das $Np^{237}$ erhalten wurde:

$$U^{238}_{92}\,(n, 2n)\,U^{237}_{92} \xrightarrow[6{,}8\,d]{\beta^-} Np^{237}_{93} \xrightarrow[2{,}2\cdot 10^6\,a]{\alpha}.$$

Bei allen $(n, 2n)$-Prozessen muß das primäre Neutron mindestens die Bindungsenergie des zweiten emittierten Neutrons aufbringen, d. h. 6—9 MeV bei den Kernen mit $A \geq 100$; für die leichteren $(10 < A < 100)$ schwankt die Schwellenenergie zwischen 7 und $\sim$17 MeV, und bei den leichtesten Kernen $(A < 10)$ kann sie erheblich niedriger sein. So beginnt die Reaktion

$$Be^{9}\,(n, 2n)\,Be^{8} \rightarrow 2\,He^{4}$$

schon bei 1,7 MeV und kann zur Neutronenvermehrung ausgenutzt werden.

## $(n, n')$-*Prozesse, unelastische Streuung*

Solange die Neutronenenergie ausreicht, den Restkern in einem angeregten Zustand zu hinterlassen, können stets $(n, n')$-Prozesse auftreten. Die Anregungsenergie, die aus der kinetischen Energie des Neutrons stammt, wird nachträglich vom Restkern als $\gamma$-Quant abgegeben. Hierbei kann ein Isomer des bestrahlten Kerns entstehen wie im Falle $In^{115}$, bei dem (das schon in Tabelle 1 angegebene) $In^{115*}$ auch durch unelastische Streuung, $In^{115}\,(n, n')\,In^{115*}$, zu erhalten ist.

[1]) Es gibt nur 5 Ausnahmen von dieser auf S. 77 erwähnten (Harkinsschen) Regel über $u$-$u$-Kerne: $H^2_1$, $Li^6_3$, $B^{10}_5$, $N^{14}_7$ und $V^{50}_{23}$ (?) sind stabil.

### *(n, n)-Prozesse. Elastische Streuung bei schnellen und langsamen Neutronen*

In allen Energiebereichen ist als eine unter mehreren möglichen Prozessen die elastische Streuung vertreten. Reicht die kinetische Energie des Neutrons zu einer Anregung des Restkernes nicht aus, so findet außer einem Einfang nur noch elastische Streuung statt. Sie ist besonders häufig bei den leichten Kernen, da bei kleinen Nucleonenzahlen die Wahrscheinlichkeit relativ groß ist, daß ein Kernneutron die gesamte Anregungsenergie auf sich sammelt und den Kernverband verläßt. Hierzu sei ergänzend bemerkt, daß ein Teil der Streuprozesse auch ohne Zwischenkernbildung erfolgen kann. Der extremste Fall ist der $(n, n)$-Prozeß am Wasserstoff, wo der Streuquerschnitt für mittelschnelle bis zu den thermischen Neutronen $\sim 22$ barn beträgt und damit rd. 70 mal häufiger ist als der Einfang (s. auch w. u. S. 92).

Auch bei mittelschweren Kernen werden viele fast rein elastische Streuprozesse an Resonanzstellen beobachtet, so an Co bei 120 eV, an Mn bei 300 eV u. a. An schweren Kernen kommen sie kaum vor, aber auch hier sind Ausnahmen vorhanden. Z. B. zeigt $Bi^{209}$ bei 770 eV fast reine Resonanzstreuung, $W^{186}$ noch bei 19 eV zu 62% Streuung.

Die Häufigkeit der Streuprozesse verringert sich mit abnehmender Neutronenenergie und verschwindet mit $v \to 0$. Dafür treten die $(n, \gamma)$-Prozesse immer mehr in den Vordergrund, bis sie bei den langsameren und thermischen Neutronen bei mittleren und schweren Kernen praktisch zur alleinigen Reaktion werden. An leichten Kernen überwiegt auch bei thermischen Neutronen noch die elastische Streuung.

### *b) Reaktionen mit langsamen und thermischen Neutronen*

### *(n, α)-Prozesse mit langsamen Neutronen*

Bei einer Reihe leichter Kerne setzt schon der Einfang eines thermischen Neutrons eine so große Reaktionsenergie frei, daß bei der hier niedrigen Coulombschwelle ein sofortiger $\alpha$- oder $p$-Zerfall eintritt. So sind:

$$Li^6\,(n, \alpha)\,H^3, \quad Q = 4{,}6\ \text{MeV} \quad \text{und}$$

$$B^{10}\,(n, \alpha)\,Li^7, \quad Q = 2{,}78\ \text{MeV},$$

zwei zum Nachweis langsamer Neutronen besonders geeignete Reaktionen mit großem Wirkungsquerschnitt. Die Bor-Reaktion wird in den $BF_3$-Zählern ausgenutzt. Der Li-$n$-Prozeß kann zur Herstellung von $H^3$ dienen, das wegen seiner $\beta$-Strahlung mit 12 Jahren Halbwertszeit und als „Target" für Neutronenquellen wichtig ist. Beide Reaktionen befolgen das $1/v$-Gesetz ohne Resonanzen.

$$\text{Bei Bor ist} \quad \sigma_B = \frac{118}{\sqrt{E_{eV}}} \ \text{barn für } E_{eV} < 10^3\ \text{eV},$$

$$\text{bei Li} \quad \sigma_{Li} = \frac{11{,}5}{\sqrt{E_{eV}}} \ \text{barn für } E_{eV} < 5\ \text{eV}.$$

Die klassische $\sigma$-$E$-Kurve für Bor ist in Abb. 10 wiedergegeben.

Außer bei Li und B existiert nur noch ein dritter $(n, \alpha)$-Prozeß mit langsamen Neutronen: $O^{17}(n, \alpha)C^{14}$, ($\sim$ 0,5 barn), mit $Q = 1{,}7$ MeV.

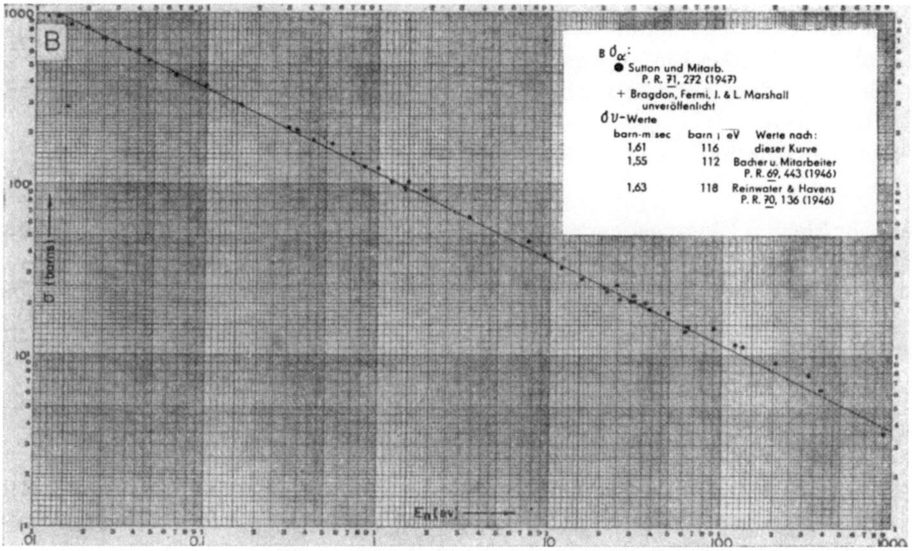


Abb. 10. Wirkungsquerschnitt der $(n, \alpha)$-Reaktion von $B$ für langsame Neutronen. $1/v$-Gesetz (aus GOLDSMIT, IBSER and FELD)

### $(n, p)$-*Prozesse*

An Reaktionen dieser Art mit langsamen Neutronen sind bekannt:

$He^3(n, p)\,H^3(6000\,b)$; $B^{10}(n, p)\,Be^{10}$; $N^{14}(n, p)\,C^{14}(1{,}7b)$; $Cl^{35}(n, p)\,S^{35}(0{,}3\,b)$.

Der Prozeß am $N^{14}$ ist bemerkenswert durch die Bildung des langlebigen $\beta^-$-Strahlers $C^{14}$ mit 5570 Jahren Halbwertszeit. In der Atmosphäre erfolgt vornehmlich in den oberen Schichten in 10 bis 13 km Höhe durch Reaktion der Höhenstrahl-Neutronen mit $N^{14}$ eine dauernde Neubildung von $C^{14}$, der in Form von $C^{14}O_2$ durch atmosphärische Turbulenz auch an die Erdoberfläche gelangt. (Der $(n, \alpha)$-Prozeß an $O^{17}$ ist hiergegen — wegen der geringen Häufigkeit des $O^{17}$ von nur 0,04% — zu vernachlässigen). Der Kohlenstoff in allen lebenden Pflanzen und Tieren ist daher schwach $\beta$-aktiv und gibt ungefähr 15 Zerfälle pro Min. und gr Kohlenstoff. In toten Substanzen, die ja den Kohlenstoff nicht mehr austauschen, klingt die Aktivität mit der Halbwertszeit von 5570 Jahren ab. Dieser Vorgang wird bei der $C^{14}$-Methode zur Altersbestimmung ausgenutzt und soll neuerdings bis zu 45000 Jahren verwendbar sein.

### $(n, \gamma)$-*Prozesse, Wirkungsquerschnitt für Neutroneneinfang*

Abgesehen von den oben genannten Reaktionen führen langsame Neutronen evtl. nach mehreren elastischen Stößen schließlich zu $(n, \gamma)$-Prozessen und damit zum Neutroneneinfang. Schon das einfache Proton verbindet sich mit einem Neutron zu einem $D$-Kern:

$$H^1(n, \gamma)H^2,$$

wobei die Bindungsenergie des Deuterons als $\gamma$-Strahlung von 2,19 MeV ausgestrahlt wird. Der Einfangsquerschnitt beträgt 0,3 barn und ist relativ groß im Vergleich zu dem anderer leichter Elemente, bei denen er zwischen 0,0002 und 0,01 barn liegt.

Das Deuteron hat für die Reaktion mit thermischen Neutronen

$$H^2\ (n, \gamma)\ T^3$$

den sehr kleinen Einfangsquerschnitt $\sim 3 \cdot 10^{-4}$ barn. Ähnlich kleine Werte gelten für $Be^9$ ($8 \cdot 10^{-3} b$), $O^{16}$ ($3 \cdot 10^{-4} b$), $O^{18}$ ($2 \cdot 10^{-4} b$), $C^{12}$ ($3 \cdot 10^{-3} b$).

C und $D_2O$ werden daher häufig als Moderatoren im Kernreaktor verwendet, wozu auch BeO sehr geeignet ist. In diesem Zusammenhang interessieren noch die Wirkungsquerschnitte dieser Kerne für elastische Streuung thermischer Neutronen.

Sie betragen bei:

$H \sim 22\ b$; D $7{,}4\ b$; $Be^9$ $7{,}5\ b$; $C^{12}$ $5\ b$; $O^{16}$ $4{,}2\ b$.

Bei vielen stark absorbierenden schweren Kernen überlagern sich dem $1/v$-Gesetz Resonanzstellen im Bereich langsamer Neutronen. In Tabelle 3 sind für einige Elemente die Konstanten der Breit-Wigner-Formel (17): $\sigma_r$, $E_r$ und $\Gamma$ für die wichtigsten Resonanzen sowie $\sigma$ bei 0,0253 eV angegeben.

TABELLE 3

| Element | $\sigma_r$ barn | $E_r$ eV | $\Gamma$ eV | $\sigma$ bei 0,0253 eV barn |
|---|---|---|---|---|
| Cd | 7 200 | 0,176 | 0,155 | 2 400 |
| $Cd^{113}$ | 58 000 | 0,176 | 0,115 | ~20 000 |
| In | 27 000 | 1,44 | 0,085 | ~ 150 |
| Ag | 24 000 | 5,2 | 0,063 | 65 |
| Rh | 2 500 | 1,26 | 0,20 | 150 |
| Au | 30 600 | 4,94 | 0,16 | 100 |
| Ir | 3 500 | 0,64 | 0,10 | 430 |
| | 2 800 | 1,27 | 0,15 | |
| $U^{238}$ | 23 000 | 6,70 | 0,026 | 2,8 |
| | 19 000 | 21,0 | 0,040 | |
| | 16 000 | 36,8 | 0,070 | |
| $Pu^{240}$ | $1{,}4 \cdot 10^5$ | 1,06 | 0,029 | |
| $Th^{232}$ | 110 | 22,1 | 0,25 | 7 |
| | 135 | 23,8 | 0,31 | |
| $Xe^{135}$ | $3{,}4 \cdot 10^6$ | 0,084 | 0,11 | $3{,}0 \cdot 10^6$ |
| Hg | | —2 | 0,1 | 400 |

Bei dem als Absorber für langsame Neutronen viel benutzten Cd ist $\Gamma \approx E_r$. Dadurch entsteht nach früherem (laut Abb. 1) eine relativ scharfe „Absorptionskante“ bei 0,3 bis 0,5 eV, unterhalb der die Neutronen stark absorbiert werden mit

Einfangsquerschnitten zwischen 3000 bis 6000 barn. Abb. 11 zeigt die Abhängigkeit des Wirkungsquerschnitts $\sigma$ von der Neutronenergie $E$. Die durchgehende Linie in der Abb. ist nach Gl. (17) mit den Tabellenwerten für $\sigma_r$, $E_r$ und $\Gamma$ gezeichnet und zeigt gute Übereinstimmung mit den Meßpunkten. Cd hat 8 Isotope, von denen $Cd^{113}$ der eigentliche Absorber ist. Die anderen Isotope haben hiergegen vernachlässigbare Absorptionsquerschnitte, teils von nur 0,2 bis 1,4 barn für langsame Neutronen. In der Tat stimmt die Resonanzenergie am $Cd^{113}$ mit der von natürlichem Cd überein, und die $\sigma$-Werte bei Resonanz und bei 0,0253 eV entsprechen der Isotopenhäufigkeit des $Cd^{113}$ (12,3%).

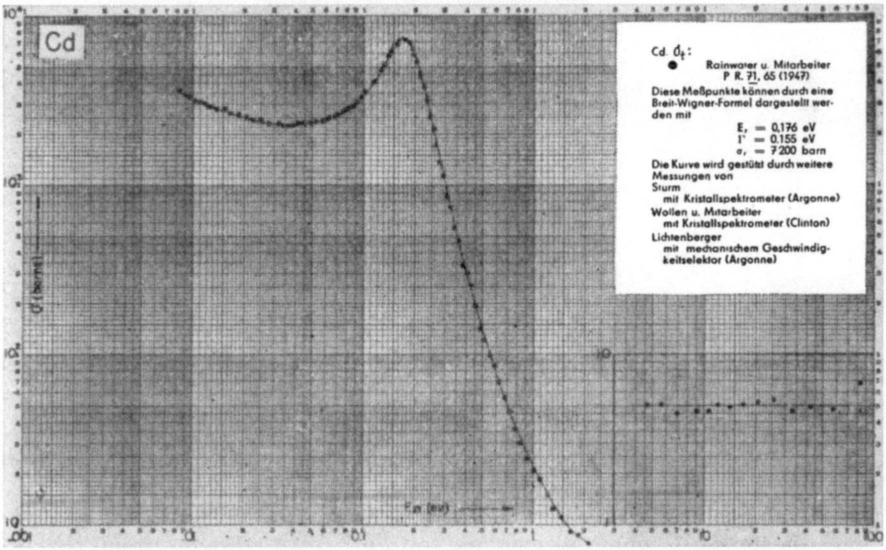


Abb. 11. Wirkungsquerschnitt der $(n, \gamma)$-Reaktion von Cd für langsame Neutronen (aus Goldsmit, Ibser and Feld)

In und Ag, mit je 2 Isotopen, sowie Rh und Au (Reinelemente) weisen sehr scharfe Resonanzen auf.[1]) Abb. 12 zeigt die $\sigma$-$E$-Kurve für In. Ag, Rh und Au bieten ähnliche Bilder (s. hierzu auch Tab. 5). Ir hat zwei stärkere Resonanzen, bei 1,27 eV und 0,64 eV, von denen die bei 1,27 eV dem Ir-Iostop 193 zuzuordnen ist. Die Reaktionsprodukte sind $\beta$-Strahler mit den Halbzeiten $19^h$ bei $Ir^{194}$ und $\sim$ 70 Tage bei $Ir^{192}$.

$U^{238}$ hat mehrere scharfe, stark ausgeprägte Resonanzstellen, von denen die drei niedrigsten in der Tabelle angegeben sind. Schwächere Resonanzen liegen bei 66,2; 81,1; 103 eV. Wir bemerken noch, daß die Wirkungsquerschnitte für elastische

[1]) An sehr scharfen und schmalen Resonanzlinien bei gleichzeitig niedrigen Resonanzenergien ist die thermische Bewegung des beschossenen Kernes zu berücksichtigen, da sie (analog zur Lichtabsorption durch bewegte Atome) eine „Dopplerverbreiterung" der Linie und eine entsprechende Erniedrigung des Resonanzmaximums verursacht. Die integrale Resonanzabsorption, d. i. die Fläche unter der $\sigma$-$E$-Kurve, bleibt aber unbeeinflußt vom Doppler-Effekt.

Streuung bei den ersten 3 Resonanzen 6%, 24% u. 55% des jeweiligen $\sigma_r$ betragen. Die Streuanteile werden im allgemeinen bei höheren Energien immer größer. Die Resonanzabsorption des $U^{238}$, insbesondere die niedrigste, bereitet wegen ihrer außerordentlichen Stärke gewisse Schwierigkeiten in der Reaktortechnik.

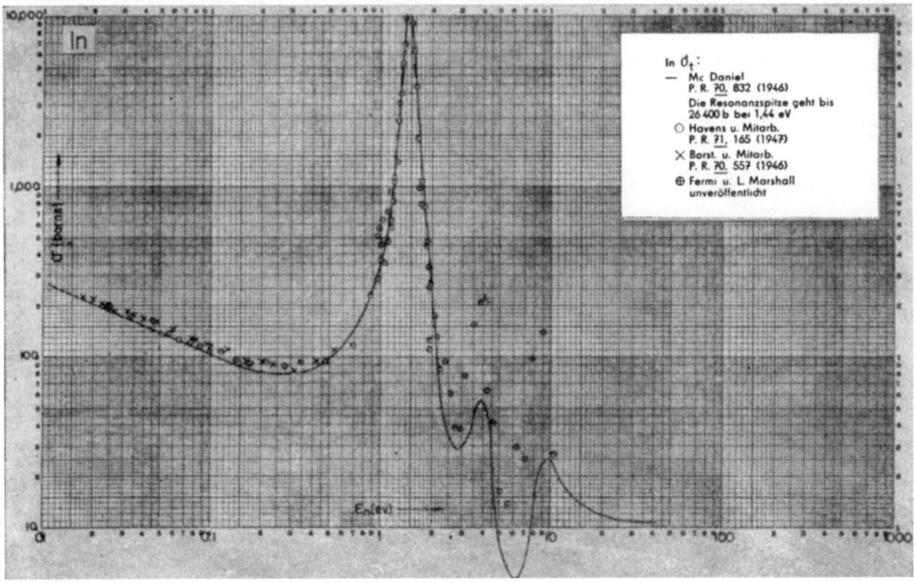


Abb. 12. Wirkungsquerschnitt der $(n, \gamma)$-Reaktion von In für langsame Neutronen (aus Goldsmit, Ibser and Feld)

Auch die starke Resonanzabsorption von $Pu^{240}$ wirkt störend, wenn sich dieses Isotop im Kernreaktor in merklichem Maße aus $Pu^{239}$ durch Neutroneneinfang bildet. $Th^{232}$ hat keine Resonanzen im thermischen Gebiet.

Das interessanteste Isotop ist das $\beta$-aktive $Xe^{135}_{54}$ mit seinem ungewöhnlich großen Absorptionsquerschnitt von 3—3,4 · $10^6$ barn bei thermischen Neutronen. Die Form seiner $\sigma$-$E$-Kurve ist ähnlich der für Cd in Abb. 11.

Die auffallende Neutronenaffinität dieses Kernes steht offenbar im Zusammenhang mit der „magischen Zahl“ 82, welche eine der energetisch ausgezeichneten Neutronenkonfigurationen kennzeichnet. $Xe^{135}_{54}$ hat 81 Neutronen. Es ist daher zu erwarten, daß das nächste Neutron besonders stark gebunden wird und daraus ein extrem großer Einfangsquerschnitt resultiert. In der Elektronenhülle tritt ein analoger Fall bei den Halogenen auf.

Allgemein entstehen ungewöhnlich große Einfangsquerschnitte, wenn Resonanzstellen im thermischen Gebiet auftreten, wie bei $Cd^{113}$, ferner bei $Sm^{141}$, $Eu^{153}$ und $Gd^{157}$, welches den größten bei stabilen Kernen beobachteten Wirkungsquerschnitt von $\sim$ 230000 barn aufweist.

Tab. 3 enthält abschließend noch Hg als Beispiel eines Kernes mit negativer Resonanzenergie (s. hierzu S. 73 unter Abb. 1).

### c) *Radioaktivität nach Neutronenabsorption*

Die Absorption eines Neutrons durch einen stabilen Kern ungerader Ordnungszahl $Z$ [1]) führt immer zu einem *u-u*-Kern, also — abgesehen von den schon erwähnten fünf Ausnahmen — zu einem radioaktiven Isotop. Bei Ausgangskernen gerader Ordnungszahl erhält man u. a. auch stabile Endkerne. Die radioaktiven Produkte sind, wie zu erwarten, meistens Elektronenstrahler. Es kommen aber auch Positronen- und $K$-Strahler vor, sogar Kerne, die auf mehrere Arten zugleich zerfallen. In Tab. 4 ist zu jedem Typ zur Illustration ein Beispiel angegeben.

Wie ersichtlich sind fast alle Kombinationen der verschiedenen Zerfallsarten beobachtet. $Br^{80}$ ist dadurch bemerkenswert, daß es zugleich Positronen und Elektronen aussendet; ebenso $Eu^{152}$, das sich durch $K$-Einfang und Elektronenstrahlung umwandelt. Reine $\beta^+$-Strahler nach $(n\gamma)$-Prozessen kommen kaum vor.

TABELLE 4 [2])

| Erzeugende Reaktion | Endkern | Halbwertszeit | Art der Strahlung | Energie MeV |
|---|---|---|---|---|
| $Cd^{113}$ $(n, \gamma)$ | $Cd^{114}$ | stabil | keine | — |
| $Au^{197}$ $(n, \gamma)$ | $Au^{198}$ | 2,69 d | $\beta^-$ | 0,97 |
| $Cd^{108}$ $(n, \gamma)$ | $Cd^{109}$ | 330 d | $K$ | 0,230 |
| $Zn^{68}$ $(n, \gamma)$ | $Zn^{69*}$ | 13,8 h | $\gamma \approx 94\%$<br>(i. U. $\approx 6\%$) | 0,44 |
| $Br^{79}$ $(n, \gamma)$ | $Br^{80}$ | 18 m | $\beta^-$ (97%)<br>$\beta^+$ (3%) | 2,0<br>0,8 |
| $Eu^{151}$ $(n, \gamma)$ | $Eu^{152}$ | 9,3 h | $\beta^-$ (82%)<br>$K$ (18%) | 1,8 |
| $Cd^{106}$ $(n, \gamma)$ | $Cd^{107}$ | 6,7 h | $\beta^+$ (0,3%)<br>$K$ (99,7%) | 0,32 |
| $Co^{59}$ $(n, \gamma)$ | $Co^{60*}$ | 10,1 m | $\beta^-$ ($\lesssim 10\%$)<br>$\gamma$ (i. U) | 1,56<br>0,06 |
| $Cu^{63}$ $(n, \gamma)$ | $Cu^{64}$ | 12,9 h | $\beta^-$ (38%)<br>$\beta^+$ (19%)<br>$K$ (53%)<br>$\gamma$ (nach $K$) | 0,571<br>0,657<br><br>1,34 |

$Cu^{64}$ führt alle drei Prozesse mit den (in %) angegebenen Häufigkeiten zugleich aus. Kerne, die bei der Umwandlung eine Ladungsänderung beiderlei Vorzeichens ausführen können, sind alle vom Typ *u—u*. Nach den Stabilitätsverhältnissen bei Isobaren sind auch nur bei diesen Kernen solche zweiseitigen Prozesse möglich.[3])

[1]) Das sind *u-g*-Kerne, ausgenommen die auf S. 89 unten genannten Ausnahmen.

[2]) Ein *) bezeichnet ein Isomer, (i. U.) eine innere „Umwandlung," d. h. Emission eines Hüllenelektrons mit der scharf definierten Energie des isomeren Überganges.

[3]) Wegen der zweiblätterigen Energiefläche der Kerne mit geradem $A$, wobei die Fläche der *u-u*-Kerne energetisch über der der *g-g*-Kerne liegt.

Von den zu $\beta^-$-Strahlern führenden Reaktionen ist eine große Anzahl bekannt. Für die Zwecke der Medizin, Biologie und Meßtechnik sind einige besonders geeignet. Eine kleine Auswahl unter ihnen ist in Tab. 5 angegeben.

TABELLE 5

| Erzeugende Reaktion | Endkern | Halbwertszeit | Art der Strahlung | Energie MeV | $\sigma$ therm. barn | Verwendung |
|---|---|---|---|---|---|---|
| $Na^{23}$ $(n, \gamma)$ | $Na^{24}$ | 14,8 h | $\beta^-$<br>$\gamma$ | 1,4<br>1,4; 2,7 | 0,5 | B. Md. |
| $P^{31}$ $(n, \gamma)$ | $P^{32}$ | 14,3 d | $\beta^-$<br>kein $\gamma$ | 1,7 | 0,17 | B. Md. |
| $Co^{59}$ $(n, \gamma)$ | $Co^{60}$ | 5,3 a | $\beta^-$<br>$\gamma$ | 0,3<br>1,16; 1,32 | 22 | Md. Md. |
| $C^{13}$ $(n, \gamma)$ | $C^{14}$ | 5570 a | $\beta^-$ | 0,16 | 0,1 | B. MT. |
| $Ca^{44}$ $(n, \gamma)$ | $Ca^{45}$ | 152 d | $\beta^-$ | 0,25 | 0,6 | B. Md. |
| $Dy^{164}$ $(n, \gamma)$ | $Dy^{165}$ | 2,3 h | $\beta^-$ | 1,2÷0,4 | 2600 | |
| $Rh^{103}$ $(n, \gamma)$ | $Rh^{104}$ | 44 sec | $\beta^-$ | 2,3 | 150 | |
| $In^{115}$ $(n, \gamma)$ | $In^{116}$ | 54 m | $\beta^-$ | 0,85 | 145 | |
| $Ag^{107}$ $(n, \gamma)$ | $Ag^{108'}$ | 2,3 m | $\beta^-$ | 2,8 | 50 | Nachweis langsamer Neutronen |
| $Ag^{109}$ | $Ag^{110}$ | 22 sec | $\beta^-$ | 2,6 | 100 | |
| $Ta^{181}$ $(n, \gamma)$ | $Ta^{182}$ | 111 d | $\beta^-$<br>$\gamma$ | 0,5<br>Komplex | 21 | |
| $Au^{197}$ $(n, \gamma)$ | $Au^{198}$ | 2,7 d | $\beta^-$<br>$\gamma$ | 0,97<br>0,41 | 100 | |

Die $\gamma$-Strahlung (nicht immer vermerkt) stammt vom Folgekern. Außer $P^{32}$ haben hier nur noch $C^{14}$ und $Ca^{45}$ keine $\gamma$'s.
In der Rubrik „Verwendung" bedeuten: B = Biologie; Md = Medizin; MT = Meßtechnik.

In vielen Fällen, wie bei $Co^{60}$, wird anschließend an eine $\beta$-Emission ein $\gamma$-Quant innerhalb einer experimentell unmeßbar kurzen Zeit emittiert. Solche $\beta$-$\gamma$-Koinzidenzen werden in der Meßtechnik zur Absoluteichung von Zählrohren und Strahlungsquellen viel verwendet. Die $\beta$-Strahlung der besonders stark aktivierbaren Kerne mit experimentell günstiger Halbwertszeit sind beliebte Indikatoren für langsame Neutronen.

Bei den ersten drei Beispielen der Tabelle sind die Ausgangskerne Reinelemente. Nach dem $\beta$-Zerfall erhält man also isotopenreines Mg, S und Ni. Nach diesem Prinzip hat man einmal aus dem Reinelement Au ($A = 197$) isotopenreines Hg in Form von $Hg^{198}$ hergestellt, um zur Definition des Normalmeters einen guten spektroskopischen Wellenlängenstandard zu erhalten. Das $Hg^{198}$ hat nämlich wegen seines fehlenden Spins keine optischen Hyperfeinstrukturlinien wie das natürliche Quecksilbergemisch, so daß es für den vorliegenden Zweck besonders geeignet ist. Die benutzte Reaktion war:

$$Au^{197}\,(n,\gamma)\,Au^{198} \xrightarrow[2{,}7\,\text{Tage}]{\beta^-} Hg^{198}.$$

Die heute technisch bei weitem wichtigsten $(n,\gamma)$-Reaktionen sind die an U, Th und Pu, deren Wirkungsquerschnitte in Tabelle 3 angegeben sind.

$U^{238}$ geht nach Einfang eines Neutrons über zwei hintereinander folgende $\beta$-Emissionen in $Pu^{239}$ über:

$$U^{238}\,(n,\gamma)\,U^{239} \xrightarrow[23\,\text{min}]{\beta^-} Np^{239} \xrightarrow[2{,}3\,\text{d}]{\beta^-} Pu^{239}.$$

Die Umwandlung erfolgt praktisch vollständig innerhalb von drei Wochen. $Pu^{239}$ ist ein $\alpha$-Strahler mit 24000 Jahren Halbwertszeit.

Analog zu $U^{238}$ verhält sich das Reinelement $Th^{232}$. Nach einer Neutronenanlagerung führt ein doppelter $\beta$-Prozeß zu $U^{233}$:

$$Th^{232}\,(n,\gamma)\,Th^{233} \xrightarrow[23\,\text{min}]{\beta^-} Pa^{233} \xrightarrow[27\text{d}]{\beta^-} U^{233}.$$

$U^{233}$ ist $\alpha$-Strahler mit $1{,}6 \cdot 10^5$ Jahren Halbwertszeit.

An $U^{235}$ bzw. $U^{233}$ und $Pu^{239}$ beobachtet man in 15% bzw. 12% und 32% aller Fälle von Absorption thermischer Neutronen einen $(n,\gamma)$-Prozeß (ohne nachfolgenden $\beta$-Zerfall) mit Bildung der langlebigen $\alpha$-Strahler $U^{236}$ bzw. $U^{234}$ und $Pu^{240}$ mit den Halbwertszeiten $25 \cdot 10^6\,a$ bzw. $2{,}3 \cdot 10^5\,a$ und $6 \cdot 10^3\,a$. Für den Kernreaktor bedeuten diese $(n\gamma)$-Prozesse einen empfindlichen Neutronenverlust. In den Fällen nämlich, bei denen die Neutronenabsorption nicht zu dem genannten Einfang führt, tritt als völlig neuer Reaktionstyp die energieliefernde Kernspaltung auf.

Abb. 13. Wilsonkammeraufnahme der Uranspaltung. Die dicken Spuren der beiden Spaltprodukte gehen von einer dünnen, auf einer Aluminiumfolie befindlichen Uranschicht aus (aus GAMOW and CRITCHFIELD 1949/50)

### *17. Die Kernspaltung*[1])

Sie wurde 1938 von HAHN und STRASSMANN im Verlaufe ihrer Untersuchungen über die durch Neutronen erzeugten Aktivitäten des Urans entdeckt.

$U^{233}$, $U^{235}$, $Pu^{239}$, ferner auch $Pu^{241}$ brechen nach Anlagerung selbst eines langsamen Neutrons unter Entwicklung einer sogar für Kernreaktionen ungewöhnlich großen Energiemenge in zwei etwa gleiche Teile auseinander (s. Abb. 13). Ähnliches bewirkt die Absorption eines $\gamma$-Quants von Energien ab etwa 5,3 MeV.

[1]) Dargestellt mit Hinblick auf das Kapitel „Kernreaktoren".

Mit sehr schnellen Neutronen oder anderen energiereichen Teilchen ist diese Kernspaltung an allen schweren und mittelschweren Kernen zu erzielen. Von besonderer Bedeutung ist es, daß etwa 2 bis 3 schnelle Neutronen pro Spaltungsprozeß emittiert werden, wodurch die Möglichkeit einer Kettenreaktion gegeben wird.

Aus der Theorie des Atomkerns (s. S. 40 ff.) ist bekannt, daß die Stabilität der schweren Kerne mit wachsender Kernladungszahl $Z$ abnimmt. Nach der Massendefektskurve würde z. B. die Teilung eines U-Kerns in zwei Hälften eine Energie von $\sim 190$ MeV freisetzen. Da aber trotzdem kein sofortiger Zerfall eintritt — abgesehen von der sehr seltenen spontanen Teilung, die in diesem Zusammenhang zu vernachlässigen ist — muß irgendeine Energieschwelle existieren, die der Teilung entgegensteht. Das Tröpfchenmodell gibt uns hier eine anschauliche Erklärung des Vorganges. Der Kern verhält sich danach wie ein elektrisch geladener Flüssigkeitstropfen. Seine Formelastizität wird durch die Oberflächenspannung $s$ hervorgerufen, die für die Kernmaterie $s \approx 5{,}5 \cdot 10^{25}\,\mathrm{MeV/cm^2} = 0{,}9 \cdot 10^{20}$ Dyn/cm beträgt [1]) ($\approx 10^{11}$ Ton/cm). Die beiden Hälften der Kernkugel vom Radius $R$ werden einerseits durch die Oberflächenspannung $s$ mit einer Kraft $K_s = 2\pi R s$ zusammengehalten ($\approx 500$ kg bei U), andererseits stoßen sie sich — bei Annahme homogener Verteilung der Kernladung $Z e$ — elektrostatisch mit einer Kraft $K_{el} = \frac{3}{20} \cdot \frac{Z^2 e^2}{R^2}$ gegenseitig ab. Das Verhältnis $x$ dieser Kräfte bestimmt offenbar die Stabilität des Kerntropfens. Da $R = r_0 \cdot A^{\frac{1}{3}}$ ($r_0 = 1{,}4 \cdot 10^{-13}$ cm), wird

$$x = \frac{K_{el}}{K_s} = \frac{3}{40\pi} \cdot \frac{e^2}{s\, r_0^3} \cdot \frac{Z^2}{A} \approx 0{,}022 \frac{Z^2}{A} \;{}^{2)}. \qquad (21)$$

$x = 1$ bedeutet einen schon statisch instabilen Kern und gibt eine obere Grenze des periodischen Systems durch Kernspaltung. Da für die schweren Kerne $A \approx 2{,}5 \cdot Z$, findet man einzeln die kritischen Werte $Z_{krit} \approx 110$, $A_{krit} \approx 280$.

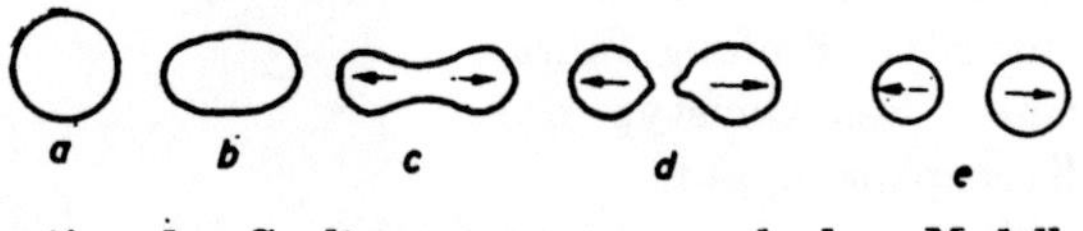


Abb. 14. Zur Illustration des Spaltungsvorganges nach dem Modell des schwingenden Tröpfchens

Für $x < 1$ ist der Kern stabil gegen hinreichend kleine Deformationen, und das Kerntröpfchen ist in der Lage, Kapillarschwingungen auszuführen, wobei die Oberflächenspannung die rücktreibende Kraft bildet. In einem der Umkehrpunkte der Schwingung ist der Tropfen einem verlängerten Rotationsellipsoid ähnlich, und bei großen Amplituden ist die Äquatorgegend eingeschnürt, wie es Abb. 14c andeutet. In diesem Stadium kann die elektrostatische Abstoßung der beiden Kernhälften die Oberflächenspannung übertreffen und die Spaltung einleiten. Die bis

[1]) Die Oberflächenenergie von $U^{238}$ ist mit 540 MeV angenommen.

[2]) Experimentell erweist sich 0,022 bis 0,021 als Faktor vor $Z^2/A$ geeignet zur Darstellung der Beobachtungen.

zur Erreichung der Stabilitätsgrenze aufzuwendende Deformationsarbeit oder die Aktivierungsenergie $V_a$ beträgt nach BOHR und WHEELER (ausgedrückt in MeV):

$$V_{a\,\mathrm{MeV}} = A^{\frac{2}{3}} [(10{,}2\,(1-x)^3 - 4{,}6\,(1-x)^4 \pm \ldots] . \qquad (22)$$

Der Faktor $A^{2/3}$ berücksichtigt die für konstantes $x$ gültige Proportionalität von $V_a$ mit der Kernoberfläche. Numerisch folgt für die uns interessierenden Ausgangskerne:

TABELLE 6

| Ausgangskern | $Th^{232}_{90}$ | $U^{233}_{92}$ | $U^{235}_{92}$ | $U^{238}_{92}$ | $P^{239}_{94}$ |
|---|---|---|---|---|---|
| $V_{a\,\mathrm{MeV}}$ | 7,6 | 5,7 | 6,1 | 6,8 | 4,9 |
| $(\varepsilon_0 + E_B)_{\mathrm{MeV}}$ | 5,8 | 6,8 | 6,8 | 5,8 | 6,8 |

Die von außen wirklich aufzuwendende Aktivierungsenergie ist um die Nullpunktsenergie der Tröpfchen-Grundschwingung $\varepsilon_0$ geringer als $V_a$, wobei nach BOHR sowie FRANKEL und Metropolis $\varepsilon_0 = 0{,}4$ MeV. Wenn beim Einfang eines Neutrons die Summe von $\varepsilon_0$ und der freigewordenen Bindungsenergie $E_B$ den Wert von $V_a$ übersteigt oder ihm so nahe kommt, daß ein Tunneleffekt merklich wird, so besteht die Möglichkeit einer Kernspaltung. Allerdings ist der Tunneleffekt in diesem einfachen Bilde numerisch nicht wesentlich. Er ist aber doch erwähnenswert, weil er die beobachtete — wenn auch sehr selten eintretende — spontane Spaltung[1]) durch die Nullpunktsschwingung erklärt.

Die Bindungsenergie $E_B$ des eingefangenen Neutrons beträgt nun bei unseren Ausgangskernen mit ungerader Neutronenzahl $\sim 6{,}4$ MeV, dagegen $\sim 5{,}4$ MeV bei gerader Neutronenzahl. Die Werte von $\varepsilon_0 + E_B$ stehen in der dritten Zeile der Tabelle 6[2]). Hiernach können $U^{233}$, $U^{235}$ und $Pu^{239}$ mit langsamen Neutronen spalten, nicht aber $Th^{232}$ und $U^{238}$. Für diese sind schnelle Neutronen zur Spaltung erforderlich. Der experimentelle Schwellenwert für die Spaltung von $U^{238}$ ist $1{,}0 \pm 0{,}1$ MeV, der für $Th^{232}$ $1{,}1 \pm 0{,}05$ MeV. Die Konstanten der Formel (22) sind dem Schwellenwert für $U^{238}$ angepaßt.

Es sei bemerkt, daß diese ursprüngliche Bohr-Wheelersche Theorie der Spaltung als eine stark vereinfachte Darstellung des Vorganges aufzufassen ist und die feineren Einzelheiten nicht wiedergibt. Insbesondere weist sie folgende Schwierigkeiten auf:

1. Die aus Gleichung (22) folgenden Erwartungen treffen nicht immer zu: So sollten z. B. $Np^{237}$ und $Pa^{232}$ nach (22) mit thermischen Neutronen spalten, was aber in Wirklichkeit nicht (bzw. zu selten) eintritt.

2. Die Werte für $V_a$ und besonders ihr Gang um rd. 3 MeV zwischen $Th^{232}$ und $Pu^{239}$ widersprechen den experimentellen Schwellenwerten für Photospaltung, welche für alle Kerne der Tabelle 6 praktisch konstant sind und rd. $5{,}3 \pm 0{,}1$ MeV betragen.

[1]) Die Halbwertszeit gegen spontane Spaltung beträgt für $U^{235}$ rd. $2 \cdot 10^{17}$ Jahre, für $U^{238}$ rd. $10^{16}$ Jahre, für $P^{239}$ rd. $6 \cdot 10^{15}$ Jahre, für $U^{233} > 3 \cdot 10^{17}$ Jahre.

[2]) Die Zahlen der Tabelle 6 sind nur als vorläufige, orientierende Angaben zu betrachten.

3. Im Gegensatz zur Erwartung, daß eine Spaltung — wegen der maximalen Energieentwicklung — in zwei etwa gleich große Bruchstücke eintreten sollte, findet man in Wirklichkeit eine scharfe Bevorzugung eines Massenverhältnisses der Spaltprodukte von etwa 2: 3.[1]) Zur Erklärung dieser Unsymmetrie hat man u. a. den Tunneleffekt bei der Spaltung, ferner die besondere Stabilität der Kerne mit magischen Nukleonenzahlen heranzuziehen versucht.

Aber erst neuere Arbeiten[2]) scheinen eine Möglichkeit anzubahnen, unter Zugrundelegung des Kollektivmodells, einer Kombination aus Schalen- und Tröpfchenmodell, alle diese bisher unerklärt gebliebenen Tatsachen zu verstehen.

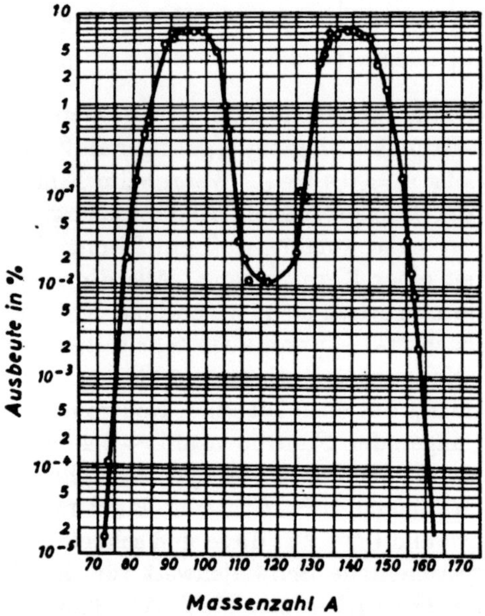


Abb. 15. Häufigkeitsverteilung der Spaltprodukte in Abhängigkeit von der Massenzahl $A$ (aus Rev. mod. Phys. 1946)

Die bei der Spaltung entstehenden Kerne liegen im Bereich der Massenzahlen zwischen $\sim 71$ und $\sim 158$. Ihre Häufigkeitsverteilung ist in Abb. 15 dargestellt. Die %-Zahl bedeutet die Anzahl aller Kerne bestimmter Massenzahl $A$, welche im Mittel bei 100 Spaltungen entstehen. Die Massenverteilung ist, wie schon erwähnt, unsymmetrisch, die Urantrümmer liegen um die wahrscheinlichsten Massen 95 und 140 verstreut. Zwischen $A = 110$ und 125 liegt ein tiefes Minimum der Häufigkeit.

In Übereinstimmung mit der Massenverteilung haben die kinetischen Energien der auseinanderfliegenden Trümmer auch zwei Häufigkeitsmaxima (siehe Abb. 16).

---

[1]) Bei Spaltung mit sehr energiereichen Teilchen verschwindet diese Unsymmetrie, und die Massenverteilung nähert sich einer Kurve mit nur einem Maximum in der Mitte.

[2]) Hill und Wheeler, sowie Woeste.

Bei der leichteren Gruppe liegt es bei ungefähr $\sim 93$ MeV und bei der schwereren bei $\sim 62$ MeV. Die Zahlen geben wegen der Symmetrie der Verteilung um das jeweilige Maximum zugleich auch die mittleren kinetischen Energien in den beiden Gruppen.

Unmittelbar nach der Spaltung befinden sich die neu entstandenen Kerne in hochangeregten Zuständen und haben einen großen Neutronenüberschuß. Die U-Kerne haben nämlich 55% mehr Neutronen als Protonen, die stabilen Isotope der Spaltprodukte aber nur 30 bis 40%. Es entstehen daher $\beta^-$- und $\gamma$-Strahler, die

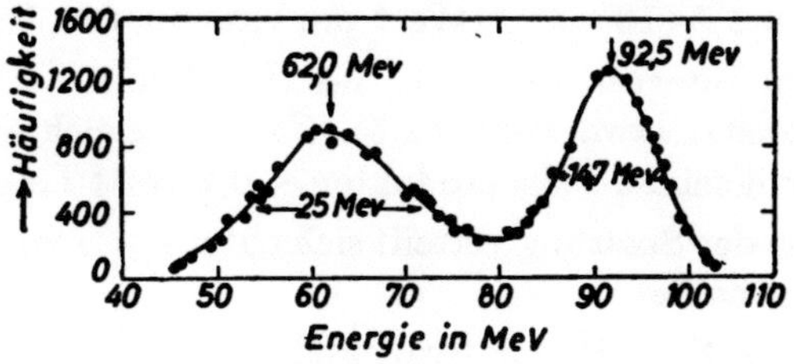


Abb. 16. Das Spektrum der kinetischen Energien der Spaltstücke (aus POLLARD-DAVIDSON 1951)

im Mittel eine Kaskade von drei, maximal aber bis zu sechs $\beta^-$-Zerfällen ausführen. Nur ausnahmsweise bilden sich von vornherein stabile Kerne. Fast jeder primär entstandene Kern leitet eine $\beta^-$-Zerfallsreihe ein, in der nacheinander mehrere isobare Elemente entstehen. Unter den Spaltprodukten befinden sich etwa 260 verschiedene Isotope von allen Elementen zwischen Zn und Gd. Rund 200 von ihnen wurden identifiziert.

Primär entstandene Elemente treten immer paarweise auf und haben Kernladungszahlen, die — bei U — sich zu 92 ergänzen, wie z. B. $Sr_{38}$ und $Xe_{54}$. Ihre experimentelle Unterscheidung von den übrigen Spaltprodukten ist schwierig, denn ein bestimmtes Isotop kann entweder direkt bei der Spaltung oder durch $\beta$-Zerfall eines primär gebildeten Isobars niedrigerer Kernladung entstehen. Die häufigeren Elemente sind:

Bei der leichten Gruppe

Br, Kr, Rb, Sr, Y, Zr, Nb, Mo, Tc, Ru, Rh;

bei der schweren Gruppe

Sb, Te, J, Xe, Cs, Ba, La, Ce, Pr, Nd, Pm, Sm.

In jeder Gruppe sind die mittleren Elemente die häufigsten. Die Elemente zwischen Rh und Sb liegen im Häufigkeitsminimum der Verteilungskurve (Abb. 15).

Eine der größten Schwierigkeiten, welche bei der technischen Anwendung der Kernenergie auftauchen, ist die Radioaktivität dieser Spaltprodukte. Die Gesamtaktivität als Summe der Strahlungsintensitäten der einzelnen Kerne nimmt mit der Zeit $t$ nach der Spaltung ungefähr wie $t^{-1,2}$ ab, bis die wenigen langlebigen übrigbleiben, worauf dann die weitere Abnahme exponentiell erfolgt. Die Zahl der pro sec ausgesandten $\gamma$-Quanten beträgt $t$ Tage nach der Spaltung:

$$\sim 1{,}9 \cdot 10^{-6}\, t^{-1{,}2} \text{ pro sec und Spaltung, } \quad \text{die } \gamma\text{-Aktivität also}$$

$$\sim 1{,}3 \cdot 10^{5}\, t^{-1{,}2} \text{ Curie pro gr. Spaltprodukte.}$$

Die Emissionsrate der $\beta$-Teilchen ist rd. doppelt so groß.

Die mittlere Energie der $\gamma$-Quanten beträgt 0,7 MeV, die der $\beta$-Strahlen 0,4 MeV. Die gesamte radioaktive Strahlungsleistung ist dann in Watt pro Gramm Spaltprodukte ($\approx$ Gramm gespaltenes Uran) gerechnet

$$W \approx 1{,}2 \cdot 10^{3} \cdot t^{-1{,}2} \text{ (Watt pro Gramm, } t \text{ in Tagen).}$$

Die Formeln sind im Intervall $t \sim 10$ sec bis 100 Tage für Abschätzungszwecke brauchbar (Genauigkeit: etwa Faktor 1,5). Zum Vergleich sei angegeben, daß 1 Gramm Radium mit seinen Folgeprodukten $\sim$ 0,2 Watt Leistung abgibt.

Die Gesamtenergie der Spaltung verteilt sich auf die verschiedenen Posten etwa wie folgt (in runden Zahlen):

| | |
|---|---|
| kinetische Energie der Spaltprodukte | 160 MeV |
| Energie der $\gamma$-Strahlung bei der Spaltung | 5 ,, |
| Energie der Spaltneutronen (s. w. u.) | 5 ,, |
| Energie der $\gamma$-Strahlung der Spaltprodukte | 5 ,, |
| Energie der $\beta$-Strahlung der Spaltprodukte | 5 ,, |
| Energie der Neutrino-Strahlung | 10 ,, |
| Gesamtenergie: | 190 MeV |

Die von den Spaltprodukten abgestrahlte Energie beträgt insgesamt $\sim$ 20 MeV pro Spaltung.

Wir führen noch einige Beispiele von $\beta$-Zerfallsreihen an, in denen praktisch wichtige oder sonst bemerkenswerte Isotope vorkommen:

1. $Xe^{140} \xrightarrow[10\,\text{sec}]{} Cs^{140} \xrightarrow[\text{kurz}]{} Ba^{140} \xrightarrow[12{,}8\,d]{} La^{140} \xrightarrow[40{,}0\,h]{} Ce^{140}$ 6,1%
2. $Kr^{90} \xrightarrow[33\,\text{sec}]{} Rb^{90} \xrightarrow[\text{kurz}]{} Sr^{90} \xrightarrow[25\,a]{} Y^{90} \xrightarrow[65\,h]{} Zr^{90}$ 4,5%
3. $Y^{95} \xrightarrow[1{,}5\,h]{} Zr^{95} \xrightarrow[65\,d]{} Nb^{95} \xrightarrow[35\,d]{} Mo^{95}$ 6,4%
4. $Te^{131} \xrightarrow[25\,\text{min}]{} I^{131} \xrightarrow[8{,}0\,d]{} Xe^{131}$ 2,8%
5. $Mo^{99} \xrightarrow[67\,h]{} Tc^{99} \xrightarrow[4 \cdot 10^{6}\,a]{} Ru^{99}$ 6,2%
6. $Nd^{147} \xrightarrow[11\,d]{} Pm^{147} \xrightarrow[3{,}7\,a]{} Sm^{147}$ 2,6%
7. $Te^{135} \xrightarrow[2\,m]{} I^{135} \xrightarrow[6{,}5\,h]{} Xe^{135} \xrightarrow[9{,}2\,h]{} Cs^{135} \xrightarrow[2{,}1 \cdot 10^{6}\,a]{} Ba^{135}$ 5,9%
8. $Br^{87} \xrightarrow[56\,s]{} Kr^{87} \xrightarrow[75\,m]{} Rb^{87} \xrightarrow[6 \cdot 10^{10}\,a]{} Sr^{87}$ (0,025%)
9. $I^{137} \xrightarrow[23\,s]{} Xe^{137} \xrightarrow[3{,}4\,m]{} Cs^{137} \xrightarrow[33\,a]{} Ba^{137}$ (0,17%)

Die % (bis Reihe 7) bedeuten die Häufigkeit des Auftretens der betreffenden Massenzahl bei der Spaltung. Bei den Reihen 8 und 9 s. w. u. Seite 105.

Die Reihe 1 enthält das 12,8-Std.-Barium, dessen äußerst subtile Untersuchung HAHN und STRASSMANN zur Entdeckung der Uranspaltung führte. Die Reihen 2 und 3 sind durch die langlebigen Isotope $Sr^{90}$, $Zr^{95}$ und $Nb^{95}$ bemerkenswert; Reihe 4 durch das Auftreten des langlebigsten der biologisch so aktiven Jodisotope, $I^{131}$. Die Reihen 5 und 6 enthalten die in der Natur nicht vorkommenden Elemente $Tc^{99}_{43}$ und $Pm^{147}_{61}$, welche somit aus den Spaltprodukten in größerer Menge gewonnen werden können. Reihe 7 zeigt die Entstehung des schon öfters erwähnten $Xe^{135}$ und die des äußerst langlebigen $Cs^{135}$. Die Reihen 8 und 9 sind bemerkenswert durch das Auftreten der Isotope $Kr^{87}$ und $Xe^{137}$, auf welche wir sogleich zurückkommen werden, sowie durch die langlebigen Isotope $Rb^{87}$ und $Cs^{137}$. Von diesen beansprucht $Cs^{137}$ sowie das biologisch noch gefährlichere $Sr^{90}$ (s. Reihe 2) mit seiner sehr kleinen Toleranzgrenze von nur 1 $\mu c$ (!) besondere Aufmerksamkeit bei der technologischen Verarbeitung und Lagerung der Spaltprodukte.

Eine Merkwürdigkeit unter den Spaltprodukten ist das Vorkommen einiger Kerne mit ungewöhnlich großen Einfangsquerschnitten für thermische Neutronen: u. a. 0,01% (?) $Cd^{113}$ — 20000 b; 5,9% $Xe^{135}$ — $3{,}4 \cdot 10^6$ b; 1,4% $Sm^{149}$ — 36000 b; 0,03% $Gd^{155}$ — 70000 b; 0,002% $Gd^{157}$ — 230000 b. Die hohe Neutronenaffinität ist überraschend, da diese Kerne gerade aus solchen mit großem Neutronenüberschuß entstanden waren. Unter ihnen ist $Xe^{135}$ radioaktiv und bildet sich mit 6,5 h Halbwertszeit aus $I^{135}$ (Zerfallsreihe Nr. 7).

Für den Betrieb eines Reaktors sind $Sm^{149}$ und $Xe^{135}$, letzteres trotz seiner kurzen Lebensdauer von nur 9,2 h, besonders schädlich, indem sie einen merklichen Teil der durch den Spaltungsprozeß erzeugten Neutronen absorbieren können.

Diese zuerst von JOLIOT, v. HALBAN und KOWARSKI (1939) nachgewiesenen Spaltneutronen ermöglichen erst die Kettenreaktion des Urans. Sie werden von den hochangeregten Bruchstücken in unmeßbar kurzer Zeit ($\lesssim 10^{-14}$ sec) nach der Spaltung abgedampft. Ihr Energiespektrum reicht bis zu $\sim$ 8 MeV, und die Zahl der Neutronen $N \cdot dE$ mit Energien zwischen $E$ und $E + dE$ MeV beträgt:

$$N \cdot dE \sim \sqrt{E}\, e^{-E/1,29} \cdot dE\,.$$

Die häufigste Energie ist hiernach $\sim$ 0,65 MeV, die mittlere $\sim$ 1,8 MeV.

Die Anzahl $\nu$ der pro Spaltung von $U^{233}$, $U^{235}$ und $Pu^{239}$ emittierten Neutronen ist zusammen mit weiteren Daten über den Wirkungsquerschnitt für thermische Neutronen (0,0253 eV, 2200 m/s häufigste Geschwindigkeit) in der folgenden Tabelle angegeben:

TABELLE 7

| Ausgangskern | Wirkungsquerschnitte $\sigma$ | | | | $\nu$ pro Spaltung | $\eta$ pro Absorpt. |
|---|---|---|---|---|---|---|
| | Streuung barn | Spaltung barn | Einfang barn | Absorpt. barn | | |
| $U^{233}$ | 8 | 520 | 50 | 570 | 2,46 | 2,30 |
| $U^{235}$ | 8,2 | 580 | 104 | 684 | 2,45 | 2,08 |
| $Pu^{239}$ | 8 | 700 | 350 | 1050 | 2,86 | 2,00 |

Die Spaltquerschnitte für langsame Neutronen befolgen auch das $1/v$-Gesetz; es gilt bei $U^{233}$ und $U^{235}$ im Gebiet unterhalb 0,2 eV, bei $Pu^{239}$ unterhalb 0,05 eV. Oberhalb dieser Geschwindigkeiten liegen schwächere Resonanzen.

Für die Erzeugung einer Kettenreaktion ist die Zahl $\eta$ der pro absorbiertes Neutron emittierten Spaltungsneutronen entscheidend (s. letzte Spalte der Tab. 7). Sie ist wegen der auf S. 97 erwähnten $(n, \gamma)$-Reaktionen — durch welche $U^{233}$, $U^{235}$ und $Pu^{239}$ in die mit thermischen Neutronen nicht spaltbaren Kerne $U^{234}$, $U^{236}$ und $Pu^{240}$ übergehen — besonders bei $Pu^{239}$ merklich kleiner als $\nu$. Ihre

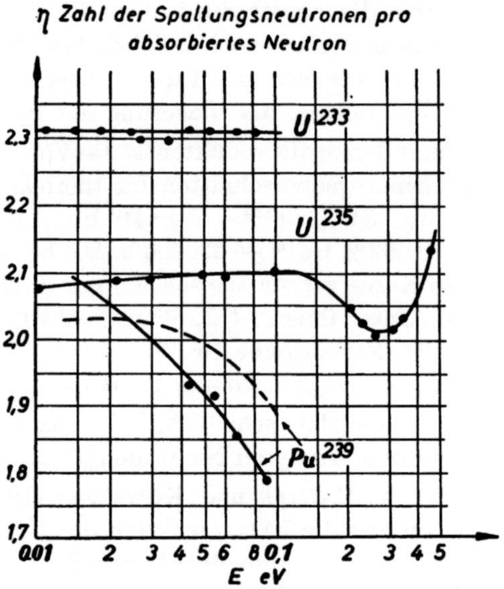


Abb. 17. Die Energieabhängigkeit der Zahl $\eta$ der pro absorbiertes Neutron erzeugten Spaltneutronen bei $U^{233}$, $U^{235}$ und $Pu^{239}$. Die durchgezogenen Kurven wurden durch direkte Messung von $\eta$ erhalten, die gestrichelte für Pu nach anderen Methoden.

Abhängigkeit von der Energie der absorbierten Neutronen ist in Abb. 17 dargestellt. Zu beachten ist, daß $\eta$ mit wachsender Neutronenenergie bis $\approx 0{,}1$ eV bei $U^{235}$ etwas ansteigt, bei $Pu^{239}$ merklich abfällt, bei $U^{233}$ aber konstant bleibt.

Als weitere Neutronenquelle arbeitet im Uranreaktor die Spaltung des $U^{238}$ mit schnellen Neutronen ($> 1$ MeV), welche pro Prozeß $\nu = 2{,}55$ neue Neutronen liefert.

Zum großen Vorteil für die Regelung der Kettenreaktion gibt es neben den bei der Spaltung momentan emittierten noch einige schwache Gruppen verzögert herauskommender Neutronen. In Tab. 8 findet man für die einzelnen Gruppen die Relaxationszeit, die Energie und den Prozentanteil der Gruppe im Vergleich zur Gesamtheit aller Spaltneutronen. Ferner sind die zwei bisher als Neutronenstrahler identifizierten Kerne und ihre Neutronenzahlen angegeben, sowie die Muttersubstanzen, aus denen sie entstehen.

Insgesamt kommen $\sim$ 0,75% der Neutronen mit einer mittleren Verzögerungszeit von etwa 8 sec. heraus. Die erste Gruppe hat sogar fast 1 Min. Halbwertszeit. Da derartig lange Lebensdauern für Neutronenemission sonst unbekannt sind, muß man annehmen, daß in einer Zerfallsreihe zufällig bei einem $\beta$-Prozeß ein so hoch angeregter Kern entsteht, daß er spontan ein Neutron emittiert. Die lange Halbwertszeit ist dann durch die der vorausgehenden $\beta$-Prozesse bestimmt. Die Neutronen mit 55,6 sec Halbwertszeit stammen vom $Kr^{87}$, die mit 22 sec vom $Xe^{137}$. Die dritte Gruppe mit 4,5 sec scheint von einem noch nicht identifizierten Kr-Isotop herzurühren. $Kr^{87}$ und $Xe^{137}$ entstehen gemäß den auf Seite 102 angegebenen Zerfallsreihen Nr. 8 und 9 aus den primären Kernen $Br^{87}$ und $I^{137}$. In der Tat stimmen die Lebensdauern dieser Kerne mit den Halbwertszeiten der beiden Neutronengruppen gut überein. Die verzögerte Neutronenemission ist stets ein seltener Vorgang. Nur etwa 2% des aus $Br^{87}$ entstehenden $Kr^{87}$ sind neutronenaktiv, bei $Xe^{137}$ sind es rd. 7%. (Die auf S. 102 vermerkten Häufigkeiten beziehen sich nur auf den neutronenaktiven Anteil in der Zerfallskette).

TABELLE 8

Verzögerte Neutronen bei $U^{235}$

| Halbwertszeit sec | Häufigkeit % | Energie $E_{keV}$ | Kern | N | Entstanden aus |
|---|---|---|---|---|---|
| 55,6 | 0,025 | 250 | $Kr^{87}$ | 51 | $Br^{87}$ ($\beta^-$; 56 sec) |
| 22,0 | 0,166 | 560 | $Xe^{137}$ | 83 | $I^{137}$ ($\beta^-$; 23 sec) |
| 4,5 | 0,213 | 430 | Kr | | |
| 1,5 | 0,24 | 620 | | | |
| 0,4 | 0,09 | 420 | | | |

Daß $Kr^{87}_{36}$ und $Xe^{137}_{54}$ gerade die Neutronenzahlen 51 und 83 haben, spricht im Sinne des Schalenmodells dafür, daß das erste nach einem Schalenabschluß (bei 50 und 82) neu hinzutretende Neutron besonders lose gebunden ist, analog dem Leuchtelektron der Alkalien.

Bei $Pu^{239}$ und $U^{233}$ entstehen ebenfalls verzögerte Neutronen mit im wesentlichen denselben Halbwertszeiten. Nur sind ihre Anteile etwas geringer als bei $U^{235}$, nämlich 0,36% bei $Pu^{239}$ und 0,24% bei $U^{233}$.

Dieselben verzögerten Neutronen findet man auch bei Spaltung mit schnellen Teilchen.

In allen Fällen haben sie trotz ihrer geringen Menge eine große praktische Bedeutung, indem sie eine bequeme und gefahrlose Regelung des Kernreaktors ermöglichen.

### *18. Schlußbemerkung*

Es konnte hier nur ein kleiner Ausschnitt aus den mannigfachen Ergebnissen über Kernreaktionen behandelt werden. Vieles blieb unerwähnt, so die experimentellen Arbeitsmethoden, die Apparate zur künstlichen Teilchenbeschleunigung, welche heute sehr hochentwickelte und kostspielige Anlagen darstellen; ferner die mit künstlichen, extrem hoch beschleunigten Partikeln oder mit Höhenstrahlen erzielbaren Kernreaktionen, die wieder in neue Gebiete der Kernphysik führen.

Auch auf die astrophysikalischen Anwendungen wäre hinzuweisen, insbesondere auf den Weizsäcker-Betheschen thermonuclearen Reaktionszyklus, nach welchem als Quelle der Sonnenenergie leichter Wasserstoff — über Kohlenstoff und Stickstoff als eine Art von Katalysatoren — zu Helium „verbrannt" wird. Die Frage nach der Herkunft der stellaren Energie erhielt damit durch die Entwicklung der Physik der Kernreaktionen zum ersten Male eine befriedigende Lösung. Auf alle diese Dinge einzugehen, war aber hier nicht der Raum.

### *Quellen-Nachweis der Abbildungen*

Abb. 1. H. A. Bethe, Rev. mod. Phys. 8, 119 (1936).

Abb. 2, 3, 5, 7, 9, 13. Gamow and Critchfield, „Atomic nucleus and nuclear energy-sources", Clarendon Press, Oxford 1949/50.

Abb. 4, 6, 8. Riezler, „Kernphysik", Verlag Oldenbourg, München 1953.

Abb. 10, 11, 12. Goldsmit, Ibser and Feld, „Cross Section Curves" from Vol. I of „The Science and Engineering of Nuclaer Power" edited by Clark Goodman 1947, Addison Wesley, Cambridge, Mass. USA.

Abb. 15. Issued by the Plutonium Projekt, Rev. med. Phys. 18 (4) 1946.

Abb. 16. Pollard-Davidson, „Applied nuclear physics", Wiley Press, New York 1951.

Abb. 17. Zusammengestellt nach Angaben von R. Palevsky, in „International conference on the peaceful uses of atomic energy", A/Conf. 8/P/587. 29. 6. 1955; Genfer Konferenz 1955.

C. F. WEISS

# PRINZIPIEN DER KERNPHYSIKALISCHEN MESSMETHODEN

Am Anfang unserer Überlegungen ist sofort eine Einschränkung nötig. Wir werden hier nur solche Meßmethoden erörtern, die für die angewandte Kernphysik von Wichtigkeit sind. Drei zu messende Größen interessieren den Praktiker besonders: die Ermittlung der Aktivität von Präparaten, die Bestimmung der von diesen bewirkten Dosis und die Messung der Energie der emittierten Strahlungen.

## Ermittlung der Aktivität von Präparaten

### *1. Einleitende Betrachtungen und Definition der Aktivität*

Unter der Aktivität $A$ einer radioaktiven Substanz versteht man die Zahl der in der Zeiteinheit in ihr vor sich gehenden Zerfallsakte. Sie ist nach unseren Grundvorstellungen mit der Zahl der in der Zeiteinheit emittierten Teilchen bzw. Quanten identisch. Beträgt die Zahl der in dem Zeitelement $dt$ ablaufenden Prozesse $dN$, so ist also definitionsgemäß die Aktivität $A = -\frac{dN}{dt}$. Aus der experimentellen Beobachtung, daß die Wirkungen isolierter aktiver Substanzen exponentiell mit der Zeit abfallen, läßt sich herleiten, daß $A = -\frac{dN}{dt} = \lambda N$. Die Aktivität ist also proportional der Zahl $N$ der vorhandenen Atome; $\lambda$ ist die Zerfallskonstante und hat die Dimension einer reziproken Zeit. Das empirisch gefundene Zerfallsgesetz läßt sich übrigens ohne jede spezielle Annahme über den Mechanismus der Kernvorgänge aus bloßen Wahrscheinlichkeitsbetrachtungen herleiten, wenn man annimmt, daß ein Kernzerfall ein rein zufälliger Vorgang ist, unabhängig vom Alter und der Vorgeschichte des Atoms. Die Größe $\lambda$ erhält dann den Charakter einer Wahrscheinlichkeit, nämlich derjenigen, daß ein Atom der betrachteten Art in der Zeiteinheit zerfällt. Aus dieser statistischen Auffassung des Kernzerfalls ergibt sich mit Notwendigkeit das Auftreten von Schwankungserscheinungen; diesen begegnet man tatsächlich in einer Reihe von Phänomenen in der Kernphysik, nämlich überall da, wo es sich um die Beobachtung von Einzelerscheinungen, z. B. Zählungen einzelner Teilchen, handelt. Andererseits beobachtet man bei vielen Meßmethoden die gleichzeitige Wirkung einer großen Zahl von Teilchen; in diesem Fall liegen die Schwankungen weit unterhalb der Meßfehler. Die Schwankungserscheinungen werden sehr genau durch die Verteilung von Poisson bzw. Gauß wiedergegeben. Als wichtigstes Resultat ergibt sich aus diesen Verteilungsgesetzen ein Wert für den mittleren statistischen Fehler $\sigma$, die sogenannte Standardabweichung. $\sigma$ ist nämlich gleich der Wurzel aus der Gesamtzahl von statistisch verteilten Beobachtungen. Die Theorie zeigt, daß eine Chance von 68% besteht, daß der wahre Wert in einem Intervall von $\pm\sigma$ um den beobachteten Mittelwert liegt und eine solche von 99,7%, daß er im Streubereich von $\pm 3\sigma$ verteilt ist. Die Größe $\tau = \frac{1}{\lambda}$ erweist sich als mittlere Lebensdauer; eine besonders anschauliche Bedeutung kommt der Größe $T = \tau \cdot \ln 2 = \frac{0,6931}{\lambda}$ zu. Man bezeichnet sie als Halbwertzeit, sie gibt an, nach welcher Zeit nur noch die Hälfte einer isolierten radioaktiven Substanz vorhanden ist. Nach 10 Halbwertzeiten ist die Aktivität auf rund 1‰ abgeklungen. Die Halbwertzeit ist eine unveränderliche, charakteristische Konstante eines Radioisotopes. Auf gewisse sehr kleine Schwankungen im Wert von $T$ in Sonderfällen ($K$-Einfang am $Be^7$) wollen wir hier nicht eingehen.

Handelt es sich nicht um eine isolierte radioaktive Substanz, sondern um zwei oder mehr, die in Form einer Umwandlungsreihe auseinander entstehen, so lassen sich die Aktivitäten der einzelnen Radioelemente in Abhängigkeit von der Zeit, den Anfangsbedingungen und den Größen $\lambda_1, \lambda_2, \ldots$ in einfacher Weise mathematisch darstellen. Wir wollen nur einen Spezialfall herausgreifen, weil wir ihm bei der Produktion künstlich aktiver Isotope wieder begegnen, nämlich den der konstanten Nacherzeugung eines radioaktiven Elementes. In diesem Fall handelt es sich um eine sehr langlebige Ausgangssubstanz, bei der die Zahl $Q$ der in der Zeiteinheit zerfallenden Atome als konstant anzusehen ist. Dann lautet die Differentialgleichung für die Zahl $N_t$ der Atome des Nachfolgeelements $\frac{d N_t}{dt} = Q - \lambda \cdot N_t$. Daraus folgt durch Integration unter der Anfangsbedingung $N_0 = 0$

$$N_t = \frac{Q}{\lambda} \cdot (1 - e^{-\lambda t})$$

$$N_t \cdot \lambda = Q\,(1 - e^{-\lambda t})$$

Man erhält für die Aktivität exponentiellen Anstieg mit der Zeit; wenn die Sättigung oder, wie man sagt, das Gleichgewicht eingetreten ist, dann ist $N \cdot \lambda = Q =$ Const. Da $Q$ selbst gleich der Aktivität der Ausgangssubstanz ist, also gleich $N_a \cdot \lambda_a$, so erhält man im Gleichgewicht $N \cdot \lambda = N_a \cdot \lambda_a$. Diese letztere Bedingung gilt auch, wenn aus der betrachteten Substanz eine weitere entsteht. Allgemein ist im radioaktiven Gleichgewicht

$$N_1 \cdot \lambda_1 = N_2 \cdot \lambda_2 = \cdots N_i \cdot \lambda_i$$

d. h. die Aktivität aller Glieder der Reihe ist nach eingetretenem Gleichgewicht gleich. Sofern die Lebensdauer des Ausgangselements nicht sehr groß ist verglichen mit der des nachfolgenden, d. h. sofern man $\lambda_1$ nicht gegen $\lambda_2$ vernachlässigen kann, erhält man eine andere Art von Gleichgewicht, das sogenannte laufende Gleichgewicht. Für nur eine Tochtersubstanz z. B. erhält man dann nicht

$$N_2 \cdot \lambda_2 = N_1 \cdot \lambda_1$$

sondern

$$N_2 \cdot \lambda_2 = \frac{\lambda_2}{\lambda_2 - \lambda_1} \cdot N_1 \cdot \lambda_1$$

d. h. die Aktivität der Tochtersubstanz ist um den Faktor $\frac{\lambda_2}{\lambda_2 - \lambda_1}$ gegenüber dem normalen Gleichgewichtswert erhöht. Das gleiche Problem der konstanten Nacherzeugung und einer Sättigung tritt auf, wenn künstlich radioaktive Isotope durch konstante Aktivierung einer inaktiven Substanz erzeugt werden. Die Größe $Q$, d.h. die Sättigungsaktivität, ist in diesem Fall gleich $\sigma \cdot N_B \cdot f$; dabei ist $N_B$ die Zahl der Atome in der bestrahlten Probe, $f$ der Fluß der Teilchen, die die Kernumwandlung hervorrufen (z. B. Neutronen), d. h. die Zahl der pro $cm^2$ und sec auftreffenden Teilchen, und $\sigma$ ist der Wirkungsquerschnitt in $cm^2$/Kern für die betreffende Reaktion. Der Wirkungsquerschnitt ist ein Maß für die Wahrscheinlichkeit des Prozesses, welches dem besonderen Mechanismus der Kernumwandlungen angepaßt ist. Im übrigen kann man durch eine Absolutmessung von $Q$ bei bekanntem $\sigma$ und bei bekanntem Gewicht der bestrahlten Probe den Fluß der Teilchen ermitteln.

Die Maßeinheit der Aktivität heißt 1 Curie. Ursprünglich bezog sie sich nur auf die Glieder der Uran-Radium-Reihe und bezeichnete diejenige Menge einer Substanz, die mit 1 g Ra in Gleichgewicht steht und mithin die gleiche Aktivität wie 1 g Radium besitzt. Rechnet man aus der Gleichgewichtsbedingung, die sich auf Atomzahlen bezieht, auf die Massen um, so erhält man z. B. für

| | |
|---|---|
| U | : 1 C = 3,03 t |
| $UX_1$ | : 1 C = $4{,}36 \cdot 10^{-2}$ mg |
| Ra | : 1 C = 1 g |
| Po | : 1 C = $2{,}24 \cdot 10^{-1}$ mg |

Die Aktivität von 1 C, nämlich die Zahl der $\alpha$-Teilchen, die von 1 g Ra pro sec emittiert wird, galt lange Zeit als eine sehr zuverlässig gesicherte Konstante $= 3{,}70 \cdot 10^{10}$ Zerfallsakte pro sec. Da in der jüngsten Zeit Bedenken aufgetaucht sind, ob diese Zahl nicht doch erniedrigt werden müsse, und da ferner auch das Curie trotz aller Abmahnungen amtlicher Stellen auch für beliebige natürlich aktive und schließlich auch für künstlich aktive Elemente mehr und mehr in Anwendung geriet, und da endlich die neu vorgeschlagene Einheit Rutherford (1 rd $= 10^6$ Zerfälle pro sec) sich nicht einführen wollte, ist im Jahre 1950 die Einheit Curie von der Relation zum Radium gelöst und auf Veranlassung einer internationalen Kommission folgendermaßen festgesetzt worden: 1 C ist diejenige Menge irgendeiner radioaktiven Kernart, deren Aktivität $3{,}700 \cdot 10^{10}$ Zerfallsakte pro sec beträgt.

Wie bestimmt man nun Aktivitäten? Wie schon gesagt, gibt es Methoden, bei denen der gemeinsame Effekt sehr vieler Teilchen beobachtet wird, und solche, bei denen die Wirkung gesonderter einzelner Teilchen untersucht wird. Wir behandeln zuerst die erstgenannten Methoden der globalen Effekte.

## *2. Messung von Ionisationsströmen*

Die älteste und technisch einfachste von diesen benutzt Messungen des Ionisationsstroms in einer Kammer. Im natürlichen Zustand sind bekanntlich die Gase gegenüber kleinen elektrischen Feldern fast vollkommene Isolatoren. Durch radioaktive Strahlungen entstehen im Gas in gleicher Zahl positive und negative Ionen und damit eine Leitfähigkeit. Die Zahl der in der Volumen- und Zeiteinheit erzeugten Ionenpaare (die sogenannte Ionisierungsstärke) hängt allerdings stark von der Art der Strahlung und von der Natur des Gases ab; bei demselben Gas ist

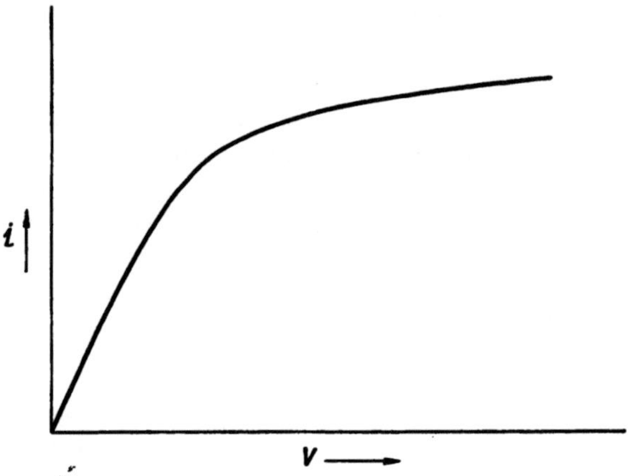


Abb. 1. Abhängigkeit des Ionisationsstromes von der Kammerspannung

sie der Gasdichte und bei derselben Strahlungsart deren Intensität proportional. Die erzeugte Ionisierungsstärke ist daher ein wichtiges Maß für die Strahlungsintensität. Die Leitfähigkeit des Gases verschwindet sofort wieder nach Beseitigung der ionisierenden Strahlung infolge von Wiedervereinigung der Ionen (Rekombination) und infolge ihrer Diffusion nach den Wänden der Kammer, wo sie ihre Ladungen abgeben. Befinden sich aber Elektroden in der Kammer und zwischen ihnen ein elektrisches Feld, so wandern die Ionen zu den Elektroden mit einer der Feldstärke proportionalen mittleren Wanderungsgeschwindigkeit und bilden die Träger der Ionisationsströme. Bei kleinen Feldstärken ist die Stromstärke der Feldstärke proportional, weil mit wachsender Feldstärke mehr und mehr Rekombination und Diffusion nach den Wänden verhindert werden. Bei stärkeren Feldern bewirkt das Wegführen der Ionen eine merkliche Konzentrationsverminderung, was zur Folge hat, daß die Stromstärke langsamer als die Feldstärke wächst. Schließlich werden alle erzeugten Ionen an die Elektroden geführt, ehe sie sich wiedervereinigen, und es entsteht der von der Feldstärke unabhängige Sättigungsstrom. Abb. 1 zeigt schematisch eine Strom-Spannungs-Charakteristik. Sättigung ist die wichtigste Voraussetzung bei Strommessungen. Sie ist am leichtesten bei $\gamma$-Strahlung zu erreichen, weil da eine gleichmäßige Volumenionisierung vorliegt; am schwersten für $\alpha$-Strahlen, weil hier längs der Bahnen der Partikel Gebiete von sehr kleinem Querschnitt und hohen Ionendichten entstehen (Kolonnen- oder Säulen-Ionisation). Die Sättigungsspannung hängt von der Präparatgröße und der durch sie hervorgerufenen Ionisation ab; jede Strahlenart verhält sich aber spezifisch hinsichtlich der durch sie bewirkten Ionisierungsstärke. In roher Näherung verhält sich diese bei gleicher Strahlenintensität in kleinen Kammern für $\alpha$-, $\beta$- und $\gamma$-Strahlung wie 10 000 : 100 : 1. Deswegen ist es unmöglich, selbst bei einer Kammerspannung von 10 000 Volt Sättigung für ein $\alpha$-strahlendes Präparat von 2 mC zu erreichen, während man bei einem $\gamma$-strahlenden Präparat von 2 C bei sehr viel niedrigerer Spannung im Sättigungsbereich messen kann. Im Notfall kann man auf Sättigung extrapolieren, indem man den Quotienten $i/V$ als Funktion von $i$ aufträgt und den Kurvenzug bis zum Wert $i/V = 0$ verlängert. Die Messung der sehr kleinen Ionisationsströme (von der Größenordnung $10^{-12}$ A) ist prinzipiell bei allen Strahlungsarten die gleiche, während die Kammerform für jede Strahlenart spezifisch ist. Wegen ihrer extrem leichten Absorbierbarkeit bringt man $\alpha$-strahlende Präparate in unendlich dünner Schicht ins Innere der Kammer, die im übrigen nur so große Dimensionen aufzuweisen braucht, daß die kurze Reichweite der Teilchen voll ausgenutzt wird.[1]) Die $\beta$-Strahlen läßt man durch ein dünnes Aluminiumfenster von außen in die Kammer eintreten. Bei der $\gamma$-Strahlung liegen die Verhältnisse insofern komplizierter, als diese Strahlung nicht direkt ionisiert, sondern durch die von ihr gebildeten Sekundärelektronen. Diese werden durch drei Prozesse aus Materie ausgelöst, nämlich den Photoeffekt, den Comptoneffekt und den Paarbildungseffekt; die Häufigkeit der drei Prozesse hängt in komplizierter Weise von der Ordnungszahl des Materials der Kammerwand und von der Energie der Quanten ab. Bei kleinen Energien von 0,5 MeV abwärts und bei hohen Ordnungszahlen ist der Photoeffekt vorherrschend. Der Comptoneffekt ist besonders wirksam bei kleinen und mittleren Ordnungszahlen für Energien bis zu 3 MeV. Der Paarbildungseffekt wächst mit der Ordnungszahl und der Energie (seine untere Grenze liegt bekanntlich bei 1,02 MeV) und überwiegt bei 5 MeV den Compton-Effekt. Im übrigen ist in leidlicher Näherung die Gesamtabsorption der $\gamma$-Strahlung (bis zu mittleren Ordnungszahlen der Kammerwand und bei mittleren Energien) und mithin auch die Produktion von Sekundärelektronen dichteproportional. Daraus ergibt sich, daß der weitaus größte Teil der Ionen in einer Kammer aus der Wandung herrührt und nicht im Gasraum erzeugt wird. Aus Intensitätsgründen macht man die Wand der Kammer so dick, daß Gleichgewicht zwischen der $\gamma$-Strahlung und ihrer Sekundärstrahlung erreicht ist, also aus mindestens 5 mm Blei. Das hat auch noch den Vorteil, daß eventuell von der Quelle ausgehende primäre $\beta$-Strahlung weggefiltert wird. Was die Neutronen anbetrifft, so ionisieren sie überhaupt nicht. Nur bei Stößen gegen leichte Kerne, besonders Wasserstoff, übertragen sie Energie auf die Stoßpartner, die dann ihrerseits Ionen bilden. Man kleidet also eine Kammer z. B. mit einer dünnen, leitend gemachten Paraffin-Schicht aus; die aus dieser ausgelösten H-Kerne ionisieren

---

[1]) „unendlich dünn" bedeutet, daß die Dicke der Schicht sehr klein ist gegen die Reichweite der $\alpha$-Teilchen in der aktiven Substanz.

wie schnelle Protonen. Zur Verminderung der Wirkung eventueller begleitender $\gamma$-Strahlung kann man die Kammer mit einer sehr dicken Bleiwand versehen. In der Abb. 2 sehen wir schematisch einige Kammertypen für die verschiedenen Strahlungen von einfach-klassischer Bauart. Die Mindestmengen, die man mit solchen Kammern quantitativ messen kann, sind etwa $10^{-6}$ mC für $\alpha$-Strahlen, $10^{-5}$ mC für $\beta$-Strahlen und $10^{-3}$ mC für $\gamma$-Strahlen. Alle Kammertypen enthalten eine Innenelektrode, die hochisoliert ist gegen die sie umgebende Kammer. Die Messung des Ionisationsstromes in den Kammern ist nach zwei Methoden möglich: Entlade- oder Auflade-Methode. Im ersten Fall wird die Innenelektrode auf-

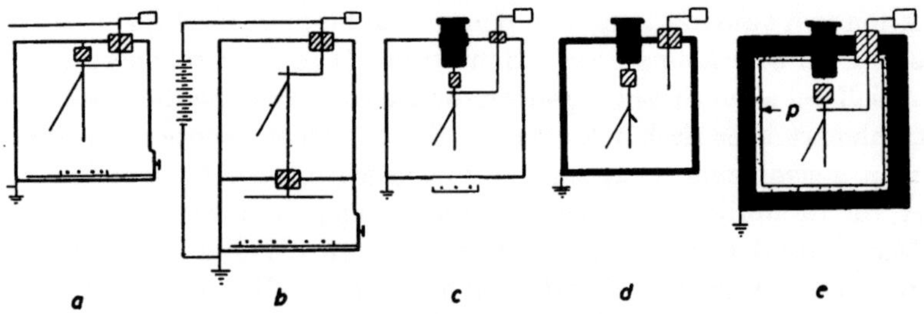


Abb. 2. Kammertypen einfacher Bauart: a) $\alpha$-Kammer kleiner Kapazität; b) $\alpha$-Kammer größerer Kapazität; c) $\beta$-Kammer; d) $\gamma$-Kammer; e) Kammer zum Nachweis schneller Neutronen (nach CURTISS)

geladen, die Kammer geerdet und die durch den Ionisationsstrom bewirkte Abnahme der Spannung der Innenelektrode elektrometrisch gemessen. Im anderen Fall liegt die Spannung an der Kammer und die Aufladung der Sammelelektrode wird bestimmt; hier ist ein geerdeter Schutzring um den Isolator der Innenelektrode unbedingt erforderlich. Man kann die Auflademethode auch so gestalten, daß man die Aufladung der Sammelelektrode kompensiert (durch Influenzierung; durch einen entgegengesetzt gerichteten Ionisationsstrom einer zweiten Kammer, die ein $\alpha$-strahlendes Präparat enthält, dessen Oberfläche in verschiedenem, meßbaren Grade abgedeckt werden kann; durch Piezoladungen). Man kann auch den Ionisationsstrom von der Sammelelektrode über einen hochohmigen Widerstand zur Erde abfließen lassen und bestimmt den Spannungsabfall an den Enden des Widerstandes (Methode der konstanten Ablenkung). Als Elektrometer kann man sehr viele Typen verwenden, sofern die Kapazität klein ist, angefangen vom einfachen Goldblattelektrometer bis zum Röhrenelektrometer. Der Nachteil der einfachen Entlademethode ist die Besanspruchung des Isolators durch hohe elektrische Felder; man kann ihn umgehen durch einen Schutzring, der auf konstantes hohes Potential aufgeladen wird. Der Nachteil der Auflademethode ist, daß die meisten der dazugehörigen, im Lauf der Zeit entwickelten verschiedenen Arten der Strommessung bzw. Kompensation viel Erfahrung erfordern, während gerade Messungen nach der Entlademethode besonders einfach sind.

Bei allen Ionisationsstrom-Messungen muß man den sogenannten Nulleffekt abziehen. Dieser wird bewirkt durch Kriechströme über den Isolator, durch die kosmische Strahlung, durch die natürlich radioaktive Versuchung aus der Umgebung des Meßinstruments und besonders durch die Verseuchung der Kammerwand. Da Blei immer eine Spur von RaD zu enthalten pflegt, muß man entweder sehr altes Blei nehmen oder innen eine dünne Zinkschicht aufdampfen, um die Verseuchungs-$\alpha$-Teilchen des Poloniums zu absorbieren.

In wieweit ist es bei Ionisationsstrom-Messungen möglich, Absolut-Werte der Aktivität zu erhalten? Bei $\gamma$-Strahlmessungen ist wegen der verwickelten Abhängigkeit des Ionisationsstromes von der Energie der Quanten, von der Ordnungszahl des Wandmaterials und der Bauart der Kammer eine direkte Absolut-Messung unmöglich; man macht daher nur Relativmessungen und vergleicht mit graduierten Standard-Präparaten der gleichen Art. Dann brauchte man im Prinzip zu jeder Substanz einen zugehörigen Standard, z. B. Ra-Standards, solche aus $Co^{60}$, $Cs^{137}$ usf. Es gibt indessen zwei Wege zu Aktivitätsbestimmungen ohne den Besitz von spezifischen Standards: entweder Beseitigung des Einflusses der Wandung, d. h. Verwendung von Kammerwänden aus luftäquivalentem Material (damit nähern wir uns dem Dosisbegriff, über dessen Definition und meßtechnische Realisierung wir weiter unten zu reden haben). Die zweite Möglichkeit ist die Kenntnis der sogenannten Radiumäquivalente. Man hat schon in sehr früher Zeit damit begonnen, auch andere $\gamma$-Strahler wie z.B. Radiothor mit Hilfe von Radium-Standardpräparaten zu messen. Das war ursprünglich eine reine Verlegenheitslösung, teils aus kommerziellen, teils aus therapeutischen Gründen. Man bezeichnete das Ergebnis eines solchen Vergleichs als „Radium-Äquivalent". Das Radium-Äquivalent sagt an sich weder etwas über das Gewicht oder auch die Aktivität des betreffenden $\gamma$-Strahlers aus. Es bedeutet z. B. die Angabe 10 mg Radium-Äquivalent RdTh nur, daß das vorliegende Präparat bei der verwendeten Anordnung den gleichen Ionisationsstrom bewirkt wie 10 mg Radium. Wegen der Ungleichheit der Spektren sind die Werte der Radium-Äquivalente sehr abhängig von der Art des Meßinstrumentes. In der letzten Zeit hat man für einige $\gamma$-Strahler den Zusammenhang zwischen ihrem Radium-Äquivalent und ihrer Aktivität ermitteln können. Seitdem haben die Radium-Äquivalente erhöhte Bedeutung gewonnen und liefern eine Methode zur Aktivitätsbestimmung von RdTh, Ac, $Co^{60}$, $Na^{24}$, $Cs^{137}$, $Cu^{64}$, $Sc^{46}$ und frischem MsTh. Natürlich beziehen sich solche Radium-Äquivalente immer auf eine Kammer ganz bestimmter Bauart, meistens die sogenannte Curie-Kammer.

Bei $\alpha$-aktiven Elementen ist eine Absolutmessung möglich, sofern die Substanz in unendlich dünner Schicht vorliegt und die Bahnen der $\alpha$-Teilchen vollständig innerhalb der Kammer abgebremst werden. Wenn man die Energie $W$ kennt, die ein $\alpha$-Teilchen im Mittel für die Bildung eines Ionenpaares verliert, und ferner die Energie des Teilchens, kann man aus einer absoluten Strommessung die Zahl der Teilchen errechnen, die unter einem bestimmten räumlichen Winkel emittiert werden (meistens $2\pi$). Für einige Gase ist $W$ weitgehend von der Energie der Teilchen unabhängig und gut bekannt (z. B. für $H_2$: 36,0 eV und He: 31,0 eV). In Luft steigt allerdings $W$ mit fallender Energie des Teilchens an. Die Berechnung ist für Luft deshalb nicht sehr zuverlässig. Man hat indessen für Luft sogenannte

Strom-Äquivalente direkt experimentell ermittelt; z. B. liefert 1 mC Po einseitig einen Strom von $4,43 \cdot 10^{-7}$ A. Falls man keine in Strommengen absolut geeichte Meßapparatur besitzt, verwendet man $U_3O_8$ als Strom-Standard: der Ionisationsstrom einer dicken $\alpha$-satten Schicht von 1 cm² Fläche beträgt einseitig $5,78 \cdot 10^{-13}$ A[1]) Für $\beta$-Strahlen ist diese Methode leider nicht anwendbar, und zwar aus mehreren Gründen: 1. Die Dimensionen der Ionisationskammer müssen so groß sein, daß alle Teilchen voll ausgenutzt werden. Bei $\beta$-Teilchen müßte also der Abstand der Platten einer Parallelplattenkammer größer sein als die praktische Reichweite der Grenzenergie des Spektrums. Dabei kommt man entweder zu Kammerdimensionen, die sich nicht realisieren lassen, oder wäre genötigt, bei sehr hohen Drucken zu messen; im letzteren Fall gäbe es Schwierigkeiten wegen der Sättigung. 2. Ein nicht unbeträchtlicher Teil der $\beta$-Teilchen wird an der Unterlage des Präparates zurückgestreut. Deren Anteil zum Ionisationsstrom dürfte sehr schwer exakt abzuschätzen sein, wegen des unbekannten Betrages ihrer Energie. 3. Für sehr weiche $\beta$-Spektren, bei denen man versuchen könnte, die Methode zu realisieren, ist die Ionisierungsarbeit $W$ nicht mehr als konstant, sondern als energieabhängig anzusehen. 4. Muß die mittlere Energie $\bar{E}$ des Spektrums genau bekannt sein; das ist z. Zt. nur bei wenigen Isotopen der Fall.

Allgemein ist zu sagen, daß Messungen des Ionisationsstromes einen für heutige Verhältnisse bescheidenen technischen Aufwand erfordern und sich leicht realisieren lassen.

### 3. *Messung der von den Teilchen einer Quelle transportierten Gesamtladung*

Hängt man den Träger einer radioaktiven Substanz, die unter Emission von $\beta^-$ oder $\beta^+$-Teilchen zerfällt, im Hochvakuum auf, so bewirken die aus der Quelle austretenden Teilchen einen Strom. Dessen Stärke hängt in einfacher Weise mit der Aktivität des Präparats zusammen. Aus der Größe der Elementarladung von $1,602 \cdot 10^{-19}$ Coulomb und aus der Zerfallsrate pro mC ($3,700 \cdot 10^7$ Teilchen pro sec) ergibt sich ein Strom von $5,93 \cdot 10^{-12}$ A pro mC. Da sich Ströme dieser Größenordnung genau und bequem messen lassen, kann man prinzipiell sehr einfach Präparatstärken von der Größenordnung eines Millicurie oder weniger auf diese Weise absolut messen. In Wirklichkeit ergeben sich einige Schwierigkeiten, die berücksichtigt werden müssen, wenn man nicht zu ganz falschen Ergebnissen gelangen will. Zunächst einmal müssen der Träger wie auch die aktive Substanz selbst so dünn sein, daß auch die weichsten Teilchen des Spektrums austreten können; eine besondere präparative Technik ist dazu erforderlich. Weiterhin muß beachtet werden, daß die gegen ihre Umgebung isolierte Quelle sich positiv auflädt, wenn $\beta$-Teilchen aus ihr austreten (bzw. negativ beim Austreten von Positronen). Die allmählich wachsende Potentialdifferenz, die sehr hohe Beträge erreichen kann, führt zur Zurückhaltung eines Teiles der Teilchen. Deshalb muß man eine Nullmethode zur Strommessung verwenden, bei der die Quelle auf kon-

---

[1]) „$\alpha$-satt" bedeutet, daß die Dicke der aktiven Schicht größer ist als die Reichweite der Teilchen in ihr.

stantem und möglichst niedrigem Potential gehalten wird. Schließlich werden zusätzlich zu den primären $\beta$-Teilchen noch eine große Anzahl von Sekundärelektronen von relativ niedriger Energie (meistens unter 200 eV) emittiert. Diese sekundären werden aus dem Träger und aus der aktiven Substanz selbst durch die primären Teilchen ausgelöst und würden zu einer erheblichen Vergrößerung des Gesamtstromes führen, sofern man sie nicht daran hindert, die Quelle zu verlassen.

In den praktisch realisierten Anordnungen werden entweder elektrische Gegenfelder oder magnetische Felder zur Eliminierung des Effekts der Sekundärelektronen verwendet. Von diesen Verfahren ist das von CLARK am besten durchgebildet.

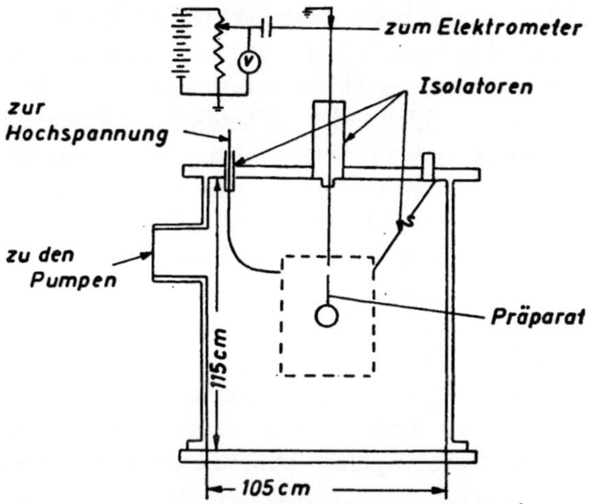


Abb. 3. Apparatur zur Messung der Aktivität mit Hilfe des Ladungstransports (nach CLARK 1950)

Abb. 3 zeigt schematisch die Apparatur. Sie besteht aus einem großen Stahltank, der auf $10^{-6}$ Torr evakuiert wird. In der Mitte befindet sich das Präparat auf einer Aluminiumfolie von 1 $\mu$ Dicke und 6 cm Durchmesser, die ihrerseits auf einem ganz dünnen Aluminiumring mit Aquadag angeklebt ist. Dieser Ring wird von dünnen Drähten gehalten, die durch einen Isolator zum Kompensationssystem führen. Das Elektrometer wird so nah wie möglich bei Null gehalten. Ebenfalls isoliert aufgehängt umgibt die Quelle ein aus grobmaschigem Netz bestehender Zylinder von 40 cm Durchmesser. Erteilt man dem Netz eine Spannung von — 600 V, so werden alle Sekundärelektronen, die aus der Quelle stammen, vollständig zurückgehalten und können die geerdete Wand des Tanks nicht erreichen. Sekundärelektronen andererseits, die aus den Wänden des Stahltanks durch primäre $\beta$-Strahlen oder durch eventuelle $\gamma$-Strahlen ausgelöst werden, können das Gitter nicht durchdringen. Zwei kleine Fehlerquellen bleiben allerdings: 1. Die allerweichsten primären Teilchen, nämlich die unter 600 eV, können im Falle von Elektronenstrahlern die Quelle nicht verlassen. 2. Aus dem Netz werden — wenn auch wenig — ebenfalls Sekundärelektronen ausgelöst und auf die Quelle fokussiert. Indessen kann man für die Fehlerquellen korrigieren; die gesamte Unsicherheit der Bestimmung beträgt immerhin bei weicheren Spektren 5%. Die Methode ist sehr einfach, erfordert aber weitere Korrektionen im Fall der inneren Konversion oder im Fall von Auger-Elektronen. Sie ist natürlich auch auf $\alpha$-aktive Substanzen anwendbar; der Strom beträgt in solchem Fall $11{,}86 \cdot 10^{-12}$ A pro mC.

## *4. Photographische Methoden*

Zur quantitativen Relativmessung von Aktivitäten kann man die Schwärzung photographischer Emulsionen verwenden. Dabei müssen selbstverständlich die sorgfältig kontrollierten Arbeitsbedingungen eingehalten werden, wie sie von der photographischen Photometrie her bekannt sind. Die Schwärzung $D$ einer photographischen Schicht wird bekanntlich densitometrisch gemessen und ist definiert als der log $i_0/i$, wobei $i_0$ die Intensität des auf die entwickelte Schicht auffallenden und $i$ die des durchgelassenen Lichtes ist. $D$ befolgt im allgemeinen das sogenannte Schwarzschildsche Gesetz $D = f(I^q \cdot t)$, wobei $I$ die Intensität der Strahlung und $t$ die Expositionszeit ist. Im Fall $q = 1$ geht das Schwarzschildsche Gesetz in das einfachere von Bunsen und Roscoe über, nämlich $D = f(I \cdot t)$. Das Bunsen-Roscoesche Gesetz ist erfreulicherweise bei Bestrahlungen mit $\alpha$-Teilchen streng gültig, und mindestens für ein Intensitätsverhältnis von 10:1. Es gilt gleichfalls für die $\beta$-Strahlen der Spektren und für homogene Sekundärelektronen. Untersuchungen der Schwärzung, die durch $\gamma$-Strahlen bewirkt werden, zeigten, daß das Bunsen-Roscoesche Gesetz sogar für ein Intensitätsverhältnis von 100:1 gilt. Das Verfahren ist technisch sehr einfach, erreicht aber nur mäßigere Genauigkeit, nämlich die übliche der photographisch-photometrischen Methode.

## *5. Kalorimetrische Methoden*

Vermutlich die genauesten Methoden zur Bestimmung von Aktivitäten sind die mikrokalorimetrischen; sie sind echte Absolutmethoden. Wenn die gesamte Strahlung eines Präparates innerhalb des Kalorimeters vollständig absorbiert wird, was bei $\alpha$- und $\beta$-Strahlern sehr leicht zu erreichen ist, so führt die aufgenommene Energie zu einer Wärmeproduktion, die dem Produkt der Aktivität und der mittleren Energie $\overline{E}$ der Teilchen oder Quanten proportional ist. Rechnet man auf das kalorische Maß um, so ist die entwickelte Wärmemenge von einer $\text{cal}_{15}$ pro Stunde $= \frac{0{,}1916}{\overline{E}}$ Curie; dabei ist $\overline{E}$ in MeV gemessen. Außer der mittleren Energie $\overline{E}$ braucht man keine weiteren Daten. Ferner fallen alle Spezialvorschriften für die Präparatherstellung fort, da die Selbstabsorption im Präparat ebensowenig eine Rolle spielt wie die Rückstreuung in der Unterlage.

Wie man aus der obigen Gleichung ersieht, braucht man allerdings größere Präparate. Da man für die verschiedenen mikrokalorimetrischen Methoden bei hohen Genauigkeitsansprüchen Mindestwärmeproduktionen zwischen 0,01 bis 0,1 cal pro Stunde benötigt, muß man, je nach der Energie der Strahlungen, Präparate von einigen Millicurie Aktivität bis zu der von der Größenordnung Curie zur Verfügung haben. Im übrigen ist die Anwendung kalorischer Methoden nur auf solche aktiven

Substanzen beschränkt, deren Halbwertszeit länger als ein Tag ist, weil anderenfalls bereits der größte Teil der Aktivität zerfällt, ehe überhaupt Temperaturgleichgewicht in der Apparatur erreicht ist. Bei der Aktivitätsbestimmung von reinen $\gamma$-Strahlern ergibt sich die Schwierigkeit, daß man große Massen absorbierender Substanz braucht, um die Unsicherheit hinsichtlich des Betrages der im Kalorimetergefäß absorbierten Energie möglichst klein zu halten. Dadurch gelangt man zu großen Wärmekapazitäten; die mikrokalorimetrischen Methoden erfordern aber gerade, daß die Wärmekapazität möglichst klein ist. Eine mögliche Lösung dieses Problems besteht darin, daß man zu äußerst niedrigen Arbeitstemperaturen in der Nähe des absoluten Nullpunktes übergeht.

Die mikrokalorimetrischen Methoden in ihrer Gesamtheit können hier nur angedeutet werden.

Die Differential- oder Zwillings-Mikrokalorimeter haben seit 5 Jahrzehnten Anwendung für radioaktive Messungen gefunden. Sie sind besonders zuverlässig und genau, stellen aber die kompliziertesten der Anordnungen dar, weil sie aus zwei völlig identischen Mikrokalorimetern bestehen, die sich beide in dem gleichen Temperaturbad eines Thermostaten befinden, dessen Temperatur möglichst auf 0,001° konstant gehalten wird. In dem einen befindet sich die radioaktive Probe, das zweite wird elektrisch geheizt. Die Temperatur-Differenz zwischen beiden Kalorimetern wird mit Hilfe von Thermopaaren gemessen. Der Heizstrom in dem Kontroll-Kalorimeter wird so geregelt, daß die Wärmeproduktion in beiden völlig gleich ist; das zeigt sich dann darin, daß kein Temperaturunterschied zwischen beiden Kalorimetern während der Beobachtungszeit besteht. Mit gut konstruierten Differential-Kalorimetern kann man bei Beachtung aller erforderlichen Vorsichtsmaßnahmen noch Wärmeproduktionen von 0,005 cal pro Stunde messen.

Ein besonders einfaches Prinzip der Mikrokalorimetrie, das von Swietoslawski herrührt, besteht darin, daß die Hülle, die das Kalorimeter umgibt, manuell oder automatisch, ständig auf der gleichen Temperatur gehalten wird wie das Kalorimeter selbst. Das geschieht mit Hilfe von Thermopaaren. Dann kann man die Wärmeproduktion in einem derartigen adiabatischen Mikrokalorimeter direkt mit einem Beckmann-Thermometer messen. Die Wärme, die unter adiabatischen Bedingungen von einer konstanten Quelle entwickelt wird, beträgt $Q = K\,(T - T_0) + \Sigma s$, wobei $K$ die Wärmekapazität des Kalorimeters ist, $T$ die Temperatur nach einer bekannten Zeit unter streng diabatischen Betriebsbedingungen, zu deren Anfang die Temperatur $T_0$ gehört. $\Sigma s$ ist die Summe aller Sekundäreffekte, wie z. B. das Aufheizen der Luft innerhalb des Kalorimeters, ungenügende Temperaturkontrolle der Hülle usf. Wenn man es einrichten kann, daß alle diese Effekte proportional der Temperaturdifferenz bleiben, dann wird die Genauigkeit der Bestimmung nur von derjenigen der Temperaturmessungen begrenzt. Der Temperaturanstieg kann beliebig groß gemacht werden und wird nur dadurch beschränkt, daß die Meßzeit ein bestimmtes Maß nicht überschreiten kann. Mit dieser Methode sind Effekte von 0,001 cal pro Stunde gemessen worden.

Auf Swietoslawski geht eine weitere Methode zurück, die der isothermen Mikrokalorimetrie. Die Anordnung besteht aus einer Art Labyrinth; das aus einem Thermostaten zufließende Wasser wird durch die von der Quelle produzierte Wärme erwärmt und der Temperaturanstieg des ausfließenden Wassers mit einem Beckmann-Thermometer gemessen. Die von dem Präparat entwickelte Wärme erhält man aus der Gleichung $Q = v \cdot d \cdot c \cdot (T - T_0)$, wo $v$ die Geschwindigkeit, $d$ die Dichte und $c$ die spezifische Wärme des Wassers ist. Wärme, die von der innersten Säule des Labyrinths zu der nächst äußeren fließt, ist nicht verloren, weil sie vom durchfließenden Wasser übernommen wird. Bei einer großen Reihe von ineinander steckenden Wassersäulen ist der Verlust durch Wärmeableitung zu vernachlässigen. Das Instrument wird elektrisch kalibriert und erlaubt sehr genaue Messungen (± 0,5%), ist aber weniger empfindlich als die anderen mikrokalorimetrischen Methoden. Weitere isotherme Methoden, bei denen die produzierte Wärmemenge zur Verdampfung von flüssigem Stickstoff bei konstanter Temperatur führt und die erzeugte Gasmenge gemessen wird, wurden in Amerika entwickelt. Kalorische Messungen der letztgenannten Art werden auf 1,5% genau geschätzt.

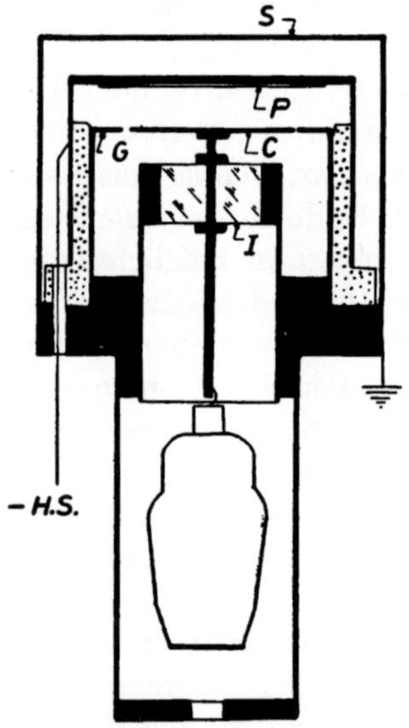


Abb. 4. Kammer zur Messung der Ionenimpulse einzelner Teilchen
$P$ aktive Folie, $C$ Sammelelektrode, $G$ Schutzring, $I$ Isolator, $S$ Abschirmung, H. S. Hochspannung (nach Curtiss)

Die Handhabung der kalorimetrischen Methoden erfordert Erfahrung und größeren experimentellen Aufwand. Daher ist ihre Anwendung Spezial-Laboratorien vorbehalten.

### *6. Einzelzählungen mit elektrischen Zählern*

Von den Methoden der Beobachtung des einzelnen Teilchens sind die wichtigsten die der Registrierung der Teilchen in sogenannten Zählern. Diese Methoden, die auch bis in die Frühzeiten der Radioaktivität herabreichen, sind technisch zu großer Vollkommenheit gebracht worden. Bei allen handelt es sich darum, den Ionisationseffekt des individuellen Teilchens durch irgend einen Mechanismus so zu verstärken, daß er sich beobachten läßt. Prinzipiell ist die einfachste Methode diejenige, bei der die von jedem Teilchen gebildeten Primärionen auf einer Elektrode gesammelt werden; der resultierende Spannungsimpuls wird dann elektronisch verstärkt. Die an den Kammer-Elektroden angelegte Spannung darf nur so hoch sein, daß alle Ionen schnell gesammelt werden, ohne daß sie so viel Energie gewinnen, daß noch Sekundärionen erzeugt werden können. Diese Methode läßt sich nur auf diejenigen Teilchen anwenden, die genügend viel Primärionen erzeugen, so daß der entsprechende Spannungsimpuls nicht im Störungspegel des Verstärkers verschwindet. Das Verfahren bleibt also nur auf $\alpha$-Teilchen, langsame Protonen und Spaltteilchen beschränkt. Ein typisches Beispiel für eine solche Kammer zeigt die Abb. 4. Sie besteht aus einer Parallelplatten-Ionisationskammer, bei der eine Elektrode direkt mit dem Gitter des

Vorverstärkers verbunden wird. Eine Spannung von 500 bis 1000 V reicht aus, um die Primärionen zu sammeln. Obwohl man als Gasfüllung der Kammer auch Luft verwenden kann, empfiehlt es sich doch, reinen Stickstoff oder reines Argon zu verwenden, weil dann die Impulse höher und schärfer werden. Der Spannungsanstieg setzt bei diesen Gasen so steil ein, weil in ihnen die negativen Ionen im wesentlichen aus Elektronen bestehen, die eine viel höhere Beweglichkeit als negative Gasionen haben.

Da im übrigen die Ionenmenge, die das Teilchen produziert, proportional seiner Energie ist, kann man mit dieser Methode auch die Energie von Teilchen messen. Weiterhin kann man auch die Teilchen gemäß ihrer Energie sortieren, indem man elektronische Geräte herstellt, die eine Reihe von Kanälen aufweisen, von denen jeder nur solche Spannungsimpulse registriert, die von bestimmter Größe sind.

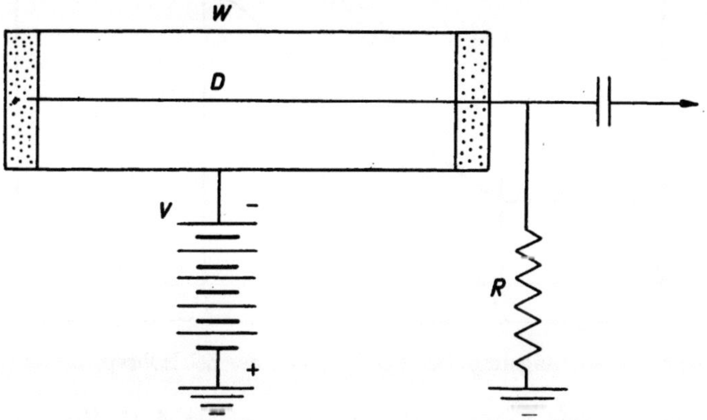


Abb. 5. Schaltung eines Zählrohrs (nach CURTISS)

Die zweite Methode beruht darauf, daß im Gas der Zählkammer bereits eine Verstärkung der Primärionisation durch einen Mechanismus im Gase selbst stattfindet. Es ist nur erforderlich, einen solchen Potentialgradienten zu haben, daß die Primärionen genügend Energie aufnehmen können, um eine begrenzte Zahl von Sekundärionen zu erzeugen. Da unter diesen Umständen die Zahl der Sekundärionen mehr oder weniger proportional zu der der primären ist, heißen diese Anordnungen auch Proportionalzähler. Den erforderlichen hohen Potentialgradienten erzielt man mit Hilfe eines Drahtes oder einer kleinen Kugel als Anode; diese wird auf der Achse eines Zylinders montiert, der die Kathode bildet. Potentiale von der Größenordnung 1500 bis 4000 V sind erforderlich, wobei die Spannung von der Natur und vom Druck des Gases im Zähler abhängt. Die Prinzipschaltung eines Proportionalzählers wird schematisch durch die Abb. 5 illustriert. Der Draht $D$ erhält eine hinsichtlich der Rohrwandung $W$ positive Spannung aus einer Spannungsquelle $V$, die mit dem Draht über einen Widerstand $R$ verbunden ist. Wenn die Spannung $V$ genügend hoch ist, entsteht in der Umgebung des Drahtes ein so hohes Feld, daß Elektronen in ihm genügend Energie erwerben können, um neutrale Atome durch Stoß zu ionisieren. In diesem Moment beginnt das Phänomen der Gasverstärkung des Ionisationsstromes sich bemerkbar zu machen. Mit zunehmender Spannung $V$ wächst das zylindrische Volumen um den Draht herum, in dem zusätzliche Ionen produziert werden, und die Zahl solcher Ionen pro Primärelektron wächst auch. Der Spannungsimpuls, der auf dem Draht bewirkt wird, ist gleich $\frac{n \cdot A \cdot e}{C}$, wo $n$ die Zahl der Primärelektronen bedeutet. $A$ ist die Zahl von Ionenpaaren, die durch jedes von ihnen auf seinem Weg zum Zentraldraht erzeugt wird, $e$ ist die Elementarladung und $C$ die Gesamtkapazität des mit

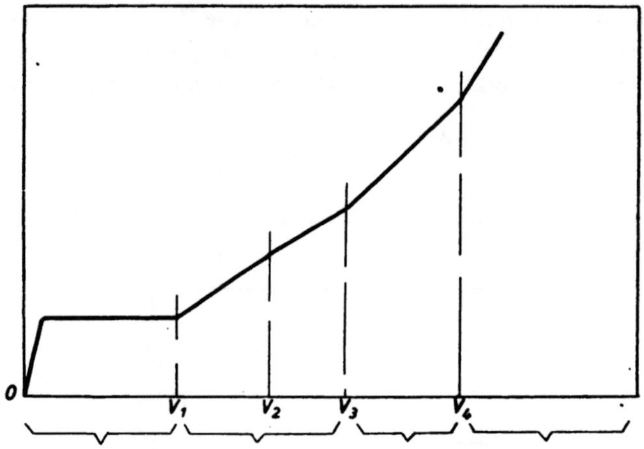


Abb. 6. Größe des Spannungsimpulses als Funktion der Zählrohrspannung (nach Curtiss)

dem Draht verbundenen Kreises. Damit repräsentiert $A$ die Verstärkung im Gas, und ein Zähler ist nur dann ein Proportionalzähler, wenn $A$ konstant ist. Den Übergang zwischen Ionisationskammern, Proportionalzählern und den später zu besprechenden Geiger-Müller-Zählrohren zeigt die schematische Abb. 6, wo die Größe des Spannungsimpulses als Ordinate aufgetragen ist, und die Größe der am Zähler angelegten Potentialdifferenz als Abszisse. Im Bereich von 0 bis $V_1$ benimmt sich das Zählrohr wie eine Ionisationskammer. Nach einem kurzen Bereich, wo die Anzahl der gesammelten Ionen proportional der Spannung ist, folgt ein Bereich, in dem die Impulsgröße konstant bleibt bei wachsender Spannung. Das ist das Sättigungsgebiet einer Ionisationskammer. Jenseits $V_1$ erwerben die von der Strahlung gebildeten Primärionen aus dem elektrischen Feld soviel Energie, daß sie durch Stoßionisation des Gases Sekundärionen erzeugen, die zu einer Vergrößerung des Spannungsimpulses führen. Im Spannungsbereich zwischen $V_1$ und $V_2$ ist die Zahl der Sekundärionen proportional zur Zahl der Primärionen; hier liegt also der wahre Proportionalbereich vor. Im Spannungsbereich von $V_2$ bis zu $V_3$ findet ein Übergang statt vom Proportionalbereich zum Geiger-Müller-Bereich, derart, daß nur die kleineren Impulse noch proportional verstärkt werden. Von $V_3$ bis $V_4$ ist ein Bereich erreicht, in dem alle Spannungsimpulse — ganz gleich wie groß die Primärionisation ist — von gleicher Größe und unabhängig von der Zahl der Primärionen sind. Jenseits der Spannung $V_4$ ergibt sich kontinuierliche Entladung. Damit der Zähler funktioniert, d. h. damit ein elektrischer Impuls auf dem Draht für jedes eintretende Primärteilchen entsteht, muß die kumulative Ionisation in dem Augenblick abreißen, wenn alle negative Ionen, die von der primären Ionisation herrühren, den Draht erreichen. Das plötzliche Abreißen des Prozesses wird im wesentlichen durch die geringe Beweglichkeit der positiven Ionen bewirkt, die eine Raumladung hervorrufen. Diese schafft einen feldfreien Raum von geringem Potentialgradienten, in dem keine Stoßionisation mehr stattfinden kann. Dadurch wird die weitere Ionenbildung unterbrochen und nach Sammlung aller Ionen ist der elektrische Impuls abgeklungen. Während dieser Zeit ist übrigens der Zähler unempfindlich geworden und kann ein Teilchen, das in dieser Spanne zur Wirkung kommt, nicht registrieren. Diese Zeit heißt die Totzeit des Zählers. Sie ist bei Proportionalzählrohren von der Größenordnung 1 $\mu$ sec.

Das Geiger-Müller-Zählrohr ähnelt in seiner Konstruktion dem Proportionalzähler vom Drahttyp, arbeitet aber bei sehr viel niedrigeren Gasdrucken. Es erfordert besondere Gase oder Mischungen von Gasen und Dämpfen und erzeugt Spannungsimpulse von gleicher Größe, ganz unabhängig von der Zahl der durch die eintretende Strahlung bewirkten Primärionisation. Der niedrigere Druck erhöht die Beweglichkeit der Elektronen, so daß auch eine höhere Gasverstärkung stattfindet. Als Ergebnis dieser höheren Beweglichkeit ergibt sich allerdings auch, daß durch die positive Raumladung allein die Impulse nicht abreißen können. Ein zusätzlicher Mechanismus ist nötig. In den früheren Zeiten der Arbeit mit solchen Zählern bewirkte man das dadurch, daß man den Widerstand $R$ so groß machte, daß der durch den Impuls bewirkte Spannungsabfall den Zähler außer Funktion setzte. Durch das langsame Wiederaufladen der effektiven Kapazität des Systems entstehen längere Totzeiten entsprechend der großen Zeitkonstante $RC$. Später verwandte man elektronische Schaltungen, die automatisch die Spannung nach dem Entstehen eines Impulses für eine kurze Zeit wegnahmen; heute ist die allgemein bevorzugte Lösung die der selbstlöschenden Zähler von Trost. Die Selbstlöschung wird dadurch erreicht, daß man den Zähler mit einem Gemisch von organischem Dampf (z. B. Alkohol oder Methylal) und einem Gas von geringer Elektronenaffinität, z. B. Argon, füllt. Die Aufgabe des organischen Dampfes ist die, Photonen zu absorbieren, die genügende Energie haben, um Elektronen aus dem Gas und der Zählerwand auszulösen. Der Dampfzusatz reduziert fernerhin die Sekundäremission von Elektronen aus der Wand des Zählrohrs, die durch die positiven Ionen bewirkt wird. Auf diese Weise ruft im Geiger-Müller-Zählrohr die Primärionisation, die durch das Eindringen von ionisierenden Teilchen in das empfindliche Volumen entsteht, einen Sättigungsbetrag durch Stoßionisation hervor; alle Impulse werden gleichförmig, ungeachtet der Anzahl der Primärionen, die durch die Strahlungseinwirkung hervorgerufen worden sind. Durch die Kombination der Wirkungen der Raumladung und der Löschung wird der Prozeß plötzlich beendet. Anschließend wandert die positive Raumladung zu den Wänden des Rohres, worauf der Zähler wieder in eine Verfassung gelangt, in der er im Stande ist, auf das Eindringen eines neuen ionisierenden Partikels zu reagieren. Die Totzeit eines solchen Zählrohres ist höher als beim Proportionalzählrohr und liegt in der Größenordnung von etwa 200 Microsekunden.

Die Charakteristik eines guten Geiger-Müller-Zählrohrs weist einen Schwellenwert der Spannung auf, bei dem es zu arbeiten beginnt, gefolgt von einem steilen Anstieg der Empfindlichkeit mit wachsender Spannung bis zu einem Plateau, bei welchem die Zählrate für eine konstante Quelle nur sehr langsam mit der Spannung wächst. Dieses Plateau kann sich bis auf mehrere 100 Volt erstrecken; seine Neigung liegt in der Größenordnung einiger Prozente pro 100 Volt. Die Länge und

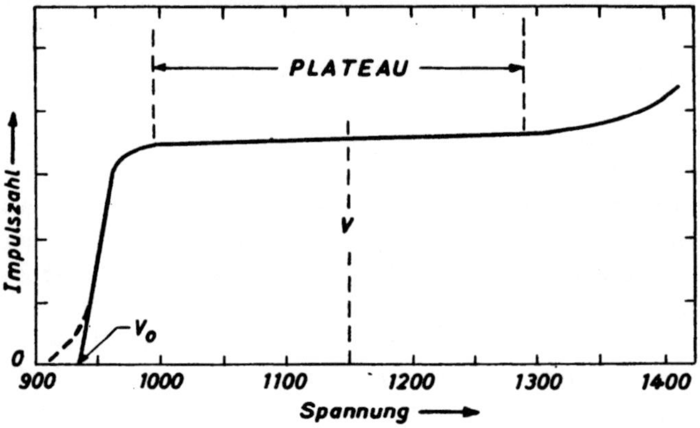


Abb. 7. Zählrohrcharakteristik (nach Curtiss)

der Grad der Steigung dieses Plateaus bestimmen die Güte des Zählrohrs. Eine typische Charakteristik zeigt die Abb. 7, wo als Ordinate die Zählrate und als Abszisse die an den Zähler angelegte Spannung aufgezeichnet ist. Jenseits des Plateaus erfolgt ein scharfer Anstieg, der in Dauerentladung übergeht. Die langsame Vermehrung der Zählrate längs des Plateaus ist ein Schönheitsfehler, der durch verschiedene zusammenwirkende Ursachen bedingt ist: 1. Mit wachsender Spannung treten mehr und mehr Doppelentladungen auf. 2. Die Totzeit wird mit wachsender Spannung kleiner, d. h. die Zahl der nicht registrierten Impulse nimmt ab. 3. Mit steigender Spannung nimmt das empfindliche Volumen etwas zu.

Das Zählrohr spricht auf ein einziges Ionenpaar bereits an, das im empfindlichen Volumen erzeugt wird. Es wird hauptsächlich zur Messung von $\beta$- und $\gamma$-Strahlen und mit leichten Abänderungen zur Messung von Neutronen verwendet.

Zur Messung von $\gamma$-Strahlen verwendet man Rohre aus relativ dicker Metallwandung, um die Zahl der in ihr ausgelösten Photo- oder Compton-Elektronen zu erhöhen. Die Ansprechwahrscheinlichkeit für $\gamma$-Strahlen unter 1,5 MeV kann beträchtlich erhöht werden durch die Verwendung sehr schwerer Metalle.

Die Wände von Geiger-Müller-Zählrohren, die zur Messung von $\beta$-Strahlen bestimmt sind, müssen entweder sehr dünn sein, oder besondere Fenster aufweisen, damit diese leicht absorbierbare Strahlung eindringen kann. Es gibt drei Typen von $\beta$-Zählrohren: 1. solche aus sehr dünnwandigem Glas, die auf der Innenseite inen dünnen Überzug von Silber aufweisen, das als Kathode dient; 2. Aluminiumrohre mit Wandstärken von 0,1 bis 0,15 mm, deren Zentraldraht durch Isolatoren gehalten wird und 3. Zählrohre vom Glockentyp aus Metall oder Glas mit einem Fenster aus Glimmer (Abb. 8).

Alle gemessenen Zählraten muß man wegen der Totzeit korrigieren. Beträgt die beobachtete mittlere Zahl $\bar{n}$ pro sec und ist die Totzeit $\tau$, dann ist in jeder Sekunde der Zähler totgelegt für die Gesamtzeit $\bar{n} \cdot \tau$, d. h. der Zähler ist empfindlich für die Zeit $1 - \bar{n} \cdot \tau$. Die wahre Zählrate $n_0$, die man erhalten würde, wenn der

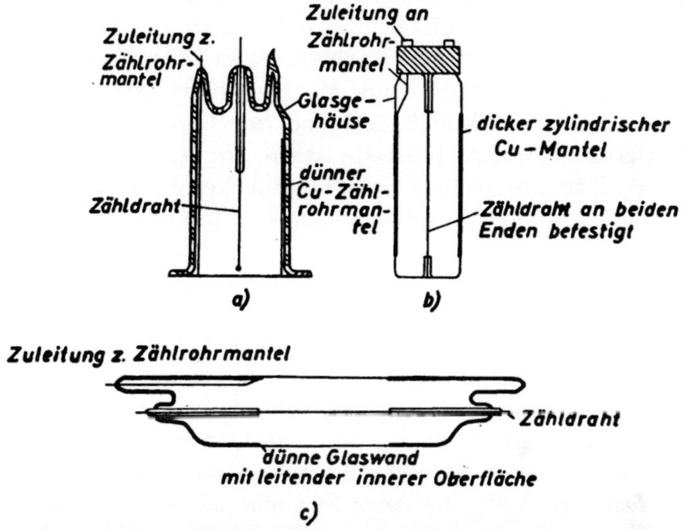


Abb. 8. Zählrohrtypen (nach SCHWIEGK 1953)

Zähler beständig empfindlich wäre, hängt mit der beobachteten Zählrate $n$ wie folgt zusammen: $n_0 = \frac{n}{1 - \bar{n} \cdot \tau}$. Wenn die Totzeit klein ist, kann man $\bar{n}$ durch $n$ in der obigen Gleichung ersetzen. Ein Beispiel zeigt die Wichtigkeit dieser Korrektion und daher die Notwendigkeit, mindestens den ungefähren Wert der Totzeit des Zählrohres zu kennen. Es sei eine mittlere Zählrate von 100 pro sec mit einem Zähler der Totzeit $2 \cdot 10^{-4}$ sec beobachtet worden. Dann ergibt sich die wahre Zahl mit Hilfe der obigen Gleichung zu $n_0 = \frac{100}{1 - 0{,}02} = 102$.

Da es sich bei den Zählungen um statistisch verteilte Ereignisse handelt, so gelten für die Schwankungen die aus der Poisson-Verteilung folgenden Gesetzmäßigkeiten. Hat man eine Gesamtzahl von $Z$ Ereignissen gezählt, dann ist die sogenannte Standard-Abweichung oder mittlere statistische Schwankung $\sigma = \sqrt{Z}$. Diese Größe bedeutet, daß die Wahrscheinlichkeit dafür, daß die wahre Zahl innerhalb des Intervalls $Z \pm \sqrt{Z}$ liegt, doppelt so groß ist, wie die, daß die wahre Zahl außerhalb dieses Intervalles liegt.

Eine weitere Art von Zählern, die in der letzten Zeit entwickelt worden ist, ist die der sogenannten Funkenzähler. Sie bestehen aus einem oder mehreren parallel zu einander verspannten sehr dünnen Drähten, die ihrerseits parallel zu einer polierten, blanken Metallfläche verlaufen. Man gibt den Drähten eine solche Spannungsdifferenz gegenüber der Platte, daß Korona-Entladung eintritt; dafür sind, bei normalem Druck, Spannungen von der Größenordnung 4000 V erforderlich. Gelangt ein stark ionisierendes Teilchen in den engen Koronaschlauch, der die Drähte umgibt, so wird ein Funke ausgelöst. Die bei dem Funkenüberschlag durch den Vorwiderstand fließenden Strommengen sind so beträchtlich, daß eine elektronische Verstärkung des Spannungsimpulses im Prinzip nicht nötig ist. Immerhin empfiehlt sich eine elektronische Einrichtung, um den Vorgang des Wiederaufladens zu verkürzen. Der Nachteil dieses Zählers ist sein kleines empfindliches Volumen; außerdem ist seine Ansprechwahrscheinlichkeit empfindlich gegen Änderungen der Luftfeuchtigkeit und der Gaszusammensetzung (Ozonbildung!). Der große Vorteil andererseits ist ein sehr langes Plateau von der Größenordnung 1000 V und die völlige Unempfindlichkeit gegen $\beta$- und $\gamma$-Strahlung. Man kann einzelne $\alpha$-Teilchen in Gegenwart von 100 mC $\beta$-Aktivität ungestört beobachten.

Eine interessante Zählmethode, die in der neusten Zeit technisch außerordentlich vervollkommnet worden ist und mehr und mehr Anwendung findet, ist die der vielerlei Arten von Szintillationszählern. Auch ihre Anfänge reichen bis in die Frühzeit der Radioaktivität zurück. Bereits CROOKES entdeckte, daß $\alpha$-Teilchen bei ihrem Auftreffen auf lumineszierende Substanzen (z. B. mikrokristallines Zinksulfid in sehr dünner Schicht) kleine Lichtblitze auslösen, die man im völlig verdunkelten Zimmer mit ausgeruhten Augen mittels einer Lupe beobachten und zählen kann. Diese Methode, die lange Zeit eine der klassischen Zählmethoden gewesen ist, geriet in Vergessenheit durch die Einführung der schon genannten elektrischen Zählmethoden. Nach der Entwicklung der Photo-Sekundärelektronen-Vervielfacher begann man nach dem Krieg die alte subjektive Methode in eine objektive Zählmethode auszubauen, indem man die in festen oder flüssigen lumineszierenden Substanzen ausgelösten Szintillationen auf die Photokathode eines Sekundärelektronen-Vervielfachers wirken läßt und Spannungsimpulse erhält, die in üblicher Weise gezählt und analysiert werden können. Die Hauptvorteile dieses Zählertyps, nämlich sehr hohes Auflösungsvermögen und sehr steiler Einsatz der Spannungsimpulse, beruhen auf dem ungemein schnellen Ablauf der Elementarvorgänge in der lumineszierenden Substanz ($10^{-9}$ bis $10^{-8}$ sec). Im übrigen kann man diese Zähler für alle Typen von Strahlen und Teilchen verwenden; in starkem Gegensatz zu den Zählrohren kann man sie mit 100% Ansprechwahrscheinlichkeit für $\gamma$-Strahlen herstellen. Man kennt jetzt bereits eine sehr große Reihe von geeigneten lumineszierenden organischen wie anorganischen, festen wie auch flüssigen Substanzen. Man hat sogar mit viel Erfolg solche organische Substanzen wie z. B. Terphenyl in Plaste während der Polymerisation eingebaut. Im allgemeinen sind für diese Substanzen die folgenden Forderungen zu erfüllen: sie müssen eine hohe Ausbeute für die Umwandlung der Energie der einfallenden Strahlung in diejenige der emittierten Lumineszenz haben. Das Spektrum des emittierten Lichtes muß so gut wie möglich mit dem Maximum der Spektralempfindlichkeit der verwendeten Photokathode zusammenfallen. Das lumineszierende Material muß für das eigene Lumineszenzlicht durchlässig sein, außerdem muß es sich als große optisch homogene Masse ohne Flecken herstellen lassen. Der Brechungsquotient soll möglichst niedrig sein, damit nicht durch die Totalreflexion Licht zurückgehalten wird. Die Substanz muß fernerhin ein hohes Bremsvermögen für die nachzuweisende Strahlung besitzen. Wichtig für die Auswahl der Substanz ist schließlich ein so schneller Anstieg und Abfall der Lumineszenzerscheinung nach der Erregung wie nur möglich. In technischer Hinsicht waren eine Menge Schwierigkeiten zu überwinden, um die Impulse über den Störpegel des Vervielfachers zuheben. Die Stromverstärkung in diesem muß die Größenordnung $10^6$ erreichen, ehe die weitere elektronische Verstärkung stattfinden kann.

Kurz sollen schließlich noch die Kristallzähler erwähnt werden. Bei gewissen Kristallen, die sehr rein und frei von Lockerstellen sein müssen, wie z. B. Diamant oder Cadmiumsulfid, tritt durch Bestrahlung eine beträchtliche Erhöhung der Leitfähigkeit ein infolge der Zunahme von freien Elektronen im Leitfähigkeitsband. Die Leitungsimpulse können in üblicher Weise elektronisch registriert werden. Obwohl diese Zähler nur kurze Totzeiten und großes Auflösungsvermögen haben, sind sie relativ wenig in Gebrauch gekommen; gewisse Nachteile, wie störende Polarisationen, das erforderliche relativ große Kristallvolumen und die bei manchen Kristallen erforderlichen tiefen Temperaturen, verhindern eine weitgehende allgemeine Anwendung. Ideale Anwendungsbedingungen liegen vor bei Messungen von Röntgenstrahlen in engen Bündeln von sehr kleiner Intensität.

Die Methoden der Einzelzählungen (mit Ausnahme der des Funkenzählers und des Kristallzählers) haben in der neuesten Zeit eine wichtige Ausweitung erfahren, nämlich hinsichtlich ihrer Verwendung zur Absolutzählung der emittierten Teilchen, d. h. zur Bestimmung der Aktivität. Es gibt drei durchentwickelte Varianten dieses Verfahrens. Bei der ersten bringt man das Präparat außerhalb des Detektors an und bestimmt den räumlichen Winkel $\Omega$, unter dem das Zählgerät Strahlung von der Quelle aufnimmt. In diesem Fall ist die Aktivität $A = \frac{4\pi}{\Omega} \cdot I$, wobei $I$ die gemessene Impulszahl bedeutet. Das Verfahren ist prinzipiell einfach, doch erfordert es eine große Anzahl von Korrekturen, von denen die wichtigsten die Berücksichtigung der Absorption im Zählrohrfenster, die der Selbstabsorption und Selbststreuung in der Quelle und die der Rückstreuung in der Präparatunterlage sind. Vor allem die letztere bringt wegen ihrer Größe beträchtliche Fehler mit sich. Hinzu kommt, daß der mathematisch berechnete Geometriefaktor nicht mit dem wahren übereinstimmt, weil das empfindliche Volumen des Zählers nicht mit dem geometrisch definierten übereinstimmt. Immerhin ist das Verfahren so einfach, daß es bei geringeren Genauigkeitsansprüchen verwendet werden kann. Bei der zweiten Variante, die man auch als $4\pi$-Zähler bezeichnet, bringt man das Präparat direkt in einen geeignet gebauten Zähler; hier ist direkt $A = I$. Die meisten Schwierigkeiten der ersten Variante fallen fort; es bleiben nur die Korrektionen für die Absorption in der Quelle und in ihrer Unterlage. Die einzige Forderung, die zu stellen ist, bleibt die, daß mindestens ein Teilchen pro Zerfall emittiert wird, welches mit Sicherheit das Zählrohr zum Ansprechen bringt, d. h. also ein $\beta^+$ oder $\beta^-$-Teilchen. Zusätzliche Teilchen oder auch Quanten, die die $\beta$-Emission begleiten, wie Konversionselektronen, Gammalinien, Vernichtungsstrahlung stören nicht, da die von ihnen bewirkten Impulse mit den $\beta$-Impulsen zusammenfallen und verschmelzen. Der $4\pi$-Zähler ist deshalb fast universell.

Es ist eine Reihe von verschiedenen Konstruktionen ausgeführt worden, um die $4\pi$-Zählung zu realisieren. Sie beruhen alle darauf, daß man zwei Zählrohre aneinander setzt und in ihrer Berührungsfläche die Folie anordnet, die das Präparat hält. Die Abb. 9a zeigt einen Querschnitt durch die Konstruktion von Houtermans und Mitarbeitern.

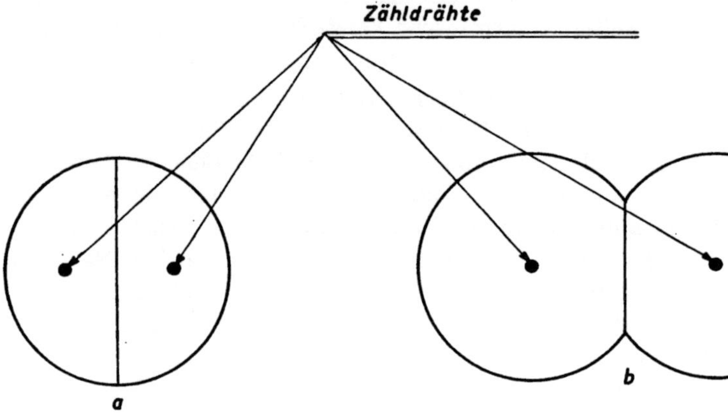


Abb. 9. $4\pi$-Zähler. a) nach Houtermans; b) nach Cohen

Ein 1 mm dicker Messingschieber, der in der Mitte eine Bohrung von 3 cm ∅ aufweist, trennt die beiden halbzylindrischen Zählrohre voneinander. Über die Bohrung ist eine sehr dünne Aluminiumfolie aufgeklebt; sie ihrerseits hat ein Loch von 1 cm Durchmesser, über das ein Zellonhäutchen mit der aktiven Schicht gespannt ist. Abb. 9b zeigt eine ähnliche Konstruktion von Cohen. Man hat auch kugelförmige und solche von der Form von Pillenschachteln als Doppelzählrohre zusammengepaßt. Gemeinsam ist allen Konstruktionen, daß sie eigentlich aus zwei Zählrohren mit eigenen Zähldrähten bestehen, von denen jedes ein $2\pi$-Zähler ist. Diese Zähldrähte werden parallel geschaltet; es ist aber zweckmäßig, auch Einzelmessungen der Hälften und sogar Koinzidenzmessungen vorzusehen. Man braucht diese zusätzlichen Messungen zur Bestimmung der Absorption in der Präparatunterlage.

Die dritte Variante, nämlich die Koinzidenzmethode, wird ermöglicht durch die Tatsache, daß es viele radioaktive Kerne gibt, bei denen bei dem gleichen Zerfallsvorgang mehrere Strahlenarten emittiert werden. $Co^{60}$ ist z. B. von diesem Typ; unmittelbar auf die Emission eines $\beta$-Teilchens folgen kaskadenförmig zwei Gamma-Quanten. Stellt man in der Weise, wie es schematisch die Abb. 10 zeigt, zwei unabhängige Zählanordnungen auf, z. B. ein $\beta$- und ein $\gamma$-Zählrohr, deren Einzelimpulse und deren Koinzidenzen registriert werden, dann läßt sich aus den drei gemessenen Größen die Aktivität des Präparates bestimmen. In sehr vereinfachter Darstellung ergibt sich das wie folgt: bezeichnet $k_\beta$ die Gesamtausbeute des $\beta$-Zählers pro Zerfall und $k_\gamma$ die des $\gamma$-Zählers, dann sind die entsprechenden Zählraten $I_\beta = k_\beta \cdot A$ bzw. $I_\gamma = k_\gamma \cdot A$. Für die Koinzidenzrate erhält man dann $I_{\beta\gamma} = k_\beta \cdot k_\gamma \cdot A$, woraus sich ergibt $A = \frac{I_\beta \cdot I_\gamma}{I_{\beta\gamma}}$. Bei dieser Methode sind die umfangreichen Korrekturen der ersten Variante nicht erforderlich (sie stecken in dem sich heraushebenden Faktor $k_\beta$). Die Methode führt prinzipiell zu falschen Ergebnissen, wenn zwei oder mehr Teil-$\beta$-Spektren vorhanden sind. Sie beschränkt sich

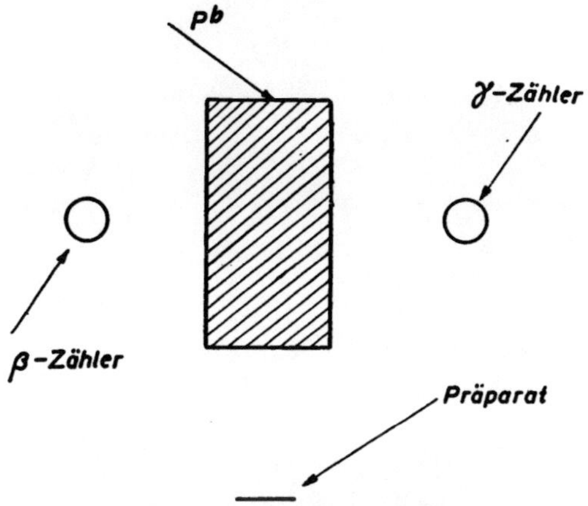


Abb. 10. Koinzidenzanordnung, schematisch (nach COHEN 1952)

damit auf den relativ seltenen Fall derjenigen Zerfälle, wo auf den $\beta$-Zerfall anschließend ein oder auch mehrere $\gamma$-Quanten in Kaskaden ausgestrahlt werden. Bei Vernichtungsstrahlung, d. h. wenn Positronen emittiert werden, wird die Methode technisch schwierig. Innere Konversion der $\gamma$-Strahlung führt zu prinzipiellen Schwierigkeiten. Eine sehr wichtige Größe, die auf irgendeine Weise genau ermittelt werden muß, ist die Auflösungszeit $\tau$ des Koinzidenzgerätes, weil sie die Zahl der störenden Zufallskoinzidenzen bestimmt. Diese müssen von den echten Koinzidenzen abgezogen werden. Ihre Zahl beträgt $I_z = 2\, I_\beta \cdot I_\gamma \cdot \tau$. Außer den Zufallskoinzidenzen muß man auch die durch die Schauer der kosmischen Strahlung bewirkten Koinzidenzen abziehen. Im übrigen wird durch die Größe der Auflösungszeit auch die maximale Präparatstärke vorgeschrieben.

Im Fall von Gamma-Kaskaden kann man auch Gamma-Gamma-Koinzidenzen zählen. Dann ergeben sich Korrekturen wegen der Winkelkorrelationen zwischen den Quanten, und ferner Streukorrekturen. Alles in allem ist die Koinzidenzmethode die genaueste, aber schwierigste der Absolutmethoden.

### *7. Nebelkammeraufnahmen*

Eine sehr berühmt gewordene, weil überaus anschauliche Methode der Einzelbeobachtung von Teilchen ist die der Nebelkammer. Wir können sie hier nur kurz besprechen, weil sie bei Anwendungen der $\beta$-strahlenden Isotope eine geringe

Rolle spielt. Wird ein mit Wasserdampf gesättigter staubfreier Luftraum plötzlich expandiert, so tritt infolge der Abkühlung Übersättigung des Wasserdampfes ein. Schickt man unmittelbar nach der Expansion isonisierende Strahlen durch die Kammer, so werden ihre Bahnen als feine Nebelspuren sichtbar. Man baut diese von WILSON entdeckten Kammern in vielen Formen, als Kolben- oder Membran-Kammer, auch als kontinuierliche Kammer, als solche mit radialer Expansion usf. Das günstigste Expansionsverhältnis ist um so kleiner, je größer das Verhältnis der spezifischen Wärme $c_p/c_v$ des Gasinhaltes der Kammer ist. Ein Gemisch

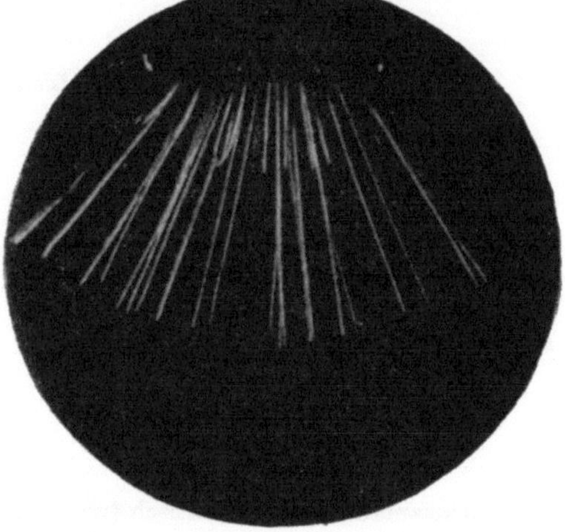

Abb. 11. Nebelkammeraufnahme eines Th(B+C)-Präparats

von Wasser- und Alkoholdampf verlangt ein kleineres Expansionsverhältnis und erzeugt außerdem größere Tröpfchen, so daß sich die Bahnen leichter photographieren lassen. Abb. 11 zeigt die Bahnen von $\alpha$-Teilchen des ThC und ThC′. Um alle alten Ionen aus der Kammer zu entfernen, legt man an die Kammer ein elektrisches Feld von einigen Volt pro cm, das auch während der Expansion aufrecht erhalten werden kann, oder ein stärkeres Feld von etwa 100 V pro cm, das aber kurz vor der Expansion abgeschaltet werden muß, damit die Bahnen scharf bleiben.

## Dosisbestimmung

### *8. Einleitung und Begriff der Dosis*

Wenn wir uns hier mit dem Dosisbegriff beschäftigen, so deshalb, weil dieser Begriff in seiner physikalischen Fassung große meßtechnische Bedeutung erlangt hat. Unter der Dosis durchdringender Strahlen versteht man zunächst biologisch — analog der Menge eines einverleibten Chemotherapeutikums — die pro Masseneinheit eines organischen Gewebes absorbierte Strahlungsenergie, d. h. die durch ionisierende Teilchen pro Gramm des Gewebes abgegebene Energie $E_m$. Da man $E_m$ nicht direkt messen kann, bestimmt man die Ionisation $J_m$ pro Masseneinheit

Luft, die durch den gleichen Fluß primärer oder sekundärer Korpuskularstrahlen erzeugt wird, z. B. in einem Hohlraum des interessierenden Mediums. $E_m$ erhält man aus $J_m$ durch die Bragg-Graysche Beziehung $E_m = W \cdot \varrho \cdot J_m$ wobei $W$ der mittlere Energieaufwand zur Bildung eines Ionenpaares in Luft und $\varrho$ der Mittelwert des Massen-Bremsvermögens relativ zu Luft ist. Physikalisch läuft damit die Dosismessung auf eine Ionisationsmessung in Luft hinaus, und dementsprechend ist die Einheit der Dosis (1 Röntgen = 1 r) definiert worden als diejenige Menge von Röntgen- oder Gamma-Strahlung, die durch die mit ihr verbundene korpuskulare Sekundärstrahlung pro 0,001293 g Luft, in Luft, Ionen beiderlei Vorzeichen von je einer elektrostatischen Einheit erzeugt. Da 1 ESE $2{,}08 \cdot 10^9$ Ionenpaare repräsentiert, so entspricht 1 r der Bildung von $1{,}61 \cdot 10^{12}$ Ionenpaaren pro g Luft. Da zur Bildung eines Ionenpaares ungefähr 32,5 eV nötig sind, so korrespondiert 1 r der Absorption von 83,7 erg/g Luft. Da $W$ ziemlich unabhängig von der Eletronenenergie ist, gilt das auch für den Betrag der absorbierten Energie pro $r$, der damit seinerseits auch unabhängig von der Quantenenergie über einen großen Energiebereich wird. Wir bemerken noch, daß zur Realisierung einer Dosismessung selbstverständlich Sättigungsstrom gehört und Vermeidung der Wandeinflüsse. Bei der großen Reichweite der Sekundärstrahlung harter Quanten ist die zweite Forderung bei Verwendung gewöhnlichen Wandmaterials mit Kammern gewöhnlicher Dimensionen nicht mehr zu erfüllen; deshalb ist man zu Kammern übergegangen, deren Wände luftäquivalent sind. Solche Wände haben das mittlere fiktive Atomgewicht der Luft und werden hergestellt z.B. aus 97% Graphit und 3% Si oder aus Bakelite und Mg. Zur Erfüllung der Bedingung der Luftäquivalenz gehört ferner noch eine bestimmte Wandstärke, die für Radium-Gamma-Strahlung etwa 3—4 mm beträgt.

Wir erwähnen noch, daß die Einheit r, die ja ursprünglich in ihrer Definition nur auf Röntgen- und Gamma-Strahlung beschränkt war, auch auf andere Typen von Strahlungen ausgedehnt worden ist. Man spricht hierbei von dem „Röntgenäquivalent" (in der angelsächsischen Literatur auch als r e p = röntgen-equivalent-physical bezeichnet) und versteht darunter konsequenter Weise diejenige Strahlungsmenge, von der die pro g Luft absorbierte Energie 83,7 erg beträgt.

### *9. Messung der durch γ-Strahlen bewirkten Dosisleistung als Mittel zur Aktivitätsbestimmung*

Wichtiger als die Dosis selbst ist der Begriff der Dosisleistung, d. h. die Strahlungsdosis pro Zeiteinheit. Weiterhin ist ein wichtiger Begriff in Einführung gekommen, nämlich die von einer Strahlungsquelle in definiertem Abstand bewirkte Dosisleistung.

Als sehr bequem dafür ist das Röntgen pro Stunde und Meter gebräuchlich (r h m), d. h. die Dosis pro Stunde bei einem Meter Abstand zwischen Quelle und Dosimeter. Diese Größe hat außerordentlich an Bedeutung gewonnen, seitdem es gelungen ist, (Mayneord bzw. Marinelli, Quimby und Hine) theoretisch den Zusammenhang zwischen dieser Größe und der Aktivität eines Präparates als Funktion der Energie der Gammastrahlung zu berechnen. Man kann also nun bei bekanntem Zerfallsschema und bekannter Energie der Gammalinien durch eine Messung der Dosisleistung die Aktivität eines Präparates bestimmen (s. Abb. 12). Eine solche Messung der Dosisleistung kann absolut vorgenommen werden, wie

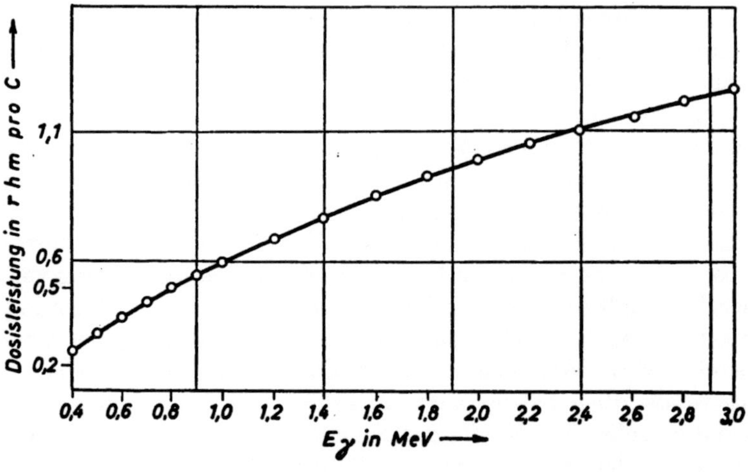


Abb. 12. Dosisleistung als Funktion der Quantenenergie (nach Mayneord)

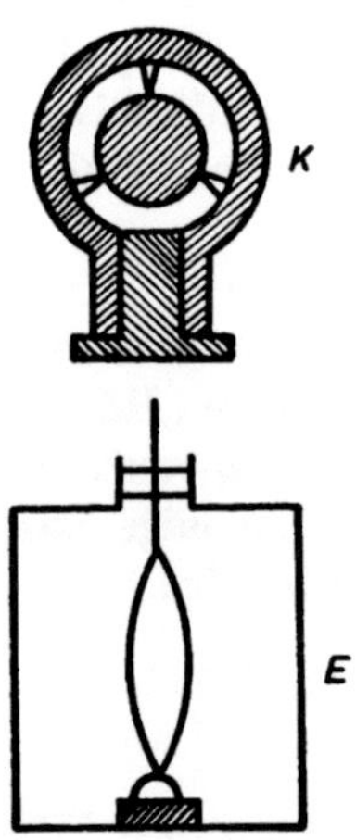


Abb. 13. Prinzip der Kondensatorkammer-Methode (nach Minder 1941)

auch relativ zu derjenigen einer Eichsubstanz. Absolutmessungen sind nicht sehr zu empfehlen; die Schwierigkeiten bestehen in der Messung der Kapazität und des Volumens der luftäquivalenten Kammer. Zu Relativmessungen aber kann man Radium verwenden, bei dem die Dosisleistung — die sogenannte Dosiskonstante — bekannt ist. Sie beträgt, ausgedrückt in r h m pro Gramm Radium 0,84 r h m.

Man verwendet am besten die heute in der ganzen Welt benutzte Methode der Kondensatorkammern. Sie beruht darauf, daß die Ionisationskammer aus einem sehr kleinen, in sich abgeschlossenen Luftkondensator mit luftäquivalenten Wänden besteht, der während der Bestrahlung vom Meß-System abgetrennt wird (s. Abb. 13). Da kleine Kammern nur sehr kleine Kapazitäten haben, ist es wichtig, mit elektrometrischen Anordnungen zu messen, deren Eigenkapazität auch möglichst klein ist. Ein bemerkenswerter Fortschritt ist dadurch erzielt worden, daß es geglückt ist, neuartige Röhrenelektrometer zu entwickeln, von sehr kleiner Eingangskapazität, hohem Eingangswiderstand und einem großen Spannungsbereich. Zwei Konstruktionsprinzipien haben das ermöglicht, besondere Gegenkoppelungen und die Verwendung von Kathodenwiderständen. Die Kondensatorkammer-Methode hat weiterhin dadurch an Zuverlässigkeit gewonnen, daß man jetzt vollkommen geschlossene Kammern verwendet. Das erreicht man dadurch, daß die Öffnung zur Innenelektrode mit einer elastischen, gut isolierenden Membran verschlossen ist, in deren Mitte eine winzige Metallfläche eingelassen ist. Bei der Einführung der Sonde des Elektrometers wird diese Metallfläche gegen die Innenelektrode gedrückt und so Kontakt bewirkt.

### *10. Messungen der durch primäre β-Strahlen bewirkten Dosisleistung als Mittel zur Aktivitätsbestimmung*

Mit Hilfe des Bragg-Grayschen Prinzips kann man auch die durch primäre β-Strahlen bewirkte Dosis zur Aktivitätsbestimmung benutzen. Es gibt zwei verschiedene Wege zur Realisierung: entweder man baut das β-strahlende-Isotop in die Wand einer besonderen Ionisierungskammer ein und mißt die Dosis in der Luft im Inneren der Kammer oder man löst es im Wasser auf und bestimmt die Dosis in der Grenzfläche.

Im ersten Fall sind die im Grayschen Prinzip geforderten Bedingungen des kleinen Hohlraums in einem ausgedehnten Medium erfüllt, wenn die Reichweite der Elektronen in Luft groß ist gegen die Dimensionen der Kaverne, und wenn die Reichweite in der Kammerwand klein ist gegen deren Wandstärke. Verwendet man als Wandmaterial feste Körper von kleiner Ordnungszahl, und sei in der Wandung eine β-aktive Substanz von der mittleren β-Energie $\overline{E}_\beta$ so verteilt, daß im Gramm $Q$ Zerfallsakte pro Sekunde vor sich gehen, dann wird

$$J_m = \frac{E_m}{\varrho \cdot W} = Q \cdot \frac{\overline{E}_\beta}{\varrho W}$$

die Größe $\varrho$ ist in erster Näherung gleich dem Verhältnis der Elektronendichten pro Gramm des Mediums und pro Gramm Luft. Schreibt man für

$$\varrho = \frac{n_M}{n_L} \cdot f_Z$$

so bedeuten die Größen $n$ die Elektronenzahlen pro g; $f_Z$ ist eine im Bereich kleiner Ordnungszahlen $Z$ sich langsam ändernde Funktion, die für $Z = 7{,}3$ den Wert 1 hat. Geht man nun von der Ionisation pro g Luft zu der pro cm³ unter Normalbedingungen über ($J_v$) und mißt sie in $ESE$ pro Stunde, drückt man die Konzentration $C$ des aktiven Isotops im festen Medium in $\mu C$ pro g aus, setzt man für $W$ den Wert 32,5 eV und für $n_L$ die Zahl $3{,}007 \cdot 10^{23}$ ein, so erhält man

$$C = J_v \cdot n_M \cdot f_z \cdot \frac{1}{\overline{E}_\beta} \cdot 1{,}306 \cdot 10^{-24} \quad \mu C/g.$$

Dabei ist $\overline{E}_\beta$ in MeV gemessen. Die Schwierigkeiten der absoluten Messung vom $J_v$ umgeht man, wenn man Gebrauch von der Tatsache macht, daß die Ionisation, die von der Sekundärstrahlung eines Gramms Radium in 1 m Abstand von dem Hohlraum innerhalb eines luftäquivalenten Mediums hervorgerufen wird, genau bekannt ist, nämlich als die erwähnte Dosiskonstante des Ra: 0,84 r h m. Im Fall des vorausgesetzten Mediums von einer Ordnungszahl $Z$, die so klein ist, daß der photoelektrische Effekt vernachlässigt werden kann, beträgt die genannte Ionisation $\frac{0{,}84}{f_z}$ r/h. Durch eine Relativmessung der Ionisation $J_\beta$, die durch die im festen Medium verteilte $\beta$-aktive Substanz bewirkt wird, zu derjenigen $J_{\mathrm{Ra}}$, die durch ein im Abstand r cm befindliches Radium-Präparat des Gehaltes $S$ mg in dem gleichen Hohlraum hervorgerufen wird, erhält man

$$C = \frac{S}{r^2} \cdot \frac{J_\beta}{J_{\mathrm{Ra}}} \cdot f_Z^V \cdot n_M \cdot \frac{1}{\bar{E}_\beta} \cdot 1{,}097 \cdot 10^{-26} \mu\, C/g.$$

Dabei ist $f_Z^V$ das Verhältnis des $f_Z$-Wertes der primären $\beta$-Strahlung zu dem der Sekundärelektronen des Ra und kann außer in ganz extremen Fällen unbedenklich $= 1$ gesetzt werden.

GRAY realisierte die beschriebene Methode, indem er kleine Kammern aus Alkathen innen mit einem Gelatine-Überzug versah (s. Abb. 14) und zwar

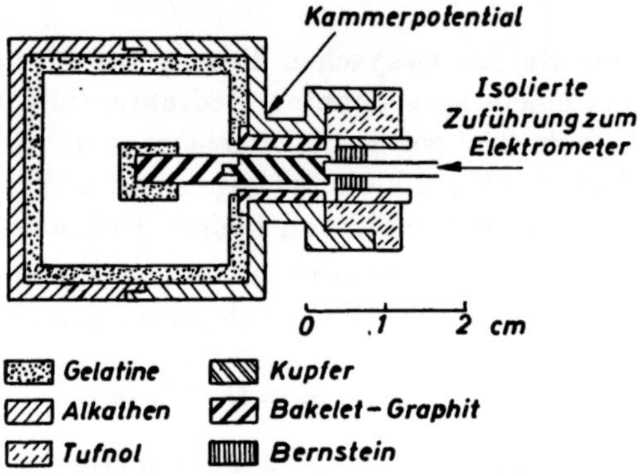


Abb. 14. Kammer (nach GRAY 1949)

bestand dieser aus einer 6%igen Lösung von Gelatine in dest. Wasser, dem ein Aliquot der zu bestimmenden Lösung zugefügt war. Die Gelatine-Lösung ist oberhalb von 30° C flüssig, aber bei Zimmertemperatur genügend fest. Auch die Innenelektrode aus Graphit ist mit dieser aktiven Gelatine bedeckt. Eine Reihe von Korrektionen sind nötig: 1. wegen der Fläche der Kammerwand, die nicht mit der aktiven Gelatine bedeckt ist; 2. wegen der endlichen Größe der Kammer und der dadurch bewirkten teilweisen Absorption weicher $\beta$-Teilchen innerhalb der Kammer; die Korrektion hängt natürlich von der Energie der $\beta$-Teilchen ab, wird durch Druck-Variation in besonderen Versuchen ermittelt und beträgt z. B. bei $P^{32}$ weniger als 1%, aber bei $Co^{60}$ bis zu 13,7%; 3. wegen des Effektes der Gammastrahlung, die bei vielen aktiven Substanzen den $\beta$-Zerfall begleitet; diese Korrektion läßt sich näherungsweise berechnen; 4. wegen nicht ausreichender Dicke der Gelatine-Schicht; diese schon erwähnte Korrektion hängt natürlich auch von der Energie der $\beta$-Teilchen ab und wird durch Messungen bei mehreren Gelatine-Dicken ermittelt. Auch die Vergleichsmessung mit dem Radiumstandard erfordert Korrektionen: 1. wegen der Absorption der Gammastrahlung des Radiumpräparates in der Kammerwand. 2. wegen der Ionisation, die in dem Teil der Kammer bewirkt wird, dessen Oberfläche frei von dem aktiven Überzug ist.

Die beschriebene Methode ist theoretisch vorzüglich fundiert, erfordert aber eine sehr genaue und schwierige Arbeitstechnik und empfiehlt sich eigentlich nur für harte $\beta$-Strahler, die keine Gammastrahlen emittieren, wie $P^{32}$. Die Hauptungenauigkeiten liegen in den Unsicherheiten, mit denen die Werte von $W$ und der Dosiskonstanten des Radiums behaftet sind. Außerdem geht die Genauigkeit ein, mit der der Radiumgehalt bekannt ist, und schließlich diejenige, mit der die mittlere Energie $\overline{E}_\beta$ der $\beta$-Teilchen bestimmt worden ist. Die Fehlergrenze bei der Aktivitätsbestimmung von $\beta$-Strahlern liegt deshalb ziemlich hoch und wird auf 6% geschätzt.

Bei dem zweiten Verfahren löst man die $\beta$-aktive Substanz in Wasser auf; dann beträgt die Dosisleistung in einem Hohlraum im Innern der Flüssigkeit, da 1 r oder 1 r e p der Bildung von $1{,}61 \cdot 10^{12}$ Ionenpaaren pro g Substanz entspricht, $D = \frac{3{,}7 \cdot 10^7 \cdot \overline{E}_\beta \cdot 10^6 \cdot m}{W \cdot \varrho \cdot 1{,}61 \cdot 10^{12}}$ r e p/sec. Dabei bezeichnet wieder $\overline{E}_\beta$ die mittlere Energie des $\beta$-Spektrums in MeV, $m$ die Aktivität der Lösung in mC pro $cm^3$, $W$ die mittlere Ionisierungsarbeit; der Wert von $\varrho$ ist ungefähr 1,11. Setzt man die Werte ein, so erhält man bei bekanntem $\overline{E}_\beta$ eine einfache lineare Beziehung zwischen Dosisleistung und Konzentration der aktiven Substanz. So ergibt sich z. B. für $P^{32}$ $D = 0{,}43\,m$ rep pro sec. Da man in der Flüssigkeit selbst nicht messen kann, wurden Verfahren entwickelt, bei denen die Messung der Dosisleistung in die Grenzfläche zwischen die Lösung und der Luft verlegt wurde. Aus Symmetriegründen muß die Dosis in der Grenzfläche genau halb so groß sein wie in einem Hohlraum im Innern des mit $\beta$-Strahlern erfüllten Halbraums, d. h. $D_g = D/2$. Die Größe $D_g$ wird durch eine Extrapolation der in verschiedenen Abständen gemessenen Dosisleistungen auf den Wert in der Grenzfläche bestimmt. Das genaueste Verfahren dieser Art ist die sogenannte „Extrapolationskammer“ von Failla, weil hierbei nicht eine besondere Dosismeßkammer der Flüssigkeit genähert wird, sondern diese selbst die Hochspannungs-Elektrode einer Parallelplatten-Ionisationskammer bildet. Eine Reihe von Korrektionen ist auch hier nötig, weswegen die Genauigkeit des letztgenannten Verfahrens auf 5% veranschlagt wird; bei den einfacheren Verfahren dürften nur 10% Genauigkeit erreicht werden.

## Energiemessung

### *11. Definition der Teilchenenergie*

Als kernphysikalische Maßeinheit der Energie eines Teilchens hat sich das Elektronvolt (eV) eingebürgert; diese Einheit ist den Arbeitsbedingungen der Kernphysik angepaßt und bedeutet die von einem einfach geladenen Teilchen nach Durchlaufen einer Potentialdifferenz von 1 Volt gewonnene Energie. Ein eV $= 1{,}61 \cdot 10^{-12}$ erg.

### *12. Bestimmung der Teilchenenergie aus Reichweitemessungen*

Die wichtigste bei geladenen Teilchen experimentell zugängliche Größe ist die der Reichweite. Bei schweren geladenen Teilchen versteht man unter Reichweite die in Luft von 760 Torr und 15° C bis zum Aufhören der Ionisation zurückgelegte gradlinige Wegstrecke. Beobachtungen in Wilson-Kammern sowie in scheibenförmigen Doppelionisationskammern ergeben Verteilungen um die mittlere Reichweite. Meßtechnisch einfacher zu bestimmen sind die sogenannten extrapolierten Reichweiten. Man gelangt zu ihnen auf folgende Art: man bestimmt die Abhängigkeit der Teilchenzahl bzw. der differentialen Ionisation von der Absorberdicke. Zur stufenweisen Abbremsung verwendet man leichte Gase oder Folien aus leichten Substanzen, weil bei diesen das Bremsvermögen oder die sogenannten Luftäquivalente wenig abhängig von der Energie der Teilchen sind. Bei der ersten Methode erhält man einen horizontalen Teil der Kurve, der in einem zum Reichweitenende gradlinig abfallenden Teil übergeht, dessen Verlängerung bis zum Schnitt der Abszissenachse die extrapolierte Reichweite $R_Z$ liefert. Die differentielle Ionisation, d. h. die Ionisation pro cm Bahnlänge, die man in scheibenförmigen Kammern sehr geringer Tiefe bestimmt, steigt mit zunehmender Abbremsung an und geht dann ebenfalls in einen gradlinig abfallenden Teil über, dessen Verlängerung bis zum Schnitt mit der Abszissenachse die extrapolierte Reichweite $R_I$ liefert. $R_Z$ ist etwas größer als $R_I$; diese letztere Reichweite wiederum ist etwas größer als die mittlere Reichweite $R_m$. Da der mittleren Reichweite die wesentliche physikalische Bedeutung zukommt, muß man die gemessenen extrapolierten Reichweiten auf $R_m$ umrechnen, nach den Formeln von Holloway und Livingston.

Falls die Strahlenquelle nicht in unendlich dünner Schicht vorliegt oder bei sehr großem Öffnungswinkel des untersuchten Bündels, d. h. also im Fall inhomogener Strahlung, erhält man durch Extrapolation längs der steilsten Tangente einer Teilchenzahlkurve als Funktion der Absorberdicke einen Wert, der angenähert mit der mittleren Reichweite übereinstimmt. Die Reichweite ist der Gasdichte umgekehrt proportional, muß also den vorliegenden Temperatur- und Druckbedingungen entsprechend auf Normalbedingungen umgerechnet werden.

Da die mittlere Reichweite bei den schweren Teilchen eine definierte Funktion ihrer Anfangsgeschwindigkeit und damit ihrer Energie ist, hängt die Genauigkeit, mit der die Energie durch eine Reichweitemessung ermittelt werden kann, in hohem Maße davon ab, wie genau die Energie-Reichweitebeziehungen bekannt sind. Nachdem man sich in früheren Zeiten nach Geiger mit einem einfachen Potenzgesetz ($E = a \cdot R^{2/3}$) begnügt hat, sind auf der Grundlage der Betheschen Theorie mit angepaßten Konstanten genaue Reichweite-Energiebeziehungen hergeleitet worden. Die Genauigkeit liegt zwischen 5 und 8 Millionen eV für $\alpha$-Strahlen bei 0,2% in der Reichweite und 0,1% in der Energie.

Die Definition einer Reichweite für Elektronen bestimmter Energie, also z. B. der Grenzenergie eines Spektrums, stellt lediglich eine formale Analogie zu den Verhältnissen bei den schweren Teilchen dar, weil es sich hier nicht nur um eine

Bremsung, sondern im wesentlichen um eine Streuung handelt. Immerhin läßt sich bei den kontinuierlichen $\beta$-Spektren eine maximale Reichweite $R_{max}$ mit leidlicher Genauigkeit festlegen. Aus dieser kann man dann die Grenzenergie $E_{max}$ nach einer Formel von FEATHER ermitteln. Diese lautet $E_{max} = (1{,}84\ R_{max} \cdot \varrho + 0{,}29)$ MeV. Sie gilt allerdings nur für Grenzenergien über 0,7 MeV. Dabei ist $R_{max} \cdot \varrho$ in g/cm² gerechnet. Es gibt noch eine Reihe weiterer Formeln, die alle mehr oder weniger genau oder mehr oder weniger nützlich sind.

### *13. Energiebestimmung geladener Teilchen durch magnetische Ablenkung*

Die Energie einzelner Korpuskeln kann durch magnetische Ablenkung bestimmt werden, z. B. durch Einbau einer Wilson-Kammer in ein homogenes Magnetfeld. Aus dem gemessenen Krümmungsradius $r$ in cm und der magnetischen Feldstärke $\mathfrak{H}$ in Oerstedt eines senkrecht zur Bahn gerichteten Feldes erhält man für die Energie in MeV $E = \sqrt{(2{,}998 \cdot Z \cdot \mathfrak{H} \cdot r)^2 \cdot 10^{-8} + E_0^2} - E_0$; dabei bedeutet $Z$ die Kernladung und $E_0$ die Ruhenergie des Partikels. Für Elektronen ist $E_0 = 0{,}511$ MeV, für Protonen 938 MeV und für $\alpha$-Teilchen 3727 MeV.

### *14. Bestimmung der Energie von Gamma-Quanten aus der der Sekundärelektronen*

Die Bestimmung der Energie von Gamma-Quanten kann auf die Ermittlung der Energie der Sekundärelektronen zurückgeführt werden. Für Photoelektronen, die in meßbarer Intensität nur durch Gamma-Strahlen von weniger als 2 MeV in schweratomigen Substanzen ausgelöst werden, ist $E_\gamma = E_e + E_a$. Damit wird bei bekannter Ablösearbeit $E_a$ die gesuchte Energie des Gamma-Quants durch die Messung von $E_e$ bestimmt. Da $E_a \sim \frac{C}{n^2} \cdot Z^2$ ist ($n$ Hauptquantenzahl und $Z$ Ordnungszahl) erhält man $E_\gamma = E_e + \frac{C}{n^2} \cdot Z^2$. Durch Messung für mehrere Substanzen und Extrapolation auf $Z = 0$ erhält man den gesuchten Wert $E_\gamma$ auch ohne Kenntnis der Ablösearbeiten.

Bei Compton-Elektronen, d. h. bei Verwendung sehr leichter Absorber, erhält man für die Energie der Gammastrahlen $E_\gamma = \dfrac{0{,}511}{\sqrt{\left(1 + \frac{0{,}511}{E_e}\right) \cdot \cos\vartheta - 1}}$ dabei ist $\vartheta$ der Winkel zwischen der Anfangsrichtung der Elektronenbahn und der des Gammaquants; die Energien in MeV.

Bei Zwillingspaaren folgt die Energie des Gamma-Quants aus der gemessenen Energie des Elektrons $E_{\beta^-}$ und der des Positrons $E_{\beta^+}$ nach der Gleichung $E_\gamma = E_{\beta^-} + E_{\beta^+} + 1{,}022$. Auch hier sind die Energien in MeV gerechnet.

### *15. Bestimmung der Energie von Gamma-Quanten aus der Absorption der Sekundärelektronen*

Eine einfache und zuverlässige Methode besteht darin, die Absorption der Sekundärelektronen durch zwei Zählrohre in Koinzidenz-Schaltung zu messen, wobei sich der Absorber zwischen den Zählrohren befindet. Aus der Absorptionskurve der Elektronen, d. h. aus der Abnahme der Koinzidenzen mit wachsender Absorberdicke, entnimmt man entweder die Halbwertsdicke oder die maximale Reichweite. Diese Größen sind von 1,5 MeV an bis zu sehr großen Energien proportional der Energie der die Sekundärelektronen auslösenden Gammastrahlen. Die Form dieser Geraden hängt natürlich ein wenig von der geometrischen Anordnung und der Form der Quelle ab. Bei einem aus mehreren Linien bestehenden Linienspektrum wird die Halbwertsdicke durch die mittlere Energie, die maximale Reichweite durch die größte Energie bedingt.

### *16. Bestimmung der Energie geladener schwerer Teilchen aus der Gesamtionisation*

Eine Energiemessung geladener schwerer Teilchen ist möglich durch Anordnungen, bei denen die Primärionisation eines Teilchens proportional verstärkt wird, z. B. durch einen Proportionalzähler oder eine Ionisationskammer mit Linearverstärker. Man muß eine Gasfüllung verwenden, in der der Energieaufwand $W$ zur Bildung eines Ionenpaares unabhängig von der Energie des Teilchens ist. Man eicht die Anordnung mit radioaktiven Teilchen bekannter Energie.

### *17. Bestimmung der Energie von schnellen Neutronen durch Rückstoß*

Bei einem elastischen Stoß folgt aus den Erhaltungssätzen zwischen der Energie des Neutrons $E_N$ und der des beobachteten Rückstoßkerns $E_R$ die Beziehung $E_N = \frac{(m + M)^2}{4\,m \cdot M \cdot \cos^2 \vartheta} \cdot E_R$. Dabei sind $m$ und $M$ die Massen von Neutronen und Rückstoßkern, $\vartheta$ ist der Winkel zwischen der Bahn des Neutrons und der des Rückstoßkerns. Man verwendet möglichst leichte Gase, am besten Wasserstoff. Die Energie $E_R$ der Rückstoßprotonen läßt sich oberhalb von 0,1 MeV mit Hilfe von Proportionalzählrohr, Ionisationskammer mit Linearverstärker oder Wilsonkammer bestimmen. Falls der Winkel $\vartheta$ nicht ermittelt werden kann, dann liefern derartige Messungen nur die Maximalenergie der Neutronen.

### *Quellen-Nachweis der Abbildungen*

Abb. 2, 4, 5, 6, 7. L. F. Curtiss, Measurements of Radioactivity. Nat. Bur of Standards Circular 476.

Abb. 3. R. K. Clark, Rev. Sc. Instr. 1950.

Abb. 8. H. Schwiegk, Künstliche Radioaktive Isotope in Physiologie, Diagnostik und Therapie. Springer-Verlag, Berlin—Göttingen—Heidelberg, 1953.

Abb. 10. R. Cohen, Ann. de Phys. 1952.

Abb. 13. W. Minder, Radiumdosimetrie. Springer-Verlag, Wien, 1941.

Abb. 14. L. H. Gray, Br. J. Radiology 1949.

WERNER HARTMANN

# KERNPHYSIKALISCHE MESSGERÄTE

## *1. Einleitung*

Auf jedem Gebiet der exakten Naturwissenschaften hängen Fortschritt und Erweiterung unserer Kenntnisse davon ab, ob es möglich ist, die Fragen an die Natur genau genug zu formulieren und im Experiment so zu stellen, daß eine interpretierbare Antwort erhalten wird. Diese letzte Forderung mag für einen Uneingeweihten auf dem Gebiet der Kernphysik als besonders schwierig erfüllbar erscheinen, da wir es ja oft mit Vorgängen zu tun haben, in denen einzelne Individuen von Elementarteilchen die wesentlichen Mitwirkenden sind.

Man muß aber feststellen, daß eigentlich, grob gesprochen, das Gegenteil der Fall ist: ein Gerät, das gestattet, einzelne Elementarteilchen nachzuweisen, ja sogar noch darüber hinaus ihre Energie, Flugrichtung u. a. mit großer Genauigkeit zu bestimmen, ist in Aufbau und Bedienung einfacher als viele „klassische" Meßgeräte.

Es darf natürlich nicht übersehen werden, daß erst eine lange Entwicklung auf allen Gebieten der Physik und angrenzenden Fachrichtungen, wie z. B. der HF-Technik, die kernphysikalischen Meßgeräte zu ihrer heutigen Vollkommenheit gelangen ließ. Jeder Fortschritt auf diesen Gebieten wird auch weiterhin ihre Güte verbessern und ihre Anwendungsmöglichkeiten erweitern.

Die große Zahl von kernphysikalischen Meßgeräten kann man, etwas willkürlich allerdings, in zwei Gruppen einteilen.

Die erste Gruppe enthält Geräte, die infolge ihrer Universalität, Einfachheit und relativen Billigkeit schon eine weite Anwendung auch außerhalb physikalischer Laboratorien gefunden haben: es sind dies im wesentlichen die sogenannten Zählgeräte der Strahlenmeßtechnik. Dagegen gehören Spektralapparate für $\alpha$-, $\beta$-, $\gamma$- und andere Teilchen, Massenspektrometer und -spektrographen, Geräte, die das Vorhandensein von elektrischen oder magnetischen Momenten der Atomkerne für Meßzwecke ausnutzen, zur zweiten Gruppe. Bis heute kann man bei ihnen noch nicht von weitverbreiteter Anwendung durch Nichtphysiker sprechen. Sie bilden im wesentlichen die Werkzeuge zur Grundlagenforschung. In unserer Darstellung wird sich aber die Abgrenzung nicht immer so scharf durchführen lassen, zumal infolge des beschränkten Raumes nur die wesentlichsten Gesichtspunkte der wichtigen Meßgeräte Erwähnung finden können.

Die Wirkungsweise der Zählgeräte der Strahlenmeßtechnik beruht auf der Wechselwirkung der Elementarteilchen und Quanten selbst oder der von ihnen sekundär erzeugten Teilchen mit den Elektronen der bestrahlten Materie.

Die Ionisation von Gasen findet Anwendung in Ionisationskammern, Proportionalzählrohren, Geiger-Müller-Auslösezählrohren, Funkenzählern, Mikrowellenzählern und auch in der Wilsonkammer.

In festen Körpern oder Flüssigkeiten wird die Messung ermöglicht durch Ionisierung im Kristallzähler, durch Lichtemission im Szintillationszähler und Cerenkov-Zähler, durch Auslösung chemischer Reaktionen in fotografischen Emulsionen und bestimmten Farbstoffen und Gemischen.

Die historische Methode der Teilchenzählung ist die Szintillationsmethode. Energiereiche Elementarteilchen rufen beim Auftreffen auf geeignete Phosphore eine Lichtemission hervor, die unter Umständen so groß ist, daß das Auge den von einem einzigen Teilchen hervorgerufenen Lichtblitz erkennen kann. Dazu muß der Beobachter seine Augen längere Zeit vor Beginn einer Messung im Dunkeln adaptieren. Durch Versuche wurde festgestellt, daß dann das Auge etwa 15 innerhalb einer Zehntel-Sekunde — das ist etwa die Zeitkonstante des Chemismus des menschlichen Auges — auftreffende Lichtquanten (deren Wellenlänge etwa dem Maximum der Augenempfindlichkeit entspricht) als einen Lichtblitz wahrnimmt. Die Empfindlichkeit des Auges kann durch geringe Dosen von Strychnin oder einfacher, wie Riezler feststellt, und auch angenehmer durch 2 Tassen starken Kaffees noch wenig gesteigert werden.

Die Betrachtung der schwachen Lichtblitze im Gesichtsfeld eines Mikroskopes ist so anstrengend, daß bei quantitativen Messungen jeder Beobachter nicht länger als etwa zwei Stunden am Tage und keine größere Intensität als etwa 50 Teilchen pro Minute zählen sollte.

Wir haben diese Zahlenwerte aus zwei Gründen angeführt: einmal illustrieren sie augenfällig die großen Verdienste eines Rutherford, Chadwick, Geiger, Marsden und anderer Physiker, die in der Frühzeit der Kernphysik mit solchen Methoden grundlegende Erkenntnisse gewannen. Zum anderen aber kann man an diesen Zahlen auch die gewaltige Entwicklung erkennen, die die messende Kernphysik in den letzten Jahrzehnten gemacht hat.

### 2. *Szintillationszähler*

Wie schon erwähnt, war die Szintillationsmethode eines der ersten Meßverfahren. Mit der Entwicklung der elektrischen Zählmethoden geriet sie in Vergessenheit, um erst 1945 eine Auferstehung zu erleben. Heute zählt der Szintillationszähler zu den vollkommensten Meßgeräten der Kernphysik.

Statt des menschlichen Auges als Registriergerät benutzt man einen Fotovervielfacher. Im Fotovervielfacher (Abb. 1) werden durch Lichtquanten an einer Fotokathode Fotoelektronen ausgelöst; nach Beschleunigung durch ein elektrisches Feld treffen diese auf eine Elektrode auf, die mit einem Material hoher Sekundärelektronenausbeute bedeckt ist. Die an dieser, Dynode genannten Elektrode, erzeugten Sekundärelektronen werden auf eine weitere Dynode beschleunigt, lösen dort ihrerseits Sekundärelektronen aus usw. Jedes primäre Fotoelektron verursacht somit eine kaskadenartige Vervielfachung, so daß an der Ausgangssammelelektrode, der Anode, ein Elektronenpaket von z. B. $10^8$ Elektronen pro Primärelektron erscheint. Eine Vervielfachung von dieser Größe wird heute sicher

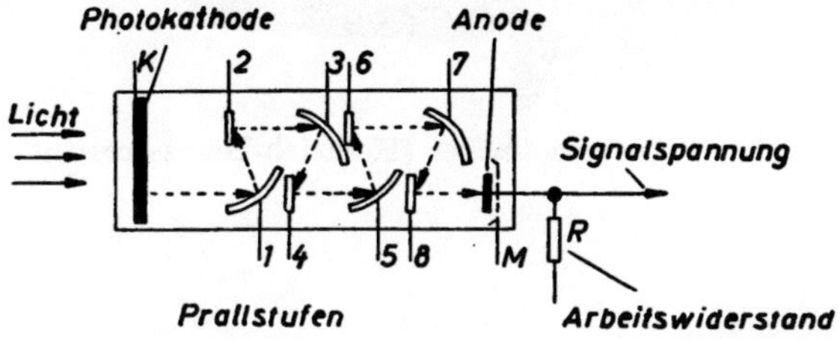


Abb. 1a. Fotovervielfacher (schematisch) der Fernseh-GmbH Darmstadt

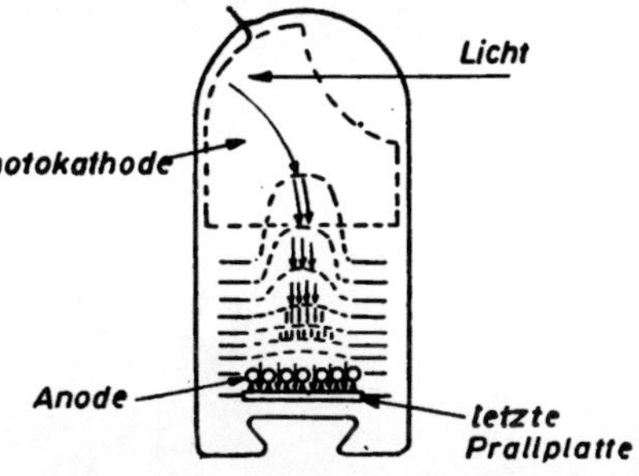


Abb. 1b. Fotovervielfacher (schematisch)

beherrscht. Die zeitliche Breite dieses Pakets beträgt ca. $5 \cdot 10^{-9}$ sec. Sie wird im wesentlichen durch verschiedene Laufzeiten der Elektronen im Vervielfacher bestimmt.

Abb. 2 zeigt einige in der DDR gefertigte Vervielfacher. Wenn also die Kollektorkapazität des Vervielfachers 20 pF beträgt, so erzeugt ein einzelnes Primärelektron einen Ausgangsimpuls von

$$\Delta V = \frac{M \cdot e}{C} \sim 1 \text{ Volt} \qquad M = 10^8$$

Wer jemals mit Impulsverstärkern zu tun hatte, wird verstehen, daß der Experimentator seine Impulse lieber in einem solchen Vervielfacher verstärkt als etwa in einem linearen Breitbandverstärker nach der konventionellen Technik. Hinzu kommt, daß der Rauschpegel in der Hauptsache durch die statistischen Schwankungen in der Zahl der primären Fotoelektronen bestimmt wird, der Vervielfachungsprozeß, der ja auch statistischen Gesetzen unterworfen ist, liefert zum Ausgangsrauschpegel nur einen Beitrag von 10—15%. Der große Gewinn bei der Verwendung der SEV, der darin besteht, daß das Signal weit über den Rauschpegel der angeschlossenen Geräte gehoben wird, muß demnach nicht mit einer wesentlichen Verschlechterung des Signal/Rausch-Verhältnisses innerhalb des Vervielfachers erkauft werden.

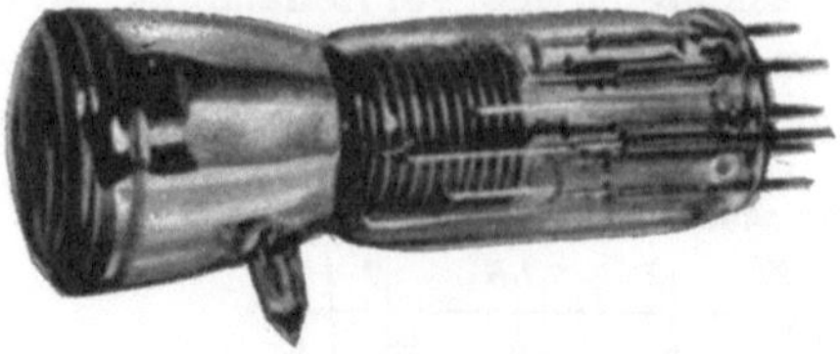

Abb. 2a. Fotovervielfacher (Heinrich-Hertz-Institut)

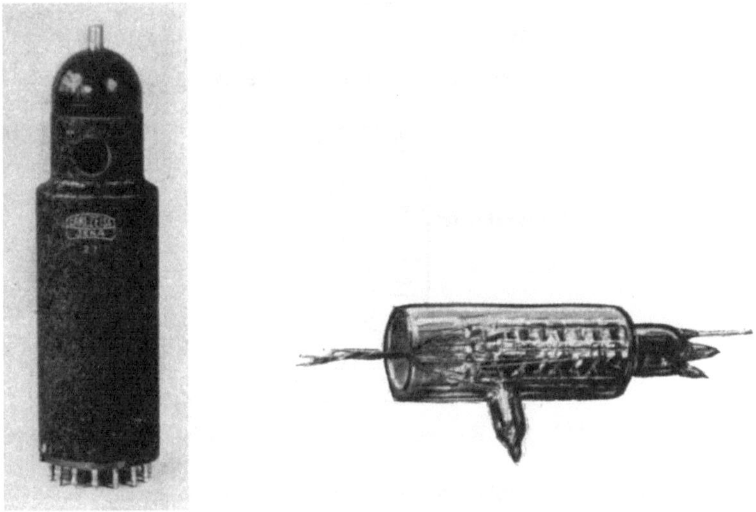

Abb. 2b. Fotovervielfacher des VEB Carl Zeiss Jena

Abb. 2c. Fotovervielfacher des Werkes für Fernmeldewesen, Berlin

Eine Meßanordnung mit einem Szintillationszähler (Abb. 3) sieht folgendermaßen aus: Das fluoreszierende Material, der Szintillator, ist von einem Reflektor, etwa Aluminiumfolie, zur Verbesserung der Lichtsammlung umgeben und mit einem geeigneten Kitt, wie z. B. Kanadabalsam, oder einem Öl zur Reduktion von Reflexionsverlusten auf dem Vervielfacher aufgebracht. Der Ausgang des Vervielfachers ist mit zusätzlichen elektronischen Hilfsgeräten verbunden.

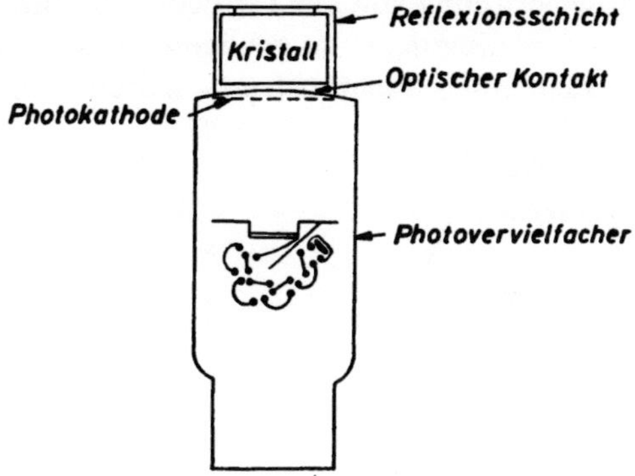


Abb. 3. Aufbau eines Szintillationszählers

Betrachten wir nun kurz die Elementarprozesse bei der Registrierung z. B. eines $\alpha$-Teilchens von 3 MeV Energie, das auf einen ZnS-Phosphor auftrifft. Die ZnS-Schicht muß dick genug sein, um das $\alpha$-Teilchen völlig abzubremsen (10 bis 20 mg/cm²). Der Wirkungsgrad der Energiekonversion beträgt ca. 20%, so daß also im Mittel zur Emission eines Quants von 3 eV ($\sim$ 4000A°) 15 eV aufgewendet werden müssen. Unser $\alpha$-Teilchen liefert somit ca. $2 \cdot 10^5$ Lichtquanten. Unter Annahme einer optischen Kopplung zwischen Szintillator und Fotokathode von ca. 50% stehen also zur Auslösung von Fotoelektronen etwa $10^5$ Lichtquanten zur Verfügung. Die heute fast ausschließlich in Fotovervielfachern für diese Zwecke angewendete, zuerst von Görlich beschriebene Cäsium-Antimon-Fotokathode hat eine Quantenausbeute von ca. $3 \cdot 10^{-3}$ pro $\mu$A/Lm, d. h. eine Fotokathode mit einer Empfindlichkeit von 30 $\mu$A/Lm (wie sie leicht herstellbar ist) emittiert im Mittel für 10 auffallende Lichtquanten ein Fotoelektron. Im Falle idealer Lichtsammlung benötigte man also ca. 150 eV im Szintillator verbrauchter Energie pro Fotoelektron. Das ist etwa die gleiche Größenordnung wie bei der Ionisierung von Gasen, wo diese Zahl ca. 33 eV beträgt.

Somit erhalten wir durch das $\alpha$-Teilchen $10^4$ Fotoelektronen, die nach einer Vervielfachung um den Faktor $10^6$ an der Ausgangskapazität von 20 pF einen Impuls von ca. 100 V liefern. Diesen Werten ist der Nulleffekt gegenüberzustellen: die Fotokathode hat, wie leicht verständlich, eine kleine thermische Austrittsarbeit von ca. 1,3 eV. Das bedeutet, daß auch schon bei Zimmertemperatur eine Elektronenemission ohne Belichtung auftritt ($10^{-15}$—$10^{-14}$ A/cm²). Die Impulse dieses Null- oder Dunkeleffektes werden von einzelnen, selten von einigen thermischen Elektronen hervorgerufen und sind somit um mehrere Größenordnungen kleiner als die Nutzimpulse (Abb. 4). Durch geeignete Röhrenschaltungen, im einfachsten Fall durch eine diskriminierende Gittervorspannung der Eingangsröhre des an den SEV angeschlossenen elektronischen Geräts können die Nullimpulse praktisch völlig abgeschnitten werden.

Die größten Vorteile des Szintillationszählers treten aber erst bei der Untersuchung von energiereichen Quanten in Erscheinung, für welche die Ausbeute von Gaszählern in der Größenordnung von nur 1% liegt. Ein für diese Zwecke geeigneter Szintillator hat zwei Bedingungen zu genügen: er muß bei starker Absorption der Primärstrahlung eine hohe Lichtausbeute haben und außerdem muß der

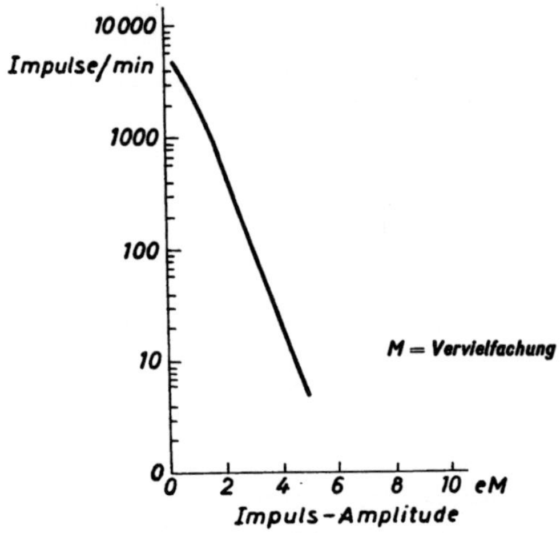


Abb. 4. Spektrum der Rauschimpulse eines Fotovervielfachers (nach G. A. Morton 1949)

Absorptionskoeffizient für die emittierte Strahlung klein sein, da man andernfalls nicht die zur Absorption ven $\beta$- oder $\gamma$-Strahlen notwendig dicken Szintillatoren verwenden könnte. Diese Forderungen werden von vielen organischen Substanzen erfüllt, zum ersten Male wurde das von Broser und Kallmann in höchst prosaischer Weise an Mottenkugeln aus Naphtalin demonstriert. Man kann praktisch damit rechnen, daß pro 1000 eV im Szintillator verbrauchter Energie ein Fotoelektron in den Vervielfacher eintritt. Das zeigt also, daß Quanten und Teilchen mit einer Energie oberhalb etwa 10 keV bequem nachgewiesen werden können, da sie Primärimpulse von ca. 10 Elektronen erzeugen. Das Ansprechvermögen nähert sich ebenfalls 100%. Nur für energieärmere Strahlung wird das Rauschproblem schwieriger (Abb. 5). In solchen Fällen kann es notwendig werden, die Zahl der Nullimpulse durch Kühlung der Fotokathode herabzusetzen. Bei der Temperatur der festen Kohlensäure beträgt die thermische Emission nur noch ca. 1% von der bei Zimmertemperatur. Es ist von ausschlaggebender Wichtigkeit, daß die Fotokathode des Vervielfachers eine hohe Empfindlichkeit hat. Denn jede Verringerung reduziert nur die Zahl der Rauschimpulse, nicht aber ihre Größe, während die Signalimpulse direkt der Fotoempfindlichkeit proportional sind.

Für energiereiche Strahlung treten Abweichungen von einer 100%igen Wirksamkeit nur für $\gamma$-Strahlen auf. Ein Kristall von 5 cm Dicke von NaJ absorbiert etwa 70% harter $\gamma$-Strahlung. Um den Wert auf 90% zu erhöhen, müßte der Kristall doppelt so groß sein. Es ist verständlich, daß so große Kristalle manchmal schwierig herzustellen und teuer sind. Außerdem sind die Lichtimpulse an der Fotokathode selbst bei Einfall monoenergetischer $\gamma$-Strahlung infolge der Eigen-

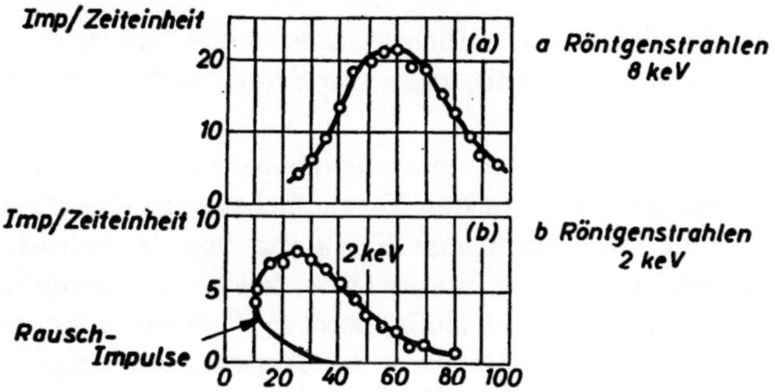


Abb. 5. Impuls-Spektren aus Messungen mit Szintillationszählern (nach H. I. West, W. E. Meyerhof and Hofstadter 1951)

absorption und Reflexionsverluste verschieden groß. Bei kleineren Kristallen sind diese Effekte relativ viel weniger ausgeprägt. Deswegen begnügt man sich häufig mit einem Ansprechvermögen von 70%.

Zum Nachweis von Neutronen benutzt man die Anregung, die in organischen Substanzen durch Rückstoßprotonen hervorgerufen wird. Das Ansprechvermögen ist hoch. In einem Kristall, der mehrere cm dick ist, stoßen etwa 30% der Neutronen mit Protonen zusammen. Langsame Neutronen weist man durch die bei Kernreaktionen wie

$$_3Li^6 + _0n^1 = _1H^3 + _2He^4 + 4{,}78\ \text{MeV}$$
$$_5B^{10} + _0n^1 = _2He^4 + _3Li^7 + 2{,}79\ \text{MeV}$$

entstehenden Reaktionsprodukte nach.

Dazu eignen sich z. B. mit Europium aktivierte Kristalle von LiJ, Lithiumdisilikat mit einer Ausbeute von 40% oder im anderen Fall, flüssige Szintillatoren mit einem Borgehalt.

Bevor wir auf die Meßmethoden eingehen, soll noch erwähnt werden, daß sich der Fotovervielfacher durchaus nicht am Ort des Szintillators befinden muß, vielmehr ist es möglich, das Licht vom Szintillator zur Fotokathode des Vervielfachers durch Lichtleiter zu leiten. Das ist z. B. nötig, wenn die Magnetfelder von $\beta$-Spektrometern oder eines Zyklotrons eine nahe Aufstellung des Vervielfachers nicht zulassen, die Magnetfelder würden störend auf die Elektronenbahnen im Vervielfacher einwirken. Die einfachste Lichtleitung ist die Ausnutzung der totalen Reflexion in Quarzstäben oder organischen Substanzen, wie Plexiglas und Polystyrol. Wenn die Oberflächen der Lichtleiter gut poliert sind, betragen die Lichtverluste nicht mehr als ca. 50%, selbst bei Längen von einem Meter oder mehr.

Bei Umhüllung des Lichtleiters mit einer stark reflektierenden metallischen Hülle kann der Verlust bei kurzen Längen auf 20% herabgesetzt werden.

Im wesentlichen werden drei Meßmethoden angewendet:

1. die Zählmethode
2. die Integrationsmethode und
3. die Speichermethode.

Die Zählmethode ist die empfindlichste. Die untere Grenze der nachweisbaren Strahlung wird durch Verunreinigungen des Szintillators und durch die Höhenstrahlung bestimmt.

Die Integrationsmethode ist bedeutend bequemer in der Handhabung, da keine Zählapparatur benötigt wird. An den Vervielfacher wird eine Elektrometerröhre angeschlossen, damit kann noch eine Strahlung von $10^{-5}$ r/Std. nachgewiesen werden. Das entspricht etwa der Intensität der kosmischen Strahlung auf Meeresniveau. Da die Zeitkonstanten der Meßapparatur (Galvanometer) von der Größenordnung von Sekunden sind, ist man in der Auswahl der Szintillatoren betreffs ihrer Abklingzeitkonstanten keinen Einschränkungen unterworfen. Bei der Zählmethode dagegen muß man auf sehr kleine Zeitkonstanten des Szintillators Wert legen, um eine Überlappung von Impulsen und damit Fehlresultate zu vermeiden. Die Zeitkonstanten einiger häufig gebrauchter Szintillatoren sind in Tab. 1 zusammengestellt:

TABELLE 1

| | | |
|---|---|---|
| ZnS | 5 | μsec |
| NaJ(Tl) | 0,25 | „ |
| Naphtalin | 0,07 | „ |
| Anthrazen | 0,03 | „ |
| Terphenyl | 0,008 | „ |
| Stilben | 0,008 | „ |

Endlich ist die interessante Speichermethode zu erwähnen. Es gibt gewisse Phosphore, die die absorbierte Energie speichern und diese erst bei der Ausleuchtung durch sichtbares oder ultrarotes Licht in einem kurzen Lichtimpuls freigeben. Diese Methode verdient Beachtung in allen den Fällen, in denen die Strahlungsmessung an einem Ort durchgeführt werden muß, der für die übrige Apparatur nicht zugänglich ist.

Für Energiemessungen ist es wichtig, den Zusammenhang zwischen der im Szintillator absorbierten Energie und der Zahl der emittierten Photonen zu prüfen. Schon frühzeitig wurde von Kallmann und Mitarbeitern festgestellt, daß häufig ein linearer Zusammenhang besteht. Dieses Problem ist inzwischen eingehend für viele Szintillatoren und Strahlungsarten untersucht worden. Es soll hier nur erwähnt werden, daß z. B. in einem mit Thallium aktivierten NaJ-Kristall von West, Meyerhof und Hofstadter für Röntgenstrahlen von 2 keV bis 411 keV, von Erikson und Jenssen für $\gamma$-Strahlen von 0,05—6 MeV Linearität festgestellt wurde. Allgemein gilt, daß bei zunehmenden spezifischem Energieverlust des

Teilchens im Kristall eine Sättigung der Fluoreszenz und damit eine Abweichung von der Linearität auftritt.

Schon frühzeitig wurde dieser Zusammenhang zwischen Primärenergie des Elementarteilchens und Ausgangsimpuls des Fotovervielfachers zum Bau von $\beta$- und $\gamma$-Spektrometern benutzt. Ein solcher Apparat ist etwa folgendermaßen zusammengestellt (Abb. 6): Die im Kristall erzeugten Lichtblitze werden im Fotovervielfacher in Ladungsimpulse umgewandelt, die nach entsprechender Verstär-

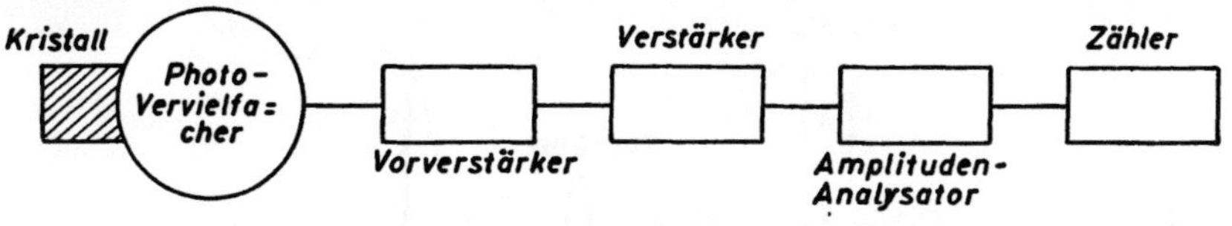


Abb. 6. Aufbau eines Szintillations-Spektrometers

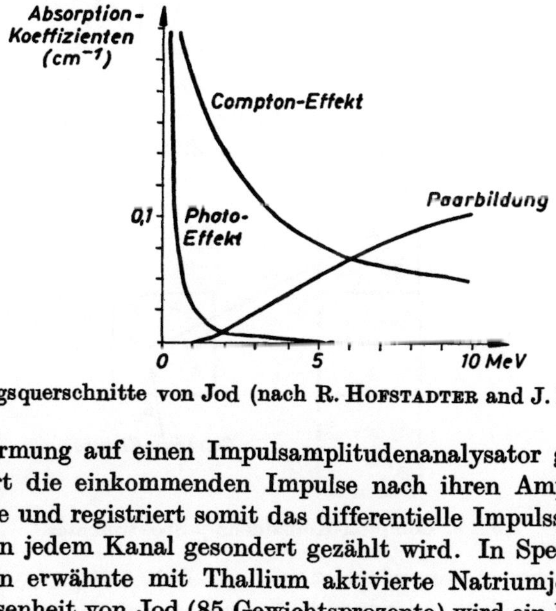


Abb. 7. Wirkungsquerschnitte von Jod (nach R. HOFSTADTER and J. MCINTYRE 1950)

kung und Verformung auf einen Impulsamplitudenanalysator gegeben werden. Letzterer sortiert die einkommenden Impulse nach ihren Amplituden in verschiedene Kanäle und registriert somit das differentielle Impulsspektrum, indem die Impulszahl in jedem Kanal gesondert gezählt wird. In Spektrometern wird häufig das schon erwähnte mit Thallium aktivierte Natriumjodid verwendet. Durch die Anwesenheit von Jod (85 Gewichtsprozente) wird ein hoher Wirkungsquerschnitt für Fotoeffekt und Paarbildung erzielt (Abb. 7). Das ist insofern wichtig, als man mit diesen Prozessen für eine gegebene $\gamma$-Energie auch definierte $\beta$-Energien erhält, denn

$$E_{photo} = h\nu_0 - h\nu_k \quad \text{und} \quad E_{paar} = h\nu_0 - 2\, m_0\, c^2$$

$E_{photo}$ = Energie des Fotoelektrons
$E_{paar}$ = Gesamtenergie des Elektron-Positron-Paars
$h\nu_0$ = Energie des primären $\gamma$-Quants
$h\nu_k$ = Bindungsenergie eines Elektrons in der $K$-Schale
$m_0$ = Ruhmasse des Elektrons
$c$ = Lichtgeschwindigkeit

Das anschließend an den Fotoeffekt vom Atom emittierte Röntgenquant $h\nu_k$ wird meistens im Kristall absorbiert. Im Gegensatz dazu liefert der ebenfalls vorhandene, meistens vorherrschende Compton-Effekt eine breite Energieverteilung der Comptonelektronen. Abb. 8 zeigt ein auf solche Weise erhaltenes Spektrum einer $\gamma$-Strahlung von 2,04 MeV. Man kann sich leicht vorstellen, daß ein solches Spektrum beim Vorhandensein mehrerer $\gamma$-Strahlen verschiedener Energie nicht leicht zu deuten sein wird. Wie man sich dann helfen kann, soll am Beispiel eines

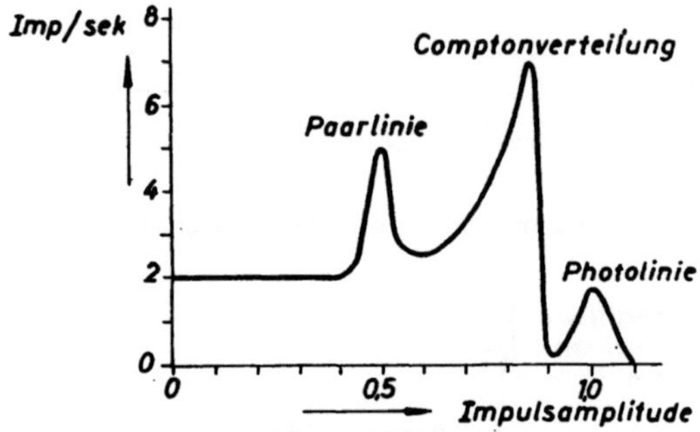


Abb. 8. Impulsverteilung in einem NaJ(Tl)-Kristall bei einer $\gamma$-Strahlung von 2,04 MeV (nach R. Hofstadter and J. McIntyre 1950)

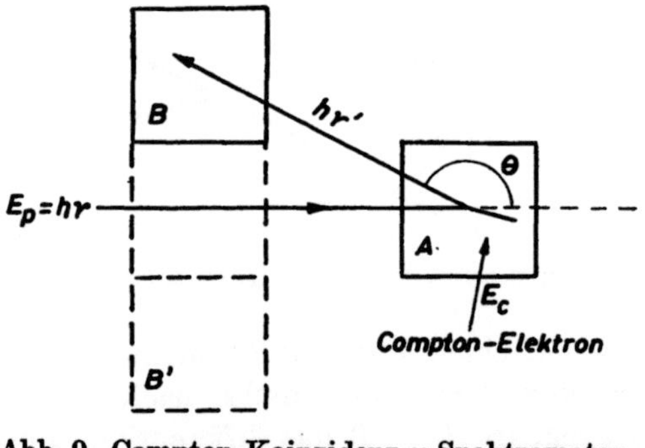


Abb. 9. Compton-Koinzidenz-$\gamma$-Spektrometer

Koinzidenz-$\gamma$-Spektrometers erläutert werden. Abb. 9 zeigt die von Hofstadter und McIntyre gewählte Anordnung: es werden nur die von einem Comptonelektron im Kristall $A$ erzeugten Szintillationen gezählt, die in Koinzidenz mit einer Szintillation im Kristall $B$ auftreten. Letztere rührt von dem um den Winkel $\Theta \sim 150°$ gestreuten Quant $h\nu'$ her. Es kann mit der einfachen Theorie des Compton-Effektes gezeigt werden, daß für Streuwinkel von 140—180° die Energie des Comptonelektrons praktisch von $\Theta$ unabhängig und gleich der Maximalenergie ist, die ein Elektron im Compton-Effekt überhaupt erhalten kann. Infolge der Unempfindlichkeit gegen den Winkel kann ein großer Raumwinkel zur Messung der gestreuten Quanten ausgenutzt werden. Durch diesen Kunstgriff werden die Spektren sehr viel übersichtlicher, wie Abb. 10 für die $\gamma$-Emission von $Co^{60}$ zeigt (1,172 und 1,332 MeV; angeregte Zustände von $Ni^{60}$).

Unsere Beschreibung wäre unvollständig, wenn wir nicht noch die flüssigen Szintillatoren erwähnten. Sie haben die kleinste Abklingkonstante und sind deshalb in allen Anordnungen, in denen auf höchste Auflösung Wert gelegt wird, besonders nützlich. Zur Illustration möge eine Arbeit von CLELAND und KOCH dienen, die in einem Tank von 1,20 m Länge Terphenyl in Xylol als Szintillator benutzten. Zur Aufnahme des Lichtes wurden 16 zweckmäßig angeordnete, parallel geschaltete Vervielfacher verwendet. Die Autoren finden eine Schwan-

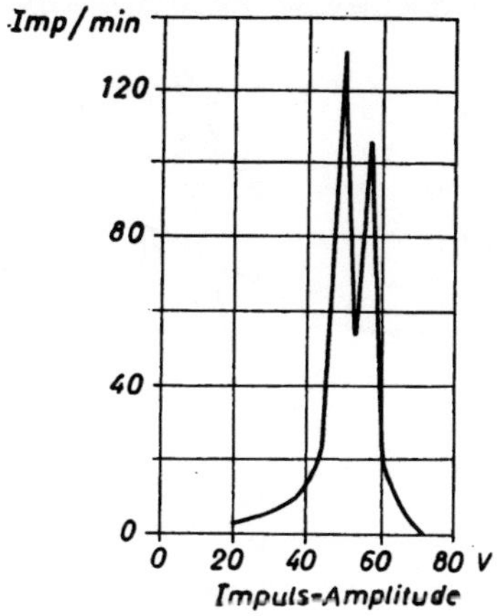


Abb. 10. Spektrum der Impulsamplituden für $Co^{60}$-$\gamma$-Strahlen

kung in der Lichtsammlung aus verschiedenen Teilen dieses großen Volumens von nur $\pm$ 10%. Der Apparat absorbierte ca. 95% der Energie von $\gamma$-Strahlen von 35 MeV.

Zusammenfassend ergeben sich somit folgende hauptsächlichen Verwendungsmöglichkeiten des Szintillationszählers:

1. Ionisierende Partikel mit 100% Ausbeute: Zählung und Energiemessung.
2. $\gamma$-Quanten und Röntgenstrahlen mit höherer Ausbeute als im Gaszähler infolge besserer Absorption im Szintillator: Zählung und Spektroskopie.
3. Schnelle Neutronen durch Rückstoßprotonen und Spaltprodukte.
4. Thermische Neutronen durch Kernreaktionen.
5. Messungen von Zeitintervallen von $10^{-9}$ sec.
6. Zählung bis zu $10^7$ Teilchen/sec.

### *3. Zählgeräte mit Gasfüllung*

Eine große Gruppe von kernphysikalischen Geräten zum Nachweis von Strahlungen beruht auf der Ionisation von Gasen. Um einen Überblick zu erhalten, ist es zweckmäßig, das Verhalten einer zylindrischen Elektrodenanordnung, deren Zentraldraht Anode ist und die mit einem Gas von etwa $^1/_{10}$ Atmosphärendruck gefüllt ist, zu betrachten. Man mißt die Größe der Ladungsimpulse als Funktion der am Zähler liegenden Spannungsdifferenz unter der Wirkung einzelner

Elektronen und einzelner stark ionisierender α-Teilchen (Abb. 11). Im Gebiet $A$ ist die vom Draht aufgenommene Ladung kleiner als die ursprünglich erzeugte; dies wird durch Diffusion und Rekombination der Ladungsträger bewirkt. Bei einer bestimmten Spannung aber werden alle primär gebildeten Ladungsträger gesammelt, die Impulsgröße erreicht ihren „Sättigungswert", der in einem gewissen Spannungsbereich $B$ konstant bleibt. Dies ist der Bereich, in dem die Ionisationskammern arbeiten. Steigert man die Spannung weiter, so tritt der Fall ein, daß die zum positiven Draht wandernden Elektronen auf der letzten freien Weglänge vor dem

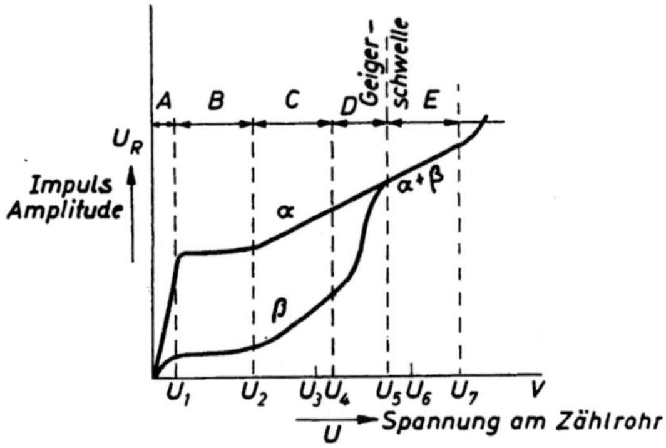


Abb. 11. Arbeitsbereiche eines Zählrohrs

Draht soviel Energie aufnehmen, daß sie ihrerseits das Gas ionisieren: es setzt die Gasverstärkung ein. Im Bereich $C$ steigt die Gasverstärkung bis auf Werte von $10^2 \div 10^6$ und ist unabhängig von der Größe der Primärionisation, d. h. der Ausgangsimpuls ist letzterer proportional. Das ist, wie leicht verständlich, der Arbeitsbereich des Proportionalzählrohrs. Im Bereich $D$ treten bei weiterer Steigerung der Gasverstärkung Raumladungserscheinungen auf, die bei stärkerer Primärionisation ein Anwachsen der Impulsgröße verhindern und somit den linearen Zusammenhang aufheben. Im Bereich $E$ endlich wirkt die Primärionisation, unabhängig von ihrer Größe, nur als Auslösung für eine sonst von ihr unabhängige Entladung, die durch besondere Mittel, innen oder außen, zum Abreißen gebracht werden muß: wir arbeiten jetzt im Auslösebereich der Geiger-Müller-Zählrohre, in dem also keine Aussagen mehr über die Größe der Primärionisation gemacht werden können.

## *4. Ionisationskammern*

Wie oben festgestellt, tritt im Bereich $B$ keine zusätzliche Ionisation des Gases auf. Man erfaßt nur alle primär gebildeten Ladungsträger, das ist somit die unmittelbarste Methode der elektrischen Messung ionisierender Teilchen.

Eine Ionisationskammer besteht aus einem Paar von Elektroden, zwischen denen eine bestimmte Potentialdifferenz aufrechterhalten wird, die ausreicht, um bei den gegebenen experimentellen Verhältnissen, wie Gasart, Gasdruck und Geometrie Sättigung zu erzielen, d. h. also, alle gebildeten Ladungsträger an den Elektroden zu sammeln. Am häufigsten werden Zylinderkammern oder Kammern mit parallelen Elektroden verwandt (Abb. 12). Da die zu messenden Ladungsmengen gewöhnlich klein sind, ist auf sehr gute Isolation der Sammelelektrode besonders zu achten.

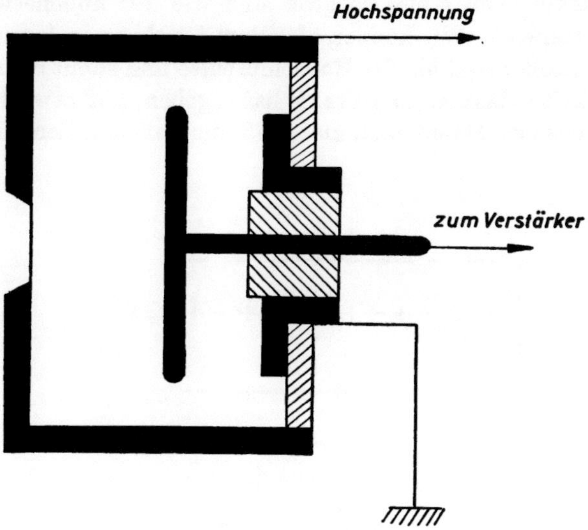


Abb. 12 a. Einfache Ionisationskammer

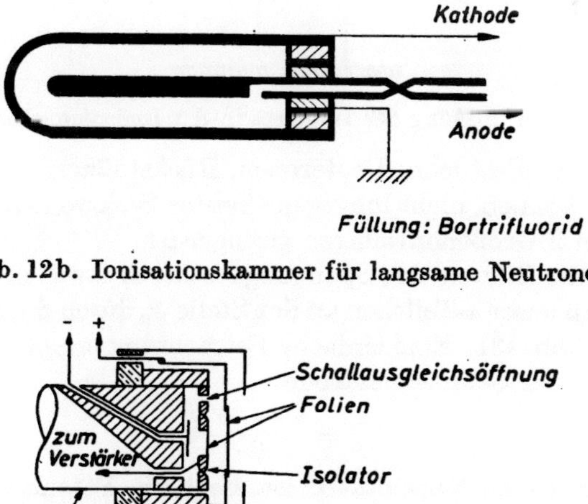


Abb. 12 b. Ionisationskammer für langsame Neutronen

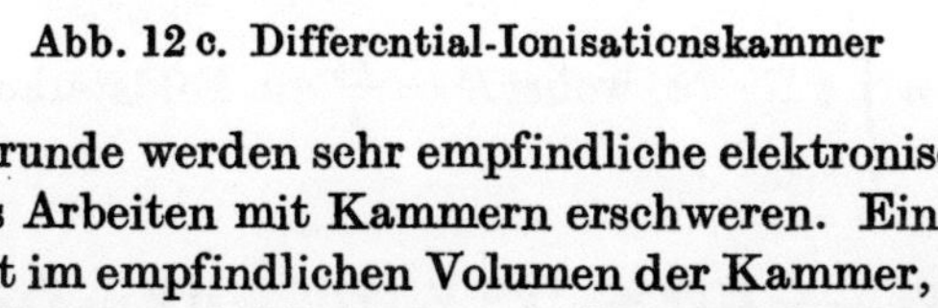


Abb. 12 c. Differential-Ionisationskammer

Aus dem gleichen Grunde werden sehr empfindliche elektronische Nachweisgeräte erforderlich, die das Arbeiten mit Kammern erschweren. Ein $\alpha$-Teilchen von 3,3 MeV Energie erzeugt im empfindlichen Volumen der Kammer, wenn es darin seine gesamte Energie verliert, ca. $10^5$ Ionenpaare. Somit ändert sich das Potential der

Sammelelektrode bei einer Kapazität gegen Erde von 20 pF etwa um 1 mV. Ein guter Verstärker für solche Zwecke hat einen Eingangsrauschpegel von ca. 10 $\mu$V. Dabei ist aber zu beachten, daß die häufiger vorkommenden Maximalamplituden im Rauschspektrum etwa 4 mal so groß sind wie der üblicherweise errechnete quadratische Mittelwert. Wir können also damit rechnen, $\alpha$-Impulse zu erhalten, die noch 25 mal größer sind als die Rauschimpulse und somit eine Messung genügender Genauigkeit zulassen. Die Praxis hat ergeben, daß etwa 1000 Ionenpaare die untere Grenze sind. Damit wird klar, daß nur stark ionisierende Teilchen, also

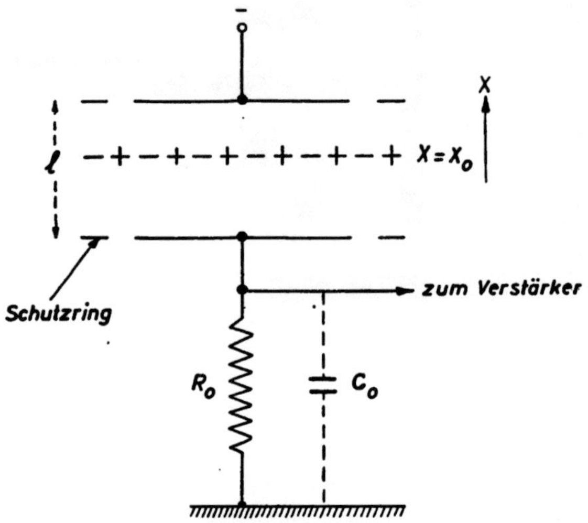


Abb. 13. Zur Bildung des Impulses in der Ionisationskammer

außer $\alpha$-Teilchen noch Protonen, Deuteronen, Rückstoßkerne und Spaltprodukte beobachtet werden können, nicht hingegen einzelne Elektronen, deren Ionisationsvermögen etwa um 2 Größenordnungen geringer ist.

Es ist lehrreich, die Bildung des Spannungsimpulses etwas näher zu betrachten. Nehmen wir an, daß unser $\alpha$-Teilchen an der Stelle $x_0$ durch die Kammer läuft und das Gas ionisiert (Abb. 13). Eine einfache Betrachtung ergibt dann für die Änderung des Potentials der Sammelelektrode:

$$\Delta V = \frac{n \cdot e \cdot v \cdot t}{C \cdot l}$$

An der Kammer, deren Kapazität $C$ ist, liegt die Potentialdifferenz $V_0$. Die Energie des Systems ist dann $\frac{1}{2}\, C\, V_0^2$. Wird an $n$ am Ort $x_0$ entstandenen Ladungsträgern Arbeit geleistet, so ergibt sich für die Energieänderung im System:

$$\frac{1}{2}\, C V_0^2 - \frac{1}{2}\, C V^2 = n \int\limits_{x_0}^{l} e\, E \cdot dx, \text{ wobei } E = \frac{V_0}{l} \text{ die Feldstärke ist.}$$

Beachtet man, daß

$$\frac{1}{2}\, C V_0^2 - \frac{1}{2}\, C V^2 \approx \Delta V \cdot V_0 \cdot C \qquad \Delta V = V_0 - V$$

und

$$x = x_0 + \int_0^t v \cdot dt$$

so folgt

$$\Delta V = \frac{n \cdot e \cdot v \cdot t}{C \cdot l}.$$

In Edelgasen, bei denen die Bildung negativer Ionen sehr unwahrscheinlich ist, steigt der Impuls (Abb. 14) infolge der großen Wanderungsgeschwindigkeit $v$ der Elektronen (Beweglichkeit ca. $10^3 \frac{\text{cm}^2}{\text{sec} \cdot \text{Volt}}$ bei Normalbedingungen) in ca. 1 $\mu$sec

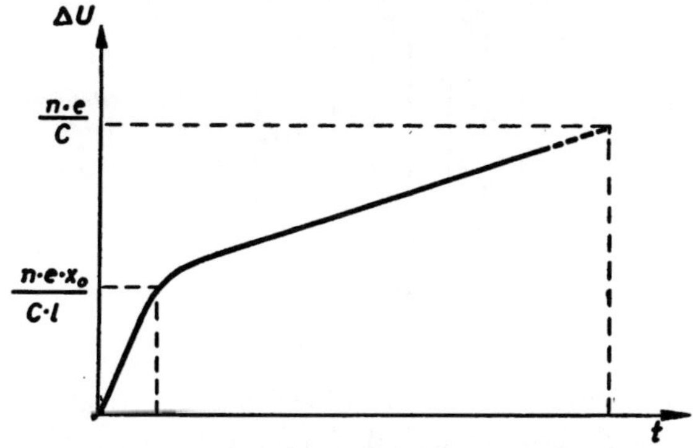


Abb. 14. Impulsform in Ionisationskammer

auf den Wert $\Delta V = \frac{n \cdot e \cdot x_0}{C \cdot l}$ an. Bis zu diesem Zeitpunkt waren die Ionen praktisch noch in Ruhe, ihre Wanderungsgeschwindigkeit ist ca. 1000 mal kleiner, so daß der Impuls seine Amplitude $\Delta V = \frac{n \cdot e}{C}$ erst nach ca. 1 msec erreicht. Diese Amplitude ist also der Primärionisation streng proportional. Um das zu erreichen, muß aber die Zeitkonstante des Kammerankopplungskreises groß gegen die Sammelzeit der Ionen, also etwa von der Größenordnung $10^{-2}$ sec sein. Dies wiederum hat praktische Nachteile, die das Arbeiten mit einer Ionenimpulskammer stark erschweren:

Wegen der langsam abklingenden Impulse kann man nur eine kleine Teilchenzahl pro Zeiteinheit messen; da der Verstärker, wie oben erwähnt, eine niedrige untere Frequenzgrenze von ca. 10 Hertz haben muß, ist er besonders erschütterungsempfindlich (Mikrophoneffekt). Da Ionisationskammern oft durch dünne Folien abgeschlossen sind, ist der starre Aufbau zur Vermeidung dieser Störungen nicht immer leicht zu verwirklichen; das breite Frequenzband bedingt auch einen höheren Rauschpegel.

Häufig stören Schwankungen im Untergrund. Diese entstehen durch Überlagerungen vieler kleiner Impulse während der langen Sammelzeit. Diese können z. B. durch einen $\gamma$-Untergrund hervorgerufen werden, dessen Einzelimpulse zu schwach sind, um registriert zu werden.

Aus den angeführten Gründen macht man oft die Zeitkonstante des Ankoppelkreises nur wenig größer als die Sammelzeit für Elektronen, also etwa 10—20 $\mu$sec. Nach Verstärkung wird der Impuls mit einem RC-Netzwert ($\tau \sim 10^{-7}$ sec) differentiert. Denn, wie wir oben sahen, ist auch der Anstieg des Elektronenimpulses der Primärionisation proportional. Diese Methode hat viele Vorteile: einmal läßt sie die Auflösung einer hohen Impulsfolge zu, zum andern werden durch die kleine Zeitkonstante alle niederfrequenten Störungen abgeschnitten und das Verhältnis von Signal/Rauschpegel verbessert. — Um große Impulse zu erhalten, ist es zweck-

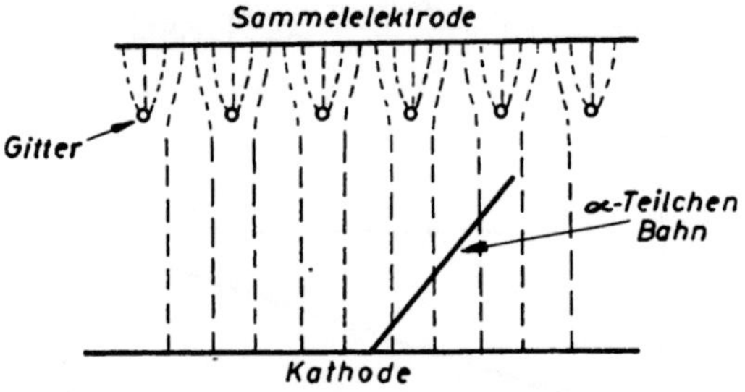


Abb. 15. Wirkung eines Gitters in der Impuls-Ionisationskammer

mäßig dafür zu sorgen, daß die in den Primärionisationsakten gebildeten Elektronen das gesamte Kammerfeld mit möglichst hoher Driftgeschwindigkeit durchlaufen. Das erstere erreicht man z. B. dadurch, daß man die Strahlungsquelle auf die negative Elektrode aufbringt.— Um die Driftgeschwindigkeit groß zu machen, muß man die mittlere Geschwindigkeit der Elektronen klein halten, da gilt

$$v_{-} = \frac{e \cdot E \cdot \lambda}{m \cdot w} \qquad \lambda = \text{freie Weglänge}$$

$$w = \text{mittlere thermische Geschwindigkeit.}$$

Das wird erreicht durch Zusatz geringer Mengen eines polyatomaren Gases wie $CO_2$. Polyatomare Moleküle besitzen viele niedrig gelegene Anregungsenergien, so daß die Elektronen in unelastischen Stößen nicht auf eine höhere mittlere Geschwindigkeit kommen. Ein Nachteil der geschilderten Methode besteht aber darin, daß die Impulsamplitude noch vom Ort der Entstehung der Primärionisation abhängig ist. Es bedeutete eine wesentliche Verbesserung, als von Stetter und Schintlmeister sowie besonders von Frisch ein Gitter vor der Sammelelektrode eingeführt wurde. Das Gitter hat eine ähnliche Wirkung wie das Schirmgitter in einer Penthode und kann so angeordnet werden, daß es die Sammelelektrode praktisch vollständig von Ladungsverschiebungen im Hauptvolumen der Kammer abschirmt. Wenn also ein $\alpha$-Teilchen (Abb. 15) durch die Kammer läuft, bewegen sich die Elektronen auf das Gitter zu und durch es hindurch zur Sammelelektrode. Die Potentialänderung beginnt dann, wenn die ersten Elektronen durch die Gitter-Ebene hindurchtreten. Da der Weg vom Netz zur Sammelelektrode für alle Elektronen gleich lang ist, ist auch der gebildete Impuls praktisch unabhängig vom Ort der Primärionisation.

Wie aus dem bisher Gesagten hervorgeht, ist die Arbeit mit Impulskammern nicht ganz einfach infolge der Kleinheit der zu messenden Größen. Deswegen wird die Ionisationskammer in dieser Weise für meßtechnische Zwecke selten verwendet. Häufig dagegen benutzt man Kammern zur integralen Messung der Ionisation, die von einer großen Zahl von ionisierenden Teilchen herrührt. Dabei ist natürlich keine Aussage darüber möglich, ob die beobachtete Ionisierung von einer kleinen Zahl stark ionisierender oder einer großen Zahl schwach ionisierender Teilchen herrührt. Da die pro sec gebildete Ionenmenge, d.h. der durch die Kammer fließende integrale Ionisationsstrom, oft von der Größenordnung $10^{-12} \div 10^{-14}$ Amp ist, muß

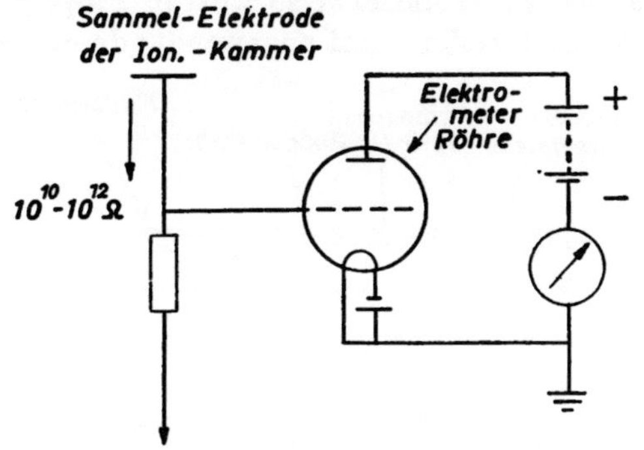


Abb. 16. Gleichstrom-Verstärker mit Elektrometerröhre

der Arbeitswiderstand, der gleichzeitig Gitterwiderstand der ersten Verstärkerröhre ist, einen Wert von $10^{10} \div 10^{12}\ \Omega$ haben (Abb. 16). Eine Anwendung solcher Widerstände ist aber nur möglich, wenn der Gitter-Kathodenwiderstand der Röhre ein bis zwei Größenordnungen höher liegt. Es wird somit nötig, besondere Röhren zu schaffen, deren Gitter-Kathodenisolation hoch genug ist und deren Gitterstrom klein gehalten werden kann. Es sind dies die sogenannten Elektrometerröhren. Ein Eingehen auf die an sie zu stellenden Forderungen und ihre Betriebsweise geht weit über den Rahmen dieser Abhandlung hinaus.

### 5. *Proportionalzählrohre*

Wie oben erläutert wurde, ist das Kennzeichen der Ionisationskammer die Tatsache, daß die von den primär gebildeten Ladungsträgern auf einer freien Weglänge aufgenommene Energie kleiner ist als die Ionisationsenergie der Gasmoleküle. Bei höheren Feldstärken dagegen setzt die Gasverstärkung ein (Bereich $C$ auf Abb. 11). In einer zylindrischen Elektrodenanordnung ist der Schwellwert dieses Bereichs dadurch definiert, daß die Feldstärke am Anodendraht multipliziert mit der freien Weglänge des Elektrons gleich der Ionisierungsenergie des Gases wird. Bei weiterer Steigerung der Feldstärke setzt dieser Prozeß schon in größerem Abstand vom Draht ein, und die sekundären Elektronen können ihrerseits tertiäre bilden usw. Der auftretende Spannungsimpuls wird also vergrößert auf

$$\Delta V = M \cdot \frac{n \cdot e}{C} \qquad M = \text{Faktor der Gasverstärkung}$$

*M* hängt, wie verständlich, von der Gasart und den Zählrohrdimensionen ab und nimmt stark mit der Spannung zu. Im Bereich *C* ist der Vervielfachungsfaktor der Gasverstärkung von der primären Ionisation unabhängig, und obige Gleichung besteht zu Recht: es ist der Arbeitsbereich des Proportionalzählrohrs. Jedes primäre Elektron erzeugt im Mittel eine Lawine von *M* Elektronen und jede Lawine ist von anderen gleichzeitig entstandenen unabhängig. Wie erinnerlich, beträgt die untere Meßgrenze für eine Ionisationskammer infolge des Eingangsrauschpegels des Röhrenverstärkers etwa 1000 Ionenpaare. Wählt man also eine Gasverstärkung dieser Größe, was durchaus realisierbar ist, so kann man ein einzelnes Elektron nachweisen. Üblicherweise wird in Proportionalzählern die Anordnung planparalleler Elektroden nicht angewandt; denn die Ionenpaare werden

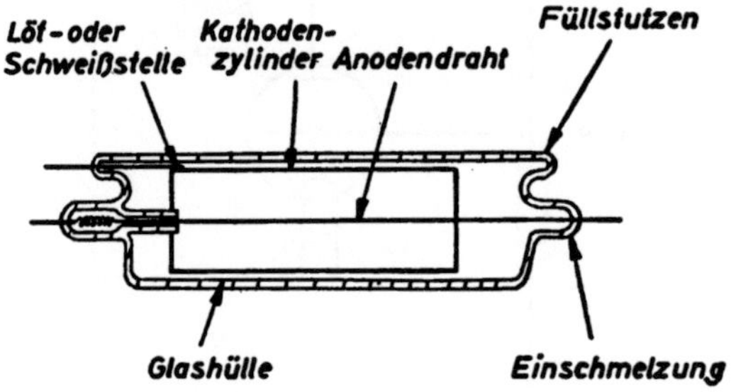


Abb. 17. In Glas eingeschmolzenes Zählrohr

im Gasvolumen zwischen den Elektroden gebildet und somit wäre die Größe der Lawine, die durch ein Elektron gestartet wird, vom Entstehungsort dieses Elektrons abhängig. Daher wählt man die Elektrodenanordnung so, daß im größten Teil des Volumens die Feldstärke zu klein ist und die Primärelektronen erst in der Nähe des Drahtes genügend Energie aufnehmen. Damit wird erreicht, daß praktisch alle Primärelektronen die gesamte Vervielfachungszone durchlaufen und Lawinen gleicher Größe erzeugen. Bekannt sind die Zähler, die aus einem Kathodenzylinder mit einem axial ausgespannten, als Anode dienenden dünnen Draht bestehen (Abb. 17). Die Impulsform und ihre Entstehung sind analog zu den Erscheinungen in der Ionisationskammer. Nur ist eine Zeitverzögerung zu berücksichtigen; bei üblichen Zählerdimensionen und -betriebsverhältnissen: $r_k = 1$ cm, $r_a = 0{,}1$ mm, Argonfüllung von $p = 100$ Torr, $U = 1000$ V benötigt ein Elektron eine Zeit der Größenordnung von $10^{-7}$ sec, um die Vervielfachungszone zu erreichen. Die Bildungszeit für die Lawine selbst ist nur von der Größenordnung $10^{-11}$ sec. Die Dauer des Gesamtimpulses ist natürlich auch hier durch die Laufzeit der Ionen von der Anode zum Kathodenzylinder bestimmt und beträgt $10^{-4} \div 10^{-3}$ sec.

Betreibt man die Zählrohre mit kleinen Arbeitswiderständen, so erhält man Impulse mit einer Halbwertsbreite von ca. $10^{-7}$ sec. Der Beitrag der späteren Zeiten zu diesem differentiierten Impuls ist gering. Ebenso ist der Einfluß der örtlich begrenzten Lawine, die nur eine Ausdehnung von etwa 1 mm in Richtung des Zähldrahts hat, auf den allgemeinen Feldverlauf im Zähler so klein, daß der Proportionalzähler praktisch schon nach einigen $10^{-7}$ sec wieder aufnahmebereit ist für den nächsten Impuls. Der Vorteil des Proportionalzählers besteht somit darin, daß sich eine Totzeit, von der beim Auslösezähler noch die Rede sein wird, nicht wesentlich bemerkbar macht. Es ist somit durchaus möglich, $\alpha$-Teilchen-Impulse bei gleichzeitiger hoher Beaufschlagung durch schwache $\gamma$-Strahlen-Impulse zu registrieren. Wenn allerdings die Impulsgrößen genau gemessen werden müssen, sollte die Impulsdichte einen Impulsabstand von ca. 100 $\mu$sec zulassen.

Von großer Bedeutung für die praktische Anwendung der Zähler — das gilt ebenso für die Auslösezähler — ist die Form der Zählcharakteristik, d. h. die Abhängigkeit der Zahl der Impulse, die pro Zeiteinheit bei einer gegebenen Anordnung registriert werden, von der Zählrohrspannung (Abb. 18). Treten z. B.

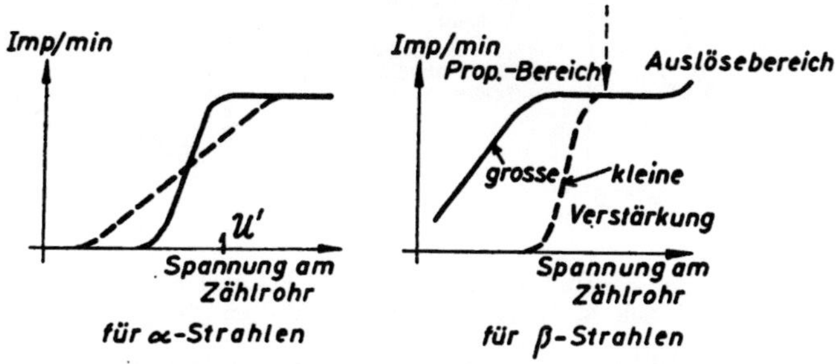


Abb. 18. Zählcharakteristiken im Proportionalzählrohr

$\alpha$-Teilchen einheitlicher Energie als gut ausgeblendetes Bündel in einen Proportionalzähler ein, so erhält man eine Charakteristik mit einem ausgeprägten horizontalen Bereich, dem sogenannten „Plateau“: dies bedeutet, daß alle einfallenden Teilchen registriert werden, die Impulsgröße liegt bei der Zählerspannung $U'$ über der Eingangsempfindlichkeit des angeschlossenen Verstärkers. Fallen aber $\alpha$-Teilchen verschiedener Energie ein oder verbrauchen sie nicht alle ihre gesamte Energie im Zählvolumen, so steigt die Zählkurve viel langsamer an. (Abb. 18, gestrichelte Kurven).

Für $\beta$-Strahlen ist deren Reichweite meistens größer als die Zählrohrdimensionen. Man erhält dann ein Plateau im Proportionalbereich nur bei großer äußerer Verstärkung.

Von Bedeutung ist ferner die Abhängigkeit des Gasverstärkungsfaktors von der Spannung. Bei einer Gasfüllung von ein- oder zweiatomigen Gasen oder Mischungen solcher Gase kann sich $M$ evtl. um zwei Größenordnungen bei einer Spannungszunahme von 5 Volt am Zählrohr ändern. Das hängt damit zusammen, daß die in den Lawinen gebildeten Photonen zusätzlich Fotoelektronen an der Kathode auslösen. Mischt man dagegen ein mehratomiges Gas bei, wie z. B. Methan, so wird die Abhängigkeit von $M$ von der Spannung geringer. Die Erklärung liegt darin, daß mehratomige Moleküle ein hohes Absorptionsvermögen für ultraviolette Strahlung haben. Die in der Lawine entstandenen Quanten werden vor Erreichen der Kathode absorbiert; infolge der vielen energieärmeren Freiheitsgerade der Moleküle emittieren diese Lichtquanten kleinerer Energie, die keinen Fotoeffekt mehr verursachen, falls die Moleküle nicht überhaupt fotodissoziieren (Abb. 19). Mit Füllungen, wie Argon-Methan $p = 100$ Torr; 75% $CH_4$ können proportionale Verstärkungen von mehr als $10^4$ erreicht werden. Damit ist es möglich, $\beta$-Strahlen und weiche Röntgenstrahlen zu zählen.

Zusammenfassend kann man feststellen:

Wesentliche Vorteile des Proportionalzählers sind seine kleinen Auflösungszeiten, die die Zählung hoher Impulsdichten ermöglichen und seine größere Stabilität.

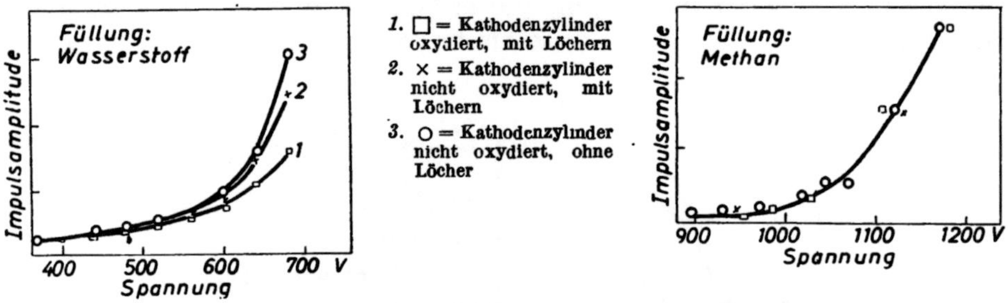


Abb. 19. Einfluß von Photonen im Proportionalzähler (nach M. E. Rose and S. A. Korff 1941)

Bei $H_2$-Füllung geben die 3 verschiedenen Kathoden unterschiedliche Resultate, was einen eindeutigen Schluß auf die Mitwirkung von Photonen zuläßt. — Bei Methan-Füllung ist kein Unterschied zu erkennen

Nachteilig sind die hohen Anforderungen an die Konstanz der Speisegeräte; so muß z. B. für eine Impulsamplitudenmessung mit einer Genauigkeit von $\pm 3\%$ die Speisespannung auf ca. 0,1% stabilisiert sein. Weiterhin benötigt man stabile, hochverstärkende und schnelle Röhrenverstärker.

Für $\alpha$-Teilchen-Zählung haben Proportionalzähler die Impulsionisationskammern völlig verdrängt. Es muß nicht unbedingt ein polyatomares Gas verwendet werden. Es ist daher möglich, mit einer einfachen Gasfüllung zu arbeiten. Praktisch jedes Gas, selbst Luft, kann für diese Zwecke verwendet werden. So konnte der Verfasser (1946/47) für $\alpha$-Teilchen nicht sehr hoher Energie einen Doppel-Proportionalzähler (Abb. 20), der nach Einbringen der Präparate jedesmal mit trockener Luft bis zu einem Druck von 100 Torr gefüllt wurde, mit Erfolg verwenden. Durch gleichzeitige Messung des unbekannten und eines Vergleichspräparates in den beiden Zählerhälften I und II und Vertauschen der Präparate durch eine Drehscheibe nach bestimmter Zeit können Unsymmetrien, Undichtigkeiten und sonstige Schwankungen eliminiert werden. Der Vervielfachungsfaktor betrug ca. 50.

Bedeutung hat ferner der Methan-Durchflußzähler erlangt, der bei Atmosphärendruck oder wenig darüber arbeitet (Abb. 21).

Eine Besprechung von Proportionalzählern kann nicht abgeschlossen werden, ohne auf Neutronenzählrohre einzugehen.

Zum Nachweis thermischer Neutronen, deren mittlere Energie also etwa 0,025 eV beträgt, bedient man sich der schon bei den Szintillationsmessungen beschriebenen Kernreaktionen. Am einfachsten wäre es, ein mit einer Li-haltigen oder Borschicht ausgekleidetes Zählrohr als Auslösezähler zu betreiben. Da häufig nur geringe Neutronenintensitäten gemessen werden und andererseits die aus der $B^{10}(n, \alpha)Li^7$ Reaktion stammenden $\alpha$-Teilchen maximal etwa 45 000 Ionenpaare bilden, zieht man es vor, im Proportionalbereich mit seinem geringen Nulleffekt zu arbeiten. Praktisch verwendet man keine mit Bor belegte Kathode, sondern eine Gasfüllung, wie z. B. Bortrifluorid oder Borsäuretrimethylester. Das Ansprechvermögen solcher Zählrohre beträgt einige Prozent. Durch Verwendung von Borverbindungen, in denen das im natürlichen Bor zu 18,8% vorkommende Isotop $B^{10}$ angereichert ist, läßt sich das Ansprechvermögen maximal um den Faktor 5 steigern.

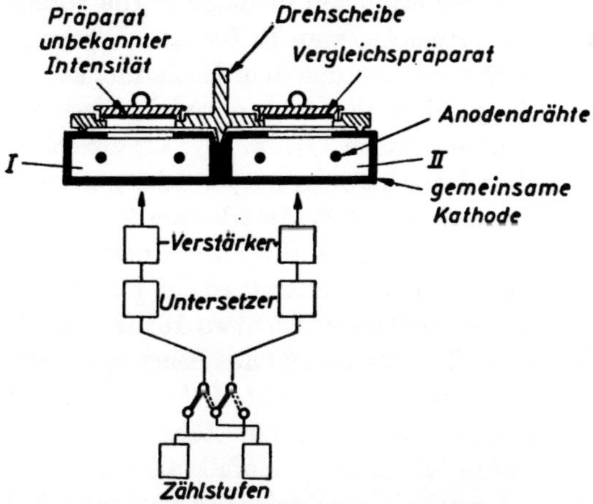


Abb. 20. Doppel-Proportionalzähler (nach HARTMANN)

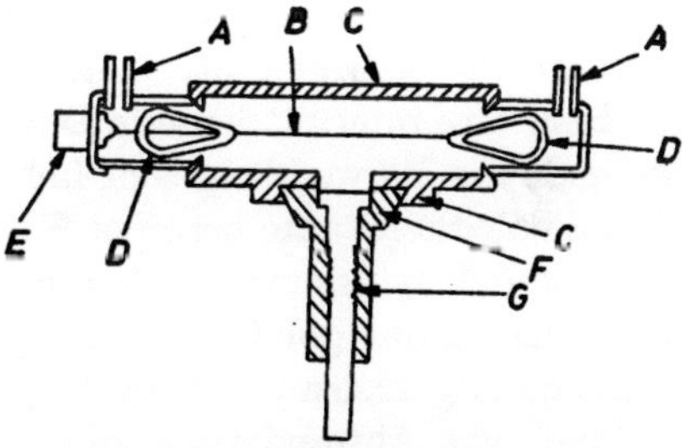


Abb. 21. Proportional-Durchfluß-zählrohr für Methan

Zum Nachweis schnellerer Neutronen mit Energien im Bereich von einigen keV bis zu einigen MeV benutzt man die Ionisierung durch Rückstoßkerne, vorzugsweise Rückstoßprotonen. Denn infolge gleicher Masse kann ein Neutron an ein Proton maximal seine gesamte Energie übertragen.

### 6. *Geiger-Müller-Auslösezählrohre*

Das Hauptanwendungsgebiet der Zählrohre ist der Auslösebereich (Abb. 11, Bereich E). Infolge der höheren Spannung am Zählrohr treten Abweichungen von der für den idealen Proportionalzähler beschriebenen reinen Elektronenlawine auf: es bilden sich mehr und mehr Photonen. Diese Photonen bewirken durch Fotoeffekt am Zählgas und der Kathode die Entstehung neuer Entladungszentren, so daß sich bei genügend hoher Spannung die Entladung über das ganze Zählrohr ausbreitet. Dabei ist die gebildete Ladungsmenge ausschließlich eine Funktion des elektrischen Feldes und der Zählrohrlänge. Dieser Punkt wird etwa bei einem Vervielfachungsfaktor von $10^6 \div 10^8$ erreicht. Geiger-Müller-Zähler, d. h. also im Auslösebereich arbeitende Zähler sind deshalb die am meisten verwendeten Detektoren für kernphysikalische Untersuchungen, da sie Impulse gleicher Größe erzeugen, was für den Betrieb elektronischer Geräte sehr angenehm ist.

Man unterscheidet heute 2 Typen von Geiger-Müller-Zählrohren: die nichtselbstlöschenden und die selbstlöschenden.

Der Vorgang in den nichtselbstlöschenden Zählrohren ist in großen Zügen folgender: Die in der primären Lawine gebildeten Photonen lösen an der Kathode Fotoelektronen aus, die ihrerseits Lawinen zünden usw., bis sich um die ganze Länge des Zähldrahts eine Raumladungswolke, ein Raumladungsschlauch gebildet hat, der für nunmehr noch ankommende Lawinen als virtuelle Anode mit merklich herabgesetzter Feldstärke wirkt. D. h. diese Lawinen erreichen nicht mehr die Intensität der früheren, und die Entladung kommt zunächst zum Erlöschen. Während die Elektronen sehr schnell in die Anode eintreten und aus dem Entladungsraum verschwinden, bleibt der positive Raumladungsschlauch infolge der viel geringeren Beweglichkeit der Ionen noch längere Zeit in Drahtnähe. In ca. $10^{-4}$ sec erreichen die Ionen die Kathode und lösen dort Sekundärelektronen aus, welche nunmehr den Entladungsprozeß fortsetzen, da ja inzwischen die Feldstärke am Zähldraht auch wieder gestiegen ist. Ohne äußere Eingriffe würde also ein so betriebenes Zählrohr eine intermittierende Dauerentladung geben. Bekannt ist die historische Methode der Verwendung sehr hoher Arbeitswiderstände von etwa $10^9\ \Omega$. Damit wird die Zeitkonstante bei einer Kapazität des Zähldrahts und des Eingangsgitters der ersten Verstärkerröhre $C = 10^{-11}$F von der Größenordnung $10^{-2}$ sec, d. h. die in der Entladung gebildete Ladungsmenge bleibt lange auf dem Zähldraht sitzen und erniedrigt also auch ebensolange sein Potential, länger jedenfalls als der Ionenschlauch zur Abwanderung zur Kathode braucht. Eine solche Anordnung hat natürlich ein schlechtes Auflösungsvermögen und läßt die Zählung nur sehr geringer Impulsdichten zu. Deshalb hat man zur Löschung der Entladung besondere Schaltungen erdacht, die aber alle mit der Laufzeit der Ionen von ca. $10^{-4}$ sec rechnen müssen. Es sind dies die Löschschaltungen von Neher und Harper, Neher und Pickering u. a. Ein interessanter Vorschlag von Simpson soll noch Erwähnung finden, die Ionenlaufzeit selbst zu verkürzen: man läßt die Ionen nicht zur Kathode, sondern zur Anode abwandern, in deren Nähe sie ja entstehen. Dazu muß man die Spannung am Zählrohr kurzzeitig umpolen. Simpson erreichte damit eine Verbesserung um eine Größenordnung im Auflösungsvermögen.

Einen wesentlichen Fortschritt ergab die Einführung der selbstlöschenden Zählrohre, die wir einer Zufallsentdeckung von Trost verdanken. Während die nichtselbstlöschenden Zählrohre ein- oder zweiatomige Füllgase verwenden, beruht der entscheidende Erfolg in der Zumischung polyatomarer Gase, wie z. B. Alkohol, der wohl am häufigsten benutzt wird. Eine Standardfüllung besteht aus etwa 90 mm Argon und 10 mm Alkohol. Die Ausbildung der ersten Lawine erfolgt genauso wie in den nichtselbstlöschenden Zählrohren mit einfacher Gasfüllung. Die Ausbreitung der Entladung aber zeigt andere Merkmale: die in den Primärlawinen gebildeten Photonen, die beim nichtselbstlöschenden Zählrohr ohne Ionisationswirkung die Kathode erreichen, erfahren bei Gasen mit Zumischung polyatomarer Komponenten eine äußerst starke Absorption, die ihre freie Weglänge auf etwa 1÷2 mm begrenzt. Diese Photonen sind in der Lage (Anregungsenergie des Argon ~ 11,6 eV, Ionisierungsenergie des Alkohols ~ 11,3 eV), die Alkoholmoleküle zu ionisieren und neue Elektronen in unmittelbarer Nähe der Primärlawine zu bilden. Dieses Spiel wiederholt sich, und mit einer Geschwindigkeit von $10^6 \div 10^7$ cm/sec überzieht sich der Anodendraht mit einem Ionenschlauch. Ein Beitrag von Fotoelektronen aus der Kathode ist dagegen sehr gering. Nach Bildung des Ionenschlauches ist wiederum an der neu entstandenen virtuellen Anode die Feldstärke herabgesetzt, so daß Neuionisierung nicht weiter auftritt. Die Ionenraumladung wandert nunmehr zur Kathode. Auf dem Wege dorthin tritt ein Ladungstransport von den Argonionen zu Alkoholmolekülen auf, d. h. statt einer Argonionenwolke trifft eine Alkoholionenwolke an der Kathode ein. Die Alkoholionen sind aber nicht in der Lage, neue freie Elektronen aus der Kathode zu befreien, so daß damit der Ladungstransport im Zählrohr sein Ende findet: die Entladung, die durch ein äußeres ionisierendes Mittel eingeleitet wurde, ist durch den inneren Mechanismus im Zählrohr gelöscht worden.

Betrachten wir den Löschmechanismus etwas genauer: die primär in den Lawinen gebildeten Argonionen erfahren bei üblichen Drucken auf dem Wege zur Kathode etwa $10^5$ Zusammenstöße. Ist die Ionisierungsenergie des polyatomaren Gases, etwa des Alkohols, kleiner als die des Argons, so wird ein Alkoholion entstehen. Die Dampfionen wandern zur Kathode und lösen durch Feldemission ein Elektron ab, das sie neutralisiert. Da die Austrittsarbeit des Kathodenmaterials aber üblicherweise kleiner ist als die Ionisierungsenergie des Dampfes, verbleibt das neutralisierte Dampfmolekül in einem Zustand hoher Anregung. Je komplexer nun die Dampfmoleküle sind, desto größer ist die Wahrscheinlichkeit, daß die angeregten Moleküle zerfallen, dissoziieren, bevor sie sich von der Anregungsenergie durch Lichtemission oder auf andere Weise befreien. Diesen Vorgang nennt man Prädissoziation. Auch wenn keine Prädissoziation auftritt, ist eine Löschwirkung möglich. Dazu muß gelten: $E_j < 2\,\varphi$, wobei $E_j$ die Ionisationsenergie des Gases und $\varphi$ die Elektronenaustrittsarbeit des Kathodenmaterials ist. Dann reicht nämlich die Energie des nach Neutralisation des Ions ausgesandten Lichtquants nicht mehr aus, um ein Fotoelektron zu befreien und die Entladung erlischt ebenfalls. Diese Bedingung ist anscheinend in Zählrohren mit Halogenfüllungen befriedigt: $E_j(Cl_2) = 13.2$ eV; $E_j(Br_2) = 12.8$ eV. Die Austrittsarbeit der Kupfer- oder Eisenkathode erwies sich hierbei größer als 6.5 eV.

Bei selbstlöschenden Zählrohren kann der Arbeitswiderstand klein sein, ohne daß er die Löschung der Entladung beeinträchtigt. Insbesondere kann man die Zeitkonstante des Zählrohrkreises kleiner als die Totzeit des Zählrohrs machen, so daß das Auflösungsvermögen vom Zählrohr allein bestimmt wird. Den Begriff der Totzeit erläutert Abb. 22.

Nach Zündung ist das Zählrohr für eine Zeit $\tau_D$ für weitere Primärionisationen unempfindlich. Dieses Zeitintervall ist durch die Wanderungsgeschwindigkeit der positiven Ionen von der Anode zur Kathode bestimmt und beträgt in Zählrohren üblicher Dimensionen etwa 100—200 $\mu$sec. Sowie das Potential des Zähldrahts den Wert der Schwellspannung wieder erreicht hat, können neue Primärionisationen Lawinen bilden, die allerdings noch nicht die volle Intensität erlangen. Da aber das nachgeschaltete elektronische Gerät von einer bestimmten Größe an

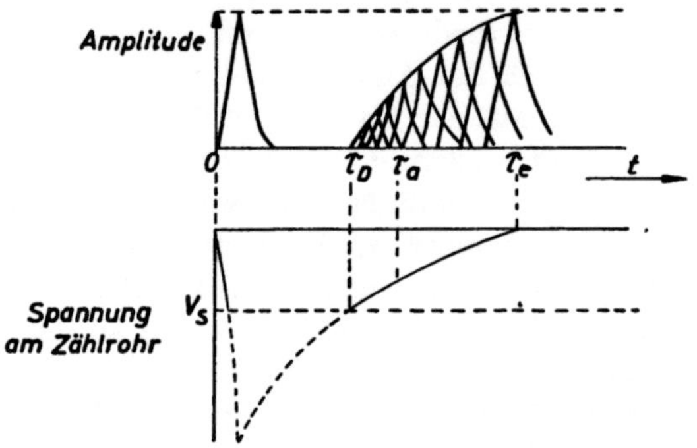


Abb. 22. Zur Bestimmung der Totzeit

die Impulse registriert, wird man die Zeit $\tau_a$ als eigentliche Auflösungszeit bezeichnen müssen. Sie ist größer als die Totzeit. Das Zeitintervall von der Zündung einer Entladung bis zur Wiedererreichung des Arbeitspunktes nennt man die Wiederherstellungs- oder Erholungszeit $\tau_e$. Diese ist wesentlich länger als die Totzeit und hängt vom Zählrohr ebenso wie von den Daten des äußeren Zählkreises ab.

Die Totzeit ist, wie verständlich, keine Konstante, sondern muß eine Funktion der Betriebsweise des Zählrohrs sein. So kann die Totzeit für einen Arbeitspunkt in der Mitte des Plateaus 100 $\mu$sec, am oberen bzw. unteren Ende dagegen 70 bzw. 140 $\mu$sec betragen. Eine genaue Kenntnis der Auflösungszeit ist häufig unerläßlich, um bei hohen Zählgeschwindigkeiten die notwendigen Korrektionen für Zählverluste anbringen zu können. Es gilt doch folgende Beziehung: treffen auf eine Zählanordnung im Mittel $n$ ionisierende Partikel pro sec auf, so ist nach der Verteilung von Poisson die Wahrscheinlichkeit dafür, daß in der Zeit $t$ gerade kein Partikel auftritt: $e^{-nt}$. In dem Zeitintervall $dt$ anschließend an $t$ wird aber ein Partikel mit der Wahrscheinlichkeit $n \cdot dt$ zu erwarten sein. Somit erhalten wir für die Verteilung der zeitlichen Abstände zwischen den Impulsen:

$$p \cdot dt = n \cdot e^{-nt} \cdot dt$$

Die Wahrscheinlichkeit dafür, daß ein Impuls einem bereits registrierten Impuls innerhalb der Auflösungszeit $\tau$ folgt und somit nicht registriert wird, ergibt sich zu:

$$P = n \int_0^\tau e^{-nt}\, dt = 1 - e^{-n\tau} \approx n\tau \quad \text{für} \quad n\tau \ll 1\,.$$

Ist $n = 10^2$/sec und $\tau = 2 \cdot 10^{-4}$ sec, so ergibt sich ein Zählverlust von 2%. Bei genauen Messungen verwendet man daher häufig auch bei selbstlöschenden Zählrohren einen äußeren Löschkreis, mit dessen Hilfe die Auflösungszeit unabhängig vom Zählrohr genau definiert und größer als jede andere im System vorkommende, auf die Auflösung einwirkende Zeitkonstante gemacht wird. Denn, wie schon gesagt, die Auflösungszeit hängt von den Betriebsbedingungen des Zählrohrs und auch seiner Beaufschlagung ab.

Auch beim Auslösezähler müssen wir einige Bemerkungen über mögliche Verzögerungen des Impulses machen: diese spielen bei Koinzidenzmessungen, bei denen man also die Gleichzeitigkeit zweier Impulse innerhalb eines kleinen Zeitintervalls $\Delta t$ nachweisen will, eine große Rolle und wurden auch mit dieser Meßmethodik erstmalig festgestellt. Zunächst einmal hängt der Beginn der Ausbildung der Primärlawine vom Ort der Entstehung der Primärionisation im Zählvolumen ab. Denn die Primärelektronen müssen erst in Drahtnähe wandern, bis die Townsend-Lawine beginnt. Weiter ist für die Registrierung eines Impulses auch die Schwellenempfindlichkeit der angeschlossenen Geräte wesentlich. Je schneller sich die Entladung längs des Anodendrahts ausbreitet, desto schneller wird dieser Schwellwert erreicht. Das hängt also von der Betriebsweise des Zählrohres und auch von der Einfallsrichtung der Primärteilchen ab. Die beiden bisher genannten Erscheinungen sind für Verzögerungszeiten der Größenordnung $10^{-7}$ sec maßgebend.

Große Verzögerungszeiten können bei geringer Primärionisation und der Möglichkeit zur Bildung negativer Ionen entstehen. Der Prozeß ist der gleiche wie der bei der Besprechung der Nachimpulse weiter unten erwähnte. Er ist durch die geringe Beweglichkeit der negativen Ionen bestimmt.

Bei der Besprechung der Proportionalzähler wurde bereits das Auftreten eines horizontalen Teiles in der Kurve erwähnt, der die Zahl der registrierten Impulse als Funktion der Zählrohrspannung wiedergibt. Überschreitet die Impulsamplitude einen bestimmten Wert, der durch die angeschlossenen elektronischen Geräte bestimmt wird, so werden Impulse registriert. Die entsprechende Spannung am Zählrohr bestimmt seinen Schwellwert. Da der Vervielfachungskoeffizient sehr schnell mit der Spannung zunimmt, ist bald eine Betriebsweise erreicht, bei der alle Impulse, die von Primärteilchen hervorgerufen werden, registriert werden. Von da ab sollte die Zählkurve horizontal verlaufen. In der Praxis wählt man den Arbeitspunkt etwa 100—150 Volt oberhalb des Schwellwerts. Tatsächlich wird immer ein schwacher, weiterer Anstieg beobachtet (Abb. 23). In guten Zählrohren beträgt er einige Prozent pro 100 Volt. Dieser Anstieg wird prinzipiell durch zwei Ursachen hervorgerufen. Die erste liegt in der Zunahme des empfindlichen Volumens des Zählrohres mit Zunahme der Spannung begründet. Das empfindliche Volumen ist das Volumen, in dem ein Primärion eine Zählrohrentladung hervorrufen kann. Die Erscheinung ist ein Randeffekt, denn mit zunehmender Spannung wird sich die Zone genügend hoher Feldstärke am Draht nach beiden Seiten zu ausdehnen. Der Effekt ist bei kleinen Zählrohren relativ am stärksten ausgeprägt; er kann dadurch reduziert werden, daß man durch eine geeignete Abschirmung das Einfallen der Primärstrahlung auf das weniger empfindliche Zählvolumen verhindert.

Eine zweite wichtige Ursache für den Plateau-Anstieg ist die Entstehung von Impulsen, die nicht direkt durch Primärionen ausgelöst werden. Die Zunahme ihrer Zahl mit der Zählrohrspannung ist zu verstehen, wenn man daran denkt, daß sich mit der Spannung auch die Zahl der Ionen pro Zählentladung vergrößert und somit auch die Wahrscheinlichkeit für die Auslösung von Sekundärelektronen an der Kathode. Das macht sich besonders nach längeren Betriebszeiten selbstlöschender Zählrohre bemerkbar; denn, wie oben bemerkt, wird in jeder Entladung ein Teil der Dampfmoleküle in nicht löschfähige, niederatomare Moleküle zerfallen.

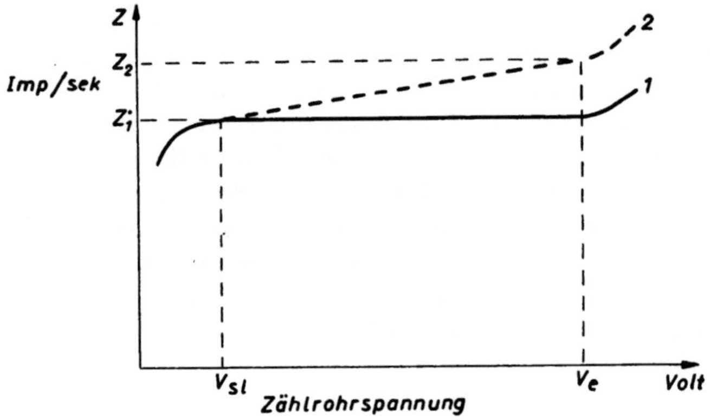


Abb. 23. Schematische Zählrohrcharakteristik

Dies beschränkt auch die Lebensdauer der Zählrohre auf etwa $10^8 \div 10^9$ Impulse (bei 1000 Imp/sec $\sim$ 300 Std.). Bei nichtselbstlöschenden Zählrohren, die mit einem äußeren Löschkreis betrieben werden, müssen aber noch andere Ursachen vorliegen: es sind dies im wesentlichen die Elektronenauslösung durch metastabile Atome und die Bildung negativer Ionen. Die Lebensdauer metastabiler Zustände kann sehr lang sein, solche Atome vagabundieren durch das Zählvolumen und können lange nach Eintreffen der Ionenschicht einen neuen Impuls auslösen. Um dies zu vermeiden, verwendet man reine Edelgase sehr selten, sie sind praktisch unbrauchbar. Man mischt geeignete Gase hinzu, wie z. B. Wasserstoff, dessen Moleküle durch Stöße zweiter Art für die Beseitigung der metastabilen Zustände sorgen.

Negative Ionen bilden sich vor allem bei der Anwesenheit merklicher Mengen von $O_2$ und $H_2O$. Das ist ein wesentlicher Grund, bei der Herstellung von Zählrohren die vielfältig bewährten hochvakuumtechnischen Verfahren anzuwenden. Da die Beweglichkeit eines negativen Ions von der gleichen Größenordnung wie die des positiven Ions ist, erreicht ein im Gebiet niedriger Feldstärke an der Kathode gebildetes Ion die Anode etwa zur gleichen Zeit, zu der die Ionenwolke an der Kathode anlangt. Es ist also verständlich, daß eine Gasionisierung durch das negative Ion selbst oder aber durch sein Elektron, das es im Gebiet der hohen Feldstärke an der Anode verliert, zu einem falschen Impuls führen kann.

Wie für alle Meßgeräte, ist auch für Zählrohre die Frage des Störpegels von ausschlaggebender Wichtigkeit. Ein Geiger-Müller-Zählrohr registriert einige Impulse auch in der Abwesenheit jedes Strahlungspräparats. Diese Impulse entstehen im wesentlichen durch die Höhenstrahlung und durch $\gamma$-Strahlung aus der Erde. Die Erscheinung wird Nulleffekt genannt, der bei Messungen von der beobachteten Impulszahl abgezogen werden muß. Diesem Verfahren liegt die Annahme zugrunde, daß der Nulleffekt konstant bleibt. Bei genauen Messungen ist daher eine häufigere Kontrolle unerläßlich, und zwar sollte man die Bestimmung des Nulleffekts unter denselben Bedingungen durchführen wie die Messung selbst. Wenn z. B. die Quelle groß ist und aus dickem Material besteht, so sollte sie durch ein vergleichbares Stück inaktiven Materials ersetzt werden, so daß die gleiche Absorption für die den Nulleffekt hervorrufenden Strahlungen entsteht.

Die Höhenstrahlung erzeugt einen der Projektionsfläche des Zählrohres proportionalen Nulleffekt. Er beträgt auf Meeresniveau in mittleren Breiten etwa 1 Imp/min · cm². Der durch $\gamma$-Strahlen aus dem Erdgestein hervorgerufene Nulleffekt ist von gleicher Größe, so daß man also insgesamt mit etwa

$$2 \div 3 \text{ Nullimpulsen} / \text{min} \cdot \text{cm}^2$$

rechnen kann. Durch eine Bleiabschirmung von 3 cm Dicke kann man den Nulleffekt etwa auf die Hälfte reduzieren.

Um auf die Bedeutung des Nulleffekts näher einzugehen, erwähnen wir, daß die Wahrscheinlichkeit dafür, bei einer mittleren Zerfallszahl einer radioaktiven Quelle von $\overline{m}$ gerade $m$ Zerfallsereignisse zu messen, durch die schon erwähnte Poisson-Verteilung:

$$P(m) = \frac{\overline{m}^m}{m!} \cdot e^{-\overline{m}}$$

gegeben wird. Für große Werte von $m$ kann sie durch die Gaußsche Fehlerkurve ersetzt werden. Aus dieser Verteilung ergibt sich für das Quadrat des mittleren statistischen Fehlers

$$\sigma^2 = \overline{(\overline{m} - m)^2} = (\overline{m})^2 + \overline{m^2} - 2\,\overline{m}\,\overline{m} = \overline{m^2} - (\overline{m})^2$$

$$\sigma^2 = \overline{m}$$

Der wahrscheinliche Fehler (die Wahrscheinlichkeiten für einen Fehler, größer oder kleiner als der wahrscheinliche Fehler zu sein, sind gleich groß) beträgt dann

$$r = 0{,}6745 \cdot \sigma$$

und die relativen Fehler ergeben sich zu:

$$\sigma_{rel} = \frac{\sigma}{\overline{m}} = \frac{1}{\sqrt{\overline{m}}} \qquad r_{rel} = \frac{0.6745}{\sqrt{.n}}\,.$$

Um also einen mittleren quadratischen Fehler von 1% zu erzielen, müssen $10^4$ Impulse gezählt werden. Für einen wahrscheinlichen Fehler der gleichen Größe benötigt man nur ca. 4 550 Impulse.

Der mittlere quadratische Fehler einer Impulszahl $n$, die während der Meßdauer $t$ gezählt wurde, ist, auf die Zeiteinheit bezogen, somit

$$\pm \frac{\sqrt{n}}{t}$$

Bei Arbeiten mit Zählrohren macht man gewöhnlich 2 Messungen: zunächst wird während der Zeit $t$ allein der Nulleffekt gemessen. Nehmen wir an, das Zählrohr registriert $n_0$ Impulse. Danach erfolgt eine zweite Messung, durch die während der Zeit $T$ die von Nulleffekt und unbekannter Intensität zusammen erzeugte Impulszahl $n_1$ gemessen wird. Die unbekannte Intensität ergibt sich daraus zu

$$N_{sec} = \frac{n_1}{T} - \frac{n_0}{t}$$

Für den mittleren quadratischen bzw. relativen mittleren quadratischen Fehler von $N$ folgt somit:

$$\sigma_N = \pm \sqrt{\frac{n_1}{T^2} + \frac{n_0}{t^2}} \qquad \sigma_{N\,rel} = \pm \frac{\sqrt{\frac{n_1}{T^2} + \frac{n_0}{t^2}}}{\frac{n_1}{T} - \frac{n_0}{t}}$$

Mit Hilfe dieser Formeln kann man errechnen, daß man bei Gleichheit von Nulleffekt und Intensität der zu messenden Strahlung dreimal so lange zählen muß, als zur Erreichung der gleichen Genauigkeit bei vernachlässigbar kleinem Nulleffekt.

Zur Ausmessung sehr schwacher Intensitäten ist also ein kleiner Nulleffekt von hervorragender Bedeutung.

In diesem Zusammenhang ist es angebracht, ein anderes Mittel zur Reduktion des Nulleffekts zu besprechen. Treten in mehreren Zählern Impulse genau gleichzeitig auf, so spricht man von Koinzidenzen. Echte Koinzidenzen entstehen z. B., wenn, wie beim Prozeß

$$Co^{60} \rightarrow Ni^{60} + e^- + 2\gamma$$

gleichzeitig mehrere Teilchen oder Quanten emittiert werden. Unter „gleichzeitig" versteht der Experimentator Ereignisse, die innerhalb einer durch die Meßapparatur bestimmten Zeit auftreten. Es können aber auch falsche Koinzidenzen auftreten, wenn diese Zeit zu groß ist oder aber die Einzelimpulse eine große zeitliche Länge haben. Deswegen läßt man von Zählrohrimpulsen erheblich kürzere Impulse, von z. B. $10^{-6}$—$10^{-7}$ sec, auslösen, die dann der Koinzidenzstufe zugeleitet werden. Eine Koinzidenzstufe ist eine Schaltung, die dann und nur dann einen Ausgangsimpuls abgibt, wenn auf ihren Eingang oder ihre Eingänge 2 Impulse innerhalb einer vorgegebenen Zeit auftreffen.

Eine Weiterentwicklung läßt sich gut am System von Libby zur Messung sehr schwacher $C^{14}$-Intensitäten erläutern. Es bestand die Aufgabe, in einem relativ großen Zähler etwa 100 Imp/Min, hervorgerufen durch die weiche $\beta$-Strahlung des $C^{14}$, zu registrieren. Libby verwandte zunächst eine Abschirmung von 20 cm Eisen gegen $\gamma$-Strahlung. Zur Reduktion der durchdringenden Höhenstrahlmesonen wurde der $C^{14}$-Zähler von einem Kranz von anderen Zählrohren umgeben, so daß jedes im $C^{14}$-Zähler einen Impuls auslösende Meson mindestens einen der „Regenmantelzähler", wie sie genannt wurden, zum Ansprechen brachte. Alle Regenmantelzähler wurden in Koinzidenz geschaltet. Der von der Koinzidenzstufe abgegebene Impuls seinerseits arbeitete in Antikoinzidenz mit dem $C^{14}$-Zählrohr. Das bedeutet also, daß jeder Impuls aus dem $C^{14}$-Zählrohr, der mit einem Impuls der Regenmantelzähler koinzidiert, nicht gezählt wird, da er offensichtlich einem Meson und nicht einem $C^{14}$-$\beta$-Teilchen seine Entstehung verdankt.

Vor der Betrachtung einzelner Konstruktionstypen von Zählrohren müssen noch einige Hinweise über das Ansprechvermögen von Zählrohren gegeben werden. Das Ansprechvermögen ergibt sich wiederum aus der Formel von Poisson: ist $n$ die spezifische Ionisation des Teilchens oder Quants (Zahl der Ionenpaare pro cm Weg bei 1 atm. Druck), $p$ der Gasdruck in Atmosphären und $l$ die Weglänge des Teilchens im Zähler, so folgt für die Wahrscheinlichkeit, daß kein Ionenpaar gebildet wird: $e^{-n \cdot p \cdot l}$ und für das Ansprechvermögen somit $G = 1 - e^{-n \cdot p \cdot l}$ oder bei geringer Ionisation $G \approx n \cdot p \cdot l$

Die spezifische Ionisierung der Höhenstrahlteilchen nimmt rasch mit der Ordnungszahl zu. Sie beträgt etwa für

| | He | $H_2$ | Ne | A | Xe | Luft | Methan |
|---|---|---|---|---|---|---|---|
| $n$ | 5,9 | 6,0 | 12 | 29,4 | 44 | 21 | 16 |

Die spezifische Ionisierung von $\alpha$-Teilchen und $\beta$-Teilchen zeigen die Abb. 24 und 25.

Wenn der Weg eines Höhenstrahlteilchens durch das Zählrohr also etwa 2 cm beträgt, so werden in einem typischen, mit Argon von 100 Torr gefüllten Zähler ca. 8 Ionenpaare gebildet. Die Wahrscheinlichkeit, daß kein Ionenpaar entsteht, ist $e^{-8}$, das Ansprechvermögen somit ca. 99,9%. Wenn der gleiche Zähler mit Wasserstoffüllung betrieben wird, ergibt sich ein kleinerer Wert von nur ca. 80%. Aus diesem Vergleich ist zu ersehen, daß es wichtig ist, ein Gas hoher spezifischer Ionisierung zu verwenden.

Für $\beta$-Strahlen und schwerere Teilchen beträgt das Ansprechvermögen praktisch immer nahezu 100%, wie ein Vergleich der Werte für die spezifische Ionisierung sofort erkennen läßt.

Besonderer Erwähnung bedarf das Ansprechvermögen von Zählern für $\gamma$-Strahlung und Röntgenstrahlen.

Die Messung von $\gamma$-Strahlung wird erst durch die im Kathodenmaterial oder Füllgas erzeugten Sekundärelektronen möglich. Insofern also gilt das oben für die Registrierung von $\beta$-Strahlen Gesagte. Wesentlich ist aber die Frage der Wahrscheinlichkeit der Auslösung von Sekundärelektronen. Die Absorption der $\gamma$-Strahlung erfolgt hauptsächlich, wie schon anfangs erwähnt, durch drei Prozesse: Fotoeffekt, Comptonstreuung und Paarbildung. Die Abhängigkeit der diesen Effekten entsprechenden Absorptionskoeffizienten von der Ordnungszahl des Kathodenmaterials und von der Quantenenergie bestimmen hauptsächlich die Veränderung des Ansprechvermögens. Es ist leicht verständlich, daß eine

Vergrößerung der Absorption durch größere Wandstärke der Kathode nur solange eine Steigerung des Ansprechvermögens geben kann, als die Wandstärke noch kleiner als die Reichweite der Sekundärelektronen ist. Die Absorptionskoeffizienten sind bei den schwersten Elementen des periodischen Systems bedeutend größer

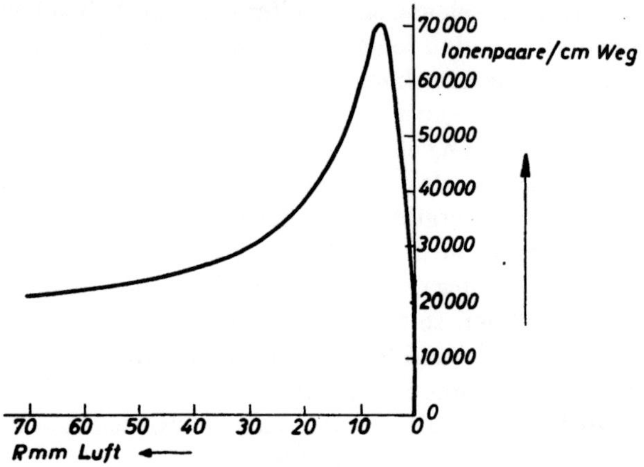


Abb. 24. Braggsche Kurve für α-Teilchen in Luft

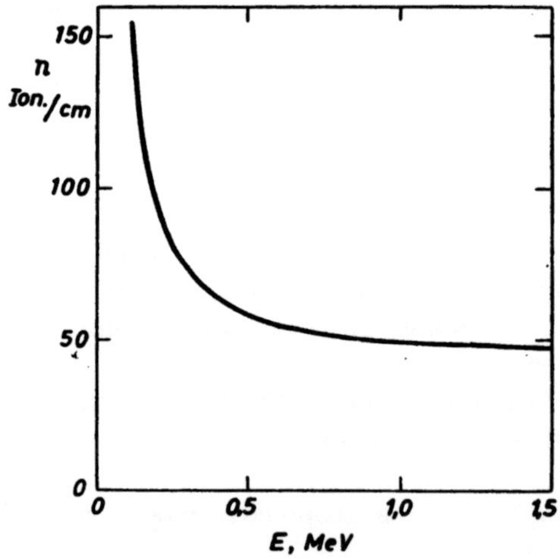


Abb. 25. Abhängigkeit der spezifischen Ionisierung von β-Strahlen in Normalluft

als bei den leichten. Für weiche γ-Strahlung verwendet man daher Überzüge von Wismut, Platin, Gold, Blei. Trotzdem wird eine bessere Ausnutzung als etwa 1% nicht erreicht. Nach höheren Energien steigt das Ansprechvermögen rasch mit der Energie an und erreicht Werte von 20% für γ-Energien von 25 MeV in einem Al-Zählrohr.

Die Messung weicher Röntgenstrahlung erfolgt entweder durch einen Fotoeffekt an der Kathode oder in Zählern mit höherem Gasdruck durch Fotoeffekt am Gas.

Für die Quantenausbeute in Metallen lassen sich relativ hohe Werte erzielen:

| Strahlung | $h\nu$(keV) | Al | Cu | Au |
|---|---|---|---|---|
| Zn—$K_\alpha$ | 8,65 | 33,5 | 32,7 | 36,8% |
| Mo—$K_\alpha$ | 17,5 | 5,0 | 9,65 | 19,6% |

Durch einen langen Weg im Zählrohr bei hohen Fülldrucken kann man ebenfalls eine erhebliche Absorption im Gas erzielen. Es ist auf diese Weise möglich, mit Edelgasfüllung ein Ansprechvermögen von 50—100% zu erzielen, das allerdings sehr stark energieabhängig ist.

Abschließend sollen einige charakteristische Typen von Zählrohren betrachtet werden; denn es ist nicht möglich, alle bis heute schon erdachten Zählrohrformen und -konstruktionen in diesem Rahmen zu erläutern.

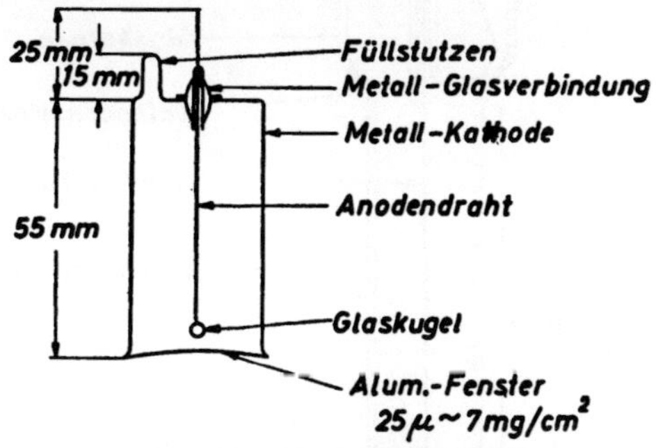


Abb. 26. Glockenzählrohr

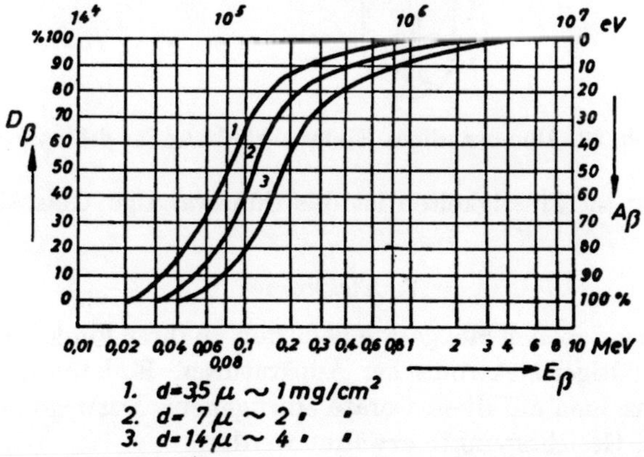


Abb. 27. Durchlässigkeit von Glimmerfenstern für $\beta$-Strahlen

Ein häufig verwandtes Zählrohr zeigt Abb. 26. Es ist das Glockenzählrohr, das an einem Ende senkrecht zur Achse durch ein dünnes Fenster aus Aluminiumfolie, Glimmer oder organischen Substanzen verschlossen ist. Wie oben erklärt wurde, beträgt das Ansprechvermögen für $\beta$-Strahlen praktisch 100%. Es bleibt nur die Aufgabe zu lösen, die $\beta$-Strahlen ins Zählrohrvolumen hineinzubringen. Die Abhängigkeit der Durchlässigkeit von Glimmerfenstern ist aus Abb. 27 ersichtlich.

Die $\beta$-Strahlung von $Co^{60}$ (0,3 MeV, Halbwertszeit 5,3 Jahre) kann mit Fenstern von 2—3 mg/cm² gemessen werden. Für die Emission von $C^{14}$ (0,145 MeV, Halbwertszeit 5720 Jahre) braucht man dagegen Fenster von 1 mg/cm² oder weniger, um etwa 75% Durchlässigkeit zu erzielen.

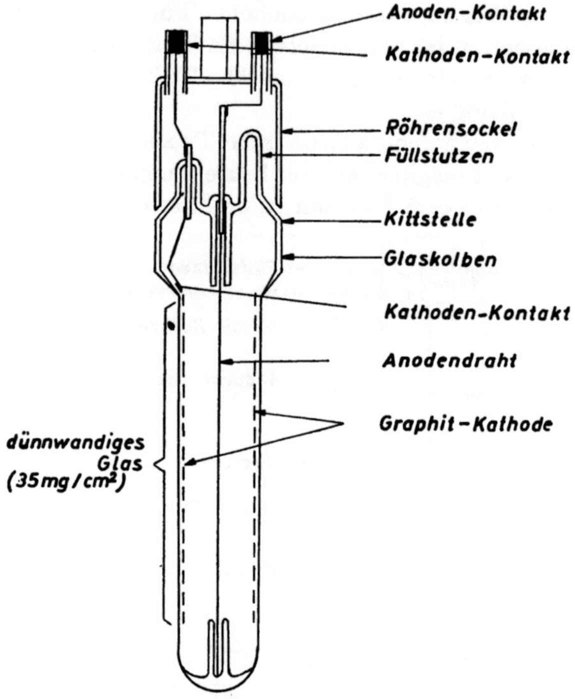


Abb. 28. Dünnwandiges Eintauchzählrohr für $\beta$-Strahlen

Für Messungen an Flüssigkeiten ist das dünnwandige Glaszählrohr (Abb. 28) vorgesehen.

## 7. *Elektronik*

Alle bisher beschriebenen Meßgeräte bedürfen zu ihrer Funktion und wirksamen Ausnutzung vielfältiger elektronischer Apparaturen. Es kann hier nicht die Aufgabe sein, im einzelnen auf diese Geräte einzugehen. Deswegen sollen nur einige der wesentlichen Gesichtspunkte erwähnt werden.

Oft sind die von Strahlendetektoren abgegebenen Impulse zu klein, um z. B. ein Zählgerät zu betätigen. Zur ganz groben Orientierung kann man sich merken, daß die Impulse aus den gasgefüllten Zählgeräten etwa folgende Größenordnung haben:

| | |
|---|---|
| Ionisationskammer | 10 $\mu$V |
| Proportionalzählrohr | 10 mV |
| Geiger-Müller-Auslösezählrohr | 10 V |

Die Impulse der Auslösezählrohre haben also eine ausreichende Amplitude, um ohne wesentliche Verstärkung einen Untersetzer o. ä. zu betätigen.

Auch kann die Impulsform nicht zweckentsprechend sein. Es wird sich dann darum handeln, die Impulse unter Beachtung spezieller Forderungen zu verstärken.

Wie oben festgestellt, beträgt die Zeit bis zum Erreichen der Impulsamplitude in einem Gaszähler etwa $10^{-4}$ sec. Wenn also die Zeitkonstante des Ankoppelkreises RC dagegen groß und die Strahlungsintensität nicht sehr gering ist, wird der Spannungsverlauf am Gitter der ersten Röhre etwa den in Abb. 29a und b

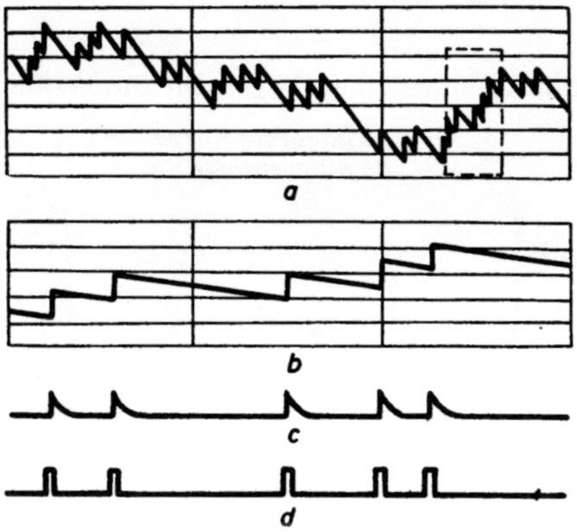


Abb. 29. Impulsformen

gezeigten Verlauf haben. Es ist offensichtlich, daß der Verstärker übersteuert ist, bevor die einzelnen Impulse eine ausreichende Größe haben. Um dies zu vermeiden, bildet man die niederfrequente Charakteristik des Verstärkers so aus, daß man eine Reihe schnell ansteigender und abfallender Impulse erhält. Eine häufig angewandte Impulsform zeigt Abb. 29c. Man erreicht sie durch Anwendung einer kleinen Zeitkonstanten im Verstärker, durch die sogenannte Impulsdifferentiation. In der üblichen Sprache der HF-Technik heißt das nichts anderes, als daß man die untere Frequenzgrenze des Verstärkers nicht bei etwa 10 Hz (wie für Abb. 29a und b) beläßt, sondern zu höheren Werten, etwa 10 kHz verlegt. Damit wird auch gleichzeitig der Rauschpegel kleiner.

Für quantitative Messungen ist eine rechteckige Impulsform (Abb. 29d) erwünscht, da dabei die Amplitude besser definiert ist. Eine solche Form läßt sich unter Verwendung von Verzögerungsleitungen erreichen.

Abb. 30 zeigt das Blockschema einer Zählapparatur: Der Eingangsimpuls ist üblicherweise negativ. Der positive Ausgangsimpuls wird von einem Kathodenfolger wegen dessen niedriger Ausgangsimpedanz geliefert. Seine Amplitude soll etwa 10 bis 100 Volt betragen. Diese Größe wird durch die Rauschamplituden von einigen Volt am Ausgang eines Verstärkers mit einem Verstärkungsfaktor von $10^5$ bis $10^6$ und durch die Tatsache bestimmt, daß Impulsamplitudenanalysatoren kaum eine größere Schwellwertkonstanz als etwa 0,1 Volt aufweisen. Mit einem normalen Verstärker ist es leicht, eine kurze Anstiegszeit zu erzielen, dagegen sind seine Linearität und Stabilität nicht sehr groß. Letzteres erreicht man mit einem stark gegengekoppelten Verstärker.

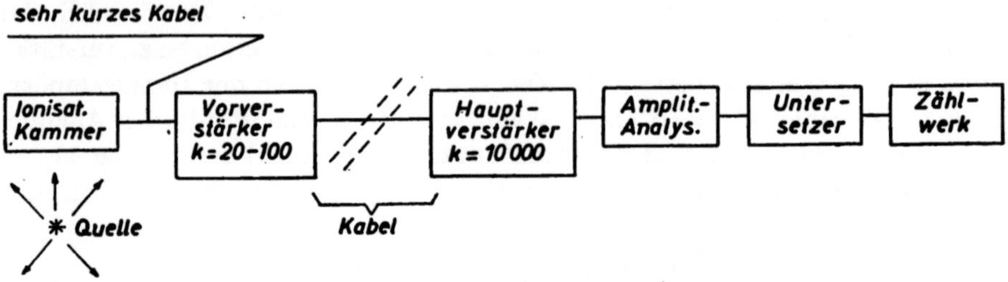


Abb. 30. Blockschema einer Apparatur für Teilchenzählung

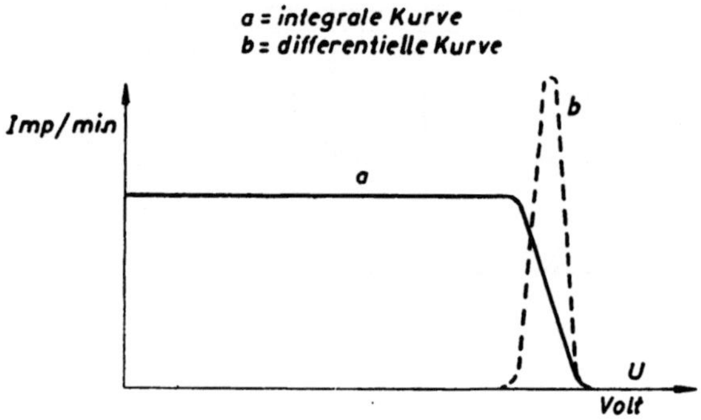


Abb. 31. Impulsverteilungen

Für einen schnellen Verstärker, der etwa 9 kritisch kompensierte Stufen enthält, sind folgende Werte typisch:

| | |
|---|---|
| Verstärkung | $2 \cdot 10^5$ |
| Maximale Ausgangsspannung bei linearer Verstärkung: | + 40 V |
| Anstiegszeit | 0,06 $\mu$sec |
| Bandbreite: | 10 kHz—5 MHz |

Wenn es nicht nur darauf ankommt, die Impulszahl pro Zeiteinheit zu bestimmen, sondern aus den Impulsamplituden Schlüsse zu ziehen, benötigt man einen Impulsamplitudenanalysator. Im einfachsten Falle ist das ein Gerät, das nur Impulse, deren Amplitude einen bestimmten vorgegebenen Wert überschreitet, durchläßt und zählt, z. B. eine Röhre mit vorgegebener, veränderlicher negativer Gittervorspannung. Eine Messung liefert die integrale Impulsverteilung (Abb. 31a), aus der man durch Differentiierung die differentielle Impulsverteilung erhält (Abb. 31b). Bequemer ist es, diese Verteilung direkt vom Analysator zu erhalten, der dazu nur Impulse registrieren darf, deren Amplitude in einem vorgegebenen, veränderlichen Intervall liegt. Ein solcher Einkanalanalysator verringert die jedesmal zu messende Impulszahl und ebenfalls die Meßdauer. Ein Vielkanaldiskriminator stellt offensichtlich eine weitere Verbesserung dar. Er sortiert *jeden* eingehenden Impuls in den entsprechenden Kanal. Seine Vorteile liegen nicht nur in einer wesentlichen Verringerung der Meßdauer, sondern auch darin daß die mit seiner Hilfe erhaltenen Resultate genauer sind; denn bei Anwendung eines Vielkanaldiskriminators müssen auch die Versuchsbedingungen nur für kürzere Zeit konstant bleiben.

Da die Zahl der Impulse, die man einem mechanischen Zählwerk ohne Verluste zuführen kann, häufig nicht größer als etwa 10/sec ist, verwendet man Untersetzerschaltungen, die die primär eingehenden Impulszahlen auf einen sehr kleinen Wert am Ausgang reduzieren. Auf Seite 37 war errechnet worden, daß die relativen Zählverluste $n \cdot \tau$ betragen, wenn $n$ die eingehende Impulsdichte und $\tau$ die kleinste Zeitkonstante ist. Sollen also $n = 1000$ Imp/sec mit einem Fehler von nur 1% registriert werden, so muß der Untersetzer in seiner ersten Stufe ein Auflösungsvermögen von $10^{-5}$ sec haben. Der Untersetzungsfaktor ergibt sich in diesem Beispiel bei einem Zählwerk mit maximal zulässiger Impulszahl 10/sec zu 100. Die heute gebräuchlichen Untersetzer arbeiten nach dem Dual- oder dem für die Praxis bequemeren Dezimalsystem.

Neben Untersetzern werden zur Registrierung schneller Impulsfolgen häufig auch integrierende Schaltungen benutzt, die einen geringeren Aufwand beanspruchen und eine laufende Registrierung der Impulsdichte gestatten. Die vom Zählrohr kommenden und evtl. verstärkten Impulse werden in einem Univibrator in Impulse gleicher Dauer und Amplitude umgeformt und in einem Kondensator gespeichert. Man mißt z. B. den Entladestrom dieses Kondensators über einen Widerstand. Im Gleichgewicht ist die Spannung am Kondensator und damit auch der Entladestrom ein Maß für die Impulsdichte.

### *8. Massenspektrometer*

Als typische Vertreter der im Anfang erwähnten zweiten Gruppe von kernphysikalischen Meßgeräten kann man massenspektroskopische Apparate ansehen. Unter der Bezeichnung „Massenspektroskopie" versteht man üblicherweise Methoden zur Bestimmung der Masse und des Gehalts verschiedener Isotope in einem Material.

Stellen wir uns vor, daß ein Ionenstrahl durch irgend einen Analysator innerhalb eines bestimmten Winkels in verschiedene Teilstrahlen aufgefächert wird. Dabei bewegen sich also Ionen verschiedener Masse (wenn sie alle eine Elementarladung tragen) auf verschiedenen Bahnen. Die Lage der Ionenbahnen im Raum hängt von der Brechkraft der verwendeten ionenoptischen Linsen, d. h. von den Stärken der elektrischen und magnetischen Felder ab. Wenn man eines dieser Felder ändert, ändert man die Lage der Ionenbahnen im Raum. Mit anderen Worten, es ist experimentell möglich, auf einer gegebenen Bahn nacheinander verschiedene Ionen zu führen.

Es wird somit verständlich, daß man die Massenspektroskopie auf zwei Wegen verwirklichen kann:

Nach Zerlegung des Ionenstrahls in einzelne Komponenten, entsprechend den verschiedenen Massen, kann man *gleichzeitig* sämtliche Teilstrahlen z. B. auf einer fotografischen Platte registrieren. In Analogie zur Lichtoptik nennt man solche

Apparate „Massenspektrographen“. Sie werden hauptsächlich zur genauen Bestimmung von Isotopenmassen benutzt, und man ist bestrebt, ein möglichst hohes Auflösungsvermögen zu erreichen. Das Auflösungsvermögen ist definiert als $\frac{M}{\Delta M}$, wobei $\Delta M$ die Massendifferenz zweier Linien ist, die das Gerät noch zu unterscheiden gestattet. In den letzten Jahren wurden Werte von $\frac{M}{\Delta M} \cong 10^5$ erreicht. Da Massenspektrographen bereits im 1. Kapitel besprochen werden, erübrigt sich

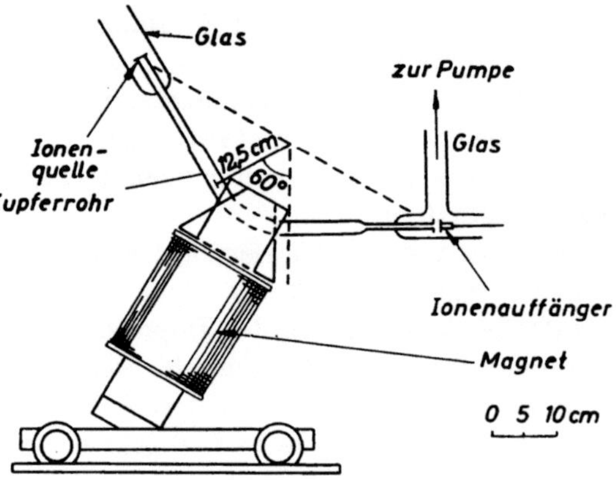


Abb. 32. Massenspektrometer (nach A. O. Nier 1940)

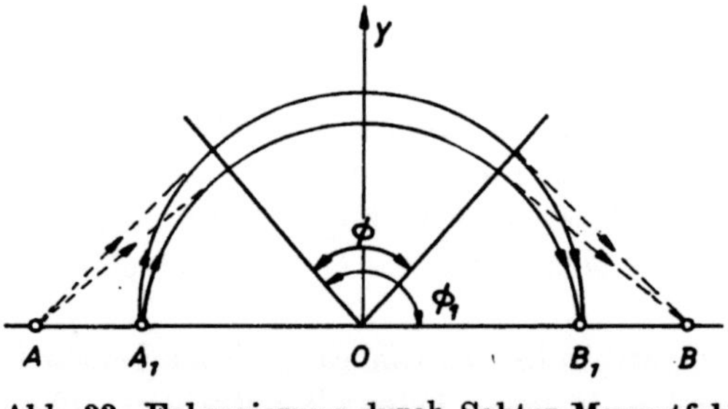


Abb. 33. Fokussierung durch Sektor-Magnetfeld

an dieser Stelle ein Eingehen auf sie. Bei dem zweiten Weg zur Verwirklichung der Massenspektroskopie wählt man eine bestimmte Bahn im Gerät aus, längs der man alle interessierenden Ionen durch Veränderung eines Parameters *nacheinander* zu einem Kollektor führt, der die Intensität des Ionenstrahl zu messen gestattet. Geräte dieser Art nennt man „Massenspektrometer“.

Sehr bekannt wurde das von A. O. Nier im Jahre 1940 gebaute Massenspektrometer unter Verwendung eines Magnetfeldsektors von 60° (Abb. 32). Es beruht auf der richtungsfokussierenden Wirkung eines Sektor-Magnetfeldes. Wie leicht verständlich (Abb. 33), werden Ionenstrahlen, die von $A_1$ in ein den gesamten Halbraum erfüllendes Magnetfeld eintreten, im Punkte $B_1$ fokussiert werden. Stellen wir uns nun vor, daß das Magnetfeld nur den Sektor mit dem Öffnungswinkel $\Phi_1$ erfüllt. Da sich die Ionen außerhalb des Magnetfeldes geradlinig bewegen, wird eine Verlagerung der Ionenquelle von $A_1$ nach $A$ keine Verschiebung des Bildpunktes $B_1$ ergeben. Wenn also nun ein Sektorfeld mit dem Winkel $\Phi$ benutzt wird, muß man Quelle und Auffänger in die Punkte $A$ und $B$ legen, die mit dem Scheitelpunkt des Magnetsektors eine Gerade bilden. Kleine Ablenkwinkel haben den Vorteil, daß man mit kleineren Magneten auskommt, dafür ist aber

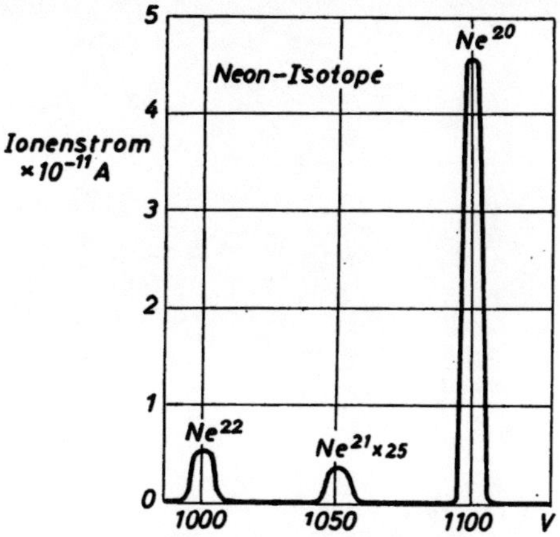


Abb. 34. Neon-Massenspektrum.

der Weg der Ionen länger. Es kommt also zur Erzielung einer ausreichenden Auflösung darauf an, ein möglichst gutes Vakuum zu erzeugen. Daher werden solche Geräte heute häufig ganzmetallisch und ausheizbar gebaut. Abb. 34 zeigt ein mit einem solchen Apparat erhaltenes, elektrisch ausgemessenes Neon-Massenspektrum. In neueren Geräten dieser Art wird ein Mehrfach-Kollektor verwendet, der den unmittelbaren Vergleich der Intensität von zwei oder drei Ionenstrahlen gestattet. Damit wird eine höhere Genauigkeit bei Isotopenhäufigkeitsmessungen erreicht. Das Auflösungsvermögen beträgt etwa 300—500.

Andere Daten des verbesserten Massenspektrometers von A. O. Nier (1947) sind:

| | |
|---|---|
| Radius des Mittelionenstrahls im Magneten: | 15,2 cm |
| Energie der Ionen: | bis 2000 eV |
| Magnetische Feldstärke: | bis 5500 Oersted |

Eine technische Ausführung dieses Geräts zeigen die Abb. 35 und 36. Oben erkennt man die Ionenquelle, in der Mitte den Magnetblock und unten die Auffänger und das Gehäuse für die elektrometrischen Verstärker.

Mit den beschriebenen Sektorfeldern gelingt es, eine Fokussierung erster Ordnung zu erzielen, d. h. die Bildfehler sind von zweiter Ordnung klein. Man kann aber zeigen, daß bei geraden Feldgrenzen durch geeignete Wahl der Eintritts- und Austrittswinkel der Ionenstrahlen die Bildfehler klein von dritter Ordnung werden können. Ein solcher Apparat wurde von Kervin (1950) gebaut. (Abb. 37). Es war möglich, infolge der besseren Fokussierung breitere Spalte (Eintrittsspalt

0,3 mm, Austrittsspalt 1,4 mm) und einen größeren Öffnungswinkel (bis 8°) des Ionenstrahl zu verwenden. Das Auflösungsvermögen betrug 800. Um mit dem älteren Sektorfeld die gleichen Ergebnisse zu erzielen, brauchte man einen etwa 6 mal so schweren Magneten.

Abb. 35. Massenspektrometer (nach A. O. NIER 1947)

Es müssen noch einige Bemerkungen über die Messung der oft sehr geringen Ionenströme gemacht werden. Lange Zeit wurden sie mit Elektrometerröhren-Gleichstromverstärkern gemessen, deren Nachteil aber ihre großen Eingangszeitkonstanten sind.

Eine schnellere Anzeige erzielt man durch Verwendung von Elektronenvervielfachern. Nach dem Vorgang von Allen fällt der Ionenstrahl direkt auf die erste Dynode auf, löst dort Sekundärelektronen aus, die sich, wie eingangs beschrieben, lawinenartig vervielfachen. Ein offensichtlicher Nachteil besteht darin, daß der

Abb. 36. Massenspektrometer (nach A. O. NIER 1947)

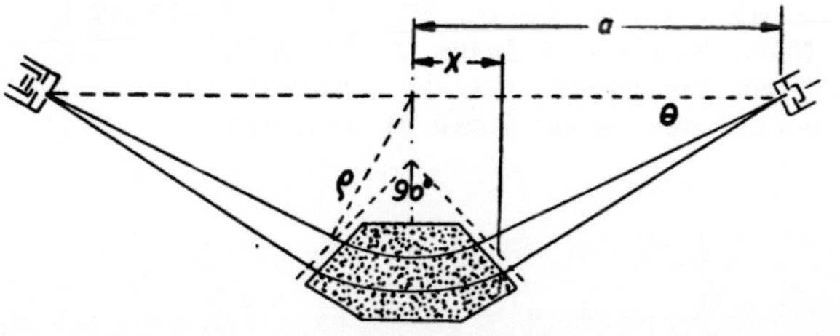


Abb. 37. Massenspektrometer mit verbesserter Fokussierung (nach L. KERWIN 1950)

Vervielfacher sich im Vakuum des Massenspektrometers befindet und somit allen Veränderungen des Vakuums, bis zum Eintritt atmosphärischer Luft, unterliegt. Eine einfachere Lösung wurde vom Verfasser (Dezember 1945) angegeben: der zu messende Ionenstrahl fällt, evtl. nach Beschleunigung, auf einen Leuchtschirm, dessen Lichtemission mit Hilfe eines außerhalb des Massenspektrometers befindlichen serienmäßig hergestellten Fotovervielfachers gemessen wird. Wenn eine zu starke Vergiftung des Leuchtschirmmaterials durch die Ionen zu erwarten ist, kann es zweckmäßig sein, durch diese zunächst an einer Dynode aus geeignetem Material Sekundärelektronen zu erzeugen, die ihrerseits den Leuchtschirm erregen. Diese Dynode kann, wenn nötig, durch Ausheizen gesäubert werden. Derartige „schnelle" Ionenstrommeßgeräte wurden in den letzten Jahren mehrfach verwendet.

## Literatur

*Szintillationszähler*

P. Görlich, Die Photozellen 1951.
S. C. Curran, Luminescence and the Scintillation Counter 1953.
I. B. Birks, Scintillation Counters 1953.
W. Hartmann und F. Bernhard, Fotovervielfacher und ihre Anwendung in der Kernphysik, (erscheint im Jahre 1956).

*Ionisationskammern, Proportionalzählrohre, Auslösezählrohre und andere Zähler*

B. B. Rossi and H. H. Staub, Ionisation Chambers and Counters 1949.
S. C. Curran and I. D. Craggs, Counting Tubes 1949.
E. Fünfer und H. Neuert, Zählrohre und Szintillationszähler 1954.
S. A. Korff, Electron and Nuclear Counters 1955.

*Elektronik*

W. Elmore and M. Sands, Electronics; Experimental Techniques 1949.

*Massenspektroskopie*

F. W. Aston, Mass Spectra and Isotopes 1942.
H. Ewald und H. Hintenberger, Methoden und Anwendungen der Massenspektroskopie 1953.
G. P. Barnard, Modern Mass Spectrometry 1953.

### *Quellen-Nachweis der Abbildungen*

Abb. 4. G. A. Morton. RCA-Review 10, 4, 525 (1949).
Abb. 5. H. I. West, W. E. Meyerhof and Hofstadter,. Phys. Rev. 8, 141 (1951).
Abb. 7, 8. R. Hofstadter and J. McIntyre. Phys. Rev. 80, 631 (1950).
Abb. 19. M. E. Rose and S. A. Korff. Phys. Rev. 59, 850 (1941).
Abb. 32. A. O. Nier, Rev. Scient. Instr. 11, 212 (1940).
Abb. 35, 36. A. O. Nier. Rev. Scient. Instr. 18, 398 (1947).
Abb. 37. L. Kerwin. Rev. Scient. Instr. 21, 96 (1950).

HEINZ BARWICH

# KERNREAKTOREN

Obgleich seit der Inbetriebnahme des ersten Kernreaktors erst dreizehn Jahre vergangen sind, haben die physikalischen und technischen Kenntnisse über Bau und Betrieb solcher Apparate bereits einen außerordentlich großen Umfang angenommen. Auf einem gewissen Teilgebiet, nämlich dem der „thermischen" Reaktoren, welche den Ausgangspunkt der Entwicklung in allen Ländern bildeten, ist die physikalische Forschung bereits soweit abgeschlossen, daß die für die Konstruktion notwendigen Berechnungen nach fertig ausgearbeiteten Methoden unter Benutzung von experimentell bekannten kernphysikalischen Materialkonstanten mit für die Praxis ausreichender Genauigkeit durchgeführt werden können. Bei der Entwicklung eines solchen Reaktors handelt es sich daher im wesentlichen um die Lösung von rein technischen Problemen. Auf dem Gesamtgebiet der Kernreaktoren ist allerdings noch ein gut Teil Forschungsarbeit zu leisten. Jedoch dürfte der Zeitpunkt nicht mehr fern sein, wo für die verschiedenen Verwendungszwecke bestimmte Typen von Reaktoren herausgearbeitet sein werden, deren Konstruktion und Bau ohne wesentliche Hilfe des Physikers von Ingenieuren durchgeführt werden kann.

In diesem Bericht sollen zunächst die Grundzüge der elementaren Reaktortheorie erläutert werden und dann eine Reihe von Musterbeispielen realer Ausführungsformen von Reaktoren besprochen werden. Es muß von vornherein darauf hingewiesen werden, daß bei dieser Abgrenzung des Stoffes ein großer Komplex von Fragen, insbesonders solcher technologischer und ökonomischer Natur, nur sehr oberflächlich gestreift oder überhaupt nicht berührt werden können, wodurch der Eindruck entstehen kann, daß die Probleme des Baues von Kernreaktoren einfacher sind, als es den Tatsachen entspricht. Da jedoch eine ausführliche Behandlung aller technischen Probleme ein gewisses Maß von Kenntnissen der physikalischen Grundlagen voraussetzt, dürfte trotzdem der hier eingeschlagene Weg der Einführung in das Gesamtgebiet zweckentsprechend sein.

## *1. Die Kettenreaktion*

Zunächst sei an einige aus früheren Berichten bekannte Tatsachen erinnert:

Die Isotope des Urans —$U^{238}$ und $U^{235}$ — können bei Einfangung eines Neutrons mit einer gewissen Wahrscheinlichkeit spalten, wobei außer den Kerntrümmern noch 2 bis 3 Neutronen einer mittleren Energie von 2 MeV ausgesandt werden.

Während das Isotop 235 mit Neutronen sämtlicher Geschwindigkeiten, also auch mit Neutronen thermischer Energie, spaltet, müssen die Neutronen zur Spaltung des Isotops 238 eine Energie von mindestens 1,1 MeV besitzen. Bei geringeren Energien führt die Einfangung eines Neutrons hier auf dem Wege über einen $(n, \gamma)$-Prozeß mit anschließendem radioaktiven Zerfall zur Bildung des Elements $Pu^{239}$, welches als Kernbrennstoff ebensogut geeignet ist wie $U^{235}$. Außerdem kann das Element Thorium über einen analogen Prozeß in ein neues künstliches Element, das $U^{233}$ verwandelt werden, welches ebenfalls mit Neutronen aller Energien spaltet.

Zunächst ist die Frage zu stellen, welches die notwendige Bedingung für das Zustandekommen einer Kettenreaktion ist. Offensichtlich muß ein im Spaltmaterial eingefangenes Neutron im Mittel mehr als ein Neutron wiedererzeugen. Im natürlichen Uran ist diese Bedingung nicht erfüllt, wenn das primäre Neutron ein Spaltneutron, d. h. ein Neutron mittleren Energie 2 MeV ist. Dies wird verständlich aus der Betrachtung der Wirkungsquerschnitte für schnelle Neutronen im natürlichen Uran:

TABELLE 1

Wirkungsquerschnitt für schnelle Neutronen im natürlichen Uran

| | |
|---|---|
| $\sigma_f$ (Spaltung) | 0,29 (barn) |
| $\sigma_i$ (unelastische Streuung) | 2,74 |
| $\sigma_r$ (Einfang) | 0,04 |
| $\sigma_e$ (elastische Streuung) | 1,5 |

Wegen des relativ großen Querschnittes für unelastische Streuung, bei der die Neutronen so viel Energie verlieren, daß sie schnell unter die Schwelle von 1,1 MeV kommen, werden nur relativ wenig Neutronen einen Spaltungsprozeß auslösen. Die weitaus meisten werden im Bereich geringerer Energien im $U^{238}$ eingefangen und führen zur Bildung von Plutonium. Auf diese Weise wird ein primäres Neutron im Mittel weniger als ein Neutron wiedererzeugen. Man nennt die Zahl, die pro absorbiertes Neutron wiedererzeugten schnellen Neutronen, die „effektive Zahl der Spaltneutronen" und bezeichnet sie mit $\eta$. Bei $\eta < 1$ kann sich also keine Kettenreaktion entwickeln.

Anders liegen die Dinge, wenn man die effektive Zahl der Spaltneutronen für ein primäres thermisches Neutron untersucht. Die Größe $\eta$ kann in diesem Falle nach der folgenden Formel berechnet werden:

$$\eta = \nu_5 \frac{N_5 (\sigma_f)_5}{N_5 (\sigma_f + \sigma_r)_5 + N_8 (\sigma_r)_8} . \tag{1.1}$$

Hierin bedeuten: $\nu_5$ die Zahl der bei einer Spaltung des $U^{235}$ im Mittel frei werdenden Neutronen. Sie beträgt $2{,}5 \pm 0{,}1$. $N_5$ bedeutet die Konzentration des $U^{235}$, $N_8$ die des $U^{238}$.

Die Ergebnisse der Auswertung unter Benutzung der Werte aus Tab. 2 zeigt Abb. 1.

Für natürliches Uran, das nur zu 0,71% das Isotop 235 enthält, ergibt sich $\eta = 1,33$; für ein auf 1% mit $U^{235}$ angereichertes Uran bereits $\eta = 1,5$. Der Anstieg von $\eta$ erfolgt sehr rasch, so daß oberhalb von 10% kaum noch eine merkliche Verbesserung

TABELLE 2

Wirkungsquerschnitte für thermische Neutronen

| | $\sigma_f$ | $\sigma_r$ | $\sigma_e$ |
|---|---|---|---|
| $U^{235}$ | 590 | 108 | 8,2 |
| $U^{238}$ | 0 | 2,8 | 8,2 |
| $U_{nat}$ | 3,92 | 3,5 | 8,2 |

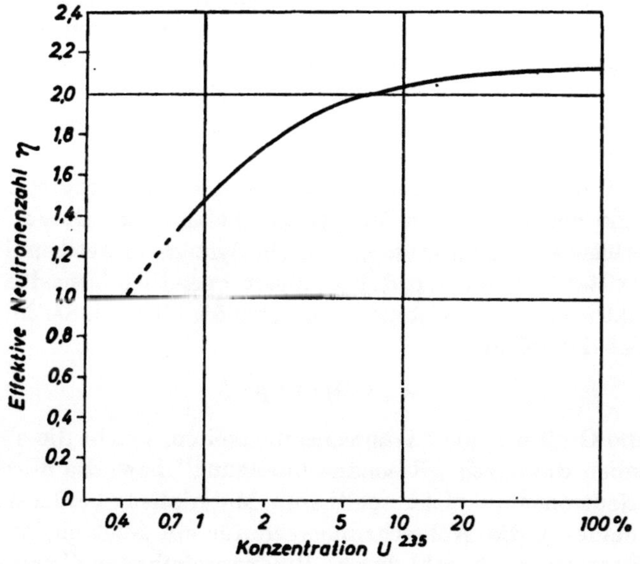


Abb. 1. Effektive Spaltneutronenzahl pro absorbiertes Neutron als Funktion der Konzentration des Isotops $U^{235}$

des Wertes eintritt. Der Höchstwert, der für reines $U^{235}$ erreicht wird, ist 2,11. Aus der Kurve ist die Bedeutung der Isotopenanreicherung für die Verwirklichung der Kettenreaktion anschaulich zu erkennen. Da eine höhere Anreicherung des $U^{235}$ auch ein größeres $\eta$ ergibt, läßt sich so eine Kettenreaktion leichter verwirklichen. Bei der Konzentration von 0,4% erreicht $\eta$ gerade den Wert 1, d. h. ein bis auf 0,4% an $U^{235}$ verarmtes Uran läßt den Ablauf einer Kettenreaktion prinzipiell nicht mehr zu.

Die Tatsache, daß die Absorption eines thermischen Neutrons im natürlichen Uran im Mittel 1,33 schnelle Neutronen erzeugt, ist jedoch noch keine hinreichende Bedingung für das Zustandekommen der Kettenreaktion. Sie kann erst einsetzen, wenn ein absorbiertes Neutron schließlich wieder mindestens ein Neutron der gleichen Energie, d. h. also ein thermisches Neutron erzeugt. Um dies zu erreichen, wird bekanntlich zu dem natürlichen Uran eine Bremssubstanz hinzugefügt. Hierbei ist nun zu fordern, daß die Verluste durch schädliche Einfangsprozesse in der Mischung Uran-Bremssubstanz während und nach der Bremsung der Spaltneutronen auf thermische Energie weniger als 25% betragen, damit am Ende wenigstens ein thermisches Neutron im Spaltmaterial wieder absorbiert werden kann.

Diese Forderung ist nicht leicht zu erfüllen, da es verschiedene, nicht vernachlässigbare Verlustquellen gibt. Zunächst hat man eine Einfangung im $U^{238}$ beim Durchlaufen des Energiebereiches von etwa 200 eV bis 6 eV, in dem der Einfangsprozeß an mehreren Stellen Resonanzcharakter aufweist, die sogenannte „Resonanzeinfangung"; dann die Einfangung von thermischen Neutronen in der Bremssubstanz und anderen Baumaterialien wie Hülsen und Kühlmittel und in den Verunreinigungen. Gegenüber diesen beiden Arten von Einfangprozessen können Einfangprozesse bei anderen Energien vernachlässigt werden, da die entsprechenden Wirkungsquerschnitte relativ klein sind.

Hierzu kommt noch als weitere Verlustquelle das Entweichen der Neutronen aus der Oberfläche des Systems.

Die Zahl der pro absorbiertes Neutron im Mittel wiedererzeugten Neutronen der gleichen Energie nennt man den Multiplikationsfaktor $k$. Dieser ist wegen der erwähnten Verluste stets kleiner als $\eta$. Für ein System, in welchem keine Verluste durch die Oberfläche stattfinden, d. h. in einem unendlich ausgedehnten System, wird dieser Faktor mit $k_\infty$ bezeichnet. Formelmäßig läßt sich der Multiplikationsfaktor wie folgt darstellen:

$$k_\infty = \eta \cdot \varepsilon \cdot p \cdot f \tag{1.2}$$

Hierbei sind die Größen $p$ und $f$ Wahrscheinlichkeiten, welche die oben genannten Verluste, nämlich die durch „Resonanzeinfangung" bzw. die durch Absorption thermischer Neutronen in nicht spaltbaren Materialien, berücksichtigen. Insbesondere bedeutet $p$ die Wahrscheinlichkeit für ein Neutron, in dem infragekommenden Energiebereich nicht durch „Resonanzeinfangung" verloren zu gehen, und $f$ bedeutet die Wahrscheinlichkeit für ein thermisches Neutron, im Spaltmaterial und nicht in einem anderen Material absorbiert zu werden. Man nennt $f$ auch den „thermischen Ausnutzungsfaktor." Der Faktor $\varepsilon$ berücksichtigt einen Prozeß der Neutronenvermehrung, der bisher noch nicht erwähnt wurde, nämlich die Vermehrung durch Spaltung von $U^{238}$ durch schnelle Neutronen. Seine Größe ist im allgemeinen nur wenig von eins abweichend und kann in reinem Uran den Höchstwert von 1,2 erreichen.

Die Bedingung für die Möglichkeit des Bestehens einer Kettenreaktion lautet also

$$k_\infty > 1\,. \tag{1.3}$$

In isotopenreinem Spaltmaterial $U^{235}$, $U^{233}$ und $Pu^{239}$ sind natürlich wegen des Fehlens von $U^{238}$, sowohl $\varepsilon$ als auch $p$ gleich eins. Die Formel für den Multiplikationsfaktor nimmt dann eine besonders einfache Form an nämlich:

$$k_\infty = \eta \cdot f. \tag{1.4}$$

In einem endlich ausgedehnten System, für welches der Multiplikationsfaktor $k_\infty > 1$ ist, wird tatsächlich nur dann eine Kettenreaktion ablaufen, wenn die bisher nicht berücksichtigten Neutronenverluste durch die Oberfläche nicht so groß sind, daß die über das ganze Volumen gemittelte effektive Neutronenvermehrung pro Generation kleiner als eins wird. Man kann den Effekt der Oberflächenverluste formal durch Einführung eines effektiven Multiplikationsfaktors, $k_{eff}$, welcher um einen Reduktionsfaktor $\alpha$ kleiner als $k_\infty$ ist, berücksichtigen und erhält dann als Bedingung für das tatsächliche Bestehen einer Kettenreaktion in einem endlichen System:

$$\alpha\, k_\infty = k_{eff} \geqq 1 \tag{1.5}$$

Hierbei ist zu beachten, daß die Größe $k_{eff}$ als ein Ausdruck für die räumliche Mittelwertsbildung über die Prozesse der Neutronenvermehrung zu verstehen ist. Im Mittelpunkt eines endlichen Systems ist die Vermehrung tatsächlich durch den Faktor $k_\infty$ bestimmt, während sie zum Rande hin gegen den Wert Null strebt.

Im Falle $k_{eff} = 1$ besteht ein stationärer Zustand, d. h. die Neutronendichte und damit die thermische Leistung ist zeitlich konstant. Dieser Zustand muß im zeitlichen Mittel beim Betrieb eines Reaktors eingehalten werden.

Bei $k_{eff} > 1$ hat man eine ständige Zunahme der Neutronendichte und der thermischen Leistung; dies ist der Zustand, welcher bei der Inbetriebnahme eines Reaktors vorübergehend besteht.

## 2. *Klassifizierung der Reaktoren*

Im vorigen Abschnitt wurde die Bedingung für eine Kettenreaktion, welche durch thermische Neutronen erwirkt wird, untersucht. Ein Reaktor, in welchem dieser Prozeß abläuft, wird als „thermischer" Reaktor bezeichnet. Ein solcher Reaktor kann als Spaltmaterial sowohl natürliches Uran oder angereichertes Uran als auch die isotopenreinen Elemente $U^{235}$, $U^{233}$ und $Pu^{239}$ ausnutzen. Bei den letzteren ist jedoch die Neutronenvervielfachung so günstig, daß eine Kettenreaktion auch ohne Bremsung der Neutronen möglich ist. Benutzt man diesen Prozeß in einem Reaktor, d. h. baut man einen Reaktor ohne Bremssubstanz, so daß schnelle Neutronen die Spaltung bewirken, so spricht man von einem „schnellen" Reaktor. Weiterhin gibt es Reaktoren, welche zwar eine Bremssubstanz enthalten, bei denen die Verhältnisse jedoch so beschaffen sind, daß die Bremsung der überwiegenden Zahl von Neutronen nicht bis zur thermischen Energie herab stattfindet. Solche Reaktoren nennt man „epithermische" Reaktoren. (Streng genommen findet auch bei den „schnellen" Reaktoren eine gewisse Bremsung der Neutronen durch unelastische Streuung sowie durch elastische Streuung im Kühlmittel statt, die jedoch hier außer Betracht gelassen wird.)

Zur Bremsung der Neutronen kann man verschiedene Stoffe verwenden. Am geeignetsten sind solche, die neben einem kleinen Einfangquerschnitt auch noch ein möglichst geringes Atomgewicht besitzen. Die besten „Moderatoren" sind: Schweres Wasser, Beryllium und Graphit. In gewissen Fällen kann man auch gewöhnliches Wasser und wasserstoffhaltige Substanzen verwenden.

Wenn man das Uran in der Bremssubstanz homogen verteilt, entweder durch Auflösen eines Uransalzes in Wasser oder durch kolloide Dispergierung, so spricht man von einem „homogenen" Reaktor. Verwendet man dagegen das Uran in Form von Stäben oder Blöcken, die in regelmäßiger Anordnung in die Bremssubstanz eingebettet sind, so spricht man von einem „heterogenen" Reaktor. Ein weiteres technisches Merkmal für die Klassifizierung von Reaktoren ist die Art der Kühlung. Hier kann man hauptsächlich drei Gruppen unterscheiden, nämlich solche mit Gaskühlung, Flüssigkeitskühlung und Metallkühlung.

Die Mannigfaltigkeit der Typen von Reaktoren ist aber durch die auf der Variation der verschiedenen Merkmale: Spaltmaterial, Bremssubstanz, Kühlmittel und geometrischer Aufbau beruhenden zahlreichen konstruktiven Möglichkeiten noch nicht ausreichend illustriert. Ein wesentliches Merkmal für die Herausarbeitung bestimmter Typen ist noch der Verwendungszweck. Hierbei kann zwischen den Gruppen der experimentellen Reaktoren, der Spaltmaterialerzeuger, der Energiereaktoren und der Brutreaktoren, die gleichzeitig für Energieausnutzung bestimmt sind, unterschieden werden. Natürlich ist diese Einteilung nicht wissenschaftlich begründet, sondern dient nur zur Erläuterung der Vielseitigkeit der technischen Varianten.

Die experimentellen Reaktoren dienen wissenschaftlichen Zwecken, d. h. man benutzt sie als Neutronenquelle für kernphysikalische Untersuchungen und zur Erzeugung radioaktiver Isotope. Dabei kommt es auf die Ausnutzung der freiwerdenden Wärme oder auf die Erzeugung von künstlichem Spaltmaterial wie $Pu^{239}$ oder $U^{233}$ nicht an. Dieser Typ ist heute in der Praxis am weitesten verbreitet.

Unter Erzeugern von Spaltmaterial werden hier in erster Linie die Reaktoren verstanden, welche in der ersten Etappe der historischen Entwicklung eine große Rolle spielten, nämlich die thermischen Reaktoren, welche zum Zwecke der Erzeugung von Plutonium gebaut wurden. Hierbei wird ebenfalls auf die Nutzbarmachung der Energie kein Wert gelegt. Außerdem erfüllen die Reaktoren dieser Klasse die Bedingung, daß die Rate der Erzeugung von künstlichem Spaltmaterial wie $Pu^{239}$ oder $U^{233}$ höher als die des Verbrauchs an primärem Kernbrennstoff ist, nicht. Reaktoren, bei denen diese Bedingung erfüllt ist, nennt man „Brutreaktoren".

Energieliefernde Reaktoren sind solche, bei denen die Ausnutzung der freiwerdenden Wärme in einem solchen Maße möglich ist, daß sie einen volkswirtschaftlichen Nutzen bringen; d. h. der gesamte Aufwand an Energie, der mit der Herstellung und Aufarbeitung des verwendeten Brennstoffes, dem Betrieb des Reaktors und seiner Hilfseinrichtungen verbunden ist, muß kleiner sein als die Energie, welche aus dem Reaktor als nützliche Energie entnommen wird. Zu dieser

Klasse gehören sowohl thermische, epithermische als auch schnelle Reaktoren. Allerdings gibt es in der Praxis noch keinen solchen Reaktor auf der Basis des natürlichen Urans. Mit der Inbetriebnahme eines solchen Typs ist in der nächsten Zeit in England zu rechnen. Es wird außerordentlich interessant sein, die ökonomischen Daten, die sich aus dem praktischen Betrieb ergeben werden, kennenzulernen.

Der Typ des Reaktors mit den größten Zukunftsaussichten ist zweifellos der des energieliefernden Reaktors, bei dem gleichzeitig die Wiedererzeugung von künstlichem Spaltmaterial — also $Pu^{239}$ bzw. $U^{233}$ aus $U^{238}$ bzw. $Th^{232}$ — größer oder mindestens gleich dem eigenen Bedarf an diesem Spaltmaterial ist. (Brutreaktoren). Für den Fall des Plutonium-Zyklus handelt es sich hierbei um schnelle Reaktoren, im Falle des $U^{233}$ — Thorium-Zyklus kann die Bedingung auch im thermischen Reaktor, und zwar vom homogenen Typ, erfüllt werden. Bei allen Vorzügen, welche diese Reaktoren haben, ist ihre rasche Entwicklung in vielen Ländern durch die Schwierigkeiten der Beschaffung der für den Anfang des Betriebes notwendigen recht großen Mengen von reinem Spaltmaterial (ca 50 kg) gehemmt, da hierzu entweder leistungsfähige Isotopentrennungsanlagen für die Erzeugung von fast reinem $U^{235}$ oder genügend leistungsfähige Reaktoren des zweitgenannten Typs mit den dazugehörenden Aufarbeitungsanlagen zur Verfügung stehen müssen, sofern nicht dieses Material auf dem Wege des Ankaufs beschafft werden kann. Von diesem Typ des energieliefernden Reaktors gibt es eine größere Anzahl von in Arbeit befindlichen Projekten, doch fehlt es einstweilen noch an ausreichenden praktischen Erfahrungen.

### 3. *Der thermische Ausnutzungsfaktor*

Gemäß der Definition ist der thermische Ausnutzungsfaktor $f$:

$$f = \frac{\text{Zahl der im Uran eingefangenen thermischen Neutronen}}{\text{Zahl der insgesamt eingefangenen thermischen Neutronen}}. \tag{3.1}$$

Die Zahl der in einem $cm^3$ und einer Sekunde vor sich gehenden Absorptionsprozesse $z$ ist gleich der Zahl der in einem $cm^3$ vorhandenen Neutronen $n$ multipliziert mit der mittleren Zahl der Stöße eines Neutrons pro Sekunde. Diese Zahl ist gleich $\bar{v}/\lambda_a$, wo $v$ die mittlere thermische Geschwindigkeit und $\lambda_a$ die mittlere freie Weglänge der Neutronen — in diesem Falle für den Prozeß der Absorption ohne Rücksicht auf die Streuung — bedeuten.

Es ist also

$$z = \frac{n\,\bar{v}}{\lambda_a}. \tag{3.2}$$

Nun ist

$$\lambda_a = \frac{1}{N_a\,\sigma_a} = \frac{1}{\Sigma_a}, \tag{3.3}$$

wobei $N_a$ die Zahl der absorbierenden Kerne in $cm^3$ und $\sigma_a$ der Wirkungsquerschnitt für den Absorptionsprozeß ist. $\Sigma_a$ ist der zur Abkürzung eingeführte sogenannte „makroskopische Wirkungsquerschnitt," d. h. die Summe der Wirkungsquerschnitte aller in einem $cm^3$ vorhandenen Atome. Die Größe $n\bar{v}$ bezeichnet man als den Neutronenfluß $\Phi$. So stellt sich die Größe $z$ schließlich einfach dar als das Produkt aus Neutronenfluß und makroskopischen Querschnitt:

$$z = \Phi \cdot \Sigma_a . \tag{3.4}$$

Danach erhält man für den Ausnutzungsfaktor $f$:

$$f = \frac{\Phi_u (\Sigma_a)_u}{\Phi_u (\Sigma_a)_a + \Phi_b (\Sigma_a)_b} . \tag{3.5}$$

Die Indizes $u$ bzw. $b$ bedeuten, daß sich die Größen auf die Materialien Uran bzw. Bremssubstanz beziehen. Sollen noch weitere Verluste in Rechnung gesetzt werden, wie z. B. solche in Baumaterialien oder Verunreinigungen, so müssen entsprechende Glieder im Nenner der Formel hinzugefügt werden. Da in einem homogenen System unendlicher Ausdehnung der Fluß $\Phi$ überall den gleichen Wert hat, vereinfacht sich die Formel für $f$ in diesem Falle wesentlich, da sich die Faktoren $\Phi_a$ und $\Phi_b$ herauskürzen und nur noch ein Ausdruck aus den makroskopischen Wirkungsquerschnitten übrig bleibt.

Im Falle eines heterogenen Systems ist der Fluß ortsabhängig. Für den Ausnutzungsfaktor $f$ sind dann die Mittelwerte des Flusses im Uran und in der Bremssubstanz maßgebend. Dividiert man durch den Mittelwert des Flusses im Uran, so erhält man

$$f = \frac{(\Sigma_a)_u}{(\Sigma_a)_u + F\,(\Sigma_a)_b} , \tag{3.6}$$

worin $F$ das Verhältnis des mittleren Flusses im Moderator und im Uran bedeutet:

$$F = \frac{\Phi_b}{\Phi_u} . \tag{3.7}$$

Um den Faktor $F$ zu berechnen, muß man die Theorie der Diffusion thermischer Neutronen zu Hilfe nehmen, auf die im folgenden kurz eingegangen werden soll. Es wird sich zeigen, daß der Faktor $F$ stets größer als eins ist, was bedeutet, daß die Ausnutzung der thermischen Neutronen im heterogenen System stets schlechter als im homogenen ist, in welchem die Größe $F$ ja den Wert eins hat. Diesem Nachteil steht jedoch der Vorteil, daß die Größe $p$ sich umgekehrt verhält, gegenüber, so daß im Endresultat die Größe $pf$ in einem heterogenen System größere Werte als in einem homogenen annehmen kann.

### *4. Die Diffusion von thermischen Neutronen*

Da die folgenden Betrachtungen sich nur auf thermische Neutronen beziehen, d. h. auf solche, die im thermischen Gleichgewicht mit der Bremssubstanz sind, so kann man hierbei die von der Diffusion von Gasen her bekannten Gesetzmäßigkeiten anwenden.

Der Diffusionsstrom stellt sich bekanntlich als das Produkt aus einem Diffusionskoeffizienten $D_0$ und dem Gefälle der Teilchendichte $n$ dar. In einem ebenen Problem, d.h. bei einer Neutronenverteilung, die sich nur in einer Richtung, der $x$-Richtung, ändert, ist der Ausdruck für den Diffusionsstrom gegeben durch

$$j = -D_0 \frac{\partial n}{\partial x}. \tag{4.1}$$

Im Gegensatz zu den Verhältnissen bei der Diffusion gewöhnlicher, chemisch inaktiver Gase hat man es bei der Diffusion von Neutronen noch mit Entstehen und Verschwinden von Neutronen zu tun, d. h. es existieren Quellen und Senken für Neutronen. Die Quellen der thermischen Neutronen befinden sich bei einem Reaktor in der Bremssubstanz, da ja nur in ihr die thermische Energie erreicht wird, von der ab ein Neutron als thermisches Neutron zu registrieren ist. Im Spaltmaterial entstehen nur schnelle Neutronen, welche bei der vorliegenden Untersuchung außer acht gelassen werden. Die Senken für thermische Neutronen liegen dagegen hauptsächlich im Spaltmaterial, da in ihm der Hauptanteil dieser Neutronen absorbiert wird. Um die Diffusion im Spaltmaterial zu untersuchen, genügt es also, nur die Absorption der Neutronen zu berücksichtigen. Außerdem gelten diese Überlegungen auch für beliebige Stoffe, sofern die Quellen sich nicht im Innern, sondern am Rande des betrachteten Gebietes befinden. Die Änderung der Neutronendichte in der Zeiteinheit $\partial n/dt$ setzt sich also aus zwei Anteilen zusammen: einmal aus dem Betrage $-z$, der Anzahl der Absorptionsakte, wovon vorher die Rede war, und zweitens aus dem Betrage $-\partial j/\partial x$, der aus der gewöhnlichen Diffusionstheorie bekannten räumlichen Änderung des Diffusionsstromes. Man erhält also

$$\frac{\partial n}{\partial t} = -z - \frac{\partial j}{\partial x} = -z + D_0 \frac{\partial^2 n}{\partial x^2}. \tag{4.2}$$

Ebenso wie bei der Diffusion der Gase läßt sich $D_0$ mit Hilfe einer mittleren freien Weglänge darstellen, nämlich

$$D_0 = \frac{1}{3} \lambda_t \bar{v} ; \tag{4.3}$$

die hier auftretende mittlere freie Weglänge $\lambda_t$ nennt man die „Transportweglänge." Sie unterscheidet sich nur wenig von der Streuweglänge $\lambda_s = 1/\Sigma_s$, nämlich sie ist gegeben durch

$$\lambda_t = \frac{\lambda_s}{1 - \overline{\cos \Theta}}. \tag{4.4}$$

Hier ist $\Theta$ der Streuwinkel im ruhenden Bezugssystem. Der Wert von $\overline{\cos \Theta}$ ist mehr oder weniger positiv je nach der Masse des streuenden Kerns und berechnet sich aus der Bedingung der isotropen Streuung im Schwerpunktsystem der beiden stoßenden Teilchen. Für Kohlenstoff z. B. ergibt sich $\overline{\cos \Theta} = 0{,}056$.

Setzt man in (4.2) für $z$ den Ausdruck (3.4) und für $D_0$ den Ausdruck (4.3) und interessiert sich nur für stationäre Lösungen, d. h. setzt $\frac{\partial n}{\partial t} = 0$, so ergibt sich:

$$\frac{\partial^2 n}{\partial x^2} - \frac{3}{\lambda_t \lambda_a} \cdot n = 0. \tag{4.5}$$

Führt man zur Abkürzung ein

$$L^2 = \frac{1}{3}\,\lambda_t\,\lambda_a\,, \tag{4.6}$$

so läßt sich die Lösung von (4.5) darstellen:

$$n = C_1\,e^{-x/L} + C_2\,e^{x/L}\,,$$

wo $C_1$ und $C_2$ Integrationskonstanten sind.

Ist die Neutronendichte für $x = 0$ zu $n = n_0$ vorgegeben und soll sie im Unendlichen verschwinden, so bekommt man die Lösung:

$$n = n_0\,e^{-x/L} \tag{4.8}$$

oder auch ebenso

$$\Phi = \Phi_0\,e^{-x/L}\,.$$

Die oben eingeführte Länge $L$ ist also ein Maß für das räumliche Abklingen der Neutronendichte oder des Neutronenflusses in einem Körper ohne Quellen. Sie heißt deshalb die „Diffusionslänge".

Ist die Neutronendichte an den Rändern eines sich von $x = -d$ bis $x = +d$ erstreckenden ebenen Körpers $n = n_d$ gegeben, so werden die Konstanten $C_1$ und $C_2$ einander gleich und man erhält:

$$n = n_\alpha\,\frac{\cos h\;x/L}{\cos h\;x/d}\,. \tag{4.9}$$

Einen solchen Verlauf hat z. B. die Dichte oder der Fluß der thermischen Neutronen im Innern einer Uranplatte in einem Reaktor. Um also die im vorigen Abschnitt gestellte Aufgabe bezüglich der Größe $F$ zu lösen, bedarf es nur der Kenntnis der Diffusionsweglänge $L$.

Eine physikalische anschauliche Deutung für die Größe $L$ bekommt man, wenn man die Diffusion thermischer Neutronen von einer punktförmigen Quelle aus untersucht. Es existiert dann ein mittlerer Abstand von der Quelle $r_a$, in welchem die Neutronen absorbiert werden. Es zeigt sich, daß die Beziehung gilt:

$$L^2 = \frac{1}{6}\,\overline{r_a^2}\,. \tag{4.10}$$

Die Diffusionslänge ist also direkt mit dem Abstand zwischen Entstehungsort und Absorptionsort der thermischen Neutronen verknüpft.

Als Beispiel seien die Daten für Graphit angeführt:

| | | |
|---|---|---|
| $\sigma_s = 4.8$ barn | $\lambda_t = 2.75$ cm | $L = 50$ cm |
| $\sigma_a = 4.5 \cdot 10^{-3}$ barn | $\lambda_a = 2760$ cm | |

Im Uran ist die Diffusionslänge $L = 1.54$ cm

## *5. Die Bremsung der Neutronen und die Resonanzeinfangswahrscheinlichkeit (1 — p)*

Bei Anwendung der klassischen Mechanik auf den Vorgang der Streuung von Neutronen an ruhenden Kernen ergibt sich, daß die Energie nach einem Stoß $E_s$

im Mittel einen konstanten Bruchteil der Energie des Neutrons vor dem Stoß $E_0$ beträgt. Formelmäßig läßt sich dieser Tatbestand ausdrücken durch

$$E_s = E_0\, e^{-\xi} \tag{5.1}$$

oder

$$\xi = \ln \frac{E_0}{E_s}, \tag{5.2}$$

wobei die Größe $\xi$ für jede Bremssubstanz eine Stoffkonstante ist, die nur vom Atomgewicht dieser Substanz abhängt.

TABELLE 3

Werte der logarithmischen Energieabnahme $\xi$ für verschiedene Elemente

| Element: | H | D | Be | C | O | U |
|---|---|---|---|---|---|---|
| $\xi$: | 1.0 | 0.725 | 0.209 | 0.158 | 0.12 | 0.0084 |

Um von der Energie $E_0$ auf eine beliebige Energie $E_1$ zu kommen, werden $s$ Stöße benötigt, wobei sich $s$ gemäß (5.2) ergibt zu:

$$s = \frac{1}{\xi} \ln \frac{E_0}{E_1}. \tag{5.3}$$

Ist der Energieunterschied $E_0 - E_1 = \delta E$ eine relativ kleine Größe, so kann man auch setzen:

$$s = \frac{1}{\xi} \cdot \frac{\delta E}{E}. \tag{5.4}$$

Es sei nun angenommen, daß in dem betrachteten schmalen Energieintervall $\delta E$ außer Streuprozessen auch Absorptionsprozesse — Resonanzabsorption — stattfinden. Die entsprechenden makroskopischen Querschnitte seien $\Sigma_s$ bzw. $\Sigma_a(E)$. Die Wahrscheinlichkeit, bei einem Stoß absorbiert zu werden ist

$$w_1 = \frac{\Sigma_a}{\Sigma_a + \Sigma_s}. \tag{5.5}$$

Die Wahrscheinlichkeit, bei $s$ Stößen absorbiert zu werden, ist $s$ mal so groß. Setzt man die Zahl der Stöße im Intervall $\delta E$ gemäß (5.4) ein, so ergibt sich die Wahrscheinlichkeit des Resonanzeinfangs für das betrachtete kleine Intervall

$$1 - p(\delta E) = \frac{\Sigma_a}{\Sigma_a + \Sigma_s} \frac{1}{\xi} \frac{\delta E}{E}. \tag{5.6}$$

Entsprechend ergibt sich die Wahrscheinlichkeit, durch dieses Intervall ohne Einfangung hindurchzukommen:

$$p(\delta E) = 1 - \frac{\Sigma_a}{\Sigma_a + \Sigma_s} \frac{1}{\xi} \frac{\delta E}{E} \tag{5.7}$$

oder angenähert

$$p(\delta E) = e^{-\frac{\Sigma_a}{\Sigma_a + \Sigma_s} \frac{1}{\xi} \frac{\delta E}{E}}. \tag{5.8}$$

Da nun die Wahrscheinlichkeit, durch ein großes Intervall hindurchzukommen durch das Produkt aller Wahrscheinlichkeiten für die einzelnen Intervalle $\delta E$ ist, aus denen sich das gesamte Intervall zusammensetzt, erhält man für die Größe $p$:

$$p = e^{-\int\limits_{E_1}^{E_0} \frac{\Sigma_a}{\Sigma_a + \Sigma_s} \frac{1}{\xi} \frac{dE}{E}} \tag{5.9}$$

Dieser Ausdruck gilt für einen homogenen Reaktor. Der Ausdruck unter dem Integral läßt sich noch umformen und man erhält dann

$$p = e^{-\frac{N_u}{\xi \Sigma_s} \int\limits_{E_1}^{E_0} \frac{\sigma_a \Sigma_s}{\Sigma_a + \Sigma_s} \frac{dE}{E}} = e^{-\frac{N_u}{\xi \Sigma_s} \int\limits_{E_1}^{E_0} \sigma_{a\,eff} \frac{dE}{E}} \tag{5.10}$$

Das nunmehr auftretende Integral nennt man das „Resonanzintegral“. $N_u$ ist die Zahl der pro cm³ vorhandenen $U^{238}$-Kerne. Für natürliches Uran ist der Wert dieses Integrals experimentell genau bestimmt worden. Es erscheint hierbei nur als eine Funktion des Quotienten $\Sigma_s/N_u$, des auf ein absorbierendes Atom entfallenden Streuquerschnittes, dessen reziproker Wert bereits vor dem Integral auftrat. Da die Größe $\xi$, welche dem Charakter der Bremssubstanz Rechnung trägt, bereits aus dem Integral herausgenommen wurde, gilt also das Resonanzintegral für beliebige Bremssubstanzen.

Im Falle des heterogenen Reaktors läßt sich keine so allgemein gültige Formel mehr angeben. Die an Uran-Graphit-Systemen gefundenen Ergebnisse lassen die Darstellung des Resonanzintegrals durch die folgende Formel zu:

$$\int \sigma_{a\,eff} \frac{\delta E}{E} = 9{,}25 \left(1 + 2.67 \frac{S}{M}\right). \tag{5.11}$$

Setzt man in dieser Formel für $S$ die Größe der Oberfläche des Uranstabes in cm² und für $M$ die Masse in Gramm, so ergibt sich der effektive Wert des Resonanzintegrals in barn.

### 6. *Der Multiplikationsfaktor $k_\infty$*

Da in einem homogenen Reaktor der Faktor $\varepsilon$ praktisch gleich eins ist, läßt sich der Multiplikationsfaktor $k_\infty$ in diesem Fall bereits auf Grund der vorausgegangenen Darlegungen vollständig berechnen. Für den Fall des heterogenen Reaktors liegen fertige Formeln für die Berechnung von $\varepsilon$ vor, auf die hier nicht näher eingegangen wird. Als Beispiel sei nur angeführt, das bei einem „normalen“ Reaktor — also natürliches Uran — $\varepsilon$ ungefähr den Wert 1,03 hat. Mit Verminderung des Verhältnisses Bremssubstanz — Uran wächst $\varepsilon$ bis zum Grenzwert 1,2.

Die sich für einen heterogenen Uran-Graphit Reaktor als Funktion des Molenbruches Graphit–Uran für verschiedene Parameter $R$ (Radius der Uranstäbe) ergebenden Werte $k_\infty$ zeigt die Abb. 2. Man erkennt, daß der Multiplikationsfaktor nicht sehr empfindlich in bezug auf die Änderung des Stabradius im Bereich von 1 bis 3 cm ist, so daß die Bedingung für einen maximalen Wert vor allen

Dingen durch das optimale Verhältnis der Mengen von Graphit und Uran bestimmt ist.

Weiterhin ergibt sich aus den Auswertungen der angegebenen Formeln für homogene Reaktoren, daß ein homogener Reaktor mit natürlichem Uran nur mit schwerem Wasser als Bremssubstanz möglich ist, da sich für den homogenen Typ des Uran-Graphit-Reaktors $k_\infty$ kleiner als eins ergibt. Bei passender

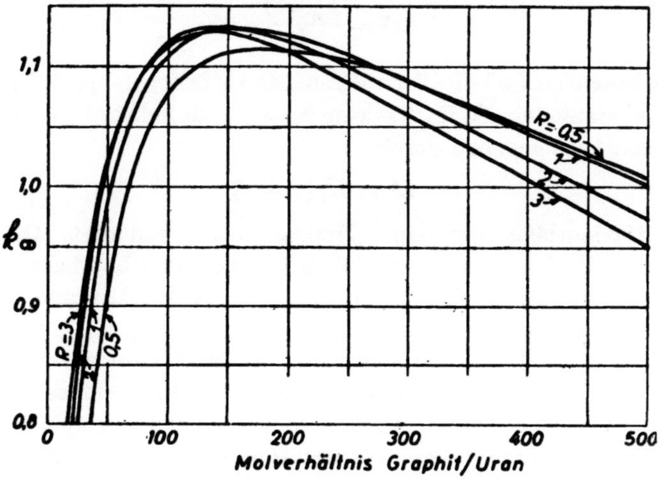


Abb. 2. Multiplikationsfaktor $k_\infty$ für einen Uran-Graphit-Reaktor mit natürlichem Uran (nach STEPHENSON 1954)

Wahl der Mengenverhältnisse Uran-Bremssubstanz und der Geometrie erhält man für heterogene Systeme stets bessere Werte von $k_\infty$ als für homogene Systeme, was auf Verminderung der Resonanzeinfangung zurückzuführen ist.

## 7. *Die kritische Größe*

Je nach Form eines Reaktors — Kugel, Zylinder, Würfel usw. — existieren ganz bestimmte Abmessungen, für welche er im sogenannten „kritischen" Zustand ist. Dieser Zustand ist dadurch gekennzeichnet, daß er stationär ist, d. h. daß die Neutronendichte zeitlich konstant ist. Das bedeutet, daß die Erzeugung von Neutronen im Volumen der aktiven Zone gerade gleich der Absorption in diesem Volumen vermehrt um den Verlust durch Abströmen aus der Oberfläche ist. Bei der Untersuchung des Problems der kritischen Abmessungen kann man in den meisten Fällen so vorgehen, daß man auch den heterogenen Reaktor so behandelt, als wäre er homogen; der Einfluß der Struktur wurde im wesentlichen bereits bei der Untersuchung von $k_\infty$ berücksichtigt. Eine relativ grobe Analyse des kritischen Zustandes besteht darin, daß man so rechnet, als gäbe es nur thermische Neutronen. In diesem Fall braucht man nur eine stationäre Lösung der partiellen Differentialgleichung für den Fluß der thermischen Neutronen zu suchen, welche die Randbedingung $\Phi = 0$ an der Oberfläche des aktiven Bereiches befriedigt.

Die Quellen werden in dieser Gleichung durch das Glied $k_\infty \Phi \Sigma_a$ die Senken durch das Glied $\Phi\Sigma_a$ berücksichtigt, wobei sich $\Sigma_a$ nur auf die Absorption im Uran bezieht, der gegenüber hier die Absorption in nicht spaltbaren Materialien vernachlässigt werden kann. Man erhält hierbei die Differentialgleichung

$$\Delta\Phi + \varkappa^2\Phi = 0 \tag{7.1}$$

mit

$$\varkappa^2 = \frac{k_\infty - 1}{L^2}. \tag{7.2}$$

Hierbei ist zu beachten, daß die hier auftretende Diffusionslänge $L$ für die Mischung Uran-Bremssubstanz, wie sie im Reaktor vorliegt, zu nehmen ist. Angenähert ist diese Diffusionslänge gegeben durch

$$L^2 = L_0^2\,(1 - f) \tag{7.3}$$

wo $L_0$ die Diffusionslänge der reinen Bremssubstanz bedeutet. Die Differentialgleichung (7.1) mit den angegebenen Randbedingungen hat bekanntlich für ein vorgegebenes geometrisches Gebilde nur für eine ganz bestimmte Serie diskreter Werte der Größe $\varkappa$, die sogenannten Eigenwerte, Lösungen. Da im vorliegenden Fall $\varkappa$ bereits durch die Materialeigenschaften des Systems vorgeschrieben ist, existiert hier nur eine Lösung, wenn die geometrischen Abmessungen in einem bestimmten Zusammenhang mit dieser Größe $\varkappa$ stehen. Beispielsweise existiert eine Lösung für eine Kugel, wenn zwischen ihrem Radius $R$ und $\varkappa$ die Beziehung gilt:

$$\varkappa^2 = \left(\frac{\pi}{R}\right)^2 \tag{7.4}$$

oder für einen Würfel der Kantenlänge $a$:

$$\varkappa^2 = 3\left(\frac{\pi}{a}\right)^2. \tag{7.5}$$

Durch Einsetzen des Wertes für $\varkappa^2$ aus (7.2) kann man also die kritischen Abmessungen eines kugelförmigen bzw. würfelförmigen und analog hierzu auch beliebig geformten Reaktors bestimmen sofern es sich um einen solchen ohne „Reflektor“ handelt.

Der Mangel dieser angenäherten Methode besteht vor allem darin, daß hier keine Rücksicht auf die Verluste schneller Neutronen aus der Oberfläche herausgenommen wird. Bei Berücksichtigung solcher Verluste ist es unzulässig, als Ausdruck für die Quellen thermischer Neutronen $k_\infty\,\Phi E_a$ anzusetzen. Anstelle dieses Ausdrucks ist ein anderer Ausdruck zu setzen, in welchem eine neue Veränderliche, die sogenannte „Bremsdichte“, eine Rolle spielt. Diese Größe bedeutet die Zahl der Neutronen, welche pro Sekunde und $cm^3$ unter eine bestimmte Energiegrenze herab abgebremst werden, sie ist also eine Funktion der Energie und außerdem noch eine Funktion des Ortes. Für die Bremsdichte erhält man eine Differentialgleichung, in welcher eine neue Variable, $\tau$, die Rolle einer Zeit übernimmt. Man nennt deshalb diese Variable „das symbolische Alter“ oder das „Fermi-Alter“ der Neutronen. In Wirklichkeit hat diese Größe die Dimension $cm^2$, da sie aus einer

Zeit — der Zeit für die Abbremsung von der Ausgangsenergie bis auf die gesuchte Energie — multipliziert mit einer mittleren Diffusionskonstanten entstanden ist. Die gleichzeitige Lösung der verbesserten Differentialgleichung für den thermischen Fluß und der Gleichung für die Bremsdichte führen auf eine neue „kritische Gleichung", welche anstelle von (7.2) zu setzen ist, nämlich auf

$$\frac{k_\infty\, e^{-\varkappa^2 \tau}}{1 + \varkappa^2 L^2} = 1\,. \tag{7.6}$$

Die Gleichung (7.1) behält dabei ihre Gültigkeit, die Größe $\tau$ ist das „Alter" der thermischen Neutronen. Diese Größe läßt sich ganz analog zur Diffusionslänge $L$ interpretiern. Sie ist nämlich gleich dem sechsten Teil des mittleren Quadrates des Abstandes von einer punktförmigen Quelle schneller Neutronen, in welchem diese thermischen Energien erreichen. Man bezeichnet sie deshalb auch als das Quadrat der „Bremslänge."

Für große Reaktoren, d. h. für solche, bei denen $k_\infty$ nur wenig über eins liegt, wird $\varkappa^2\tau$ und $\varkappa^2 L$ klein gegenüber eins und man kann (7.6) auch schreiben:

$$\frac{k_\infty}{1 + \varkappa^2 (\tau + L^2)} = 1\,. \tag{7.7}$$

Ist nun $\tau \ll L^2$, so erhält man wieder die Formel (7.2). Die Größe $\tau + L^2$ bezeichnet man gewöhnlich mit $M$ und nennt sie die „Migrationsfläche." Wenn also die effektiven Werte für Diffusionslänge und Bremslänge für ein System bekannt sind, so läßt sich $\varkappa^2$ aus (7.6) bestimmen und damit ergeben sich auch durch Einsetzen in (7.1), deren Lösungen hinlänglich bekannt sind, die kritischen Abmessungen. Entsprechend den kritischen Abmessungen bestimmt man auch die „kritische Masse" eines Reaktors, worunter die Masse des Spaltmaterials des kritischen Reaktors gemeint ist.

Die beiden Faktoren $e^{-\varkappa^2\tau}$ und $1/1 + \varkappa^2 L^2$ kann man als Wahrscheinlichkeiten deuten, nämlich als die Wahrscheinlichkeiten, nicht aus dem System zu entweichen und zwar für schnelle Neutronen bzw. für thermische Neutronen.

Nun muß aus verschiedenen Gründen, auf die später noch einzugehen ist, ein realer Reaktor stets mehr Masse als die kritische Masse enthalten, damit er längere Zeit in Betrieb bleiben kann. Das bedeutet, daß der wirkliche Aufbau einem anderen $\varkappa$-Wert entspricht, als der sich aus der kritischen Gleichung (7.6) ergibt; und zwar wird dieser Wert kleiner, wie man z. B. aus Gleichung (7.5) ersehen kann, wenn man für $a$ den wirklichen Wert der Würfelkante einsetzt. Diesen Wert von $\varkappa^2$ nennt man den geometrischen $\varkappa^2$-Wert, im Gegensatz zu dem materiellen $\varkappa^2$-Wert, welcher sich aus Gleichung (7.6) ergibt. Setzt man nun den geometrischen $\varkappa^2$-Wert, $\varkappa_1$, in die linke Seite der kritischen Gleichung ein, so ergibt sich ein Wert für die rechte Seite, der größer als eins ist, und den man mit $k_{eff}$ bezeichnet:

$$k_{eff} = \frac{k_\infty\, e^{-\varkappa_1^2 \tau}}{1 + \varkappa_1^2 L^2}\,. \tag{7.8}$$

Die Differenz $k_{eff} - 1 = \delta k$ nennt man die „Reaktivität" des Systems.

Diese Größe ist für die Bemessung der Regelstäbe maßgebend, welche in das System eingeführt werden müssen, um den Überschuß an Neutronen, welcher aus der Vergrößerung der Masse über die kritische Masse hinaus bedingt ist, zu absorbieren.

## *8. Der Reaktor mit Reflektor*

Bisher wurde der Reaktor so behandelt, als grenze die aktive Zone unmittelbar an einen leeren Raum, so daß also die Neutronen, welche durch die Oberfläche austreten, in keine weitere Wechselwirkung mit Materie mehr treten. Eben deshalb wurde bei der Lösung der Diffusionsaufgabe der Fluß an der Oberfläche gleich Null gesetzt. In einem solchen Reaktor besteht im stationären Zustand eine Verteilung des Neutronenflusses, die ein Maximum in der Mitte hat und zu den Rändern hin etwa nach einem parabolischen Gesetz bis auf den Wert Null abfällt. Aus dieser Flußverteilung ist ersichtlich, daß das Spaltmaterial in der Nähe der Oberfläche an dem Prozeß der Kettenreaktion nur in sehr geringem Maße beteiligt ist, da ja die Zahl der Spaltprozesse pro Sekunde der Stärke des Flusses $\Phi$ proportional ist. Dabei liegt der Gedanke nahe, zu untersuchen, welchen Einfluß auf den Prozeß in der aktiven Zone die Wegnahme von Spaltmaterial aus einer gewissen Randzone des Reaktors, wobei die reine Bremssubstanz stehen bleibt, hat. Die Berechnung zeigt, daß die Kettenreaktion in erster Nährung unbeeinflußt bleibt, wenn dies nur in einer dünnen Schicht geschieht. Macht man die Schicht dicker, so hört die Kettenreaktion auf. Sie kann aber wieder in Gang gebracht werden, wenn man diefrühere aktive Zone durch Hinzufügen von Bremssubstanz vergrößert. Fügt man eine beliebig dicke Schicht von diesem Material hinzu, so erreicht man eine minimale Größe der neuen aktiven Zone. Die Bremssubstanz, welche die aktive Zone umgibt, nennt man den Reflektor. Dieser kann auch aus einem anderen Material gemacht werden als die Bremssubstanz in der aktiven Zone, jedoch sind die Anforderungen an Bremssubstanz und Reflektorsubstanz praktisch die gleichen. Daß die aktive Zone in dem geschilderten Fall kleiner als im Fall des Reaktors ohne Reflektor wird, ist anschaulich dadurch zu verstehen, daß die Verluste aus der Oberfläche der aktiven Zone relativ zur Erzeugung im Volumen geringer werden.

Die mathematische Behandlung des Reaktors mit Reflektor ist relativ kompliziert, da im Reflektor auch schnelle Neutronen auf thermischer Energien abgebremst werden und somit Quellen thermische Neutronen im Reflektor auftreten. Eine angenäherte Beschreibung der Vorgänge bekommt man, wenn man mit zwei Gruppen von Neutronen rechnet, schnellen und langsamen. Auf diese Weise sind die Bilder der Verteilung des Flusses der schnellen und langsamen Neutronen in Abb. 3 erhalten worden. In dem errechneten Beispiel sind die Bedingungen so gewählt, daß der Effekt der Bremsung von schnellen Neutronen im Reflektor so stark ist, daß die aktive Zone keine Verluste an thermischen Neutronen hat, sondern einen Gewinn (Anmerkung: Die Dichte der schnellen Neutronen ist natürlich sehr klein gegenüber der Dichte der thermischen Neutronen; wenn die Flüsse etwa die gleiche Größe haben. Bei einer Darstellung der Neutronendichte würde die Dichte der schnellen Neutronen weit unterhalb der Dichte der thermischen Neutronen liegen).

Abb. 4 zeigt ein Beispiel aus der Praxis, wo die Dichte der thermischen Neutronen längs des Radius eines zylindrischen Reaktors aufgetragen ist. Der Effekt der

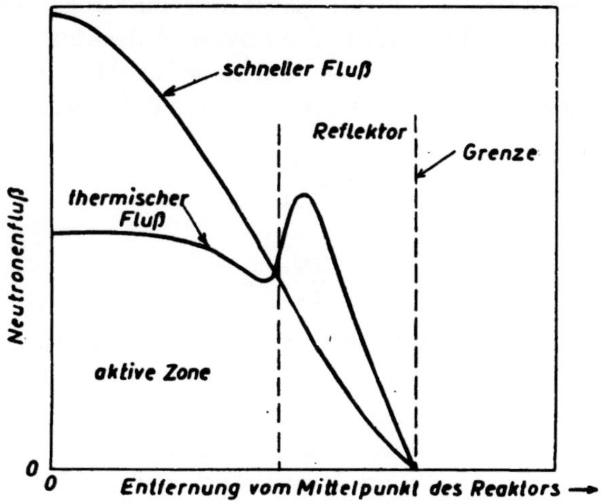


Abb. 3. Verteilung des Flusses schneller und thermischer Neutronen in der aktiven Zone und im Reflektor (nach GLASSTONE und EDLUND 1952)

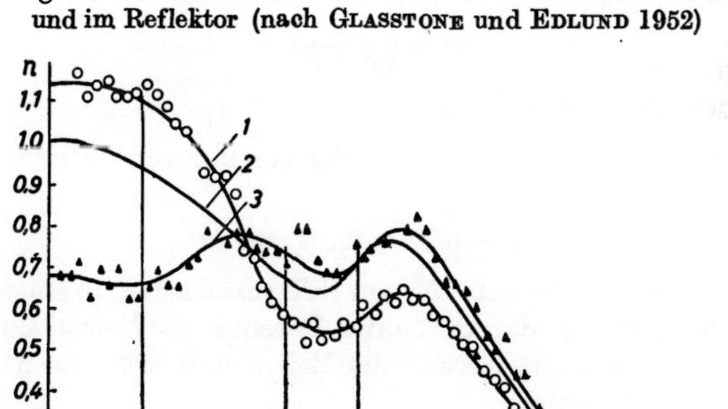


Abb. 4. Radiale Dichteverteilung der thermischen Neutronen in einem Uran-Graphit-Reaktor

1 — experimentelle Kurve: innere Absorptionsstäbe angehoben, äußere Absorptionsstäbe eingelassen; 2 — theoretische Kurve, unter der Voraussetzung errechnet, daß das Absorptionsmaterial gleichmäßig über die aktive Zone verteilt ist; 3 — experimentelle Kurve: äußere Absorptionsstäbe angehoben, innere Absorptionsstäbe eingelassen; 4 — Lage der inneren Absorptionsstäbe; 5 — Lage der äußeren Absorptionsstäbe; 6 — Grenze der aktiven Zone

relativen Vergrößerung der Dichte der Neutronen im Reflektor tritt hier tatsächlich auf. Aus diesen Kurven, die am Reaktor des sowjetischen Kraftwerkes gemessen wurden, ist noch der Einfluß der Lage der Absorptionsstäbe auf die Neutronenverteilung zu erkennen.

Bei der Berechnung des Reaktors mit Reflektor bedient man sich einer Größe, die man den „effektiven Zuschlag" nennt. Es ist dies eine Länge, welche angibt, um wieviel die Dimension der aktiven Zone des kritischen Reaktors durch Anbringung des Reflektors verringert wird. Dieser effektive Zuschlag $\delta$ hängt außer von Materialeigenschaften natürlich von der Dicke des Reflektors $A$ ab. Für kleine Dicken hat man

$$\delta = \frac{D_a}{D_r} A \tag{8.1}$$

und für große

$$\delta = \frac{D_a}{D_r} \cdot L_r \,. \tag{8.2}$$

$D_a$ und $D_r$ sind die Diffusionskoeffizienten für thermische Neutronen in der aktiven Zone bzw. im Reflektor, $L_r$ ist die Diffusionslänge im Reflektor.

Man trägt der Größe $\delta$ Rechnung, indem man in die Formeln, welche $\varkappa^2$ mit den liniaren Dimensionen des kritischen Reaktors verknüpfen, anstelle der Werte für den Reaktor ohne Reflektor die um $\delta$ vergrößerten Werte des Reaktors mit Reflektor setzt. So ergibt sich z.B. für den kugelförmigen Reaktor anstelle von (7.4)

$$\varkappa^2 = \left(\frac{\pi}{R + \delta}\right)^2 \tag{8.3}$$

natürlich mit dem alten Wert von $\varkappa^2$.

Diese Berechnungen sind sehr grob und dienen nur zu einer ersten Orientierung.

### 9. *Nichtstationäre Vorgänge*

Ist die Reaktivität eines Systems $\delta k$ von Null verschieden, so entstehen pro $\mathrm{cm}^3$ in einem Zeitabschnitt von der Größe der Lebensdauer $l$ einer Generation $n\delta k$ überschüssige Neutronen. Im Verlauf der Zeit ändert sich also die Dichte der Neutronen nach der Gleichung

$$\frac{dn}{dt} = \frac{\delta k}{l} \cdot n \,, \tag{9.1}$$

woraus folgt

$$n = n_0\, l^{t/T}; \qquad T = \frac{l}{\delta k} \,. \tag{9.2}$$

Die Größe $T$ nennt man die „Relaxationszeit" des Reaktors. Die Lebensdauer einer Generation ist für verschiedene Anordnungen verschieden, denn sie hängt sehr stark von den Eigenschaften der Bremssubstanz ab. Ein möglicher Wert ist z. B. $2 \cdot 10^{-4}$ s. Wird $\delta k$ beispielsweise zu 1% angenommen, so ergibt sich für $T$ die Größe 1/50 s. In diesem Beispiel würde also die Neutronendichte im Verlauf von einer Sekunde um den Faktor $e^{50}$ ansteigen. Die Regelung eines solchen Vorganges ist kaum denkbar und man müßte, wenn die Dinge wirklich so lägen, mit ganz wesentlich kleineren Werten von $\delta k$ operieren.

Nun ist diese Ableitung glücklicherweise nicht korrekt. Die Regelung des zeitlichen Verlaufes der Kettenreaktion wird in Wirklichkeit wesentlich dadurch erleichtert, daß nicht alle Neutronen, die bei der Kernspaltung entstehen, sofort ausgesandt werden. Ein nicht unbedeutender Bruchteil, nämlich 0,755% aller Neutronen, entsteht mit einer Verzögerung von etwa 10 s im Mittel. Auf diese Tatsache wurde bereits in einem der vorhergehenden Berichte hingewiesen. Infolgedessen gilt die oben angeführte Gleichung für den zeitlichen Zuwachs der Neutronendichte nur, wenn $\delta k$ wesentlich größer als 0,775% ist, weil nur dann der überwiegende Teil der Neutronen ohne Verzögerung ausgelöst wird. Ist jedoch $\delta k$ kleiner als der Prozentsatz der verzögerten Neutronen, so wird die Relaxationszeit größer als die Verzögerungszeit der verzögerten Neutronen. Die mathematische Analyse ergibt, daß für Werte von $\delta k < 0{,}00755$ folgende angenäherte Beziehung zwischen der Relaxationszeit und $\delta k$ gilt:

$$\delta k = \frac{l}{T} + \frac{\beta \bar{\tau}}{T + \bar{\tau}}. \qquad (9.3)$$

Hier ist einzusetzen: $\bar{\tau} = 12{,}2$ s und $\beta = 0{,}00755$. Diese Näherungsformel gilt übrigens auch für negative Werte von $\delta k$. In diesem Falle bekommt man einen negativen Wert der Relaxationszeit und entsprechend ein exponentielles Abklingen der Neutronendichte gemäß (9.2).

Die Wirkung der verzögerten Neutronen illustriert das folgende Beispiel: Für $\delta k = 0{,}0025$ und für $l = 2 \cdot 10^{-4}$ s ergibt sich nach (9.3): $T = 25$ s.

Hieraus folgt, daß der Anlaufvorgang eines Reaktors regeltechnisch leicht zu beherrschen ist, solange dafür gesorgt wird, daß $\delta k$ unterhalb des Wertes 0,00755 gehalten wird. Dies ist eine Forderung für sämtliche Typen von Reaktoren, da die Lebensdauer einer Generation $l$ unter diesen Bedingungen keine merkliche Rolle mehr spielt.

Der theoretisch bekannte Zusammenhang zwischen Relaxationszeit und Reaktivität wird praktisch dazu ausgenutzt, die Änderung der Reaktivität eines Reaktors als Funktion der Eintauchtiefe eines Regelstabes, worüber im folgenden noch gesprochen werden soll, experimentell zu bestimmen, indem die Relaxationszeit als Funktion der Lage des Stabes gemessen wird.

### *10. Die Reaktivitätsreserven*

Es wurde bereits früher darauf hingewiesen, daß ein Reaktor in der Praxis mit einer größeren Masse als der kritischen Masse ausgelegt werden muß, damit ein Betrieb für längere Zeiten möglich ist. Dieser Vorrat an Spaltmaterial ist notwendig, um die im Verlauf der Zeit eintretenden Veränderungen, die sich in erster Linie in einer Verminderung des thermischen Ausnutzungsfaktor $f$ auswirken, auszugleichen. Bei einem frisch beschickten Reaktor ist deshalb die Reserve-Reaktivität $\delta k$ wesentlich größer als 0,7%, sie kann 10—15% betragen. Zur Kompensation dieses Reaktivitätsüberschusses wird dem Reaktor noch eine weitere Menge von nicht spaltbarem Material, welches gut Neutronen absorbiert, hinzugefügt. Als solches kann man für thermische Reaktoren Cadmium, Borstahl oder gewöhnlichen Stahl verwenden, für schnellere Reaktoren z. B. Hafnium. Dieses zusätzliche Material wird in Form von beweglichen Stäben eingebaut und kann nach Bedarf allmählich entfernt werden. Die Materialmengen sind so bemessen, daß ihre Wirkung über die Verminderung der Größe $f$ die Reaktivität $\delta k$ auf Null zu bringen gestattet. Die für einen Reaktor notwendigen Reserven an Reaktivität sind ganz von seiner individuellen Charakteristik abhängig, d. h. es lassen sich keine festen Vorschriften hierüber angeben. Es kann nur gesagt werden, daß für die Berechnung dieser Reserven die folgenden Effekte zu berücksichtigen sind: Temperatureffekt, Vergiftung, Verschlackung und Abbrand.

Da ein Reaktor zunächst für Betriebsbedingungen unter Zimmertemperatur berechnet wird, müssen nach seiner Fertigstellung die Temperatureffekte untersucht werden, damit die Reaktivität im Betriebszustand auf den Wert Null gebracht werden kann. Es sind dies eine ganze Reihe verschiedener Effekte, welche in ihrer Überlagerung sowohl einen Zuwachs als auch eine Abnahme von $\delta k$ mit zunehmender Temperatur bedingen können. Meist wird ein Reaktor so konstruiert, daß er einen negativen Temperaturkoeffizienten hat, d. h., daß $\delta k$ mit steigender Temperatur abnimmt. Dies ist nämlich beim Betrieb sehr angenehm, da dann eine gewisse Selbststabilisierung der Kettenreaktion eintritt. Jedoch muß bei der Berechnung des Reaktors eine Reaktivitätsreserve für diesen Effekt vorgesehen werden, damit die Reaktion nicht auf Grund der Temperaturerhöhung abreißt.

Einen Beitrag zum Temperaturkoeffizienten liefern sowohl die unmittelbaren Temperatureffekte an Kerndaten als auch die Dichteänderung der Materialien mit der Temperatur. So vergrößert sich z. B. mit zunehmender Temperatur die Resonanzeinfangung wegen der Doppler-Verbreitung der Resonanzlinien, was zur Verminderung des Faktors $p$ führt. Demgegenüber tritt z. B. beim Uran-Graphit-System eine Zunahme von $f$ auf Grund der Verschiedenheit der thermischen Ausdehnung von Uran und Graphit ein, die diesen Effekt kompensieren kann. Auf Grund der thermischen Ausdehnung vergrößern sich die Bremslänge und die Diffusionslänge, was wiederum zur Verminderung von $k_{eff}$ führt. Bei Anwesenheit von Kühlwasser im Reaktor hängt es von den Mengenverhältnissen Bremssubstanz zu Kühlwasser ab, ob ein positiver oder negativer Temperaturkoeffizient auftritt.

Die Selbstregulierung eines gewöhnlichen Uran-Graphit-Reaktors auf Grund eines negativen Temperaturkoeffizienten ist aus der Kurve der Abb. 5 zu erkennen. Zu Beginn des Versuches wurden hier die Regelstäbe in eine bestimmte Stellung gebracht und dann nicht weiter verändert. Die Leistung steigt daraufhin rasch an, sinkt dann aber ohne äußere Eingriffe wieder auf Grund der Temperatureffekte auf einen für längere Zeit fast konstanten Wert ab. Das ganze System ist also stabil und erfordert im Prinzip keine automatische Regulierung.

Wie kompliziert die Verhältnisse sind, wenn in einem Reaktor sowohl Graphit als auch gewöhnliches Wasser die Rolle einer Bremssubstanz spielen, ist aus Abb. 6 ersichtlich. Hier ist die Änderung des Muitiplikationsfaktors $k_\infty$ als Funktion der im System enthaltenen Wassermenge bei Zimmertemperatur und bei Betriebstemperatur, wie sie sich aus theoretischen Berechnungen ergibt, aufgezeichnet. Aus diesen Kurven, welche sich auf den sowjetischen Kraftwerksreaktor beziehen, ist zu entnehmen, daß man bei passender Festlegung der Wasser-

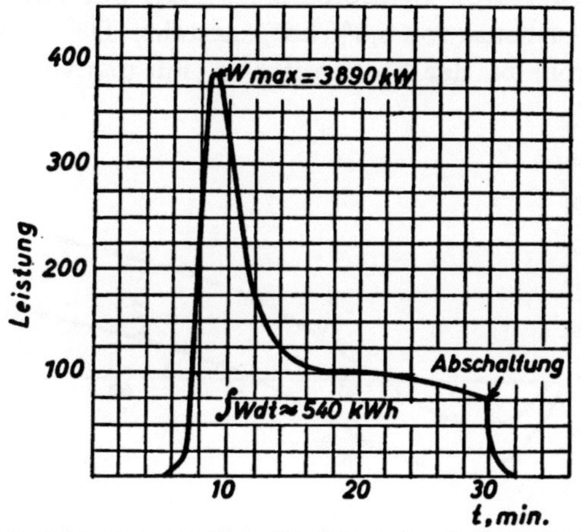


Abb. 5. Selbstregulierung eines Reaktors durch thermische Effekte.

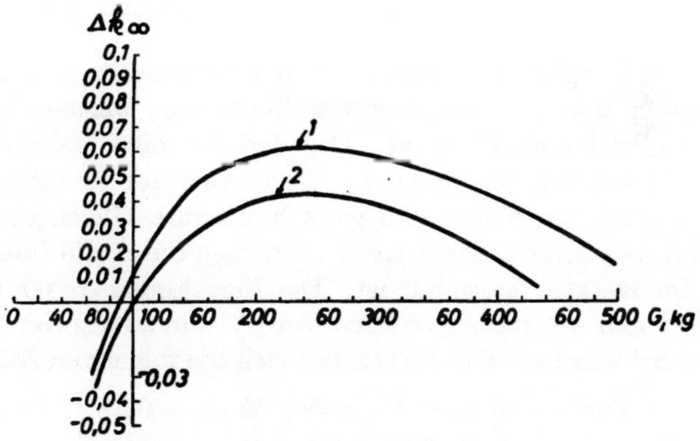


Abb. 6. Änderung der Reaktivität des Reaktors $\Delta K_\infty$ als Funktion der in der aktiven Zone enthaltenen Wassermenge $G$
1 — bei Betriebstemperatur; 2 — bei 20° C

menge einen guten negativen Temperaturkoeffizienten bekommen kann, was auch in der Praxis ausgenutzt wurde.

Unter allen Umständen reaktivitätsvermindernd wirken die Prozesse der Vergiftung und Verschlackung. Unter Vergiftung versteht man die Wirkung von Zerfallsprodukten bzw. deren Folgeprodukte, die sich auf Grund eines großen Einfangquerschnittes für Neutronen in einer erheblichen Verminderung von $k_\infty$ über die Größe $f$ bemerkbar machen. Alles andere überragend ist hierbei der Effekt des Xenon-Isotops der Masse 135, welches einen Einfangquerschnitt für thermische

Neutronen von 3,5 · $10^6$ barn hat, so daß man praktisch nur von einer Xenon-Vergiftung spricht.

Das $Xe^{135}$ bildet sich sowohl als unmittelbares Spaltprodukt mit der Ausbeute von 0,3% als auch als mittelbares Zerfallprodukt aus Jod — 135, welches seinerseits aus dem unmittelbaren Spaltprodukt Tellur, das eine Halbwertszeit von 2 Minuten und eine Ausbeute von 5,6% hat, entsteht. Dieser letztere Prozeß spielt natürlich die Hauptrolle bei der Xe-Vergiftung. Für das Verschwinden sowohl des

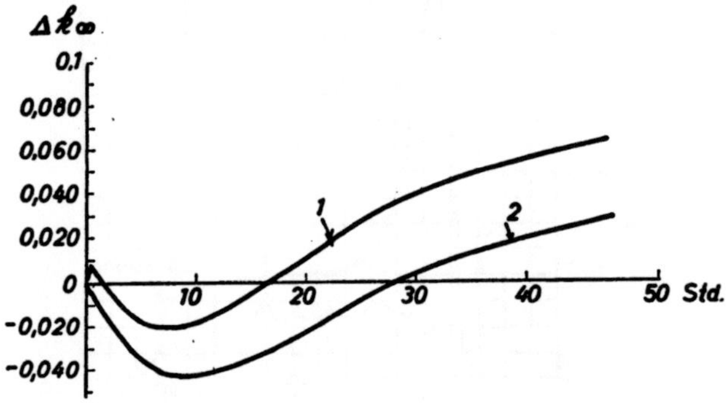


Abb. 7. Änderung der Reaktivität eines Reaktors nach dem Abschalten
1 — Gang der Reaktivität auf Grund des Temperatureffektes und der Bildung von Xenon aus Jod; 2 — das gleiche, jedoch ohne Berücksichtigung des Temperatureffektes

$Xe^{135}$ als auch des $J^{135}$ gibt es zwei Prozesse: den natürlichen Zerfall und die künstliche Umwandlung durch Einfangung von Neutronen, welchen letzteren Prozeß man auch das „Ausbrennen“ nennt. Das Jod hat eine Halbwertszeit von 6,7 Stunden, das Xenon von 9,2 Stunden. Wenn also der Reaktor eine genügend lange Zeit in Betrieb ist, bilden sich ganz bestimmte Gleichgewichtskonzentrationen von Jod und Xenon, deren Größe natürlich durch die Intensität des Neutronenflusses im Reaktor bestimmt ist. Die Berechnung dieser Gleichgewichtskonzentrationen und der damit verbundenen Verminderung der Reaktivität bereitet keinerlei Schwierigkeiten. Es ergeben sich die folgenden Zahlen:

$$\text{Für} \quad \Phi = 10^{12}\ n/\text{cm}^2\text{s}:\ \delta k = -0.7\%$$
$$\Phi \geqq 10^{15}\ n/\text{cm}^2\text{s}:\ \delta k \to -5\%.$$

Besonders wichtig ist nun, daß die Vergiftung im Verlauf einiger Stunden nach dem Ausschalten des Reaktors noch weiter zunimmt. Wenn also nicht genügend Reserve im Reaktor eingebaut ist, so kann der Fall eintreten, daß einige Stunden nach der Abschaltung der Reaktor nicht wieder in Betrieb gesetzt werden kann. Diese Erscheinung ist leicht zu erklären und zu berechnen. Da nach dem Abschaltung das „Ausbrennen“ von Xenon aufhört, die Nachbildung aus dem Jod jedoch weiter anhält, wächst zunächst die Xenon-Konzentration. Erst nach einer Zeit von etwa 10 Stunden ist der Jod-Vorrat soweit verbraucht, daß auch die Xenon-Konzentration auf Grund des natürlichen Zerfalls wieder zurück geht. Das Minimum der Reaktivitätskurve nach dem Abschalten nennt man die „Jodmulde“.

In Abb. 7 ist der Verlauf der Reaktivität als Funktion der Zeit nach dem Ausschalten dargestellt. Die Kurve 2 gibt den reinen Vergiftungseffekt für einen Neutronenfluß von $5 \cdot 10^{13} n/cm^2$ s. Die Kurve 1 zeigt die Überlagerung dieses Effektes mit dem Temperatureffekt, welcher den Vergiftungseffekt teilweise kompensiert. Man erkennt, daß hierbei die gesamte Änderung von $k_\infty$ zwischen dem tiefsten Punkt der „Jodmulde" und dem vergiftungsfreien Zustand etwa 9% beträgt.

Eine ähnliche Rolle wie das $Xe^{135}$ spielt noch das stabile Isotop $Sm^{149}$, welches als ein Folgeprodukt der Spaltung entsteht und durch Einfangung in das wenig schädliche Isotop $Sm^{150}$ umgewandelt wird. Die Vergiftung durch $Sm^{139}$ ist also abhängig von der Größe des Flusses und verschwindet nicht nach dem Abschalten des Reaktors.

TABELLE 4

Reaktivitätsreserven des sowjetischen Kraftwerkreaktors

| | |
|---|---|
| Gesamtreserve | 0,13 |
| Reserve für Temperatureffekt | 0,029 |
| Reserve für Vergiftung | 0,039 |
| Reserve für Abbrand und Schlacke | 0,068 |
| Kompensationsfähigkeit eines Stabes im äußeren Bereich | 0,007 |
| Kompensationsfähigkeit der zwei Sicherheitsstäbe | 0,02 |

Die Tab. 4 gibt einen Überblick über die verschiedenen Werte der Reserve-Reaktivitäten an einem Beispiel aus der Praxis. Die Reserven für Abbrand und Schlacke sind so bemessen, daß der Reaktor eine Zeit von 2,5 Monaten mit voller Leistung betrieben werden kann.

## *11. Beschreibung einiger experimenteller Reaktoren*

Der älteste Typ des Reaktors ist der des Uran-Graphit-Reaktors mit natürlichem Uran. Wegen des relativ geringen Wertes von $\eta$ für natürliches Uran ergibt sich für diesen Typ ein verhältnismäßig nahe bei eins gelegener Wert von $k_\infty$. Bei dem in Abb. 8 abgebildeten Beispiel handelt es sich um den ersten Reaktor, welcher in Europa in Betrieb genommen wurde. Der Wert von $k_\infty$ betrug hier 1,07. Hieraus erklärt sich die recht bedeutende Größe der kritischen Masse: sie beträgt 42 t Uran, welches in einer kugelförmigen aktiven Zone von 3 m Radius in Form von Stäben untergebracht ist. Der Reflektor besteht aus Graphit und hat eine Dicke von etwa 80 cm, d. h. von etwa 1,5 Diffusionslängen, wodurch praktisch das Maximum des effektiven Zuschlages erreicht wird. Im Innern sind einige Kanäle vorgesehen; in einem dieser Kanäle wurde während des Aufbaus eine Neutronenquelle untergebracht und es wurde gleichzeitig der Neutronenstrom außerhalb des Reaktors gemessen. Aus der Verstärkung des Neutronenstromes konnte man die Annäherung an den kritischen Zustand beurteilen und die kritische Masse experimentell vorher bestimmen.

Der Reaktor mit der geringsten kritischen Masse ist der thermische Reaktor welcher mit reinem Spaltmaterial — $U^{235}$, $Pu^{239}$ oder $U^{233}$ — arbeitet. In Abb. 9 ist ein Versuchsaufbau eines Reaktors mit reinem $U^{235}$ dargestellt, bei dem als Bremssubstanz Polyäthylen, dessen Wasserstoffatome für die Bremsung maßgebend sind, verwendet wird. Die aktive Zone ist zylindrisch und besteht aus einer Schichtung von Platten aus $U^{235}$ und dieser Bremssubstanz. Da relativ wenig Bremssubstanz eingebaut ist, handelt es sich um einen epithermischen Reaktor.

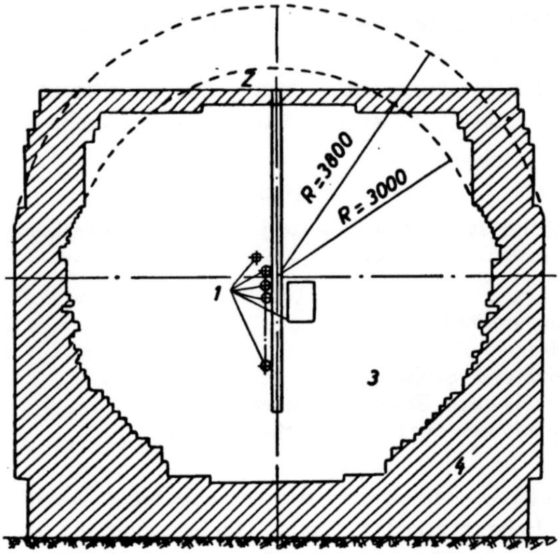


Abb. 8. Vertikalschnitt durch den ersten sowjetischen Reaktor
1 — experimentelle Kanäle; 2 — Kanal für Regulier-Stäbe; 3 — aktive Zone; 4 — Reflektor

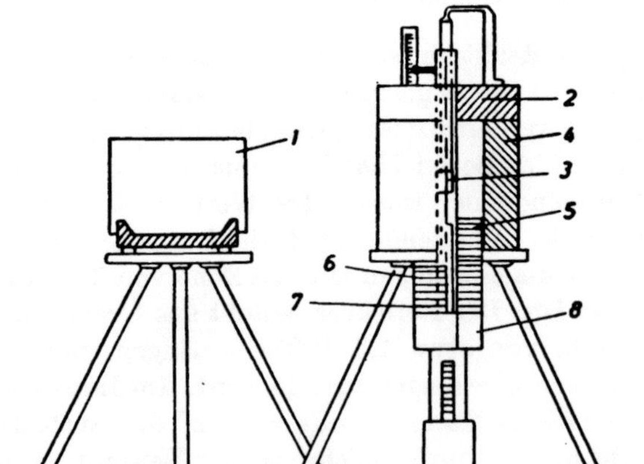


Abb. 9. Experimenteller Reaktor mit reinem $U^{235}$
1 — Neutronenzähler; 2 — Deckel des Reflektors; 3 — Neutronenquelle; 4 — Reflektor; 5 — Feinregulierung; 6 — Polyäthylen; 7 — Uranplatten; 8 — Reflektorabschluß

Der kritische Zustand wird dadurch erreicht, daß der aktive zylindrische Körper allmählich in den Reflektor hineingeschoben wird.

Die Abb. 10 zeigt kritische Masse und kritisches Volumen dieses Reaktors als Funktion des Konzentrationsverhältnisses vom Wasserstoff zu Uran. Während die kritische Masse mit der Zunahme der Konzentration der Bremssubstanz bis auf weniger als 1 kg abnimmt — was noch nicht die minimal mögliche Masse bedeutet, da diese Anordnung nicht die optimale ist — bleibt das kritische Volumen über

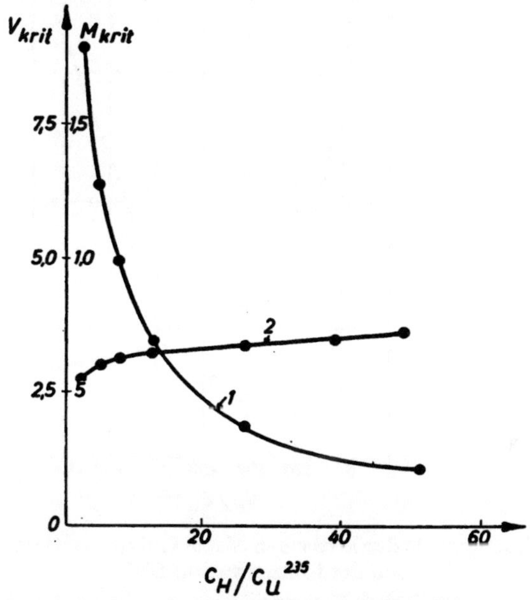


Abb. 10. Abhängigkeit der kritischen Masse und des kritischen Volumen von der Konzentration Wasserstoff—Uran $C_H/C_U$
1 — Kritische Masse; 2 — kritisches Volumen

einen verhältnismäßig breiten Bereich fast konstant. Dieser Tatbestand veranschaulicht deutlich die Abhängigkeit des Wirkungsquerschnittes von der Geschwindigkeit der Neutronen: ist genügend Bremssubstanz vorhanden, so erreichen die Neutronen geringe Energien und finden einen großen Querschnitt für die Spaltung vor; ist wenig Bremssubstanz vorhanden, so tritt die Spaltung bei höheren Energien ein, und wegen des kleineren Wirkungsquerschnittes ist eine höhere Urankonzentration notwendig, um etwa den gleichen makroskopischen Wirkungsquerschnitt zu erhalten. Die Extrapolation der Kurve führt auf die kritische Masse des schnellen Reaktors aus reinem $U^{235}$. Diese dürfte nach diesem Bild noch erheblich über 10 kg liegen.

Die Kurven Abb. 11 beziehen sich auf einen ähnlichen Reaktor, jedoch ist hier die Konzentration der Bremssubstanz wesentlich größer, so daß es sich um einen thermischen Reaktor handelt. Außerdem ist dieser Reaktor, im Gegensatz zu dem vorhergehenden Beispiel, ein homogener Typ, da hier in Wasser gelöstes Uran-Salz die aktive Zone bildet. Die kritische Masse geht hier bis auf etwa 700 g herunter. Da die Spaltung bei allen Konzentrationen durch thermische Neutronen bewirkt wird, ist das kritische Volumen entsprechend der Veränderlichkeit von $k_\infty$ hier stark veränderlich. Das minimale kritische Volumen enthält nicht die minimale kritische Masse.

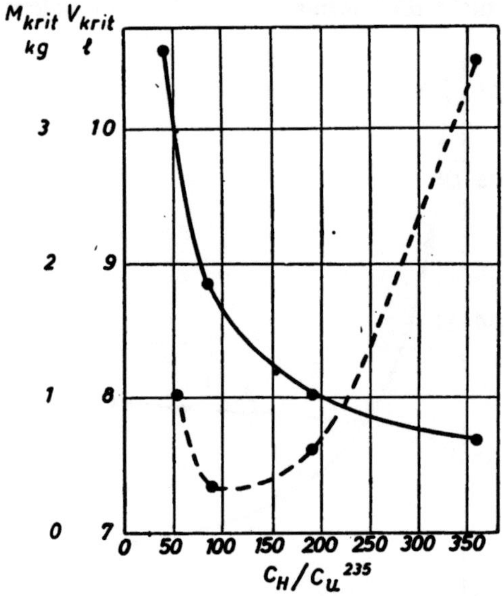


**Abb. 11. Abhängigkeit der kritischen Masse und des kritischen Volumens von der Konzentration $U^{235}$**
— — — kritisches Volumen; ——— kritische Masse

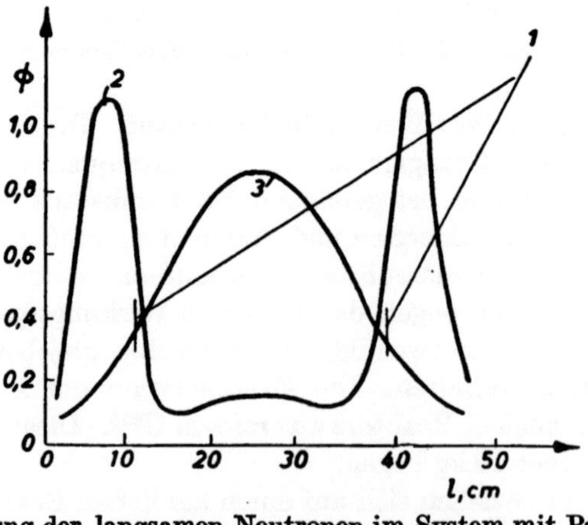


**Abb. 12. Verteilung der langsamen Neutronen im System mit Paraffin-Reflektor**
1 — Grenze des Reflektors; 2 — thermische Neutronen; 3 — schnellere Neutronen

Interessant ist bei diesem Reaktor die Verteilung der thermischen Neutronen bei Anbringung verschiedener Reflektoren, wie sie auf Abb. 12 und 13 dargestellt sind. In einem Paraffin-Reflektor erreicht diese Dichte einen wesentlich höheren Wert als im Innern, was sich dadurch erklärt, daß hauptsächlich schnelle Neutronen die aktive Zone verlassen. Trotzdem handelt es sich hier um einen thermischen Reaktor, da die Spaltungen durch thermische Neutronen bewirkt werden. Bei Verwendung eines Reflektors aus Uran tritt dieser Effekt aus verständlichen Gründen nicht auf und die Verteilung der Neutronen ergibt ein sozusagen „normales" Bild.

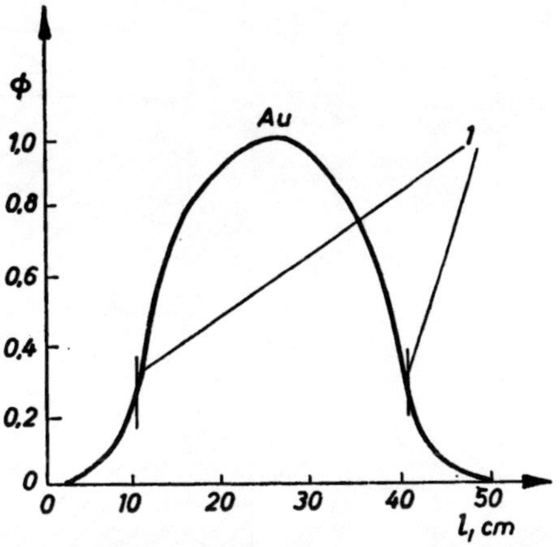


Abb. 13. Verteilung der langsamen Neutronen im System mit Uran-Reflektor
1 — Grenze des Reflektors

Abb. 14 zeigt den Schnitt durch einen Reaktor-Aufbau, welchen man heute schon als den feststehenden Typ eines experimentellen Reaktors bezeichnen kann, da er in fast gleicher Ausführung bereits an mehreren Orten aufgestellt wurde: den Schwerwasser-Reaktor mit natürlichem Uran. Wegen der hervorragenden Eigenschaften des schweren Wassers bezüglich der Neutronenbremsung wird die aktive Zone wesentlich kleiner als bei dem Uran-Graphit-Reaktor mit natürlichem Uran; sie hat hier die Form eines Zylinders von 195 cm Höhe und 175 cm Durchmesser und befindet sich innerhalb eines Aluminiumbehälters. Die Uranmenge beträgt 2,2 t, die Wassermenge 4,5 cbm. Der Reflektor besteht aus Graphit von 1 m Dicke. Der ganze Apparat ist von einer ca. 3 m dicken Betonschicht umgeben, welche den größten Teil der Strahlung absorbiert. Trotzdem dürfen sich während des Betriebes keine Personen in der Reaktorhalle aufhalten. Die Leistung dieses Reaktors beträgt 500 kW, wobei ein maximaler Neutronenfluß von $2 \cdot 10^{12}\, n/\mathrm{cm}^2\mathrm{s}$ besteht. Die Kühlung erfolgt dadurch, daß das schwere Wasser durch einen Wärmeaustauscher zirkuliert, der rechts unten auf der Zeichnung zu sehen ist. Über dem Wasserspiegel befindet sich Helium, das ebenfalls zirkuliert um das Knallgas, welches auf Grund der Zersetzung des Wassers durch die Neutronen gebildet wird, zu entfernen. An der linken Seite ist eine sogenannte „thermische Säule" zu erkennen; das ist eine Graphitsäule, welche durch die Betonabschirmung hindurchgeführt ist und als Quelle thermischer Neutronen für Versuchszwecke dienen kann.

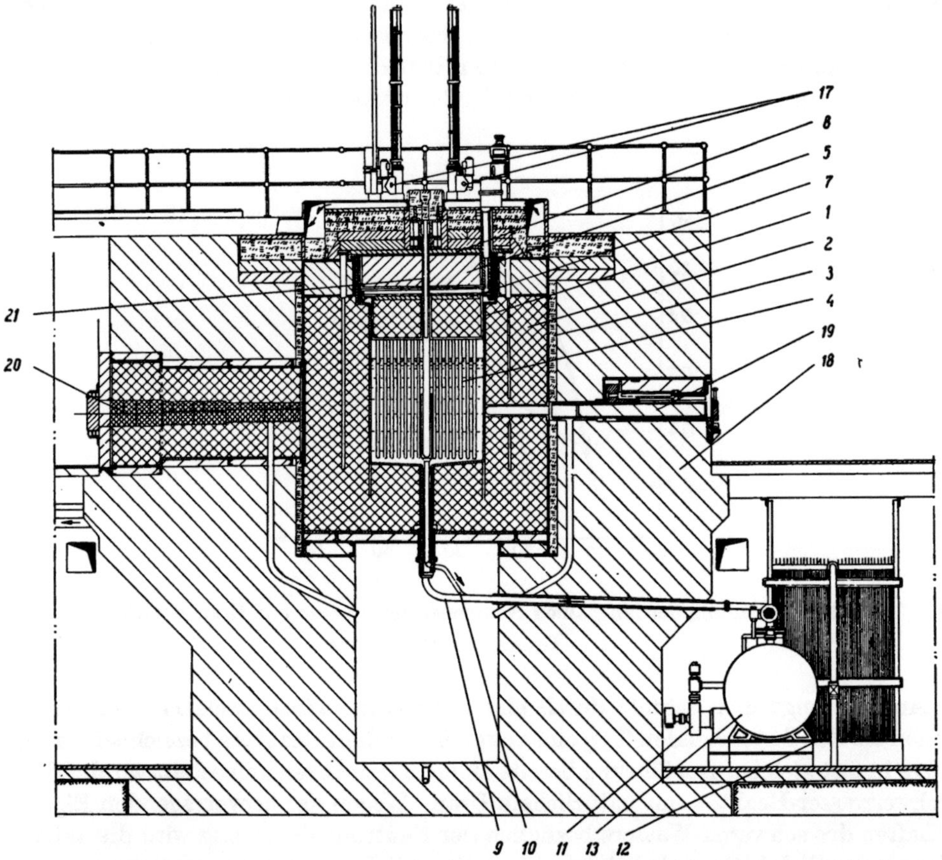


**Abb. 14. Querschnitt durch den Aufbau eines Schwerwasser-Reaktors mit natürlichem Uran**

1 — Aluminiumtank; 2 — Graphitreflektor; 3 — äusserer Stahltank; 4 — Uranstäbe; 5 — Bleischutzdecke; 7 — drehbare Platte; 8 — nichtrostender Stahldeckel; 9 — Druckrohr; 10 — Abflußrohr; 11 — Zirkulationspumpe; 12 — Wärmeaustauscher; 13 — Wasserbehälter; 17 — Antrieb der Regelstäbe; 19 — Seitenschutz; 19 — Experimentierkanal; 20 — thermische Säule; 21 — vertikaler Experimentierkanal

Die wesentlichen Vorarbeiten bei der Entwicklung des sowjetischen Kraftwerk-Reaktors wurden an einem experimentellen Reaktor RFT durchgeführt. Dies ist ein thermischer Reaktor mit auf 15% angereichertem Uran, bei dem zu gleichen Anteilen die Bremsung durch Graphit und gewöhnliches Wasser bewirkt wird. Die Wärmeleistung beträgt 10000 kW, der maximale Neutronenfluß

$\Phi$: $8 \cdot 10^{13}$ $n/cm^2s$. Die „Brennstoffelemente“ zeigen bereits die konstruktiven Merkmale des Energie-Reaktors. Sie sind in Abb. 15 dargestellt. Die Uranstäbe sind hohl und befinden sich in einem Metallrohr, in welchem sie durch vorspringenden Nasen aus Blei zentriert werden. Das Kühlwasser fließt an der Außenseite herunter und an der Innenseite wieder hinauf. Um die Spaltprodukte von dem Kühlwasser fernzuhalten, sind die Uranstäbe ebenfalls mit einem Metallüberzug versehen. Die Konstruktion von dauerhaften Brennstoffelementen ist heute noch ein Hauptproblem des energieliefernden Reaktors.

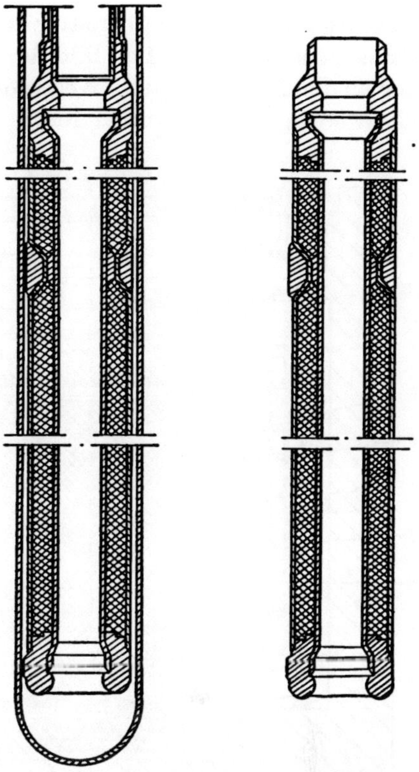

a) b)

Abb. 15

Schnitt durch ein „Brennstoffelement“ des Versuchs-Reaktors RFT

a) Uranelement mit Kühlmantel;

b) Uranelement einzeln

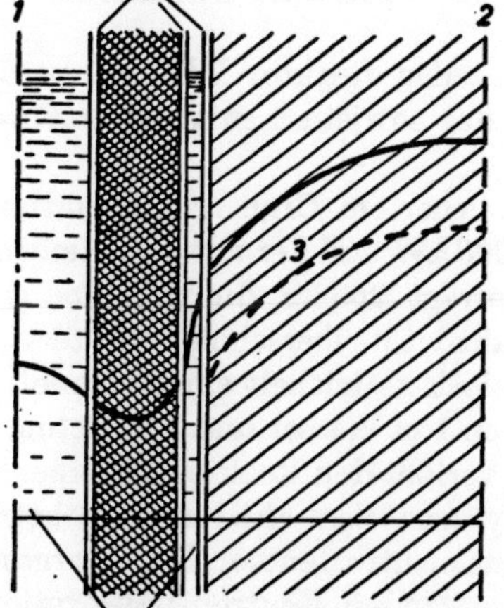


Abb. 16

Verteilung des thermischen Neutronenflusses im Reaktor

1 — Achse des Brennstoffelements;
2 — Symmetrielinie des Aufbaus;
3 — Graphit; 4 — Wasser;
5 — Aluminium

Die Abb. 16 zeigt den Charakter der Verteilung des Neutronenflusses im System Wasser-Uran-Graphit. Das Bild des gesamten Aufbaus ergibt sich durch Spiegelung an den Linien 1 und 2. Wegen der starken Bremswirkung des Wassers ist nur relativ wenig Graphit vorhanden.

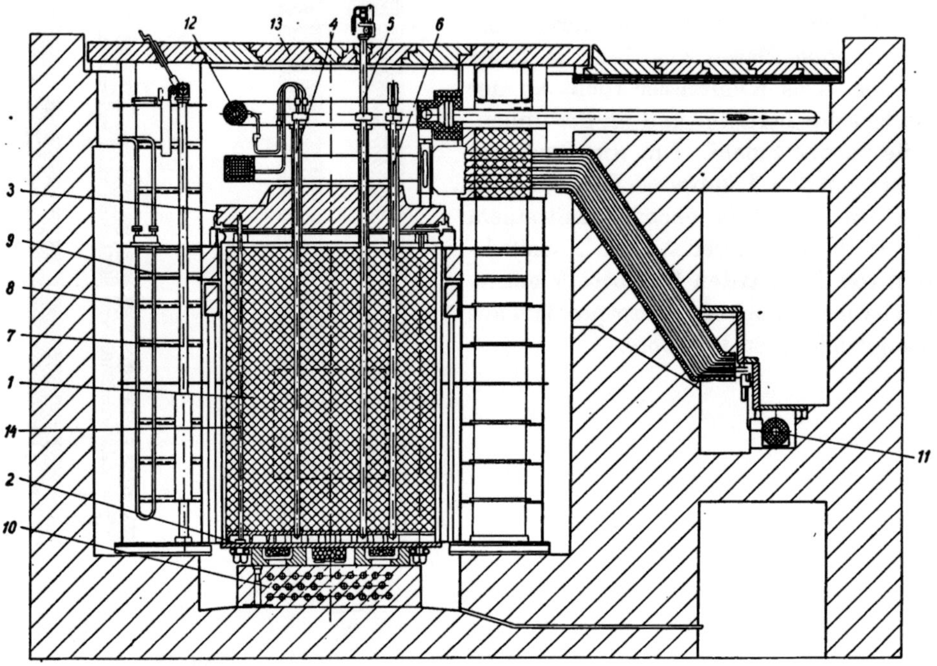


Abb. 17. Reaktor des Atomkraftwerkes

1 — Graphit; 2 — Grundplatte 3 — Deckplatte; 4 — Brennstoffkanal; 5 — Kanal für Sicherheitsstab; 6 — automatischer Sicherheitsstab; 7 — Ionisationskammer; 8 — seitlicher Strahlenschutz (Wasser); 9 und 10 — Kühlung; 11 — Wasserverteiler; 12 — Wassersammler; 13 — Schutzdeckel; 14 — gekühlter Reflektorhalter

Wegen der Ähnlichkeit mit dem experimentellen Reaktor RFT sei an dieser Stelle noch der Schnitt durch den Reaktor des sowjetischen Atomkraftwerkes gezeigt (Abb. 17).

Dieser Reaktor arbeitet mit auf 5% angereichertem Uran und Bremsung im Graphit. Die thermische Leistung beträgt 30000 kW und der mittlere Neutronenfluß $5 \cdot 10^{13} n/\text{cm}^2\text{s}$. Die Kritische Masse beträgt 260 kg, die vollständige Beschickung beträgt 550 kg, wodurch ein Reaktivitätsüberschuß von $\delta k = 0{,}13$ erzielt wird. Die aktive Zone ist im Graphitblock gestrichelt eingezeichnet. Der biologische Schutz besteht aus einer Schicht von 1 m Wasser und 3 m Beton. Das Kühlwasser hat einen Druck von 100 atm und verläßt den Reaktor mit einer Temperatur von 270° C. Die Abmessungen der zylindrischen aktiven Zone betragen $170 \times 150$ cm. Die Kühlwasserleitungen sind aus nichtrostendem Stahl hergestellt, einem Material das wegen seiner relativ bedeutenden Neutronenabsorption im

Reaktor mit natürlichem Uran nicht verwendet werden kann. Durch die Verwendung angereicherten Urans wird aber dieser Effekt nicht nur kompensiert, sondern es bleibt noch ein wesentlich größerer Wert von $k_\infty$ übrig als beim Reaktor mit natürlichem Uran, was sich in den wesentlich geringeren Abmessungen des Systems ausdrückt.

## *12. Die Produktion von Plutonium*

Der Multiplikationsfaktor eines Reaktors mit natürlichem Uran ist, wie aus den vorhergegangenen Ausführungen zu entnehmen ist, hauptsächlich deshalb so gering, weil erhebliche Neutronenverluste durch Einfangung im $U^{238}$ auftreten. Diese Verluste führen zur Bildung des neuen Elements Plutonium-239. Da dies Element ein außerordentlich wertvolles Spaltmaterial ist, wurden gelegentlich solche Reaktoren speziell für den Zweck der Plutonium-Gewinnung gebaut. Man kann die Menge des sich bildenden Plutoniums pro verbrauchtes Atom $U^{235}$ auf folgende Weise angenähert berechnen:

Für ein im natürlichen Uran eingefangenes thermisches Neutron entfällt der folgende Bruchteil $z_1$ auf Einfangprozesse im $U^{238}$:

$$z_1 = \frac{N_8\,(\sigma_r)_8}{N_8\,(\sigma_r)_8 + N_5\,(\sigma_f + \sigma_r)_5}. \tag{12.1}$$

Der entsprechende Bruchteil von Absorptionsprozessen im $U^{235}$ ist:

$$z_2 = \frac{N_5\,(\sigma_f + \sigma_r)_5}{N_8\,(\sigma_r)_8 + N_5\,(\sigma_f + \sigma_r)_5}. \tag{12.2}$$

Hierzu kommt noch die Plutonium-Bildung durch Resonanzeinfangung. Pro absorbiertes thermisches Neutron erhält man $\eta\varepsilon$ schnelle Neutronen. Ohne Berücksichtigung des Entweichens aus der Oberfläche würden diese $\eta\varepsilon\,(1-p)$ Plutoniumatome bilden. Wegen des Entweichens aus dem System vermindert sich diese Zahl ungefähr um den Faktor $e^{-\varkappa^2\tau}$, der früher als die Wahrscheinlichkeit für schnelle Neutronen, nicht aus dem System zu entweichen, gedeutet wurde. Zu der Anzahl $z_1$ ist also noch die Zahl $z_3$ hinzuzufügen:

$$z_3 = \eta \cdot \varepsilon\,(1 - p)\, e^{-\varkappa^2\tau}. \tag{12.3}$$

Für einen thermischen Graphit-Reaktor mit natürlichem Uran erhält man:

$$z_1 = 0{,}37; \qquad z_2 = 0{,}63; \qquad z_3 = 0{,}13.$$

Hieraus ergibt sich der Wiedererzeugungskoeffizient $K$:

$$K = \frac{z_1 + z_3}{z_2} = 0{,}8\,. \tag{12.4}$$

Dies besagt, daß nur etwas weniger als ein Atom Plutonium für ein gespaltenes Atom $U^{235}$ neu gebildet wird. Hierbei ist allerdings nichts über den Grad der Ausnutzung des $U^{235}$ in einem solchen Reaktor mit natürlichem Uran gesagt.

Führt man die gleiche Rechnung für leicht angereichertes Uran durch, so stellt man fest, daß die Größe $z_3/z_2$ sich nur unwesentlich ändert, was ja auch verständlich ist, da sich der Gehalt an $U^{238}$ nur unwesentlich ändert. Dagegen fällt die

Größe $z_1/z_2$ wesentlich ab, so daß der Wiedererzeugungskoeffizient erheblich abnimmt. So erhält man z. B. für einen Reaktor mit auf 5% angereichertem Uran (sowjetischer Kraftwerk-Reaktor) nur $K = 0{,}32$. Der Schwerwasser-Reaktor mit natürlichem Uran hat eine geringere Plutoniumerzeugung als der mit Graphit, weil die Resonanzeinfangungswahrscheinlichkeit $(1 - p)$ geringer ist. Durch Änderung des Aufbaues könnte auch für diesen Reaktor die Plutoniumerzeugung der des Graphit-Reaktors gleich gemacht werden. Jedoch nehmen dabei naturgemäß die Abmessung zu und es würde sich der Schwerwasser-Reaktor im Bau und Betrieb offenbar kostspieliger erweisen als der Graphit-Reaktor. Dieser bleibt also der ökonomischste Typ des Reaktors für die Erzeugung von Plutonium aus natürlichem Uran.

Je höher der Wert für $k_\infty$ eines Systems ist, desto geringer wird die Abmessung des Reaktors und desto größer wird der Bruchteil der Neutronen, die die aktive Zone verlassen. Bezeichnet man mit $P_1$ die Wahrscheinlichkeit für ein Neutron, die aktive Zone zu verlassen und mit $\gamma$ die Wahrscheinlichkeit, aus dem Reflektor wieder in die aktive Zone zurückzukehren, so hat man im stationären Betriebszustand

$$k_\infty (1 - P_1) + k_\infty P_1 \gamma = 1 . \tag{12.4}$$

Die totale Wahrscheinlichkeit, aus der aktiven Zone zu entweichen ist:

$$P = P_1 (1 - \gamma) . \tag{12.5}$$

Hierfür ergibt sich:

$$P = \frac{k_\infty - 1}{k_\infty} . \tag{12.6}$$

Da die Zahl der Spaltprozesse in einem Reaktor auf einfache Weise durch die Leistung des Reaktors in Watt ausgedrückt werden kann, kann man mit Hilfe von (12.6) die Zahl der aus einem Reaktor austretenden Neutronen durch die Leistung und $k_\infty$ ausdrücken. Es ergibt sich für die Zahl der insgesamt aus der aktiven Zone austretenden Neutronen $s$:

$$s = \nu \frac{k_\infty - 1}{k_\infty} \cdot 3{,}1 \cdot 10^{10} N_{Watt} . \tag{12.7}$$

Hier ist $\nu = 2.5$ die Zahl der pro Spaltung entstehenden Neutronen, und $3{,}1 \cdot 10^{10}$ ist die Zahl der Spaltungen pro Sekunde, welche die Leistung von einem Watt erzeugen.

Da $\nu \cdot 3{,}1 \cdot 10^{10} \cdot N_{Watt}$ die Gesamtzahl der im Reaktor pro Sekunde erzeugten Neutronen ist, wird also die Zahl der aus der aktiven Zone austretenden Neutronen $s$ größer als die Zahl der im Innern absorbierten sobald die Bedingung

$$\frac{k_\infty - 1}{k_\infty} > 0{,}5 \tag{12.8}$$

erfüllt ist.

Hieraus ergibt sich:

$$k_\infty > 2 . \tag{12.9}$$

Diese Beziehung, welche mit reinen Spaltmaterialien erfüllt werden kann, ist also die Voraussetzung dafür, daß in einem Mantel aus $U^{238}$ oder $Th^{232}$, der an die Stelle des Reflektors gesetzt wird, unter Umständen der Erzeugungskoeffizient $K$ größer als eins werden kann. Wenn dies zutrifft, spricht man von einem „Brutreaktor". Beispiele für solche Reaktoren werden im folgenden noch beschrieben.

### *13. Einige in der Entwicklung befindliche Energie- und Brutreaktoren*

Das Schema eines thermischen Brutreaktors, welcher gleichzeitig für die Energieausnutzung bestimmt ist, zeigt Abb. 18. In der aktiven Zone befindet sich die Lösung

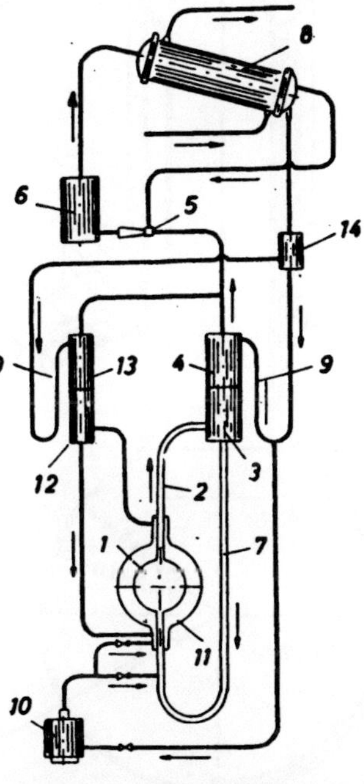


Abb. 18. Schematisches Bild eines Reaktors mit Wiedererzeugung von Spaltmaterial
1 — Reaktor; 2 — Steigrohr; 3—4 — Dampfabtrenner und Reiniger; 5 — Injektor; 6 — Verbrennungskammer; 7 — Rücklaufrohr; 8 — Wärmeaustauscher; 9 — hydraulischer Verschluß; 10 — elektrischer Kessel zum Anlassen; 11 — Reflektor; 12—13 — Dampfabtrenner und Reiniger für Reflektor; 14 — Verteilungsbehälter

eines Uran-233-Salzes, oder eine kolloide Dispersion des Metalles. In dem Mantelraum befindet sich eine Lösung oder Dispersion von Thorium in Wasser. Der Betrieb soll nun so geleitet werden, daß das Wasser sowohl in der aktiven Zone als auch im Mantel zum Kochen kommt. Der Dampf tritt schließlich über Flüssigkeitsabscheider und Knallgasverbrennungskammer in einen Wärmeaustauscher, in welchem seine Wärme zur Erzeugung von Dampf im zweiten Kreise, welcher eine Turbine betreibt, ausgenutzt wird. Der Dampf im ersten Kreis ist stark radioaktiv und deswegen nicht ohne Gefahr direkt in der Turbine auszunutzen.

In einem solchen Reaktor kann man etwa $K = 1{,}1$ erreichen, d. h. wenn bei der chemischen Aufarbeitung des im Mantel entstandenen $U^{233}$ weniger als 10% Verluste auftreten, kann die Anlage selbständig ohne Zufuhr von Uran oder Plutonium, nur auf Grund der Ausnutzung von Thorium arbeiten.

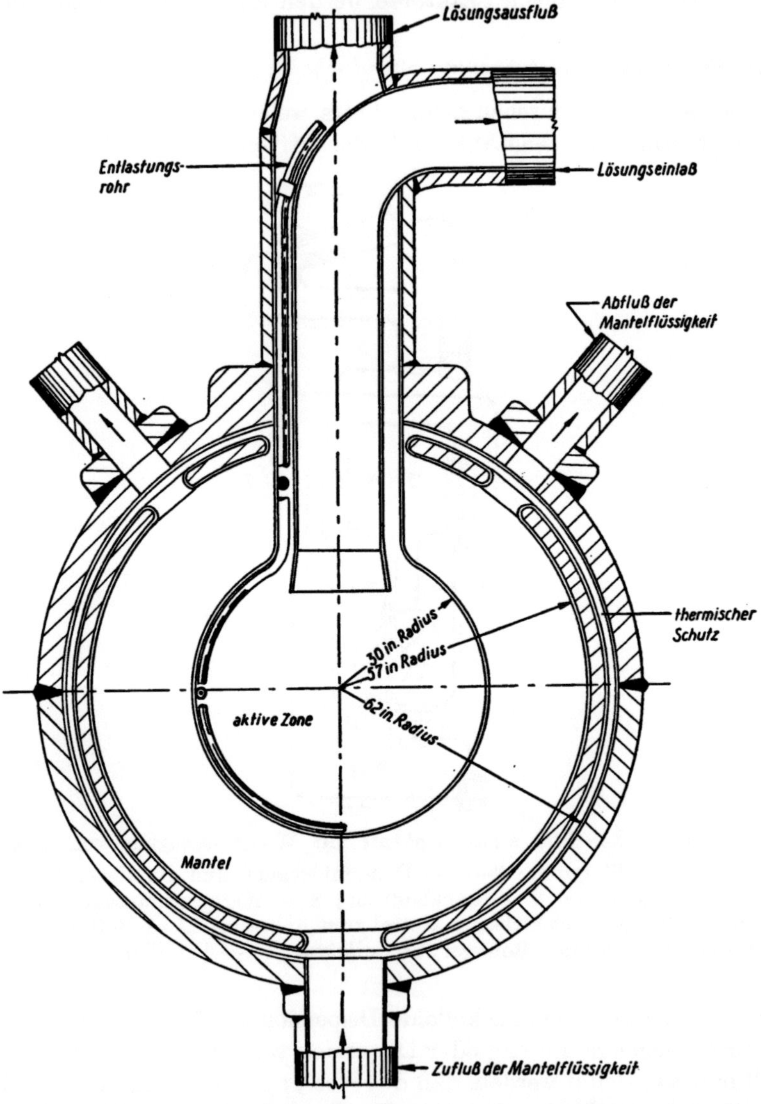


Abb. 19. Schnitt durch einen homogenen Energie-Reaktor

Einen durchaus ähnlichen Apparat zeigt die Abb. 19. Zum Unterschied gegenüber dem vorherigen soll hier in der aktiven Zone kein Sieden eintreten. Die in der aktiven Zone erzeugte unter Druck stehende Lösung zirkuliert durch einen Wärmeaustauscher, in welchem der Dampf für die Turbine erzeugt wird. Der Reaktor ist für ein Kraftwerk von etwa 100 MW berechnet und hat dementsprechend eine Wärmeleistung von 440 MW. Davon entstehen im Kern 360 MW und im Mantel

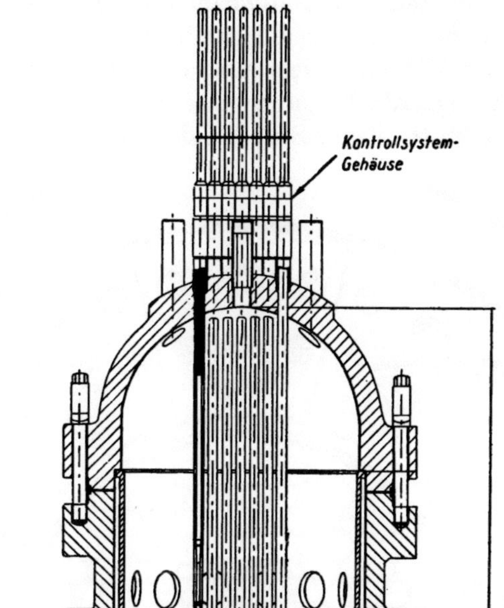


Abb. 20. Schnitt durch einen Druckwasser-Energie-Reaktor

80 MW. Die Kugel, welche die aktive Zone darstellt, hat einen Durchmesser von 1,5 m und enthält eine Lösung von Uranylsulfat in schwerem Wasser, wobei etwa 17 kg $U^{235}$ bzw. $U^{233}$ in 1900 l Lösung enthalten sind. Der Durchmesser des Mantel-

raumes beträgt 3,15 m. Der Mantelraum enthält eine Lösung von $ThO_2$ in schwerem Wasser, und zwar in einer Menge von 11500 l mit 1130 g Th auf ein kg Lösung.

Einen weiteren thermischen Energie-Reaktor zeigt die Abb. 20. Es ist dies ein Kraftwerk-Reaktor, bei dem als Kühlmittel und Moderator Wasser verwendet wird. Die aktive Zone hat die Abmessungen 1,85 m × 1,85 m. Sie enthält Stäbe aus hochangereichertem $U^{235}$ und solche aus natürlichem Uran. Die $U^{235}$-Stäbe sind um die Mitte herum angeordnet, und zwar auf dem Mantel eines Zylinders mit quadratischem Querschnitt. Jeder Stab befindet sich in unmittelbarer Nachbar-

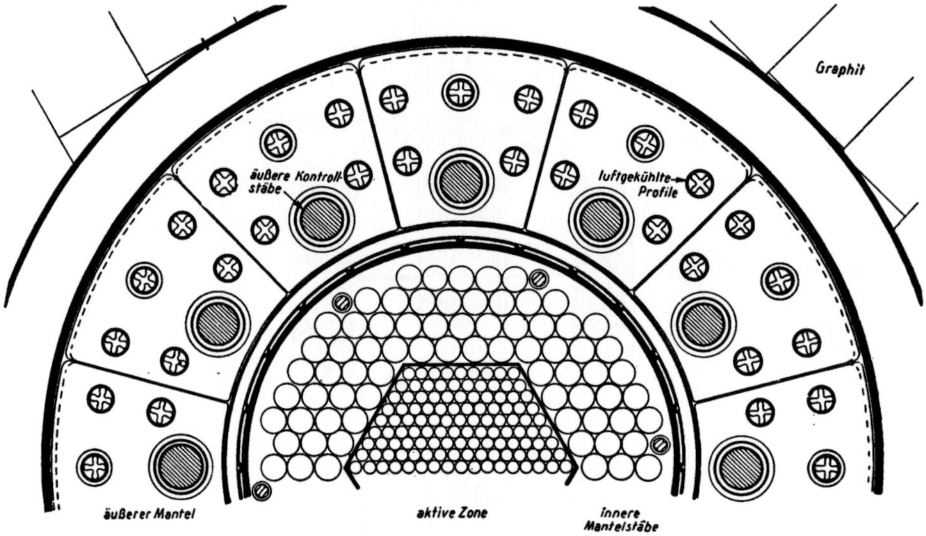


Abb. 21. Schnitt durch einen Na-K-gekühlten schnellen Brutreaktor (EBR)

schaft eines Regelstabes aus Hafium. Innerhalb und außerhalb des von den $U^{235}$-Stäben begrenzten Raumes sind Stäbe aus natürlichem Uran angeordnet. Die Stäbe sind ganz dicht gepackt. Die Beschickung beträgt 52 kg $U^{235}$ und 12 t $U^{238}$ in Form von $UO_2$. Das Kühlwasser durchströmt das System unter einem Druck von 136 at und erreicht eine Temperatur von 285° C am Ausgang. Die projektierte Wärmeleistung beträgt 230 000 kW, die elektrische Leistung 60—100 000 kW. Der Drucktank ist 10 m hoch und hat einen Durchmesser von 2,85 m.

In schnellen Reaktoren sind die Bedingungen für die Wiedererzeugung von Spaltmaterial wesentlich günstiger als in thermischen Reaktoren. Das liegt vor allen Dingen daran, daß die Größe $\eta\varepsilon$ höhere Werte annimmt als bei thermischen Reaktoren und daß die unproduktive Absorption von Neutronen in den verschiedenen Stoffen wegen der Verkleinerung der Querschnitte nur eine untergeordnete Bedeutung hat.

Nach den noch in der Projektierung oder im Bau befindlichen thermischen Energie-Reaktoren seien noch 2 Abbildungen des experimentellen Brutreaktors EBR I gezeigt, welcher bereits längere Zeit in Betrieb ist. Eine Schnittzeichnung bringt die Abb. 21. Das hochangereicherte $U^{235}$ befindet sich hier im mittleren Teil in einer Menge von ca. 50 kg in Fcrm von Stäben, die dicht gepackt sind. Diese Zone hat einen Durchmesser von 16 cm und eine Höhe von 20 cm. Außerhalb dieser durch einen Metallmantel abgedichteten Zone befinden sich Stäbe aus natürlichem Uran, die ihrerseits von einem Stahlzylinder umgeben sind. Außerhalb dieses Stahl-

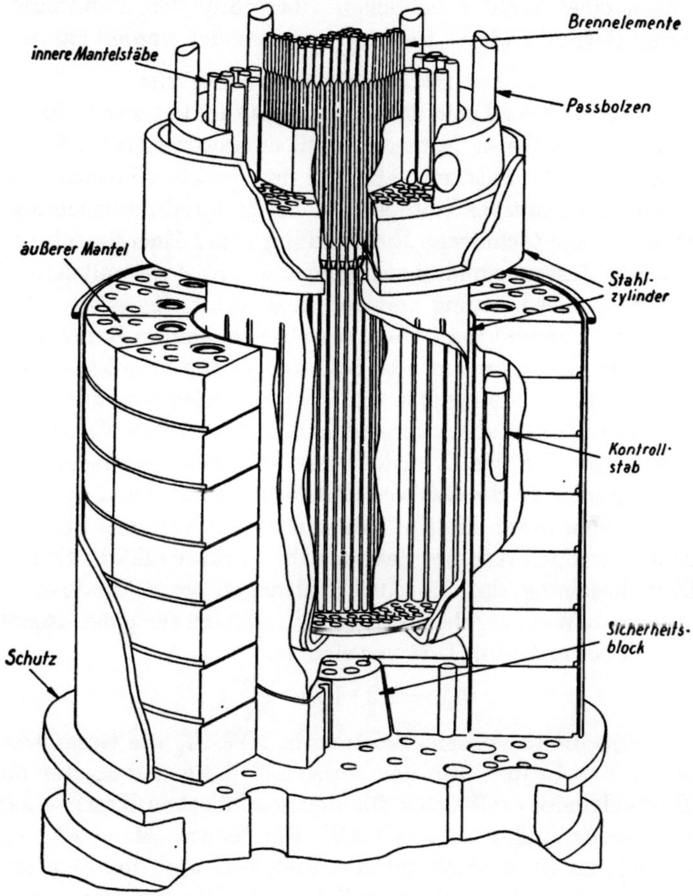


Abb. 22. Aufbauzeichnung eines Reaktors EBR

zylinders befindet sich ein zweiter Mantel aus natürlichem Uran. In diesem Mantel befinden sich zwei Gruppen von Kanälen. Die eine Gruppe dient zum Durchblasen von Luft zur Kühlung, die andere enthält Stäbe aus natürlichem Uran, welche beweglich sind und zur Regelung dienen. Das innere System der Uranstäbe wird durch ein flüssige NaK-Legierung gekühlt, welche im Mittelteil abwärts und im äußeren Teil wieder aufwärts fließt. Die Gesamtleistung beträgt 1,4 MW, wovon 72% in der aktiven Zone und der Rest in dem Brutmaterial entwickelt wird. Der maximale Neutronenfluß beträgt $1{,}1 \cdot 10^{14}\, n/\text{cm}^2\text{s}/\text{cm}^2\text{s}$.

Experimentell wurde in einem diesem entsprechenden Reaktor ein Wiedererzeugungskoeffizient von 1,31 bis 1,35 für Plutonium bei Verwendung von $U^{235}$ als Spaltmaterial und ein solcher (Brutfaktor) von 1,87 bis 1,89 für Plutonium bei Verwendung von $Pu^{239}$ als Spaltmaterial erreicht. Ein solcher Reaktor ist also in der Lage, natürliches Uran für die Energieerzeugung vollkommen auszunutzen und dabei noch einen recht erheblichen Überschuß von Plutonium zu liefern, welches für den Betrieb anderer Reaktoren verwendet werden kann.

### *14. Der Reaktor als Neutronenquelle*

Ein Reaktor ist in erster Linie durch seine maximale thermische Leistung und den dazugehörigen mittleren Neutronenfluß charakterisiert. Dieser ist die bestimmende Größe für die Leistungsfähigkeit des Reaktors hinsichtlich der Erzeugung künstlicher radioaktiver Isotope und bei Materialuntersuchungen, die die Voraussetzung für eine technische Entwicklung neuer Energiereaktoren sind.

Einen einfachen Zusammenhang zwischen der Größe des mittleren Neutronenflusses, der thermischen Leistung und der im Reaktor eingesetzten Gesamtmenge des Spaltmaterials bekommt man, wenn man die bekannten Beziehungen zwischen der Zahl der Spaltprozesse pro $cm^3$ und Sekunde, dem makroskopischen Wirkungsquerschnitt und dem Fluß einerseits, und der Gesamtleistung und der Gesamtzahl der Spaltprozesse pro Sekunde andererseits, benutzt. Durch Einsetzen des makroskopischen Spaltquerschnittes $\Sigma_f$ anstelle des Absorptionsquerschnittes $\Sigma_a$ in Gleichung (3.4) bekommt man die Zahl der Spaltakte pro $cm^3$ und Sekunde im Spaltmaterial, woraus man durch Multiplikation mit dem Volumen des Spaltmaterials die Gesamtzahl der Spaltakte pro Sekunde im Reaktor erhält. Unter Benutzung der bekannten Beziehung, daß $3{,}1 \cdot 10^{10}$ Spaltungen pro Sekunde eine thermische Leistung von einem Watt ergeben, erhält man danach für einen Reaktor, in dem die Spaltung allein am Isotop $U^{235}$ vor sich geht:

$$\Phi_m = 2.2 \cdot 10^{13} \frac{N_{MW}}{M_5}. \qquad (14.1)$$

Hierbei ist $N_{MW}$ die thermische Leistung in MW, $M_5$ die Gesamtmenge des im Reaktor enthaltenen Uranisotops der Masse 235 in kg und $\Phi_m$ der mittlere Fluß im Uran. Beispielsweise ergibt sich für den sowjetischen Kraftwerksreaktor mit $\Phi_m = 5 \cdot 10^{13}\, n/cm^2 s$ und $N_{MW} = 30$ MW die Menge $M_5 = 13{,}2$ kg. Da das Isotop 235 zu 5% im Uranmetall enthalten ist, bedeutet dies eine Gesamtmenge von 264 kg Metall. Dies entspricht ziemlich genau der für diesen Reaktor angegebenen Größe der kritischen Masse. Zu Beginn des Betriebes, wo eine bedeutend größere Uranmenge, nämlich 550 kg, frisch eingesetzt wird, ist demnach der mittlere Neutronenfluß geringer. Nach Maßgabe des Verbrauchs von Spaltmaterial steigt er wegen der Regelung des Prozesses auf konstante Leistung allmählich an.

Die Formel (14.1) gestattet, die benötigte Menge von $U^{235}$ für einen thermischen Reaktor bei vorgegebenem Fluß und vorgegebener Leistung zu berechnen. Da nun die Eigenschaften der Bremssubstanz und die Konzentration des $U^{235}$ die kritische Größe bestimmen, ergibt sich hieraus die für die Verwirklichung der gestellten Bedingungen notwendige Anreicherung des Urans. Für experimentelle Reaktoren ist ein möglichst großer Fluß bei möglichst geringen Uranmengen erwünscht.

Diese Bedingung ist um so besser erfüllt, je höher der Anreicherungsgrad des eingesetzten Uranmetalls ist. Ein experimenteller Reaktor mit gewöhnlichem Wasser als Bremssubstanz wird z. B. mit einer Menge von 4,5 kg $U^{235}$ kritisch, wenn die Anreicherung 10% beträgt. Sein Gesamtaufbau ist dem in Abb. 14 gezeigten Schwerwasserreaktor sehr ähnlich, nur sind die Abmessungen der aktiven Zone wesentlich kleiner.

Die Aktivierung von Substanzen durch Neutronenbestrahlung kann nun durch Einbringen der Proben in die aktive Zone oder in den unmittelbar an diese Zone angrenzenden Raum des Reflektors erfolgen. Welche der beiden Methoden experimentell vorzuziehen ist, hängt von der Art und dem Zustand des zur Verfügung stehenden Reaktors ab.

Zunächst sei die maximal mögliche Aktivierung durch Ausnutzung der aus der aktiven Zone austretenden Neutronen abgeschätzt.

Durch Formel (12.8) ist der gesamte Neutronenstrom, welcher aus der aktiven Zone des Reaktors austritt, gegeben. Setzt man voraus, daß dieser Neutronenstrom vollständig zur Aktivierung eines bestimmten Elements, das sich in einer um die aktive Zone herumgelegten Folie befindet, ausgenutzt wird, und daß die Bestrahlung eine genügend lange Zeit hindurch gewirkt hat, so wird die Zahl der Zerfallsprozesse gleich der Zahl der Einfangprozesse pro Sekunde sein. Da die Zahl von $3{,}7 \cdot 10^{10}$ Zerfallsprozessen pro Sekunde die Aktivität von einem Curie ergibt, erhält man also die theoretisch maximal mögliche Aktivierung in Curie:

$$A_\infty = \nu \frac{k_\infty - 1}{k_\infty} \frac{3{,}1 \cdot 10^{10}}{3{,}7 \cdot 10^{10}} \cdot N_{\text{Watt}} . \tag{14.2}$$

Natürlich läßt sich ein solches Experiment nicht unter allen Umständen verwirklichen, da die vollständige Einhüllung der aktiven Zone des Reaktors mit einem stark absorbierendem Material die Reaktivität so stark herabsetzen könnte, daß ein Betrieb auch mit vollständig herausgezogenen Regulierstäben nicht mehr möglich ist. Die Formel (14.2) ist auch nützlich für die angenäherte Berechnung der Aktivierung von Proben, deren der Strahlung ausgesetzte Oberfläche $S_0$ relativ klein gegenüber der Gesamtoberfläche $S_r$ der aktiven Zone ist. Hierbei ergibt sich die im Grenzfall für unendlich lange Bestrahlungszeit zu erreichende Aktivität durch Multiplikation des Ausdrucks (14.2) mit dem Verhältnis $S_0/S_r$. Ist die Bestrahlungszeit nicht sehr groß, d. h. ist sie vergleichbar oder klein gegenüber der Lebensdauer $t_h$ des entstehenden künstlichen radioaktiven Elements, so berechneten sich die Aktivität einer solchen Probe wie folgt:

$$A = A_\infty \frac{S_0}{S_r}\left(1 - e^{-\frac{0.69\,t}{t_h}}\right). \tag{14.3}$$

Bringt man eine Probe zwecks Aktivierung in das Innere der aktiven Zone, so ist der dort bestehende Fluß $\Phi$ für die Größe der Aktivierung maßgebend. Hat die Probe das Volumen $V$ und besteht für den Einfangprozeß der makroskopische Querschnitt $\Sigma_a$ so wird nach der Bestrahlungszeit $t$ die folgende Aktivität induziert:

$$A = \frac{\Phi\,\Sigma_a\,V}{3 \cdot 7 \cdot 10^{10}}\left(1 - e^{-\frac{0.69\,t}{t_h}}\right). \tag{14.4}$$

Molekulargewicht bedeuten. Die Empfindlichkeit steigt also mit wachsendem $\lambda$ ($\lambda$ stets $< 1$). Es ist immer wieder instruktiv, zu sehen, wo die Grenzen der Nachweisbarkeit radioaktiver Substanzen liegen (vgl. Tab. 1). Bei der Berechnung der Tabellenwerte wurde die Effektivität üblicher Zählrohranordnungen zu $10^{-1}$ und

TABELLE 1

Grenze der Nachweisbarkeit einiger radioaktiver Isotope

| Element | Isotop | Halbwertszeit | Zerfalls-Konstante | Praktische Grenze der Nachweisbarkeit in Gramm |
|---|---|---|---|---|
| Sauerstoff | $O^{19}$ | 27 sec | $2{,}57 \cdot 10^{-2}$ | $1{,}25 \cdot 10^{-20}$ |
| Gold | $Au^{198}$ | 2,7 d | $3 \cdot 10^{-6}$ | $1{,}1 \cdot 10^{-15}$ |
| Caesium | $Cs^{137}$ | 33 a | $6{,}7 \cdot 10^{-10}$ | $3{,}4 \cdot 10^{-12}$ |
| Uran | $U^{238}$ | $4{,}5 \cdot 10^9$a | $9{,}9 \cdot 10^{-18}$ | $4 \cdot 10^{-4}$ |

die Bestimmbarkeitsgrenze mit 60 Zerfallsvorgängen/min angesetzt. Die sogenannte reine Radiochemie ist also im allgemeinen eine Art Ultramikrochemie, und man spricht von „unwägbaren" Mengen, von Mikrokomponenten.

Es ist ohne weiteres verständlich, daß für die Handhabung solcher Mengen besondere Methoden erforderlich sind, da einerseits Fällungen und Filtrationen z. B. wegen der Unerreichbarkeit des Löslichkeitsproduktes nicht möglich sind, andererseits Adsorptionserscheinungen oder nur bei extremen Verhältnissen der Komponenten mögliche Mischkristallbildungen das normale chemische Verhalten stark modifizieren. Die Grundzüge dieser Erscheinungen sind Jahre vor der Entdeckung der künstlichen radioaktiven Substanzen am Beispiel der natürlich radioaktiven Substanzen studiert worden und die Ergebnisse dieser Arbeiten sind die Grundlage der heute üblichen präparativen und analytischen Verfahren.

Das Hauptziel der Radiochemie ist zunächst die Herstellung reiner radioaktiver Isotope. Der erste, der physikalische Schritt dazu, ist die Kernreaktion. Handelt es sich dabei um Bestrahlung inaktiven Materials mit Nukleonen, so hängt die erzielte Menge des radioaktiven Isotops von der Bildungsrate und der Bestrahlungsdauer bekanntlich in folgender Weise ab: Es sei $q$ die pro Zeiteinheit gebildete Atomzahl, $t$ die Bestrahlungsdauer und $\lambda$ die Zerfallskonstante des betreffenden Isotops sowie $t'$ die Zeit vom Ende der Bestrahlung bis zum Augenblick der Messung. Dann ist die Anzahl der entstandenen radioaktiven Atome $N = \frac{q}{\lambda}(1 - e^{-\lambda t}) \cdot e^{-\lambda t'}$, die Aktivität also $A = q\,(1 - e^{-\lambda t}) \cdot e^{-\lambda t'}$.

Ist die bestrahlte Schicht sehr dünn, so wird der auffallende Partikelstrom nicht wesentlich geschwächt, und es ist $q = n \cdot N \cdot \sigma \cdot d$

wo $n$ = Zahl der auffallenden Teilchen je cm² und sec
$N$ = Zahl der Atome in 1 cm³ des Targets
$\sigma$ = Reaktionsquerschnitt in cm²
$d$ = Targetdicke in cm

Handelt es sich bei der Kernreaktion um die radioaktive Umwandlung einer Atomart in die andere, so gilt im einfachsten Fall — nämlich für die zweigliedrige Kette

$$N_2 = \frac{\lambda_1 \cdot N_1^0}{\lambda_2 - \lambda_1} \cdot (e^{-\lambda_1 t} - e^{-\lambda_2 t}) + N_2^0 \cdot e^{-\lambda_2 t}$$

und

$$A_2 = \frac{\lambda_2}{\lambda_2 - \lambda_1} \cdot A_1^0 (e^{-\lambda_1 t} - e^{-\lambda_2 t}) + A_2^0 \cdot e^{-\lambda_2 t}$$

wo die Indici 1 und 2 die Mutter- bzw. Tochtersubstanz bezeichnen. An Hand dieser Formeln werden die zur Erzielung der gewünschten Aktivität günstigsten Erzeugungsbedingungen errechnet. Nach Ablauf der Kernreaktionen muß im allgemeinen eine Abtrennung des radioaktiven Isotops sowohl vom Ausgangsmaterial als auch von anderen infolge parallel laufender Kernreaktionen gleichzeitig entstandenen radioaktiven Isotopen durchgeführt werden.

Das Trennschema hängt nun wesentlich davon ab, welche Kernreaktionen sich abgespielt haben. Unter diesem Gesichtspunkt können wir drei Reaktionstypen unterscheiden. Zur ersten Gruppe gehören diejenigen Reaktionen, bei denen die Ordnungszahl des Elements nicht geändert wird. Die Massenzahl bleibt dabei entweder unverändert — $(n, n)$-Prozesse, isomere Übergänge —, sie verkleinert sich — $(n, 2n)$, $(\gamma\, n)$ usw. — oder sie wird größer — $(n\, \gamma)$, $(d, p)$. Das sind Reaktionen, die zu radioaktiven Isotopen des bestrahlten Elements führen.

Zur zweiten Gruppe rechnen wir Reaktionen mit kleinen Änderungen der Ordnungszahl nach oben oder unten. Zu dieser großen Gruppe gehören solche Prozesse wie $(p, n)$, $(d, n)$, $(\alpha, n)$ und der Beta-Zerfall oder $(n, p)$, $(n, \alpha)$ und der Alpha-Zerfall.

Die dritte Gruppe endlich bilden alle Spaltprozesse.

Die Reaktionen der Gruppe 2 führen zu aktiven Isotopen benachbarter, die der Gruppe 3 zu aktiven Isotopen im periodischen System weit entfernter Elemente. In vielen Fällen laufen mehrere Kernreaktionen nebeneinander ab, z. B. $(n, \gamma)$, $(n, p)$, $(n, \alpha)$ und führen zu radioaktiven Reaktionsprodukten, die mit dem bestrahlten Element teils isotop, teils nicht isotop sind.

Auf die schwierige Aufgabe, die als Isotope des bestrahlten Elements erhaltenen radioaktiven Atomarten abzutrennen, soll zum Schluß eingegangen werden. Zunächst betrachten wir den einfacheren Fall, bei dem die Kernreaktion zu einer Änderung der Ordnungszahl führt. Der bequemste Weg zur Heraustrennung der entstandenen radioaktiven Atomart ist der, daß man zur Umgehung der Schwierigkeiten, die das Arbeiten mit Mikrokonzentrationen mit sich bringt, eine wägbare Menge desselben Elements dazusetzt. Damit wird die sogenannte spezifische Aktivität, d. h. die Aktivität pro Gewichtseinheit (A/G) radikal und irreversibel erniedrigt, aber die Trennaufgabe auf diejenige normaler analytischer Trennungen reduziert. Immer dann, wenn es auf die Größe A/G nicht ankommt, insbesondere wenn Abtrennungen für unwägbare Mengen nicht ausgearbeitet sind, oder wenn eine quantitative Abtrennung der entstandenen Aktivität notwendig ist (Bestimmung der Ausbeute von Kernreaktionen), bedient man sich der inaktiven isotopen

„Träger“. Dabei ist es sehr wichtig, auf eine wirklich homogene Mischung der instabilen Atomart und des stabilen isotopen Trägers zu achten. Der Träger muß entweder in derselben chemischen Form, z. B. der gleichen Wertigkeit zugesetzt werden, oder es ist nach dem Zusatz dafür zu sorgen, etwa durch abwechselnd wiederholte Oxydation und Reduktion, daß die instabilen und die stabilen Atomarten in derselben chemischen Form vorliegen. Die Möglichkeit einer selbständigen Homogenisierung muß recht vorsichtig beurteilt werden, da die Geschwindigkeit von Austauschprozessen oft klein ist.

Für die meisten Anwendungen in Forschung und Technik sind nun aber hohe spezifische Aktivitäten aus mancherlei Gründen sehr erwünscht. In solchen Fällen stehen, mit Stichworten gekennzeichnet, folgende Verfahren zur Verfügung:

1. Adsorption
2. Mitfällung
3. Extraktion
4. Emanierverfahren
5. Destillation.

Wir besprechen diese Methoden in der genannten Reihenfolge.

Adsorptionserscheinungen spielen beim Umgang mit Mikrokonzentrationen verständlicherweise eine überragende Rolle. Selbst relativ glatte, also kleine Oberflächen, wie die Wandungen der Glasgefäße, können ausreichen, den größeren Teil der gelösten radioaktiven Substanz zu adsorbieren. Sehr wirksam sind oberflächenreiche Adsorber, wie Kohle und Hydroxydgele. Man benutzt diese Tatsache und führt Fällungen und Filtrationen unter Verwendung unspezifischer oder spezifischer Adsorber durch, die aus nichtisotopem Material bestehen. Man erhält sich damit die Möglichkeit einer folgenden Abtrennung vom Träger und folglich der Gewinnung hoher spezifischer Aktivitäten. Als Beispiel sei die Verwendung von Kohle erwähnt, mit der etwa das aus Uran durch Alpha-Zerfall entstehende Thoriumisotop $UX_1$ aus Uranylnitratlösungen abgetrennt werden kann.

Die Adsorption ist beeinflußbar durch Zusätze, die entweder die Löslichkeit des Adsorbenden erhöhen ($UX_1$ läßt sich bei erhöhter Konzentration von Wasserstoffionen leicht wieder von der Kohle trennen) oder die ebenfalls adsorbiert werden und infolge ihrer makroskopischen Menge die Adsorption der radioaktiven Atomart zurückdrängen. Die Adsorption hängt ferner ab von Temperaturänderungen und Änderungen der Oberflächenentwicklung. Auf Grund eines großen experimentellen Materials formulierte HAHN eine Adsorptionsregel, gültig für die Adsorption von Ionen an salzartigen Niederschlägen: „Ein Ion wird aus wäßriger Lösung merklich adsorbiert, wenn es mit dem entgegengesetzt geladenen Ion des Bodenkörpers eine schwer lösliche Verbindung bildet, und die Adsorption wird erhöht (vermindert) durch entgegengesetzte (gleichnamige) Aufladung der Oberfläche des Adsorbers.“ Größe des Ions, Ladung und Polarisierbarkeit spielen aber ebenfalls eine wichtige Rolle und begrenzen die Gültigkeit des Hahnschen Satzes. Die Tab. 2 und 3 erläutern diese Verhältnisse.

Auf diesen Regeln beruhen zahlreiche radiochemische Routinetrennungen. Als Adsorber, als Träger, dient häufiger noch als Kohle Eisen-III-Hydroxyd, das in schwach ammoniakalischem Medium die Ionen der 3. Gruppe quantitativ adsorbiert und damit filtrierbar macht, während die Ionen der 1. und 2. Gruppe nahezu

TABELLE 2

Adsorption von ThB an vorgebildeten Niederschlägen (nach A. N. Nesmejanow, A. W. Lapizki, N. P. Rudenko 1953)

(25 ml, 0,004 n $HNO_3$)

| Adsorber | Gewicht in g | Fällungsmittel | Überschuß an Fällungsmittel mMol/l | Ladung | Adsorbiertes ThB in % |
|---|---|---|---|---|---|
| $Ag\,C_2O_4$ | 0,2 | $AgNO_3$ | 0,0 | | 96,2 |
| | | | 4,0 | + | 91,3 |
| | | | 12,0 | + | 69,5 |
| | | | 16,0 | + | 60,9 |
| | | | 32,0 | + | 36,3 |
| | | | 52,0 | + | 11,1 |
| | | | 80,0 | + | 0,8 |
| AgBr | 0,4 | KBr | 0,0 | | 1,8 |
| | | | 0,3 | — | 20,6 |
| | | | 0,8 | — | 27,2 |
| | | | 1,6 | — | 36,1 |
| | | | 4,8 | — | 49,1 |
| | | | 10,0 | — | 60,6 |
| | | | 16,0 | — | 63,9 |

TABELLE 3

Einfluß der Wertigkeit auf die Adsorbierbarkeit von Ionen (nach A. N. Nesmejanow, A. W. Lapizki, N. P. Rudenko 1953)

(20 ml, AgJ)

| Wasserstoffionenkonzentration | Adsorbierter Prozentsatz von | | |
|---|---|---|---|
| | $Ra^{++}$ | $Ac^{+++}$ | $Th^{++++}$ |
| 0,005 | 7,9 | 75,2 | 100 |
| 0,05 | sehr wenig | 25,1 | 100 |
| 0,1 | 0 | 7,0 | 50,5 |

vollständig in Lösung bleiben. Die bei der Uranspaltung entstehenden seltenen Erden (Ceriterden) können auf diese Weise z. B. von den gleichzeitig gebildeten Alkalien, den radioaktiven Rubidium- und Caesiumisotopen und von den Erdalkalien (Strontium- und Bariumisotopen) getrennt werden. Wismutsulfid eignet sich als Träger bei der Abtrennung von Kupfer im Anschluß an die Kernreaktion

$Zn^{64}(n, p)Cu^{64}$. Man schüttelt die mit Neutronen bestrahlte Zinklösung mit geringen Mengen (100 mg/Liter) Wismutsulfid und kann dann das unwägbare radioaktive Kupfer nahezu quantitativ mit dem Wismutsulfid abfiltrieren. Zahlreiche solcher Beispiele sind bekannt geworden.

In diesem Zusammenhang verdient noch die Erscheinung der Radiokolloidbildung eine Erwähnung. Winzige in wässerigen Lösungen vorhandene Staubteilchen werden zu Adsorptionszentren, wenn die Mikrokomponente in einer schwerlöslichen Form vorliegt. Es bilden sich radioaktive Kolloidteilchen von etwa $10^{-6}$ cm Durchmesser, die sich auch autoradiographisch sichtbar machen lassen. Sie können durch Zentrifugieren oder Dialyse abgetrennt werden.

Man kann diese Erscheinung für präparative Zwecke nützen und hat dabei den Vorteil, daß die „Träger" praktisch unwägbar sind, daß sich daher die für die Reindarstellung sonst notwendige Abtrennung vom Trägermaterial erübrigt. Ist ein solcher Kolloideffekt aber unerwünscht, so braucht man — laut Adsorptionssatz — nur die Löslichkeit des Radioelements zu erhöhen durch Zusatz von Säure oder Komplexbildnern. Im übrigen ist es noch nicht eindeutig geklärt, ob wirklich Verunreinigungen der Lösung als Träger wirken, oder ob es nicht trotz der minimalen Konzentrationen auch ohne Träger zur Bildung von echten Kolloidteilchen (Radiokolloiden) kommt. Vielleicht weist die Tatsache, daß nur schwerlösliche Verbindungen, wie Hydroxyde und Sulfide der Schwermetalle mit extrem kleinen Löslichkeitsprodukten die Erscheinungen zeigen, doch auf eine solche Möglichkeit hin.

Das große Gebiet der Chromatographie unwägbarer Mengen, sei es mit ionenaustauschenden Harzen, Papier oder anderem geeigneten Material, kann hier nur erwähnt werden. Die Erfolge dieser Verfahren sind gerade auf dem Gebiet der radioaktiven Substanzen besonders groß, unter anderem weil an die Kapazität des Trennmaterials nur ganz minimale Anforderungen gestellt werden. Durch Auswahl geeigneter Eluenten können oft erstaunliche Erfolge erzielt werden. So ist es gelungen, auf diese Weise die Yttererden mit nur 20 cm langen Säulen in 1 bis 2 Stunden zu trennen.

Der Phänomenologie wie dem Mechanismus nach läßt sich von den Adsorptionserscheinungen eine andere Fällung aus Lösungen durch nichtisotope Träger gut abgrenzen: Das ist die sogenannte wahre Mitfällung. Man beobachtet bei der Auskristallisation von Niederschlägen einer Makrokomponente Mitfällungen der Mikrokomponente, die nicht in der gleichen Weise beeinflußbar sind wie die Adsorptionserscheinungen und eine gesetzmäßige Verteilung der Mikrokomponente zwischen Lösung und Bodenkörper zeigen. Man unterscheidet zwei Untergruppen, nämlich die Mitfällung erstens beim Vorliegen und zweitens beim Fehlen von Isomorphie oder Isodimorphie im Falle von Makrokonzentrationen beider Komponenten, und man spricht im zweiten Falle von anomalen Mischkristallen. Die erwähnten Gesetzmäßigkeiten zeigen sich darin, daß an zahlreichen Beispielen die Gültigkeit der folgenden zwei Beziehungen festgestellt wurde: Herrscht wirkliches Gleichgewicht zwischen der Lösung und der Gesamtheit des Bodenkörpers (was z. B. durch lange fortgesetztes Umkristallisieren zu erreichen ist), so entspricht die Verteilung der Mikrokomponente zwischen Bodenkörper und Lösung dem bekannten Nernst-Berthelot'schen Verteilungssatz.

$$\frac{C_1^E}{C_1^A - C_1^E} = D \cdot \frac{C_2^E}{C_2^A - C_2^E}.$$

$C_1$ und $C_2$ sind Konzentrationen der Makro- bzw. Mikrokomponente, und zwar bezeichnet $C^A$ die Konzentrationen in der Ausgangslösung und $C^E$ die Konzentrationen in der Endlösung. $D$ ist eine Konstante, die bei einzelnen Systemen sehr stark von 1 abweichende Werte annimmt.

Herrscht hingegen während der Kristallisation des Bodenkörpers Gleichgewicht nur zwischen der sich gerade bildenden Kristallschicht und der Lösung, wie es bei langsamer Kristallisation durch Eindunsten einer gesättigten Lösung der Fall ist, so findet man eine logarithmische Verteilung der Mikrokomponente nach der Gleichung

$$\lg \frac{C_1^E}{C_1^A - C_1^E} = K \cdot \lg \frac{C_2^E}{C_2^A - C_2^E}.$$

Beide Beziehungen sind recht durchsichtig und durch zahlreiche experimentelle Untersuchungen belegt. Auch Autoradiographien geben von diesen Unterschieden einen Eindruck (vgl. Abb. 1). Man erkennt im ersten Falle die homogene gleich-

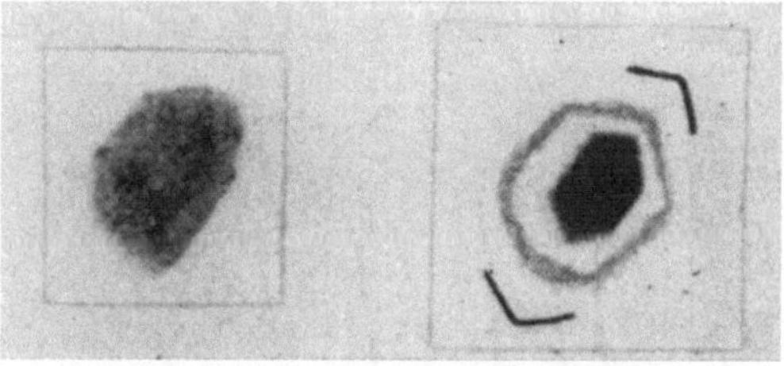

*a* *b*

Abb. 1. Autoradiographie von homogenen und heterogenen Mischkristallen (Barium-Radium-Bromid) (nach O. HAHN 1936)
a) aus übersättigter Lösung; b) aus gesättigter Lösung durch Eindunsten (äußere Kristallbegrenzung ist gekennzeichnet)

mäßige Verteilung durch den ganzen Kristall, im zweiten eine deutliche Konzentrierung der Mikrokomponente im Innern des Kristalls ($K > 1$).

Auf die sehr interessanten Einzelheiten der experimentellen und theoretischen Untersuchungen, die die Beziehungen von $D$ und $K$, ihre Abhängigkeit von Temperatur und Kristallisationsgeschwindigkeit zum Gegenstand haben, vor allem aber auf eine Vorausberechnung der Faktoren aus thermodynamischen Daten, wie Ionenaktivitäten usw. abzielen, kann an dieser Stelle nicht eingegangen werden. Für die präparative Radiochemie ergeben sich wichtige Arbeitsregeln dafür, wie Kristallisationen zur Erreichung höchster Trenneffekte durchzuführen sind. Wie die Abb. 2 zeigt, führen Fraktionierungen mit inhomogener Verteilung der Mikrokomponente schneller zur Trennung der Bestandteile.

Überraschend und eindrucksvoll war die Feststellung, daß wahre Mitfällung auch bei solchen Stoffpaaren zu beobachten ist, für die Isomorphie bei Makro-Makro-Konzentrationen nicht bekannt ist. Ein Beispiel dafür ist das System $PbCl_2$ (Mikrokomponente) — NaCl. Beim Auskristallisieren kleiner Anteile von

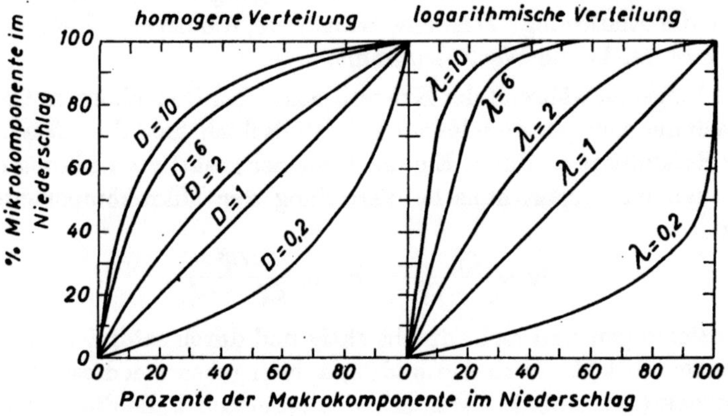


Abb. 2. Wirksamkeit der Mitfällung von Mikrokomponenten bei verschiedener Kristallisation der Makrokomponente (nach A. C. Wahl und N. A. Bonner 1951)

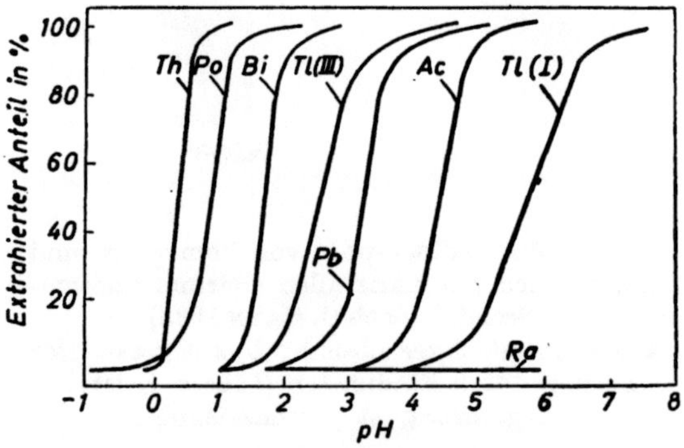


Abb. 3. Einfluß des $p_H$ auf die Extraktion von Thenoyltrifluoracetonatverbindungen einiger Elemente (nach A. N. Nesmejanow, A. W. Lapizki und N. P. Rudenko 1953)

NaCl aus einer Lösung, die Blei in Form von Radium D oder Thorium B enthält, fällt Blei fast quantitativ aus und kann durch einige wenige fraktionierte Fällungen hoch angereichert werden. Die gleiche Beobachtung machte man beim System $BaBr_2$ (Makro-) und $PbBr_2$ (Mikrokomponente) und noch einigen anderen. Allgemein ist jedenfalls die Folgerung zu ziehen, daß auch bei Fehlen makroskopischer Isomorphie gesetzmäßige Mitfällungen und damit An- (oder Ab-)reicherungen von Mikrokomponenten möglich sind.

Die Extraktionsverfahren, denen wir uns nun zuwenden wollen, stehen in einem gewissen Gegensatz zu den bisher genannten Arbeitsweisen. Während bei den Fällungen und Filtrationen der Übergang von der Makro- zur Mikrokonzentration die besonderen beschriebenen Schwierigkeiten macht, hat die Extraktion — also die Verteilung zwischen nichtmischbaren Lösungsmitteln — den Vorzug, in außerordentlich großem Bereich konzentrationsunabhängig zu sein, jedenfalls wenn es sich um sogenannte einfache Verteilungen handelt, d. h. wenn nicht etwa Assoziationen oder Bildungen von Komplexverbindungen mit den Lösungspartnern eine Rolle spielen. Während man gelegentlich, z. B. bei der Abtrennung der Uranspaltprodukte vom Uran durch Ausschütteln des als Uranylnitrat vorliegenden Urans mit Äther die Löslichkeit gewisser anorganischer Salze in organischen Lösungsmitteln verwendet, ist es im allgemeinen vorteilhaft, die Mikrokomponente in eine organische Komplexverbindung zu überführen, die dann wesentlich spezifischer extrahiert werden kann. Ein Beispiel dafür ist die Trennung von einigen der schwersten Elemente mit Hilfe von Thenoyltrifluoraceton. Die Abhängigkeit des Verteilungsfaktors vom $p_H$ der wässerigen Lösung gestattet, wie die Abb. 3 zeigt — z. B. die Trennung einiger der schwersten Elemente. Zwei praktische Vorteile, die den Extraktionsverfahren eine immer steigende Anwendung in der Radiochemie sichern, ist ihre Einfachheit und rasche Durchführbarkeit und außerdem die Tatsache, daß gerade das Arbeiten mit Lösungsmitteln bequem ferngesteuert und automatisiert werden kann. Und das ist bekanntlich für die Wahl der Arbeitsweise entscheidend, wenn es sich um die Handhabung großer Aktivitäten handelt.

Ein eigenartiges, aber sehr elegantes Trennverfahren bietet die sogenannte Emaniermethode nach Hahn, die allerdings nur in Sonderfällen Verwendung finden kann. In allen natürlichen, aber auch in einigen bei der Spaltung der schwersten Elemente erhaltenen künstlichen Zerfallsreihen treten Elemente auf, die bei normalen Bedingungen gasförmig sind, nämlich die Edelgase Emanation, Xenon und Krypton. Sorgt man durch passende Anordnung dafür, daß die gasförmigen Substanzen das Reaktionsgemisch verlassen und getrennt aufgefangen werden können, so erhält man, wenn nicht diese selbst, so doch die Folgeprodukte in trägerfreier Form. Eine bewährte Vorrichtung für die Gewinnung der sogenannten aktiven Niederschläge der natürlichen radioaktiven Reihen ist der Radonator. Er enthält in seinem unteren Teil die Muttersubstanzen, z. B. Radium oder Radiothor gebunden an eine kleine Menge Eisenoxydhydrat, das so hergestellt wird, daß es in hochaufgelockerter Form mit großer innerer Oberfläche vorliegt. Die Emanation gelangt infolge des radioaktiven Rückstoßes, den sie bei ihrer Entstehung aus Radium oder den Radiumisotopen ThX bzw. AcX erhält, aus dem Kristallgitter heraus und durch Diffusion oder Oberflächendiffusion ins Freie, zumal sie ihres Edelgascharakters wegen mit der Umgebung nicht reagiert. Dabei ist es bemerkenswert, in wie kurzer Zeit die Emanation aus den sogenannten hochemanierenden Präparaten herauskommt. Sogar bei der kurzlebigen Thoriumemanation (H. Z. $=\sim 1$ min) erreicht das Emaniervermögen nahezu 100%. Die Emanation wird dann an Kohle adsorbiert, lagert dort ihre Zerfallsprodukte ab, die trägerfrei von der Kohle abgelöst werden können. Man kann statt dessen in die emanationshaltige

Luft auch eine auf einige hundert Volt geladene kleine Platinelektrode hängen, auf der sich die in ionisierter Form vorliegenden Zerfallsprodukte sammeln lassen.

Befinden sich die Muttersubstanzen in wässeriger Lösung, dann können die aktiven Gase auch mit Trägergasen abgetrennt werden. Neutronenbestrahlte Uranlösungen z. B. enthalten als Reaktionsprodukte aktive Krypton- und Xenon-Isotope. Unter Verwendung von Wasserstoff als Trägergas werden die Edelgase ausgetrieben und durch eine Reihe von Gefäßen geleitet, die mit Adsorptionskohle gefüllt sind. Diese Gefäße werden verschieden stark gekühlt, so daß sich Krypton und Xenon getrennt auffangen lassen und damit auch ihre Folgeprodukte sich getrennt und trägerfrei isolieren lassen.

Abtrennungen in gasförmiger Form können natürlich auch auf solche Stoffe ausgedehnt werden, die zwar unter normalen Bedingungen nicht flüchtig sind, sich aber durch Temperaturerhöhungen oder chemische Umsetzung verflüchtigen lassen. Für solche Abdestillationen gibt es zahlreiche Beispiele, zu denen die Halogene, die Halogenide von Arsen, Antimon und Zinn, das Tetraoxyd des Ruthens und andere gehören. Es ist bemerkenswert, daß Destillationen unwägbarer Mengen im allgemeinen genauso sicher und quantitativ verlaufen, wie die makroskopischer Mengen. Erwähnenswert ist in diesem Zusammenhang noch, daß man solche Destillationen auch im umgekehrten Sinne benutzen kann, indem man nämlich den Träger abdestilliert und die Aktivität im trägerfreien Zustand zurückbehält. Man kann z. B. in manchen Fällen statt Eisenhydroxyd auch Berylliumhydroxyd als Träger verwenden, dies dann in Acetat verwandeln und als solches durch Erhitzen absublimieren.

Durch Kombination der genannten Verfahren sind zahlreiche Trennvorschriften ausgearbeitet worden, die einfach, rasch und elegant zum Ziele führen.

Zum Schluß sei noch etwas näher auf die sogenannten spezifisch radiochemischen Effekte eingegangen, auf denen sich die Verfahren aufbauen zur Abtrennung oder wenigstens zur Anreicherung der nach Kernreaktionen der Gruppe 1 erhaltenen radioaktiven Atomarten, die Isotope des bestrahlten Elements sind.

Ein Teil der Energie, die bei Kernreaktionen frei wird, wird stets umgesetzt in kinetische und in Anregungsenergie der betroffenen Atome oder Moleküle und ihrer nächsten Nachbarn. Sehr oft ist dieser Energiebetrag so groß, daß chemische Bindungen innerhalb des Moleküls gelöst werden und im Mikromaßstabe Reaktionen ablaufen, die, da vor allem die radioaktiv gewordenen Atome davon erfaßt werden, mit radiochemischen Mitteln nachgewiesen werden können. Wenn bei Kernreaktionen der sogenannte Zwischenkern oder bei radioaktiven Umwandlungen die Muttersubstanz zerfällt unter Aussendung eines Nukleons oder eines Photons, so erfährt der Restkern einen Rückstoß, und die auf ihn übertragene Energie ist $E_R = E \cdot \frac{m}{M}$ wo $E$ die Energie des ausgesandten Nukleons und $m/M$ das Massenverhältnis angibt, oder $E_R = \frac{E^2}{2\,Mc^2}$ wo $E$ die Energie des Photons und $c$ die Lichtgeschwindigkeit bedeuten. Für die Aussendung von Beta-Teilchen ist entsprechend die maximale Rückstoßenergie

$$E_{R\,max} = E_{max} \cdot \frac{m}{M} + E_{max}/2\,Mc^2 .$$

Berechnet man nach diesen Formeln die Rückstoßenergie in Abhängigkeit von der Energie des Photons oder des Beta-Teilchens sowie von der Masse des Restatoms, so erhält man die in der Tab. 4 zusammengestellten Ziffern. Sie zeigen, daß die Größenordnung der chemischen Bindungsenergie, die bei einigen eV liegt, meist übertroffen wird. Freilich ist aus verschiedenen Gründen nicht die gesamte Rückstoßenergie für die Anregung der chemischen Bindung verfügbar,

TABELLE 4

Rückstoßenergie für verschiedene Kernprozesse (nach A. N. Nesmejanow, A. W. Lapizki, N. P. Rudenko 1953)

| Energie des ausgesandten Teilchens oder Photons in MeV | Masse des Atoms | Rückstoßenergie in eV | | |
|---|---|---|---|---|
| | | n. p | n γ isomerer Übergang | β-Zerfall |
| 0,1 | 10 | $10^4$ | 0,54 | 6 |
| | 20 | $5 \cdot 10^3$ | 0,27 | 3 |
| | 50 | $2 \cdot 10^3$ | 0,1 | 1,2 |
| | 100 | $10^3$ | 0,05 | 0,6 |
| | 200 | $5 \cdot 10^2$ | 0,027 | 0,3 |
| 1 | 10 | $10^5$ | 54 | 108 |
| | 20 | $5 \cdot 10^4$ | 27 | 54 |
| | 50 | $2 \cdot 10^4$ | 11 | 21,6 |
| | 100 | $10^4$ | 5,4 | 10,8 |
| | 200 | $5 \cdot 10^3$ | 2,7 | 5,4 |
| 5 | 10 | $5 \cdot 10^5$ | 1340 | 1610 |
| | 20 | $2{,}5 \cdot 10^5$ | 670 | 805 |
| | 50 | $10^4$ | 268 | 322 |
| | 100 | $5 \cdot 10^3$ | 134 | 161 |
| | 200 | $2{,}5 \cdot 10^3$ | 67 | 80 |

vor allem schon deshalb, weil ein Teil der Rückstoßenergie als kinetische Energie des Gesamtmoleküls erscheint. Dieser Teil ist um so größer, je kleiner das Verhältnis Masse des Moleküls zur Masse des Atoms ist. Dennoch ersieht man aus einer Rechnung von Süss, (vgl. Tab. 5), daß nur in so ungünstigen Fällen wie bei Brom- und Jodwasserstoff die Bindungsenergie nicht erreicht wird. Es ist daher verständlich, wenn der Versuch von Szilard und Chalmers, diese Situation für die präparative Radiochemie auszunutzen, so gut gelang. Szilard und Chalmers schlugen vor, $(n, \gamma)$-Prozesse, die sich durch sehr günstige Reaktionsquerschnitte auszeichnen, aber den mehrfach erwähnten Nachteil haben, zu aktiven Atomarten zu führen, die mit der bestrahlten Atomart isotop und daher mit chemischen Mitteln nicht abtrennbar sind, nicht an den Elementen durchzuführen, sondern geeignete Verbindungen mit Neutronen zu bestrahlen. Wird infolge des Rückstoßes die chemische Bindung gelöst, so liegt das radioaktive Atom in anderer chemischer Form vor und kann durch chemische Mittel abgetrennt werden. Voraussetzung für den Erfolg des Verfahrens ist es, daß erstens keine Rekombination mit dem Radikal stattfindet, daß zweitens unveränderte Moleküle mit den freigesetzten Atomen keine Austauschreaktionen eingehen, und daß drittens die verwendete Verbindung nicht allzu starke photochemische Zersetzungen, Dissoziationen, unter dem Einfluß der bei Neutronenbestrahlung stets vorhandenen hohen Quantendosen erleidet, die gleichfalls zur Freisetzung des Atoms und damit zu einer Verdünnung der radioaktiven, durch Rückstoß freigesetzten Atome mit

TABELLE 5

Energieverhältnisse bei Szilard-Chalmers-Prozessen (nach Y. B. Cook und J. F. Duncan 1951)

| | $E_\gamma$ (MeV) | Bindung an aliphatischen Kohlenstoff | | | Bindung an Wasserstoff | | |
|---|---|---|---|---|---|---|---|
| | | $E_B$ | | $E'_R$ | $E_B$ | | $E'_R$ |
| | | kcal | eV | eV | kcal | eV | eV |
| Cl | 6,2 | 72 | 3,1 | 135 | 101 | 4,4 | 14,5 |
| Br | 5,1 | 59 | 2,6 | 23 | 85 | 3,7 | 2,2 |
| I | 4,8 | 45 | 2,0 | 8,3 | 70 | 3,0 | 0,8 |

$E_\gamma$ = Energie der $\gamma$-Quanten
$E_B$ = Energie der chem. Bindung
$E'_R$ = Rückstoßenergie

inaktiven Atomen, d. h. zu einer Verringerung der spezifischen Aktivität führen. Für Halogene erwiesen sich als geeignet Alkylhalogenide. Solche Verbindungen werden nach der Bestrahlung z. B. mit Kohle ausgeschüttelt, an der die freien, aktiven Halogenatome adsorbiert werden und von der sie anschließend auf einfachste Weise wieder abgelöst werden können. Es sind für andere Elemente zahlreiche andere organische Komplexe erprobt worden, unter denen vielseitig verwendbar z. B. Phthalocyanide sind. Für mehrere Elemente sind vorzügliche Anreicherungen beschrieben worden.

Bei genauer quantitativer Untersuchung der Erscheinung stellten sich einige interessante Besonderheiten heraus. Erstens sind selten 100%ige Abtrennungen zu erreichen. Ein Teil der Aktivität findet sich vielmehr in der ursprünglichen Verbindungsform wieder, ein anderer aber sogar in neuen Verbindungsformen. Diese Beobachtungen lassen sich qualitativ deuten, wenn man bedenkt, daß die Rückstoßatome auch nach der Lösung aus dem Molekülverband noch über beträchtliche kinetische und Anregungsenergien verfügen. Die Energie eines solchen ‚heißen' Atoms (man spricht in diesem Zusammenhang von heißer Chemie) wird vorzugsweise durch elastische Stöße mit den Molekülen der Umgebung abgegeben. Wird dabei ein Nachbarmolekül zerstört, so verliert das stoßende Atom womöglich so viel Energie, daß es über die unmittelbare Umgebung des Reaktionsortes nicht hinausgelangen kann und unter Umständen mit den entstandenen

Molekülbruchstücken reagiert. Ist seine Energie aber noch sehr groß, so daß es sich zwar vom Reaktionsort entfernen, weitere Moleküldissoziationen aber nicht mehr erzeugen kann, so behält es seinen chemischen Zustand bei und kann abgetrennt werden. Diese Deutung wird gestützt durch die Beobachtung, daß eine Verdünnung der bestrahlten Verbindung mit leichtatomigen Verbindungen die Ausbeuten erhöhen. Das stoßende Atom gibt dann seine Energie vorwiegend durch viele aber nur wenig wirksame Stöße mit leichten Atomen ab.

Sehr nützlich erwiesen sich diese Verfahren auch bei der Trennung von Isomeren. Von $Br^{80}$ z. B. kennt man die beiden Isomere von $4{,}5^h$ und $18^{min}$ Halbwertszeit. Wird dieses Brom in einen Kohlenwasserstoff eingebaut und der Bromkohlenwasserstoff nun mit Wasser geschüttelt, so findet man in der wässerigen Phase den $18^{min}$ Körper der Tochtersubstanz frei vom $4{,}5^h$ Körper. Beim isomeren Übergang ist also offenbar die chemische Bindung gelöst worden.

Es ist interessant, daß in diesem Fall die Rückstoßenergie nur $2 \cdot 10^{-3}$ eV beträgt, also für die Zerstörung der Bindung nicht verantwortlich sein kann. Man vermutet, daß infolge innerer Konversion vor allem in der $K$-Schale und einer anschließenden Auffüllung der $K$-Schale mit Valenzelektronen der chemische Zustand geändert und damit die Bindung gelöst wird. Diese Annahme wird gestützt durch Untersuchungen an Tellur- und Zink-Isomeren, bei denen sich tatsächlich zeigte, daß solche Szilard-Chalmers-Trennungen nur bei erheblicher innerer Konversion möglich sind.

Diese heiße Radiochemie wird nicht allein mit *analytisch* präparativem, sondern auch mit *synthetisch* präparativem Ziel betrieben. Die vorhin gemachte Anmerkung, daß bei Szilard-Chalmers-Prozessen Aktivität in neuer Verbindungsform gefunden wird, hat den Anstoß dazu gegeben, Methoden zur Darstellung radioaktiver, indizierter Verbindungen auf diesem Wege zu entwickeln. In einem Arbeitsgang gleichsam ist so die Darstellung radioaktiver Isotope und ihr Einbau in bestimmte Verbindungen möglich geworden. Auf das ganze große Gebiet der synthetisch präparativen Radiochemie, auch der häufig benutzten Biosynthese kann hier nur kurz hingewiesen werden.

## *2. Angewandte Radiochemie*

Die radioaktiven Substanzen werden auf fast allen Gebieten der Naturwissenschaften und auf vielen Gebieten der Technik verwendet. Eine umfassende Darstellung kann daher nicht versucht werden. Es lassen sich aber mindestens zwei Grundprinzipien der Verwendung unterscheiden, nämlich die Benutzung der radioaktiven Atomarten als Strahlenquelle einerseits und als Indikatoren der stabilen Atomarten andererseits. Eine solche Unterscheidung ist für die Gewinnung einer Übersicht wohl günstiger als eine Unterteilung nach einzelnen Gebieten der Anwendung (etwa Chemie, Technik, Biologie, Medizin).

Beginnen wir die Diskussion mit einem verhältnismäßig übersichtlichen Abschnitt, nämlich der Anwendung der physikalischen Effekte, die bei der Wechselwirkung zwischen der Strahlung der radioaktiven Substanzen und der Materie beobachtet werden!

Die radioaktiven Strahlen werden beim Durchgang durch Materie gebremst, absorbiert und gestreut. Also unterscheiden sich die Strahlen nach dem Durchgang sowohl in bezug auf die Quantität (Anzahl der Teilchen oder Photonen) als auch in bezug auf die Qualität, die Energie und Energieverteilung. Da solche Unterschiede von der Dicke der durchstrahlten Schicht abhängig und der Messung leicht zugänglich sind, ist die Möglichkeit einer Dickenbestimmung ersichtlich, besonders wenn man bedenkt, daß keine schwierigen Rechnungen erforderlich sind, sondern mit Eichkurven gearbeitet werden kann. Die Eichkurven haben trotz der bekannten Kompliziertheit des Schwächungsprozesses sowohl für Beta- wie im großen und ganzen auch für Gamma-Strahlen die Form eines exponentiellen Abfalls nach der Beziehung $J_d = J_0 \cdot e^{-\mu d}$, wo

$J_0$ = auffallende Intensität

$J_d$ = Intensität nach dem Durchgang durch die Schicht

$d$ = Dicke der Schicht

$\mu$ = linearer Absorptionskoeffizient.

Dabei kann für gröbere Messungen davon ausgegangen werden, daß der lineare Absorptionskoeffizient $\mu$ bei Beta- wie Gamma-Strahlen ziemlich unabhängig von der Ordnungszahl und proportional der Dichte $\varrho$ ist, so daß $\mu/\varrho$ ziemlich konstant ist, wie die Tab. 6 zeigt.

TABELLE 6

Absorptionskoeffizient der Gammastrahlen von Radium C (nach Y. B. Cook und J. F. Duncan 1951)

| Absorber | $\mu$ | $\mu/\varrho$ |
|---|---|---|
| Hg . . . . | 0,621 | 0,045 |
| Pb . . . . | 0,533 | 0,047 |
| Cu . . . . | 0,395 | 0,044 |
| Fe . . . . | 0,356 | 0,045 |
| Sn . . . . | 0,299 | 0,041 |
| Zn . . . . | 0,322 | 0,045 |
| Al. . . . . | 0,126 | 0,047 |
| S . . . . . . | 0,091 | 0,046 |
| $H_2O$ . . . . | 0,055 | 0,055 |

$\mu$ = linearer Absorptionskoeffizient
$\varrho$ = Dichte
$\mu/\varrho$ = Massenabsorptionskoeffizient

Die Auswahl des Strahlers hängt von der zu messenden Dicke ab. Für erhebliche Dicken (mehrere g/cm²) eignen sich die durchdringenden Gamma-Strahlen, doch sind bisher nicht viele solcher Messungen bekannt geworden. Für mehr qualitative Untersuchungen jedoch, die Defektoskopie großer Werkstücke, die Materialprüfung, haben die gamma-strahlenden Präparate wegen ihrer Handlichkeit bekanntlich breite Anwendung gefunden.

Zur Messung dünnerer Schichten eignen sich vorzüglich Beta-Strahlen, und die Tab. 7 zeigt die verschiedenen praktisch verwendbaren Strahlenquellen und die Dickenbereiche, für deren Messung sie brauchbar sind. Bei der Dickenmessung mit Beta-Strahlen ist zu beachten, daß die Eichkurven, die im halblogarithmischen Maßstab gradlinig abfallen sollten, zu Beginn meist eine Abflachung zeigen, die die Meßgenauigkeit in diesem Bereich mindert. Die Abflachung wird durch Streueffekte verursacht, und man umgeht diese Schwierigkeit, indem man entweder durch vor den Detektor gesetzte enge Blenden die Streustrahlen ausblendet, freilich damit auch die Intensität stark reduziert, oder indem man zu weicheren Strahlern übergeht und den Meßpunkt damit in den geradlinigen Teil der Eichkurve verschiebt.

TABELLE 7

Anwendungsbereich einiger Beta-Strahler für Schichtdickenmessungen (nach E. BRODA und TH. SCHÖNFELD)

| Radioaktives Isotop | Halbwertszeit | Energie der $\beta$-Strahlen in MeV | Ungefährer Anwendungsbereich mg/cm² |
|---|---|---|---|
| $C^{14}$ | 5570 a | 0,15 | 0,3— 8 |
| $S^{35}$ | 87 d | 0,17 | 0,3— 8 |
| $Pm^{147}$ | 2,65 a | 0,22 | 0,8— 20 |
| $Ca^{45}$ | 152 d | 0,25 | 0,8— 20 |
| $Tl^{204}$ | 3,9 a | 0,87 | 3 —150 |
| $Y^{90}$ ($Sr^{90}$ + $Y^{90}$) | 21,6 a | 2,2 | 5 —600 |

Übrigens muß bei ganz weichen Strahlern, vor allem aber auch bei Alpha-Strahlern, natürlich die Meßanordnung so getroffen sein, daß Schwächung durch Luftschichten berücksichtigt oder ausgeschlossen wird. In diesem Zusammenhang ist noch zu erwähnen, daß beim Wasserstoff $\mu/\varrho$ stark erhöht ist. (Vgl. dazu den $\mu/\varrho$-Wert für Wasser in Tab. 6.) Dieser Effekt kann zu Bestimmungen des Wasserstoffgehaltes von Verbindungen benutzt werden und hat sich bei der Analyse von Kohlenwasserstoffen bewährt, bei denen er die Elementaranalyse ersetzen kann.

In ganz anderer Anordnung noch können Dickenmessungen mit Beta-Strahlern auf Grund des Rückstreuungseffektes durchgeführt werden. Wegen der kleinen Masse des Beta-Teilchens kommen bei elastischen Streuungen an Kernen oft auch große Ablenkwinkel zustande, um so mehr, je schwerer der streuende Kern ist. Die Abb. 4 zeigt die Abhängigkeit dieses Effektes von Dicke und Material der streuenden Schicht. Obwohl Dickenmessungen nach diesem Verfahren im allgemeinen ungenauer sind als bei Durchstrahlungen und nur einen relativ engen Dickenbereich umfassen, werden sie doch vielfach verwendet, insbesondere zur Messung von dünnen Auflageschichten auf dickeren Unterlagen aus anderem Material. Mit zunehmender Dicke der Auflage wird sich der Rückstreuungswert von dem der reinen Unterlage unterscheiden, und die Empfindlichkeit wird um so größer sein, je mehr sich Unterlage und Auflage in bezug auf die Ordnungszahl unterscheiden. Zweckmäßig wird der Detektor so angeordnet, daß nur rückgestreute Strahlen hineingelangen. In ganz ähnlicher Anordnung werden auch Dickenbestimmungen durch Messung der Gamma-Rückstreuung, also der rückgestreuten Comptonstrahlung, durchgeführt.

Auf eine Reihe anderer physikalischer Effekte bei der Einwirkung der Strahlen auf Materie kann nur hingewiesen werden. Technisch überaus wichtig ist die Erregung von Luminescenz, also die Umwandlung der Teilchenenergie in Energie sichtbaren Lichtes, die unter Umständen mit sehr guter Ausbeute abläuft und für welche sich außer den bisher vorwiegend verwendeten Alpha-Strahlen der natürlich radioaktiven Substanzen auch künstlich dargestellte Beta-Strahler eignen dürften. Weiterhin werden die ionisierenden Eigenschaften der Strahlen benutzt, um den Ionisationsmanometern ähnliche Vakuummeter zu bauen, die unter dem Namen Alphatron bekannt wurden, ferner um unerwünschte elektrostatische Auf-

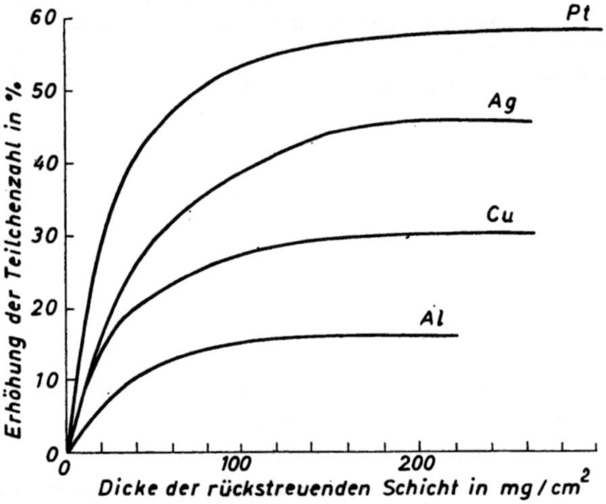


Abb. 4. Rückstreuung der Beta-Strahlen des $P^{32}$ (nach Y. B. Cook und J. F. Duncan 1952)

ladungen zu verhindern oder, umgekehrt, Aufladungen zu bewirken, die für die Herstellung kleiner radioaktiver Taschenbatterien ausgenutzt werden.

Beim Durchgang von Strahlen durch Materie werden aber nicht nur die Strahlen, sondern auch der Zustand des durchstrahlten Stoffes verändert. Man beobachtet Beeinflussung, Einleitung und Erzeugung chemischer und biochemischer Reaktionen. Dies Gebiet trägt den Namen Strahlenchemie und sollte zur Vermeidung von Verwechslungen nicht mit dem Terminus Radiochemie bezeichnet werden, wie das leider in der deutschen biologischen Literatur noch oft geschieht.

Strahlenchemie ist ein Oberbegriff, unter den auch die photochemischen Reaktionen zu rechnen sind. Während man es jedoch in der Photochemie mit relativ energiearmen nichtionisierenden Strahlen zu tun hat, deren Wirkung vorwiegend in einer Anregung von Atomen bzw. Molekülen besteht, handelt es sich bei den Strahlen der radioaktiven Substanzen um energiereiche, daher auch stets ionisierende Strahlen. Nun sind im allgemeinen die von ionisierenden Strahlen ausgelösten chemischen Reaktionen den aus der Photochemie bekannten durchaus ähnlich. Die Mannigfaltigkeit ist jedoch erheblich größer, da wegen der höheren Energie die Variationsbreite der sich an die Primärreaktion anschließenden Sekundärreaktionen erheblich größer ist.

Das genaue Studium dieser Vorgänge ist aus doppeltem Grunde wichtig. Erstens laufen bei der Einwirkung von Strahlen auf Materie chemische Reaktionen ab, die technische Bedeutung haben und auf anderen Wegen nicht so bequem beherrscht werden. Zwar ist der Energieaufwand für die Umsetzung eines Moleküls durch Strahlung mit etwa 30 eV je Molekül, d. h. mehreren 100 Kilokalorien je Mol sehr hoch, insbesondere wenn man bedenkt, daß 1000 Curie Kobalt 60 rund 250 Kilokalorien in Form von Gamma-Strahlung pro Tag abgeben. Während also bei niedermolekularen Substanzen der gewichtsmäßige Umsatz nur klein ist, wird die Lage bei hochmolekularen Substanzen schon günstiger. Außerdem aber gibt es wie in der Photochemie Kettenreaktionen, bei denen die Ionenausbeute ganz wesentlich größer als 1 ist. Dann lohnen sich technische Anwendungen, wie sie besonders in der Chemie der Hochpolymeren bereits in größerem Umfange durchgeführt wurden.

Es handelt sich dabei um zwei Grundreaktionen, nämlich erstens Vernetzungen, die z.B. durch Wasserstoffabspaltung induziert werden, und zweitens Zersetzungen. Insbesondere auf Grund der Vernetzungsvorgänge können bei Kunststoffen erhebliche, zum Teil sehr günstige Veränderungen der mechanischen Eigenschaften erzielt werden. Ferner sind strahleninduzierte Polymerisationen, Chlorierungen und Oxydationen organischer Verbindungen untersucht und in die Technik eingeführt worden.

Von ganz besonderer Bedeutung sind strahlenchemische Untersuchungen für die Klärung der Wirkung ionisierender Strahlen auf den lebenden Organismus; denn letzten Endes beruhen alle strahlenbiologischen Erscheinungen auf strahleninduzierten chemischen Reaktionen. Die angewandte Strahlenbiologie nimmt einen immer größeren Umfang an, je weiter die Produktion radioaktiver Substanzen ansteigt. Dabei handelt es sich einerseits um die wachsende Verwendung radioaktiver Strahler in der Therapie, andererseits um die wichtige Entwicklung des Strahlenschutzes.

Es kann in der vorliegenden kurzen Zusammenfassung auf die Einzelfragen dieser beiden Gebiete nicht eingegangen werden. Aus einem ursprünglich eher deskriptiven Gebiet hat sich die Strahlenbiologie zu einer Forschungsrichtung entwickelt, die eine Fülle exakter Daten über die quantitativen Beziehungen zwischen der Strahlendosis und dem Strahleneffekt gesammelt hat. Diese Daten haben auf Grund statistischer Betrachtungen zum Aufbau der sogenannten Treffertheorie geführt, mit deren Hilfe es gelang, die so unterschiedlichen Formen der Dosis-Effekt-Kurven und den Zusammenhang zwischen dem Effekt und der Strahlenhärte, d. h. der Ionisationsdichte zu deuten. Andererseits ist diese biophysikalische Analyse der Strahlenwirkung gerade in der letzten Zeit ganz entscheidend ergänzt und erweitert worden durch rein strahlenchemische Erkenntnisse, auf Grund deren man zum Verständnis der Unterscheidung von direkter und indirekter Strahlenwirkung gelangte. Es ließ sich zeigen, daß in sehr vielen Fällen der Absorptionsakt gar nicht am Wirkungsort vor sich zu gehen braucht, daß vielmehr die im Medium, z.B. also in Wasser, absorbierte Energie über Strecken von etwa $10^{-6}$ cm transportiert werden kann. Zum guten Teil handelt es sich dabei vermutlich um Diffusion von angeregten Molekülen oder Radikalen. Es wurde ferner festgestellt, daß gewisse Zusätze zu solchen wässerigen Lösungen den Transportweg stark verkürzen, damit also den Strahleneffekt vermindern können. Freilich ist die Wirkung zahlreicher in der letzten Zeit auf ihre Brauchbarkeit in der Strahlenprophylaxe geprüfter Stoffe gewiß nicht so einfach zu deuten. Sie beruht wahrscheinlich auf einer Beeinflussung des Sauerstoffdruckes im Gewebe. Veränderungen des Sauerstoffdruckes aber bewirken Veränderungen der Wechselbeziehungen zwischen den Strahlenreaktionsprodukten des Wassers und der organisierten Materie. Besonders kompliziert aber wird das Gebiet der Strahlenbiologie dadurch, daß an die Primärreaktionen sich ganze Ketten von Sekundärreaktionen anschließen, bis es endlich zur Manifestation der Strahlenwirkung kommt, die unter Umständen auch zeitlich stark verzögert ist (Latenzzeit). Schon diesen Andeutungen läßt sich entnehmen, mit welchen besonderen Schwierigkeiten es sowohl die Grundlagenforschung wie auch die angewandte Strahlenbiologie, etwa die Strahlentherapie, zu tun hat.

Der nächste große Anwendungsbereich radioaktiver Substanzen, die sogenannte Strahlenanalyse, stellt ein Übergangsgebiet zur Indikatormethode dar. — Aus den oben gegebenen Formeln für die Bildungsgeschwindigkeit radioaktiver Atomarten bei Beschießung inaktiver Substanzen mit Nukleonen ging hervor, daß diese bei gegebenem Nukleonenfluß und gegebener Anzahl vorgelegter Atome nur von einem Faktor abhängt, vom Aktivierungsquerschnitt. Die Anzahl der radioaktiven Atome, die im Augenblick der Messung vorliegen, hängt weiterhin ab von der Zerfallskonstanten, der Dauer der Bestrahlung und der Zeit, die zwischen dem Abschluß der Bestrahlung und dem Zeitpunkt der Messung liegt. Der Reaktionsquerschnitt für eine bestimmte Kernreaktion ist nun eine ganz charakteristische Eigenschaft des Kerns und variiert außerordentlich stark. Darauf gründet sich die sogenannte Aktivierungsanalyse. Ein Gemisch wird der Bestrahlung mit Nukleonen unterworfen, die erhaltenen Aktivitäten mit geeigneten Meßanordnungen untersucht, analysiert, bestimmt und daraus auf die prozentuale Zusammensetzung der Mischung geschlossen. In vielen Fällen läßt sich die Analyse dieser Aktivitäten einfach gestalten. Am leichtesten ist ein Bestandteil zu bestimmen, wenn sein Reaktionsquerschnitt verglichen mit dem der übrigen Bestandteile besonders groß ist. Große Aktivierungsquerschnitte haben vor allem einige Edelmetalle und einige seltene Erden. Liegen Gemische vor, die ein einziges solcher Elemente enthalten, so genügt es, zur Bestimmung dieses Bestandteils nach Aufstellung einer Eichkurve mit bekannten Mischungen die unbekannte Mischung zu bestrahlen und mit der erhaltenen Aktivität in die Eichkurve einzugehen, um den unbekannten Gehalt abzulesen. Selten liegen die Verhältnisse so einfach. Häufig haben andere Bestandteile des Gemisches ebenfalls merkliche Aktivierungsquerschnitte und liefern ebenfalls radioaktive Isotope. Dann kommt es auf die radioaktiven Konstanten der entstandenen radioaktiven Isotope an. Oft unterscheiden sich die Zerfallskonstanten erheblich, d. h. Bildungs- und Zerfallsgeschwindigkeiten sind verschieden. Durch passende Wahl der Bestrahlungszeiten und der zwischen Ende der Bestrahlung und Messung eingeschalteten Abklingzeit ist es möglich, die unerwünschte Aktivität so stark zu benachteiligen, daß sie die Messung des interessierenden Isotops gar nicht stört. Aber auch die Härte der Strahlungen kann so verschieden sein, daß mit Hilfe passender, zwischen Strahler und Detektor eingeschalteter, Absorberfolien die störende Strahlung unterdrückt werden kann. Wenn man durch so einfache Mittel eine Trennung nicht erreichen kann, dann können Spektrometergeräte helfen. Eine Mischung zweier Gamma-Strahler mit voneinander abweichenden Gamma-Linien kann ohne weiteres mittels eines Gamma-Spektrometers analysiert werden. Stehen solche Geräte nicht zur Verfügung, so kann man versuchen, durch Auswahl bestimmter Energiebereiche der auffallenden Nukleonen die eine Atomart gegenüber der anderen zu bevorzugen. Als Beispiel dafür sei die Aktivierung mit Neutronen gewählt. Besonders groß sind bekanntlich in vielen Fällen die Aktivierungsquerschnitte für thermische Neutronen im Bereich bis zu einigen Zehntel Volt, also im $1/v$ Bereich. Es gibt aber auch im Bereich höherer Geschwindigkeiten von einigen Volt steile Maxima des Querschnitts, die Resonanzstellen. Haben wir es mit einem Gemisch zu tun, bei dem der eine Bestandteil Resonanzeinfang zeigt, der andere nicht, so kann man durch Verwendung eines Absorbers für thermische Neutronen, also z. B. von Cadmium, bei der Bestrahlung die thermischen Neutronen abschneiden, so daß nur die Resonanzaktivierung abläuft und der andere Bestandteil der Mischung inaktiv bleibt. Dies Verfahren kann sehr wirksam sein, hat aber den Nachteil, daß die erzielbare Gesamtaktivität relativ klein wird, da ja nur ein Teil des Nukleonenstromes ausgenutzt wird. Eine weitere Möglichkeit besteht in der Kombination von Bestrahlung und anschließender chemischer Trennung der aktivierten Bestandteile. Dies Verfahren wird insbesondere bei der quantitativen Bestimmung spurenweiser Verunreinigungen verwendet und bedeutet keinesfalls, daß man mikrochemisch oder gar nach radiochemischen Grundsätzen arbeiten muß. Vielmehr setzt man nach der Bestrahlung der Analysenprobe eine bekannte durchaus makroskopische Menge des betreffenden Elementes hinzu und führt nun die Trennung nach üblichen Analysenmethoden durch. Dabei hat man noch den Vorteil, die Effektivität der Trennung durch den Vergleich von Ein- und Auswaage der zugesetzten Menge zu kontrollieren. Aber auch Trennungen ohne Zusatz wägbarer Mengen, mit Hilfe in der Radiochemie verwendeter Methoden, wie etwa der Chromatographie, sind bei Spurenbestimmungen mit Erfolg benutzt worden.

Die geschilderte Methode hat zwei Vorzüge: erstens ist es oft möglich, ohne den geringsten Materialverlust zu arbeiten, und das ist bei wertvollen Proben unter Umständen sehr wichtig; zweitens aber ist sie außerordentlich empfindlich. Was sich bei Vorhandensein genügend starker Nukleonenquellen in dieser Beziehung erreichen läßt, zeigt die Tab. 8. Die Aktivierungsanalyse hat sich daher vor allem bei der Bestimmung geringster Verunreinigungen sehr bewährt. Und da Verunreinigungen oder kleine Beimengungen in der Werkstofftechnik wie in der Erforschung der Eigenschaften der Festkörper eine immer steigende Bedeutung gewinnen, ist der Anwendungsbereich dieses Analysenverfahrens sehr vielseitig.

In der Aktivierungsanalyse dienen die entstandenen radioaktiven Isotope als Anzeiger für die stabilen Isotope, für die Elemente, aus denen sie entstanden waren. Wir haben damit eigentlich schon ein Beispiel jener Verfahren kennengelernt, die unter der Bezeichnung Indikatormethode zusammengefaßt werden. Die Aktivierungsanalyse wurde getrennt behandelt, weil man genau genommen unter der Bezeichnung Indikatormethode nur solche Arbeitsweisen versteht, bei denen radioaktive Isotope zunächst hergestellt und dann in die Versuchsanordnung eingeführt werden, während bei der Aktivierungsanalyse die radioaktiven Isotope in der Versuchsanordnung selbst erzeugt werden.

Die breite Anwendung der Indikatormethode beruht auf den beiden nun schon mehrmals genannten Möglichkeiten, die die radioaktiven Atomarten bieten, nämlich auf der bei höchster Empfindlichkeit so bequemen Nachweisbarkeit von Substanzen und auf der Unterscheidbarkeit isotoper Atomarten eines Elements. Es sollen im folgenden einige Beispiele erörtert werden, um die Vielseitigkeit der Methode zur Anschauung zu bringen.

TABELLE 8

Empfindlichkeit der Bestimmung von Elementen mittels der Neutronenaktivierungsanalyse (nach A. A. SMALES)

| Element | Grenze der Bestimmbarkeit (Neutronenfluß $10^{12}/cm^2 \cdot sec$) in Gramm |
|---|---|
| Europium, Dysprosium | $10^{-12}$ |
| Holmium, Indium, Iridium, Lutetium, Mangan, Rhenium, Samarium | $10^{-11}$ — $10^{-10}$ |
| Antimon, Arsen, Brom, Kupfer, Gallium, Gold, Jod, Lanthan, Palladium, Skandium, Natrium, Praseodym, Tantal, Terbium, Thuilum, Wolfram, Ytterbium | $10^{-10}$ — $10^{-9}$ |
| Barium, Cadmium, Caesium, Chlor, Cobalt, Erbium, Gadolinium, Germanium, Hafnium, Nickel, Osmium, Phosphor, Kalium, Rubidium, Selen, Yttrium, Zink | $10^{-9}$ — $10^{-8}$ |
| Cer, Chrom, Quecksilber, Molybdän, Strontium, Tellur, Thallium, Neodym, Platin, Ruthen, Silber, Zinn, Zirkon | $10^{-8}$ — $10^{-7}$ |
| Wismut, Calcium, Eisen, Schwefel, Silizium | $10^{-7}$ — $10^{-6}$ |

Am übersichtlichsten sind die Anwendungen in der analytischen Chemie, mit der, im Anschluß an die soeben erörterte Aktivierungsanalyse, begonnen sei. Hier dient das Verfahren in erster Linie als Kontrollmethode. Die Ausarbeitung neuer Trennverfahren etwa auf dem Gebiet schwer trennbarer Substanzen (der seltenen Erden, der Edelmetalle, des Gemisches Zirkon-Hafnium oder auch der schweren Alkalimetalle) erfordert eine ständige Prüfung des Fortschritts der Trennung. Solche Prüfungen sind mit optischen Mitteln möglich; mit Indikatoren aber unvergleichlich viel einfacher. Bei Praseodym-Neodym-Fraktionierungen beispielsweise wird dem Ausgangsgemisch eine bestimmte Menge $Nd^{147}$ in unwägbarer

Menge zugesetzt. Die Dosierung dieser Menge richtet sich nach der Abreicherung, die man noch nachzuweisen wünscht. Will man den Faktor $10^3$ noch erfassen, so muß $10^3$-mal mehr zugesetzt werden, als man mit einiger Genauigkeit noch messen kann. Die Bestimmung selbst ist dann sehr einfach. Man braucht nur die Aktivität eines Aliquots der Ausgangsmenge und der Endfraktion zu vergleichen. Das Verhältnis ergibt direkt den Trennfaktor. Natürlich bewährt sich dieses Vorgehen besonders bei der Verfolgung der An- oder Abreicherung von geringsten Verunreinigungen, bei Untersuchungen also, die zur Ausarbeitung von Feinstreinigungen dienen, wie etwa bei der Herstellung von hochreinem Germanium und Silicium. Freilich sind in solchen Fällen Präparate mit ziemlich hoher Gesamt- und auch hoher spezifischer Aktivität, also starke, „unwägbare" Präparate, erforderlich, da es nicht ungewöhnlich ist, daß Abreicherungen bis zum Faktor $10^7$ oder $10^8$ bestimmt werden müssen.

Überaus bequem ist die Kontrollmöglichkeit bei quantitativen Trennungen. Die Bestimmungsverfahren lassen sich bei Verwendung eines Indikators ungemein vereinfachen, weil es zwar auf Reinabtrennung, aber gar nicht auf quantitative Abtrennung ankommt. Die Aktivität der Auswaage wird einfach mit der Aktivität der Einwaage verglichen und zeigt jeden Verlust quantitativ an. Wie leicht einzusehen, beruht darauf auch die Aufklärung zahlreicher für den Analytiker so unangenehmer Fehler-Kompensationen.

Weite Verbreitung hat inzwischen auch die Isotopenverdünnungsanalyse gefunden. Sie ist immer dann nützlich, wenn quantitative Trennverfahren nicht bekannt oder schwierig sind, und wenn der Zusatz eines Indikators in „unwägbarer" Menge, also mit höchster spezifischer Aktivität aus irgendeinem Grunde nicht möglich ist. Dann wird die Menge des zu bestimmenden Bestandteils der Mischung durch Zusatz einer größenordnungsmäßig gleichen, aber mit einem radioaktiven Isotop indizierten Menge, deren spezifische Aktivität vor dem Zusatz genau gemessen wurde, vergrößert. Nach der Abtrennung eines beliebigen Bruchteils der nun vorhandenen Menge wird dessen spezifische Aktivität gemessen. Nun errechnet sich die unbekannte Größe in folgender Weise: Die gemessene spezifische Aktivität des abgetrennten Anteils sei $\frac{A_E}{M_E} = S_E$, die der bekannten zugesetzten Menge $\frac{A_z}{M_z} = S_z$, die gesuchte Gewichtsmenge des zu bestimmenden Bestandteiles der Mischung sei $M$, dann ist $\frac{A_E}{M_E} = \frac{A_z}{M_z + M}$ und $M = M_z \cdot \left(\frac{S_z}{S_E} - 1\right)$.

Wie leicht ersichtlich, sind die oben genannten Kontrollverfahren ein Spezialfall dieser Verdünnungsanalyse, bei dem

$$M_z = 0, \quad \text{also} \quad M = M_E \cdot \frac{A_z}{A_E}.$$

Als Beispiel aus der Praxis sei noch eine etwas kompliziertere Anwendung der Verdünnungsanalyse bei der Untersuchung von Aminosäuregemischen erwähnt. Zu einer unbekannten Aminosäuremischung wird mit $J^{131}$ indiziertes *p*-Jodphenylsulfonylchlorid gesetzt. Unter geeigneten Bedingungen werden dann quantitativ Verbindungen dieser indizierten Jodverbindung mit den Aminosäuren gebildet. Nun stellt man sich außerdem eine ebensolche, nicht indizierte Verbindung mit der reinen gesuchten Aminosäure her und setzt sie in größerem Überschuß, jedenfalls aber in bekannter Menge zur unbekannten Menge hinzu. Da es möglich ist, die Aminosäure in dieser Verbindungsform rein, wenn auch nur teilweise wiederzugewinnen, so wird natürlich zu demselben Prozentsatz auch die ursprünglich in der Mischung vorhandene, indizierte Verbindung abgetrennt. Daraus errechnet sich, wie leicht zu sehen, die Menge der gesuchten Aminosäure aus

$$M = \frac{S_z}{S_E}(M_z + M) \quad \text{zu} \quad M = \frac{S_z}{S_E} \cdot M_z\,,$$

weil man bei großem Überschuß des Zusatzes, also $M_z \gg M$, $M_z + M \approx M_z$ setzen kann

Zum Schluß noch ein Anwendungsbeispiel aus der reinen Radiochemie, das wieder zum Grenzfall $M_z = 0$ gehört. Bei der Untersuchung der genetischen Beziehungen zwischen $UX_1$ und Uran Z waren Trennungen von $UX_1$ (Thorium — 24 Std. H. Z.) und UZ (Pa 6,7 Std. H. Z.) erforderlich. Sie sollten zeigen, in welchem Verhältnis diese Substanzen in Abhängigkeit vom Alter der $UX_1$-Präparate stehen. Dabei ergaben sich Schwierigkeiten insofern, als die Effektivität der chemisch recht schwierigen Trennungen sehr schwankte. Um diese Unsicherheit zu beseitigen, setzte HAHN als Indikator für UZ dessen langlebiges alpha-strahlendes Isotop $Pa^{234}$ vor jeder Trennung hinzu, kontrollierte so die Trennausbeuten durch einfachen Vergleich der Alpha-Aktivitäten und konnte nun das $UX_1$/UZ Verhältnis genau bestimmen. —

Es muß in diesem Zusammenhang wenigstens kurz auf diejenige Untersuchung eingegangen werden, bei der die Anwendung der Indikatormethode zu Ergebnissen von wirklich weittragender Bedeutung führte. Bekanntlich waren bei der Untersuchung der Reaktion von Neutronen mit Uran beta-strahlende radioaktive Substanzen gefunden worden. Unter der seinerzeit selbstverständlichen Voraussetzung, daß es sich bei der Bildung dieser Stoffe um einen Neutroneneinfangprozeß handelt, konnten die erhaltenen Beta-Strahler nur als Transurane aufgefaßt werden. Die genauere Untersuchung der chemischen Eigenschaften unter Verwendung verschiedenster Elemente als Träger ergab, daß eine ganze Reihe der erzeugten Aktivitäten bei den Erdalkalien, den seltenen Erden und bei Elementen der vierten Gruppe zu finden waren. Bei den Erdalkaliaktivitäten lag der Gedanke nahe, daß es sich dabei um Radium handele, das aus einem durch Neutroneneinfang angeregten Uran durch zweimaligen Alpha-Zerfall entstanden sein konnte. Da aus energetischen Überlegungen ein solcher Prozeß aber unwahrscheinlich war, prüften HAHN und STRASSMANN aufs sorgfältigste die chemische Identität. Falls es sich bei den mit Barium als Träger erhaltenen Substanzen wirklich um Radium handelte, mußten übliche Radium-Barium-Trennungen zu einer Trennung der Aktivität vom Träger führen. Die bei Radium-Barium-Trennungen gebräuchlichen Fraktionierungen ergaben keine Trenneffekte. HAHN und STRASSMANN zogen daraus den Schluß, daß die Zuordnung der neuen Körper zum Element

Radium jedenfalls fraglich war. Um endgültig die chemische Verschiedenheit festzustellen, wurden nun die folgenden Indikatorversuche durchgeführt. Es wurden zu den Lösungen der fraglichen Aktivität vergleichsweise kurzlebige radioaktive Isotope des Radiums zugesetzt, und zwar entweder Mesothor 1 oder Thorium X, und dann wurden in Gegenwart von gewichtsmäßigen Mengen inaktiven Bariums die folgenden verschiedenen Trennungsgänge untersucht: Zunächst wurde Bariumbromid fraktioniert kristallisiert. Wie man weiß, reichert sich bei einer solchen Fraktionierung das Radium in der Kristallfraktion an. Tatsächlich wurde eine Anreicherung von 6 : 1 für Mesothor 1 gefunden, für die unbekannte Aktivität aber keine Spur einer Anreicherung festgestellt. Ein ähnlicher Versuch, einmal unter Zusatz von ThX, ein anderes Mal von Mesothor 1, wurde mit Bariumchromat durchgeführt und hatte dasselbe Ergebnis. Zur eindeutigen Identifizierung als Barium wurde dann von Hahn und Strassmann noch ein Kreisprozeß durchgeführt, bei dem das Barium folgende Verbindungsformen durchlief: Bariumchlorid — bernsteinsaures Barium — Bariumnitrat — Bariumcarbonat — Bariumchlorid — Barium-Ferri-Mannit — Bariumchlorid. Das Verhältnis Aktivität der unbekannten Substanz/Bariummenge war am Ende des Prozesses dasselbe wie am Anfang, eine Trennung von Barium hatte nicht stattgefunden, die Identität mit Barium war nicht mehr zu bezweifeln.

Es war bisher vorzugsweise von der Anwendung der Indikatormethode in der analytischen Chemie die Rede, vor allem, weil zu diesem Gebiet die Mehrzahl der rein chemischen wie auch der chemisch-technischen und der technologischen Untersuchungen gehört. Die Möglichkeit jedoch, isotope, also chemisch sich praktisch gleichartig verhaltende Atomarten zu unterscheiden, hat auf vielen anderen Gebieten, insbesondere in der physikalischen und in der physiologischen Chemie, Forschungsrichtungen eröffnet, an die früher gar nicht gedacht werden konnte. Das erste klassische Beispiel dafür sind Untersuchungen der Selbstdiffusion im festen wie im flüssigen oder gasförmigen Zustand. Als zweites Beispiel sei die Untersuchung von Austauschreaktionen genannt, die von hohem Interesse für den Physiko-Chemiker ist. Auch darauf kann im einzelnen hier nicht eingegangen werden, doch soll noch einmal daran erinnert werden, daß Kenntnisse über die Kinetik der Austauschvorgänge auch für den Radiochemiker wichtig sind, der die Auswahl der für Szilard-Chalmers-Vorgänge brauchbaren Verbindungen zu treffen hat. Die Austauschgeschwindigkeit der zu aktivierenden Atome muß klein sein, da sonst, wie bereits auseinandergesetzt wurde, die freigesetzten Atome infolge des Rückaustausches für die Abtrennung verlorengehen.

Gemessen an der Zahl der Untersuchungen und an der Bedeutung der erzielten Resultate ist aber die Anwendung der Indikatormethode bisher am erfolgreichsten gewesen in der physiologischen Chemie, genauer gesagt bei der Untersuchung des Stoffwechsels der Organismen. Die Möglichkeit, mit Hilfe markierter Atome den Einbau, Um- und Abbau zugeführter Substanzen im Organismus wie auch ihre Ausscheidung, kurz ihre Teilnahme am Stoffwechsel zu verfolgen, hat häufig zu ganz unerwarteten Ergebnissen geführt und vor allem erkennen lassen, daß viele derartige Vorgänge sehr viel lebhafter verlaufen als man früher vermutete.

Die Geschwindigkeit des Aufbaus verschiedener Verbindungen in vivo läßt sich manchmal durch relativ einfache Versuchsanordnungen klären. Führt man dem Organismus z. B. ein körpereigenes Element in einfachster Verbindungsform zu, so ist die Geschwindigkeit der Aufnahme in die einfacheren und komplizierteren Verbindungen, in denen es in verschiedenen Geweben des Organismus vorkommt, leicht zu verfolgen, indem man von Zeit zu Zeit nach der Zufuhr einzelne dieser Verbindungen isoliert und ihre Aktivität mißt. Die spezifische Aktivität dieser Substanzen, d. h. ihr Gehalt an der zugeführten indizierten Menge des betreffenden Elements wächst verschieden schnell, etwa so wie es die Abb. 5 zeigt. Die Kurve A gibt den Verlauf der spezifischen Aktivität der zugeführten Verbindungsform, die Kurven B und C die entsprechenden Werte zweier anderer körpereigener Ver-

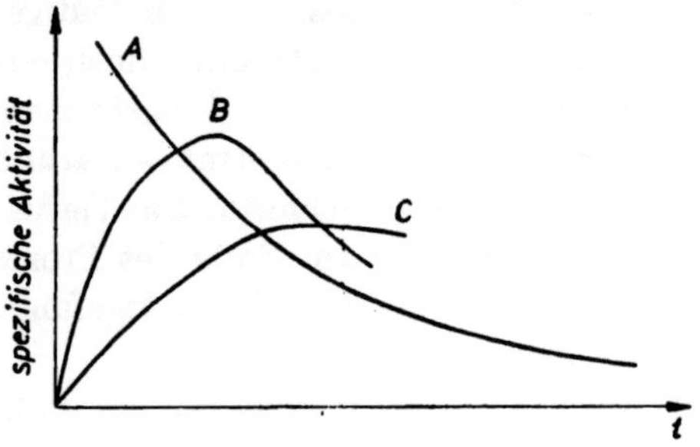


Abb. 5. Schematische Wiedergabe des zeitlichen Verlaufes der spezifischen Aktivitäten verschiedener Fraktionen bei Versuchen in vivo (nach E. Harbers 1954)

bindungsformen. Der Einbau geht mit charakteristischen Geschwindigkeiten vor sich, und oft ist es auf Grund solcher Ergebnisse möglich, die genetischen Zusammenhänge zwischen den einzelnen Verbindungen zu klären. Mit der beschriebenen Methodik konnten zahlreiche biochemische Prozesse aufgeklärt werden und insbesondere auch die Kernfragen des Stoffwechsels, der Aufbau der Proteine aus ihren Bausteinen, den Aminosäuren und die Beteiligung der Nukleinsäure an dieser Synthese bearbeitet werden, vornehmlich mit Hilfe der radioaktiven Isotope des Kohlenstoffs und des Phosphors.

Bedeutungsvoll ist auch die leichte Erkennbarkeit jeder Änderung der Kinetik biochemischer Reaktionen beim Übergang von normalen zu pathologischen Bedingungen. Es ergeben sich daraus nicht allein neue Wege zum Studium der Ursachen und Zusammenhänge pathologischer Erscheinungen, sondern es eröffnet sich auch ein neues Feld der Diagnostik, die sogenannte „Tracer"-Diagnostik. Der im Vergleich zum gesunden Gewebe lebhafte Phosphorstoffwechsel z. B. in Hirntumoren, das veränderte Jodspeichervermögen der erkrankten Schilddrüse ist für die Lokalisierung und Einschätzung der pathologischen Veränderungen unter Umständen von sehr großem Wert.

Die Hinweise, die im Vorstehenden gegeben wurden, können natürlich nur ein ziemlich unvollständiges Bild von den Anwendungsmöglichkeiten der radioaktiven Substanzen geben. Trotz einer gewissen Gemeinsamkeit der methodischen Grundzüge sind die Verwendungsgebiete doch so heterogen, daß eine zusammenfassende Darstellung kaum mehr möglich ist. Das zeigt aber zugleich, wie universell die Anwendbarkeit dieser Stoffe bereits ist, obwohl sie erst seit weniger als 10 Jahren breiteren Kreisen zur Verfügung stehen.

## Literatur

[1] E. Broda und Th. Schönfeld, Technische Anwendungen der Radioaktivität (im Druck).

[2] Y. B. Cook und J. F. Duncan, Modern radiochemical practice. Clarendon Press Oxford 1952.

[3] O. Hahn, Applied radiochemistry. Cornell University Press Ithaka, New York 1936.

[4] E. Harbers, Grundlagen der Auswertung von biologischen und medizinischen Versuchen mit Radioisotopen. Klinische Wochenschrift 1954, S. 392.

[5] A. N. Nesmejanow, A. W. Lapizki, N. P. Rudenko, Die Gewinnung radioaktiver Isotope, Moskau 1953.

[6] H. Schwiegk, Künstliche radioaktive Isotope in Physiologie, Diagnostik und Therapie. Springer, Berlin 1953.

[7] A. C. Wahl und N. A. Bonner, Radioactivity applied to chemistry. John Wiley and Sons., New York 1951.

[8] A. A. Smales, Recent advances in radioactivation analysis. Proceedings of the international conference on the peaceful uses of atomic energy, Vol. 15, S. 73.

### *Quellen-Nachweis der Abbildungen*

Abb. 1. O. Hahn, Applied radiochemistry. Cornell University Press Ithaka, New York 1936.

Abb. 2. A. C. Wahl und N. A. Bonner, Radioactivity applied to chemistry. John Wiley and Sons, New York 1951.

Abb. 3. A. N. Nesmejanow, A. W. Lapizki und N. P. Rudenko, Die Gewinnung radioaktiver Isotope, Moskau 1953.

Abb. 4. Y. B. Cook und J. F. Duncan, Modern radiochemical practice. Clarendon Press Oxford 1952.

Abb. 5. E. Harbers, Grundlagen der Auswertung von biologischen und medizinischen Versuchen mit Radioisotopen. Klinische Wochenschrift 1954.

ARTUR LÖSCHE

# GRUNDLAGEN UND ANWENDUNGEN DER PARAMAGNETISCHEN KERNRESONANZ

## Einleitung

### *1. Einige Grundlagen des Kernmagnetismus*

In den letzten neun Jahren hat sich ein neues Gebiet kernphysikalischer Forschung entwickelt, das man etwa mit der Bezeichnung „Kernmagnetismus" umschreiben kann. Es unterscheidet sich von den bisher behandelten Themen rein äußerlich dadurch, daß die Resonanzenergien, die man untersucht, in der Größenordnung von $10^{-8}$ eV und weniger liegen, also rund $10^{16}$ mal kleiner sind als diejenigen, die beim Kernzerfall, bei modernen Beschleunigungsmaschinen u. ä. eine Rolle spielen.

Bei dem Wort „Magnetismus" denkt man zunächst an ferromagnetische Körper, die — etwa mit Hilfe von stromdurchflossenen Spulen — sehr stark magnetisch werden können. Diese Eigenschaft führt man bekanntlich auf die Existenz atomarer Magnete zurück, die durch das Magnetfeld der Spule ausgerichtet werden. Die wesentlichen Gesichtspunkte zur Erklärung dieses molekularen oder atomaren Magnetismus wurden bereits vor mehr als 100 Jahren von AMPÈRE erkannt, als er feststellte, daß eine von einem Strom umflossene Fläche in einer gewissen Entfernung dieselben Kräfte ausübt wie ein Magnet. Durch die Arbeiten vor allem der Spektroskopiker und deren Erklärung durch die Quantentheorie wissen wir, daß die äußere Schale der Atome aus Elektronen besteht, die auf diskreten, ihre Energie bestimmenden Bahnen um den über 2000mal schwereren Kern kreisen. Diese Elektronen stellen also ebenfalls Kreisströme dar und machen die Atome zu kleinen Elementarmagneten, deren Größe von der Anzahl der Elektronen und der Art ihrer Bewegungen abhängt. Da die Bahnen der Elektronen aus der Auswertung der Atomspektren hinreichend bekannt sind, kann man die Größe der atomaren Momente berechnen. Die experimentelle Nachprüfung dieser Überlegungen an Hand von Messungen der paramagnetischen Suszeptibilität von Stoffen, mit Hilfe des Zeemann-Effektes und anderer Erscheinungen haben die Richtigkeit dieser Annahmen bestätigt.

Im Bereich der Atomkerne sind zur Zeit unsere Kenntnisse — verglichen mit denen von der Atomhülle — noch recht gering. Ursprünglich dachte man sich den Kern als eine Kugel mit homogener Ladungsverteilung. Erst 1924 nahm PAUL zur Erklärung der Hyperfeinstruktur der Spektrallinien, also jener Struktur, die nach Abzug aller relativistischen und Abschirmeffekte noch übrig blieb, an, daß manche Atomkerne eine ausgezeichnete Achse haben müssen, um welche die Kerne rotieren; sie haben also einen Kerndrehimpuls oder Kernspin. Eine mechanische Rotation von Ladungen ruft aber ein magnetisches Moment hervor, das infolge seiner Wechselwirkung mit dem Magnetfeld der kreisenden Elektronen zu kleinen Energiedifferenzen führt und damit die erwähnte Hyperfeinstruktur erklärt.

Während man aber — wie bereits gesagt — die von den Elektronen erzeugten magnetischen Momente berechnen kann, sind unsere Vorstellungen von den Bahnen der Nucleonen, d. h. der Protonen und Neutronen, innerhalb des Kernes noch recht ungewiß; es gibt noch kein Kernmodell, dessen Aussagen über alle Kerneigenschaften dieselbe Sicherheit besitzen wie das Atommodell über das Atom als Ganzes.

Die Verhältnisse sind aber noch schwieriger. Bereits beim einzelnen Nucleon versagen die im Bereich der Elektronenhülle gültigen Vorstellungen. Die Elektronenmomente sind bekanntlich von der Größe des Bohrschen Magnetons

$$\mu_B = \frac{e \cdot h}{4 \pi m c}, \tag{1}$$

wobei $e$ die elektrische Elementarladung, $h$ die Plancksche Konstante und $c$ die Lichtgeschwindigkeit ist. Überträgt man diese Überlegungen auf den Atomkern, dann erhält man als Größenordnung das Kernmagneton

$$\mu_K = \frac{e h}{4 \pi M c}, \tag{2}$$

das aus dem Bohrschen Magneton hervorgeht, wenn man die Elektronenmasse $m$ durch die Masse eines Protons $M$ ersetzt. Das magnetische Moment eines Protons ist zwar in der richtigen Größenordnung, es beträgt rd. $2{,}8\,\mu_K$, der quantitative Zusammenhang zwischen dem Kernmoment und dem Kernspin $I$, der Kernladung u. ä. ist aber selbst hier noch unbekannt. Noch überraschender ist das Ergebnis beim Neutron. Nach klassischen Vorstellungen dürfte ein ungeladenes Teilchen kein magnetisches Moment besitzen; das Experiment ergibt aber hierfür rd. $-2\mu_K$ (das —Zeichen bedeutet, daß Kernspin und -moment entgegengesetzte Richtungen haben).

Die sich hieraus ergebenden Folgerungen für den Bau der Atomkerne, über die Eigenschaften der Elementarteilchen schlechthin, gehören in den Abschnitt Kernbau. Hier soll nur versucht werden, die bis jetzt experimentell bestätigten Annahmen über Kernmomente in einer Art Tabelle zusammenzustellen.

1. Atomkerne besitzen einen Drehimpuls $\mathfrak{a}$, der auch durch den dimensionslosen Spin-Vektor $\mathfrak{I}$ dargestellt werden kann:

$$\mathfrak{a} = \hbar \cdot \mathfrak{I}. \tag{3}$$

$\hbar = h/2\pi$; der Kernspin $I$ ist die größtmögliche Komponente von $\mathfrak{I}$ in irgendeiner vorgegebenen Richtung.

2. Der Kernspin ist halbzahlig, wenn die Anzahl der Nucleonen ungerade ist, und ganzzahlig (häufig Null), wenn die Massenzahl gerade ist.
3. Alle Kerne mit einem nicht verschwindenden Spin haben ein magnetisches Moment $\vec{\mu}_I$, das man in der Form

$$\vec{\mu}_I = \gamma_I \cdot \mathfrak{a} = g_I \cdot \mu_K \cdot \mathfrak{I} \tag{4}$$

schreiben kann. $\gamma_I$ ist das gyromagnetische Verhältnis. Der maximale Betrag von $\vec{\mu}_I$, kurz das magnetische Kernmoment genannt, ist infolgedessen

$$\mu_I = \gamma_I \cdot \hbar \cdot I = g_I \cdot I \cdot \mu_K \,. \tag{5}$$

4. Die Verteilung der Ladungen bzw. deren Bewegung innerhalb des Atomkernes macht sich nicht nur im Auftreten magnetischer Dipolmomente bemerkbar. Es treten Multipol-Momente der Ordnung $2^l$ auf. Mit Hilfe einfacher Symmetriebetrachtungen und einiger elementarer Entwicklungssätze läßt sich zeigen, daß stets

$$l \leq 2\,I \tag{6}$$

ist. Ferner treten für

geradzahliges $l$ nur elektrische Multipole

und für

ungeradzahliges $l$ nur magnetische Multipole

auf. Es gibt also

| | | |
|---|---|---|
| elektrische Ladungen | $(2^0)$ | |
| magnetische Dipole | $(2^1)$ | |
| elektrische Quadrupole | $(2^2)$ | |
| magnetische Oktupole | $(2^3)$ | usw. |

Bei $I = {}^1/_2$ kann demnach nur ein magnetisches Dipolmoment auftreten. Die einzelnen Multipole kann man sich schrittweise aus einzelnen Ladungen bzw. Polen aufgebaut denken (Abb. 1).

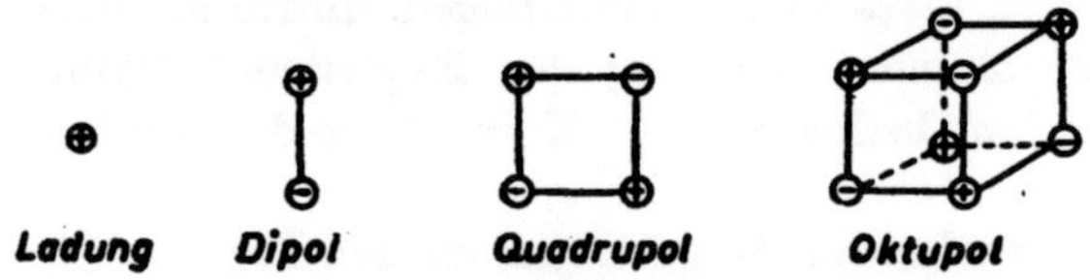


Abb. 1. Aufbau der Multipole aus einzelnen Ladungen (Polen)

Die Schwierigkeit des Nachweises von Multipolen nimmt mit der Ordnung zu. Bis jetzt ist es gerade noch gelungen, die Existenz von Oktupolen in einigen Fällen nachzuweisen. Die Bestimmung von Quadrupolmomenten ist deshalb etwas unsicher, da die Berechnung des elektrischen Feldgradienten am Kernort im allgemeinen einige Schwierigkeiten bereitet. Am genauesten sind magnetische Dipolmomente bekannt; ihrer Messung wollen wir uns nunmehr ausschließlich zuwenden.

## 2. *Überblick über ältere Nachweisverfahren*

Bis 1939 stammten unsere Kenntnisse über die Größe von Kernspins und Kernmomenten hauptsächlich aus der Analyse der bereits erwähnten Hyperfeinstrukturen im Bereich der optischen Spektroskopie. Im Verlaufe der 30er Jahre gelang es STERN, ESTERMANN, FRISCH, RABI u. a. durch wesentliche Verfeinerungen der von STERN und GERLACH eingeführten Atomstrahltechnik, Kernmomente zu bestimmen. Man schickt hierzu in hochevakuierten Gefäßen sorgfältig ausgeblendete Atom- oder Molekularstrahlen durch ein inhomogenes Magnetfeld; dieses übt auf die Teilchen eine Kraft aus, die proportional zur Komponente des magnetischen Momentes in Richtung des Magnetfeldes ist. Aus der Ablenkung kann man dann nach verschiedenen Verfahren auf die Größe des Kernmomentes schließen. Die gewonnenen Werte waren aber nur auf eine Stelle sicher. Die Bestimmung von magnetischen Kernmomenten aus Suszeptibilitätsmessungen — analog zu Untersuchungen der paramagnetischen Atomhülle — gelang LASAREW und SCHUKNIKOW nur am Wasserstoff bei sehr niedrigen Temperaturen.

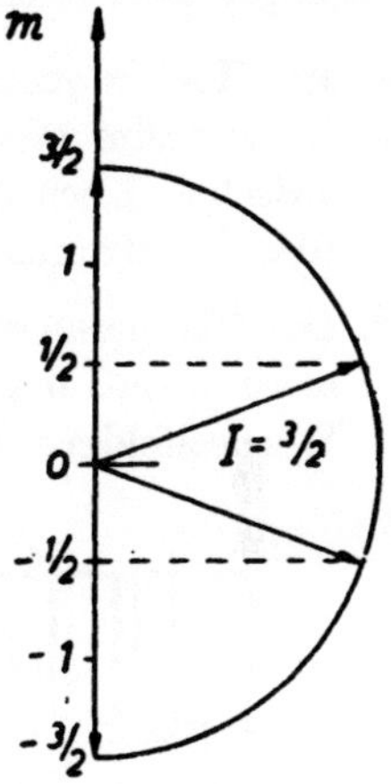


Abb. 2. Einstellmöglichkeiten eines Atomkernes mit $I = 3/2$ in einem äußeren Magnetfeld

Es wäre naheliegend, $\mu_I$ aus dem Zeeman-Effekt zu bestimmen. Bringt man nämlich einen Kern mit Spin $I$ und Moment $\mu_I$ in ein Magnetfeld $\mathfrak{H}$, dann kann die Wechselwirkungsenergie $W_m$ zwischen $\vec{\mu}_I$ und $\mathfrak{H}$ nur ganz bestimmte Werte annehmen, welche durch die diskreten $(2I + 1)$ Einstellmöglichkeiten des Kernspins $I$ gegeben sind.

Man erhält — wie aus der Abb. 2 ersichtlich —

$$W_m = \vec{\mu}_I \cdot \mathfrak{H} = \mu_I \cdot H \cdot \frac{m}{I} \tag{7}$$

und für die Differenz zweier benachbarter Energieniveaus mit $\Delta m = 1$ unter Berücksichtigung von (5)

$$\Delta W_m = \frac{\mu_I}{I} \cdot H = \gamma_I \cdot \hbar \cdot H\,. \tag{8}$$

Diese Energiedifferenz addiert sich zu den durch die Elektronenkonfiguration des Atoms bestimmten Termen und ruft gegenüber der Beobachtung ohne Magnetfeld eine Linienverschiebung von

$$\omega_L = 2\pi\,\nu_L = \gamma_I \cdot H \tag{9}$$

hervor, was sich sofort aus der Einsteinschen Beziehung $h \cdot \nu = \hbar \cdot \omega = \Delta E$ ergibt. Diese sog. Larmorfrequenz liegt, selbst bei Magnetfeldern von 10 000 Oe, in der Größenordnung von $10^7$ Hz; derartige Linienverschiebungen gehen aber vollständig in der natürlichen Linienbreite optischer Spektrallinien unter; d. h. ein Kern-Zeeman-Effekt ist mit den Methoden der klassischen Spektroskopie grundsätzlich nicht nachweisbar.

Nun nimmt aber die Übergangswahrscheinlichkeit für spontane Emission und damit die natürliche Linienbreite nach Dirac mit der 3. Potenz der dem Übergang entsprechenden Frequenz ab. Diese Tatsache hat für unsere weiteren Überlegungen zwei Konsequenzen:

1. Im Hochfrequenzbereich liegende Übergänge zeigen sehr geringe natürliche Linienbreite (Größenordnung $10^{-16}$ Hz); es bestehen Aussichten, Übergänge zwischen Kern-Zeeman-Niveaus direkt nachzuweisen, also ohne den Umweg über Elektronenterme.
2. Die Übergangswahrscheinlichkeit ist im HF-Gebiet für spontane Emission so niedrig, daß man derartige Linien nur in Wechselwirkung mit eingestrahlten Wechselfeldern, also nicht mehr in Emissionen, beobachten kann.

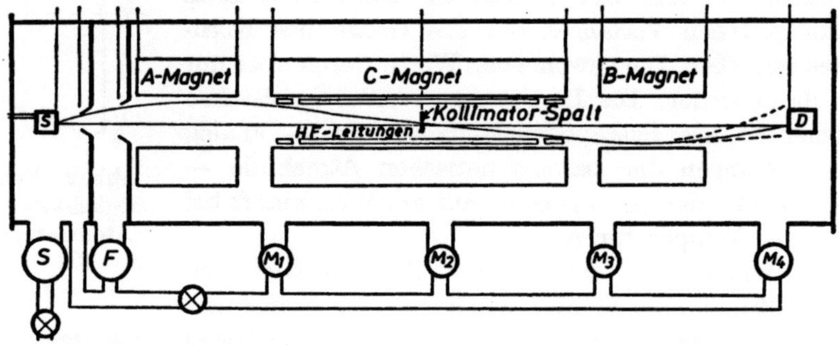


Abb. 3. Schema der Rabischen Molekularstrahlresonanzapparatur (nach Ramsey 1953)

$S$, $F$, $M_1$, $M_2$, $M_3$, $M_4$ Vakuumpumpen; [S] Strahlquelle; [D] Detektor

Diese Überlegungen führten 1939 Rabi, Ramsey und Mitarbeiter zu folgender Abänderung des Molekülstrahlexperimentes (Abb. 3.): Man benutzte Moleküle im Grundzustand; diese haben abgeschlossene Elektronenschalen, zeigen also kein resultierendes Elektronenmoment. (Auf Auswirkungen der Molekülrotation, von Kernquadrupolmomenten u. ä. können wir hier nicht eingehen; sie spielen für unsere weiteren Überlegungen zunächst keine entscheidende Rolle.) Man läßt den Molekülstrahl nacheinander durch zwei inhomogene Magnetfelder ($A$- und $B$-Magnet) gehen. Feldstärke und Feldgradient verlaufen senkrecht zur Strahlrichtung, und zwar ist der Feldgradient im $B$-Magnet antiparallel zu demjenigen im $A$-Magnet. Die Ablenkung, die jedes einzelne Molekül erfährt, ist proportional dem effektiven Moment $\mu_{eff}$ in Richtung des Magnetfeldes. Bei der angegebenen Orientierung der Magnete heben sich die Ablenkungen im $A$- und $B$-Feld gegenseitig auf, wenn $\mu_{eff}$ während des gesamten Fluges konstant bleibt. Zwischen die beiden inhomogenen Felder schaltet man noch ein homogenes Feld $H$ ($C$-Magnet), in dem gleichzeitig ein hochfrequentes, senkrecht zu $H$ verlaufendes Wechselfeld der Frequenz $\omega$ auf die Moleküle einwirkt. Ist $\omega = \omega_L$, dann werden Übergänge zwischen den oben angegebenen Energieniveaus induziert; die Momente treten jetzt anders orientiert in den $B$-Magneten ein als sie den $A$-Magnet verlassen haben, besitzen also ein anderes effektives Moment. Dadurch findet keine vollständige Kompensation der Ablenkung mehr statt; die Intensität des in den Aufhängerspalt eintretenden Molekülstrahles nimmt ab, und man erhält, wenn man $\omega$ oder $H$ langsam verändert, den in Abb. 4 angegebenen Intensitätsverlauf.

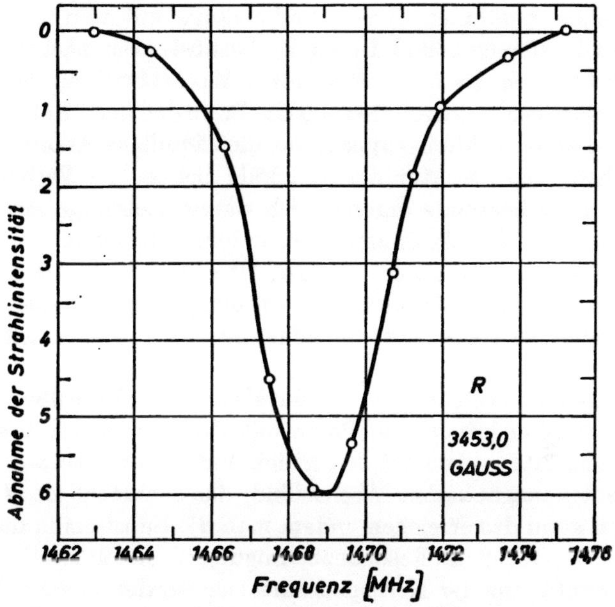


Abb. 4. Protonenresonanzkurve eines KOH-Strahles (aus: KELLOG, MILLMAN 1946)

Durch Messung von $H$ und $\omega$ ist es also sofort möglich, $\gamma_I$ und nach (5) bei bekanntem Kernspin auch $\mu_I$ zu bestimmen, und zwar mit einer Genauigkeit, welche mindestens 4 bis 5 Größenordnungen besser ist als alle früheren Meßverfahren. Auf diese Weise sind seither eine große Anzahl von Kernmomenten bestimmt worden. Das Bestechende an dieser Methode ist, daß wegen der außerordentlich geringen Teilchenkonzentration im Molekülstrahl zwischenmolekulare Wechselwirkungen keine Rolle spielen. Da alle Moleküle sich in gleicher Richtung annähernd gleich schnell bewegen, ist auch der Doppler-Effekt vernachlässigbar. Für diesen Vorteil muß man einen erheblichen experimentellen Aufwand in Kauf nehmen. Man braucht nur daran zu erinnern, daß die Auslenkung des Molekülstrahles unter den üblichen möglichen Versuchsbedingungen maximal etwa 0,05 mm beträgt, daß ferner die punktweise Aufnahme einer Resonanzkurve etwa 10 min dauert, also in dieser Zeit Druck und Magnetfeld sehr konstant bleiben müssen, um einige Schwierigkeiten derartiger Experimente zu erkennen.

## Grundlagen und Erscheinungsformen der paramagnetischen Kernresonanz

### *3. Blochsche Theorie der Kerninduktion bei stationärer HF-Einstrahlung*

Die Einstrahlung eines hochfrequenten Wechselfeldes wurde bei der Rabischen Methode nur zur Umorientierung der Atomkerne benutzt; die experimentelle Anordnung entsprach noch vollkommen der alten Atomstrahltechnik. Von Hochfrequenzspektroskopie bzw. kernparamagnetischen Resonanzuntersuchungen kann man erst seit 1946 sprechen, als es zwei Arbeitsgruppen um Bloch[1]) und Purcell[2]) gelang, die soeben erwähnten Resonanzübergänge mit rein hochfrequenztechnischen Mitteln in flüssigen und festen Probesubstanzen nachzuweisen. Dabei spielt naturgemäß auch die zwischenatomare Wechselwirkung eine Rolle. Man kann aus der Linienform Rückschlüsse auf die Beweglichkeit (Rotation und Translation) von Atomen oder Atomgruppen, auf die räumliche Anordnung der Kerne und auf die chemische Struktur der Moleküle ziehen. In Verbindung mit der relativ einfachen Meßmethode ergeben sich damit vielseitige Anwendungsmöglichkeiten in Physik, Technik, Chemie und anderen Gebieten.

Im folgenden wollen wir zunächst einen Überblick über die grundsätzlichen Erscheinungsformen geben, danach kurz auf einige experimentelle Einzelheiten eingehen und schließlich eine Zusammenfassung der bisher erzielten Ergebnisse bringen.

Der Grundgedanke sowohl des Blochschen als auch des Purcellschen Experimentes ist folgender: Man bringt eine Probe mit Kernmomenten in ein konstantes Magnetfeld $H$ und läßt — wie bei den Molekularstrahlresonanzen — gleichzeitig ein hochfrequentes magnetisches Wechselfeld, das senkrecht zu $H$ orientiert ist, einwirken. Man kann das erreichen, indem man die Substanz in das Innere einer kleinen Spule setzt. Wenn die Resonanzbedingung (9) erfüllt ist, findet eine Beeinflussung der Orientierung der Kernspins statt: sie werden in ein höheres Energieniveau gehoben. Dieser Effekt muß auch auf das eingestrahlte Feld rückwirken: die elektrischen Eigenschaften der Spule, die Güte und die Induktivität, werden sich ändern. Das Verdienst der beiden genannten Autoren ist es, diese Rückwirkungen quantitativ erfaßt und experimentell nachgewiesen zu haben.

Bei der Behandlung des Rabischen Resonanzexperimentes hatten wir uns der Sprache der Quantentheorie bedient; wir sprachen von diskreten Energieniveaus und Resonanzübergängen. Es ist charakteristisch für alle magnetischen Phänomene, daß man ihre Grundzüge auch mit Hilfe rein klassischer Vorstellungen beschreiben kann. Wir wollen hier zunächst diese letztere Methode anwenden und dabei den von F. Bloch eingeschlagenen Weg verfolgen.

Wir nehmen an, unsere Probesubstanz besteht nur aus einer einzigen Sorte von Atomen mit nicht verschwindendem Kernspin; ferner seien wiederum alle Moleküle im Grundzustand, so daß Elektronenmomente, durch Elektronenhüllen am Kernort hervorgerufene Magnetfelder, keine Rolle spielen (diese Bedingung ist glücklicherweise bei den meisten Molekülen erfüllt); als Prototyp einer derartigen

1) Bloch, Phys. Rev. (70) 460, 1946.; Bloch, Hansen, Packard, Phys. Rev. (70) 474, 1946.
2) Purcell, Torrey, Pound, Phys. Rev. (69) 37, 1946.

Probe kann etwa 0,5 cm³ Wasser gelten (Protonen haben $I_p = {}^1/_2$; das häufigste Sauerstoffisotop hat kein Kernmoment).

Vor Einschalten des Magnetfeldes sind die Richtungen der Kernmomente über alle Raumwinkel gleichmäßig verteilt und unterliegen den durch Zusammenstöße hervorgerufenen statistischen Schwankungen. Nach dem Einschalten versucht das Magnetfeld, die magnetischen Momente parallel zu stellen; es übt ein Drehmoment aus. Da diese Momente aber mit dem Kerndrehimpuls fest gekoppelt sind, vermögen sie nicht, diesem Moment zu folgen, wie es eine normale Magnetnadel tun würde, sondern weichen ihr senkrecht aus; jeder Atomkern verhält sich wie ein Kreisel im Schwerefeld der Erde: er beginnt, mit einer durch die Feldstärke $H$ und magnetisches Moment $\mu_I$ bestimmten Frequenz um die Richtung des Magnetfeldes zu präzedieren (Abb. 5). Unter den angegebenen Bedingungen erfolgt diese Präzession zwar für alle Kerne mit derselben Frequenz und im gleichen Drehsinn; von außen ist dieser Vorgang aber nicht spürbar, da die einzelnen Momente verschiedene Anfangsphasen haben. Die Frequenz dieser als LARMOR-Präzession bekannten Erscheinung ergibt sich — wie bei der obigen Betrachtung — zu

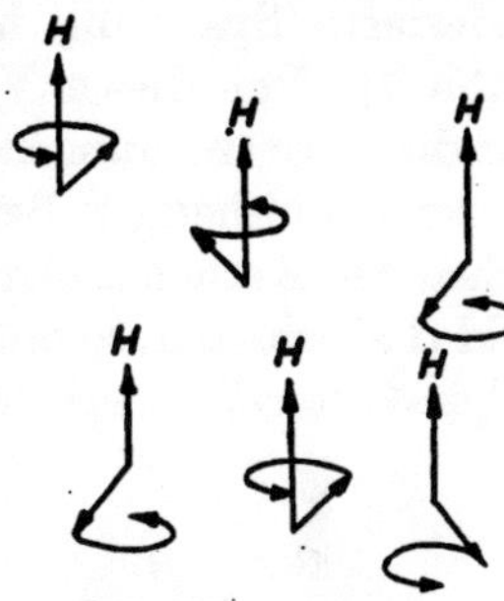

Abb. 5. Präzessionsbewegung der Kernspins in einem konstanten Magnetfeld.

$$\omega_L = \gamma_I \cdot H .$$

Läßt man nun durch dieses Spin-Ensemble ein richtig polarisiertes Wechselfeld gleicher Frequenz einwirken, dann werden nach einiger Zeit infolge der dadurch bedingten Zusatzkräfte alle Momente gleichphasig präzedieren.

Als „richtig polarisiert“ erkennt man sofort ein im gleichen Sinn wie $\omega_L$ umlaufendes Magnetfeld. Zur Herstellung desselben genügt eine einfache Spule, in welcher sich die Probe befindet, deren Achse senkrecht zu $H$ verläuft. Man kann nämlich jedes lineare Wechselfeld in zwei gleich große, im entgegengesetzten Sinne rotierende Komponenten zerlegen, von denen in unserem Falle nur eine wirksam ist. (Die entgegengesetzt rotierende hat praktisch keine Wirkung, da deren Frequenz gewissermaßen bei — $\omega_L$ liegt, also um $2 \cdot \omega_L$ von der Resonanzstelle entfernt ist.)

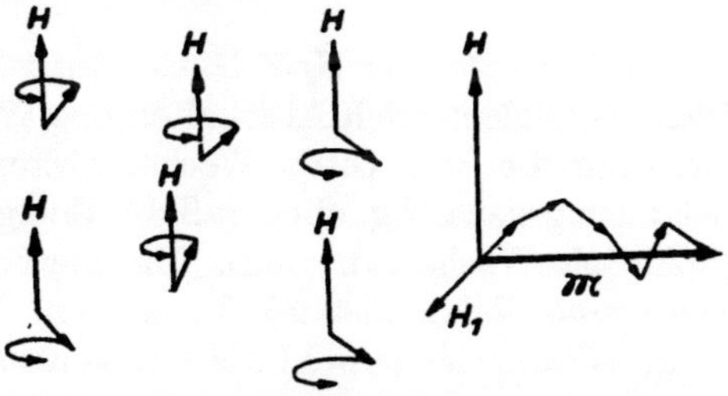

Abb. 6. Gleichphasige Präzession der Kernspins bei Einwirkung eines hochfrequenten Störfeldes der Frequenz $\omega_L = \gamma_I \cdot H$; die resultierende Kernmagnetisierung steht senkrecht auf $H_1$ und $H$.

Bei gleichphasiger Präzession ergeben alle Momente zusammen eine ebenfalls rotierende makroskopische Magnetisierung. Diese erzeugt in einer die Substanz umgebenden Spule einen magnetischen Wechselfluß, der wiederum dort eine Spannung induziert (Abb. 6).

Um diesen Wechselfluß nachzuweisen, umgab Bloch die Probe mit einer zweiten Spule, der sog. Empfängerspule, deren Achse senkrecht zur ersten Spule, der Senderspule, und senkrecht zum Magnetfeld $H$ orientiert ist. Dadurch ist die Gegeninduktivität zwischen den beiden Spulen Null; die in der Empfängerspule induzierte Spannung hängt nur von dem kernmagnetischen Wechselfluß ab (Abb. 7). Von dieser Vorstellung stammt auch die Bezeichnung *Kerninduktion* für diese Erscheinungen.

Bei den bisherigen Betrachtungen haben wir jede Art von Wechselwirkung zwischen den Kernen außer acht gelassen. Würden wir etwa das konstante Magnetfeld $H$ abschalten, so nimmt die Kernmagnetisierung in Richtung $H$ allmählich ab, (Spin-Gitter-Wechselwirkung); die hierfür charakteristische Zeit bezeichnet man

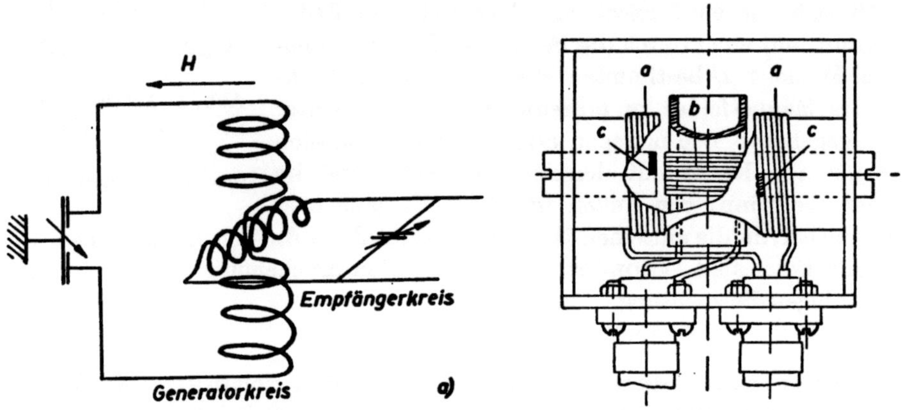


Abb. 7. Blochsche Spulenanordnung (a) und konstruktive Ausführung (b) (nach Proctor 1950). *a* Generatorspule; *b* Empfängerspule; *c* Leitbleche

als *longitudinale* oder *Spin-Gitter-Relaxationszeit* $T_1$. In ähnlicher Weise läßt die Gleichphasigkeit nach Abschalten des Wechselfeldes $H_1$ nach; hierbei spielt aber nicht nur die Spin-Gitter-Wechselwirkung eine Rolle; die Kernmomente stören sich auch gegenseitig, ohne daß die Energie des Gesamtspinsystems geändert wird (Spin-Spin-Wechselwirkung). Die hierbei auftretende Zeitkonstante wollen wir *transversale Relaxationszeit* $T_2$ nennen. Es ist offensichtlich, daß beide Relaxationsmechanismen sowohl die Größe als auch die Phase der resultierenden Kernmagnetisierung beeinflussen.

Um zu quantitativen Beziehungen für die soeben beschriebenen Erscheinungen zu kommen, schreiben wir das Drehmoment auf, das ein Magnetfeld $\mathfrak{H}$ auf den Vektor der resultierenden Kernmagnetisierung ausübt:

$$\mathfrak{d} = [\mathfrak{M} \times \mathfrak{H}] \,. \tag{10}$$

Weiterhin wissen wir, daß ein Drehmoment eine zeitliche Änderung des resultierenden Drehimpulses $\mathfrak{A}$ hervorruft:

$$\frac{d\mathfrak{A}}{dt} = \mathfrak{d} \,.$$

Mit $\mathfrak{M} = \gamma_I \cdot \mathfrak{A}$ (s. Gleichung (3)!) folgt aus diesen beiden Beziehungen

$$\frac{d\,\mathfrak{M}}{dt} = \gamma_I\,[\mathfrak{M} \times \mathfrak{H}]\,.$$

Bei Berücksichtigung der eben genannten Relaxationseffekte muß dieses Gleichungssystem zu den sog. *Blochschen Gleichungen*

$$\frac{d\,\mathfrak{M}_x}{dt} - \gamma_I\,(\mathfrak{M}_y\,\mathfrak{H}_z - \mathfrak{M}_z\,\mathfrak{H}_y) + \frac{1}{T_2}\cdot\mathfrak{M}_x = 0$$
$$\frac{d\,\mathfrak{M}_y}{dt} - \gamma_I\,(\mathfrak{M}_z\,\mathfrak{H}_x - \mathfrak{M}_x\,\mathfrak{H}_z) + \frac{1}{T_2}\,\mathfrak{M}_y = 0$$
$$\frac{d\,\mathfrak{M}_z}{dt} - \gamma_I\,(\mathfrak{M}_x\,\mathfrak{H}_y - \mathfrak{M}_y\,\mathfrak{H}_x) + \frac{1}{T_1}\,\mathfrak{M}_z = \frac{1}{T_1}\,\mathfrak{M}_0 \qquad (11)$$

erweitert werden. Das konstante Magnetfeld $H$ wirkt in $z$-Richtung des raumfesten Koordinatensystems, $\mathfrak{H}_z = H$; senkrecht hierzu ist das Drehfeld $H_x = H_1 \cos\omega t$, $H_y = \mp H_1 \sin\omega t$ polarisiert (das Vorzeichen von $\gamma_I$ bestimmt, welchen Drehsinn das Wechselfeld haben muß). $M_0$ ist die durch $H$ hervorgerufene Magnetisierung; $M_0 = \chi_I \cdot H$; die Kernsuszeptibilität $\chi_I$ liegt bei der betrachteten Wasserprobe in der Größenordnung von $10^{-10}$.

Lösungen dieses Gleichungssystems (11) findet man leicht, wenn man an Stelle von $\mathfrak{M}_x$ und $\mathfrak{M}_y$ zwei neue Komponenten der Magnetisierung einführt $u$ und $v$, die in Phase bzw. um 90° phasenverschoben mit dem Störfeld $H_1$ rotieren:

$$\mathfrak{M}_x = u\cdot\cos\omega t - v\cdot\sin\omega t$$
$$\mathfrak{M}_y = \mp\,(u\cdot\sin\omega t + v\cdot\cos\omega t)\,. \qquad (12)$$

Ändert man außerdem noch den Zeitmaßstab und setzt

$$\tau = \gamma_I\,H_1\cdot t;\qquad \alpha = \frac{1}{|\gamma_I|\,H_1\,T_1};\qquad \beta = \frac{1}{|\gamma_I|\,H_1\cdot T_2};$$
$$\delta = \frac{|\gamma_I|\cdot H - \omega}{|\gamma_I|\cdot H_1} = \frac{\Delta\omega}{|\gamma_I|\,H_1}, \qquad (13)$$

dann wird aus (11)

$$du/d\tau + \beta\,u + \delta v = 0$$
$$dv/d\tau + \beta\,v - \delta u + \mathfrak{M}_z = 0$$
$$d\mathfrak{M}_z/d\tau + \alpha\,\mathfrak{M}_z - v = \alpha\,\mathfrak{M}_0\,. \qquad (14)$$

Dieses System enthält alle später zu diskutierenden Erscheinungen. Besonders einfache Lösungen ergeben sich, wenn wir punktweise oder sehr langsam die Resonanzkurve abtasten, so daß wir bei jeder einzelnen Messung $\delta$ als konstant ansehen bzw. die zeitlichen Ableitungen von $u$, $v$ und $\mathfrak{M}_z$ vernachlässigen können. Dann bleibt ein einfaches, lineares Gleichungssystem übrig, und es wird

$$u = \frac{|\gamma_I|\cdot H_1\cdot T_2^2\cdot\Delta\omega}{1 + (\Delta\omega\cdot T_2)^2 + \gamma_I^2\,H_1^2\,T_1\cdot T_2}\cdot M_0$$
$$v = -\frac{(\gamma_I)\,H_1\,T_2}{1 + (\Delta\omega\,T_2)^2 + \gamma_I^2\,H_1^2\,T_1\,T_2}\cdot M_0\,. \qquad (15)$$

$M_z$ interessiert uns in diesem Zusammenhang nicht. Die $v$-Komponente ist so orientiert, daß das erregende Feld der Senderspule geschwächt wird, sie stellt ein Maß für die Absorption dar, während $u$ eine zusätzliche Blindkomponente induziert, also schließlich die Selbstinduktivität der Senderspule verändert. Man kann beide Auswirkungen in einer komplexen Suszeptibilität zusammenfassen mit

$$\chi_I = \chi' - j\,\chi'' \tag{16}$$

und hat dann — da $\mathfrak{M}_{rot} = \chi \cdot 2\,H_1$ ist —

$$\chi' = \frac{1}{2} \cdot \chi_I\,\omega_L \cdot T_2 \frac{T_2 \cdot \Delta\omega}{1 + (\Delta\omega \cdot T_2)^2 + \gamma_I^2\,H_1^2\,T_1\,T_2},$$

$$\chi'' = \frac{1}{2}\,\chi_I \cdot \omega_L \cdot T_2 \cdot \frac{1}{1 + (\Delta\omega \cdot T_2)^2 + \gamma_I^2\,H\,T_1\,T_2}. \tag{17}$$

Der Verlauf dieser Absorptions- und Dispersionskurve ist in Abb. 8 wiedergegeben.

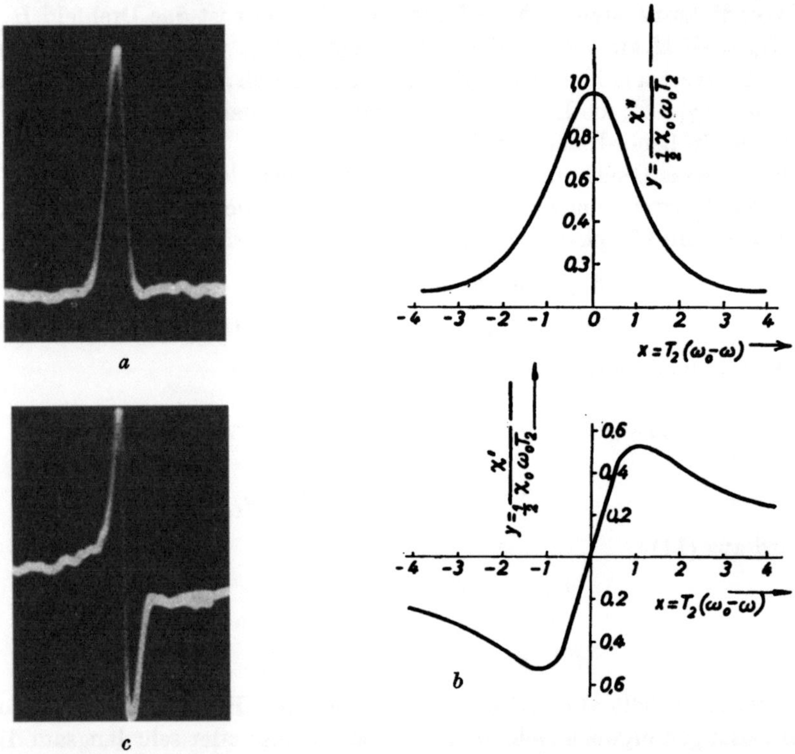


Abb. 8. Absorptions- und Dispersionssignal nach Gl. (17) für langsamen Durchgang ohne Sättigungseinflüsse und mit Hilfe einer Differentialbrücke erzeugte Signale (nach Lippmann). Aus 0,3 $n$ $FeCl_3$-Lösung

Um unsere experimentelle Anordnung weiter zu vervollständigen, können wir beide Konzeptionen weiter verfolgen. Wir können uns Anordnungen überlegen, mit denen die durch Gl. (17) wiedergegebenen Suszeptibilitäten meßbar sind; dann brauchen wir nur eine HF-Spule. Diesen Gedanken verwirklichte zuerst die

Arbeitsgruppe um PURCELL mit Hilfe von Brückenschaltungen. Wir wollen hier zunächst die Blochschen Vorstellungen weiter zu Grunde legen und messen die durch $u$ und $v$ in der Empfängerspule induzierte Spannung. Diese ist — wenn die Gegeninduktivität zwischen Sende- und Empfängerspule gleich Null ist — dem Betrag der rotierenden Magnetisierung, d. h. $\sqrt{u^2 + v^2}$ proportional. Derartig gemischte Signale sind schwer deutbar. Um eindeutige Signale, d. h. reine $u$- oder reine $v$-Kurven zu erhalten, muß man die induzierte Spannung mit der Phase der Senderspannung vergleichen. Man läßt also absichtlich eine kleine Gegeninduktivität zu bzw. koppelt über geeignete $R$-$C$-Glieder noch an den Empfänger-

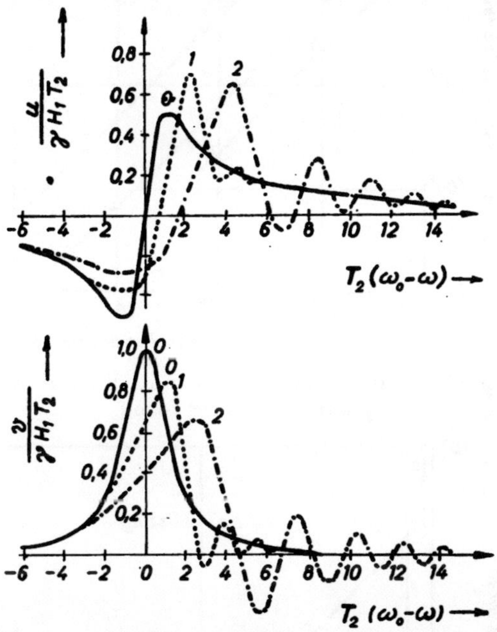


Abb. 9. $u$- und $v$-Signale bei beliebig schnellem Durchgang ohne Sättigungseinflüsse, (nach JACOBSOHN, WANGSNESS 1948). Die Parameter sind ein Maß für die Durchgangsgeschwindigkeit $(= T_2\sqrt{\gamma_I \cdot dH_{dt}})$

eingang einen bestimmten Bruchteil der Senderspannung genau definierter Phase ein.

Die Größenordnung der durch die Kernmagnetisierung induzierten Wechselspannung liegt in dem betrachteten Protonenbeispiel bei rund $H = 10\,000$ Oe, einer Empfängerspule mit 10 Windungen von 1 cm² Windungsfläche bei $^1/_{100}$ mV, in den meisten anderen Fällen (Kristalle, andere Isotope) ist sie wesentlich kleiner; die zusätzlich eingekoppelte Senderspannung hat Amplituden in der Größenordnung von $^1/_{100}$ V. Unter diesen Voraussetzungen ist eine punktweise Abtastung der Resonanzkurve nicht mehr möglich; man verändert periodisch die Resonanzfrequenz $\omega_L$, indem man mit Hilfe von Zusatzspulen $H$ moduliert. Solange man hierbei niedrige Frequenzen für dieses zusätzliche Magnetfeld verwendet — man arbeitet im allgemeinen mit Modulationsfrequenzen zwischen 20 Hz und 200 Hz — wird die durch die Kerninduktion erfolgende Modulation der Empfängerspannung noch ein formgetreues Abbild der gezeigten Absorptions- und

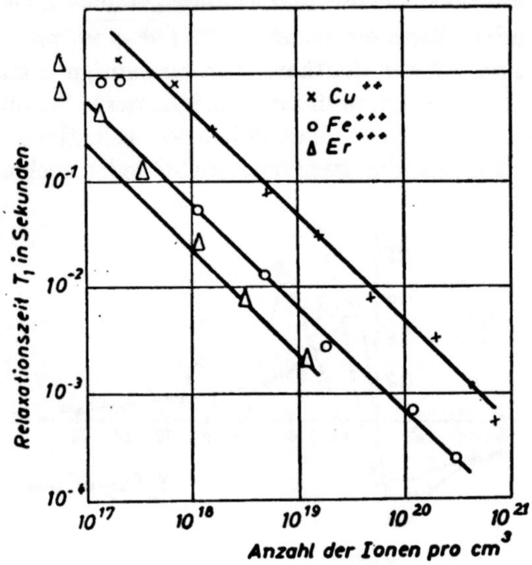


Abb. 10a. $T_1$ in Abhängigkeit von der Konzentration paramagnetischer Ionen

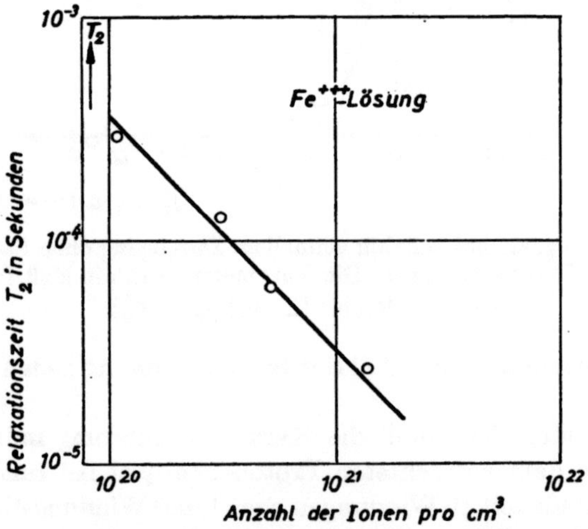


Abb. 10b. $T_2$ in Abhängigkeit von der Fe+++-Konzentration (nach Bloembergen, Purcell, Pound, 1948)

Dispersionssignale sein. Die Empfangsverhältnisse sind also hier im Bereich der HF-Spektroskopie grundsätzlich andere als in der Nachrichtentechnik; dort handelt es sich darum, ein Signal zu verstärken, das einem sehr schwachen hochfrequenten Träger (Antennenspannung) mit großem Modulationsgrad aufgeprägt ist; hier haben wir es aber mit relativ starken Trägerfrequenzen zu tun, die nur sehr schwach durchmoduliert sind (Modulationsgrad $10^{-3}$ bis $10^{-6}$). Auf alle dadurch bedingten technischen Einzelheiten können wir hier nicht eingehen.

Erhöht man die Abtastgeschwindigkeit, so daß die zur Ableitung der Gl. (15) bzw. (17) gemachten Voraussetzungen nicht mehr gültig sind, dann treten Schwebungserscheinungen zwischen der eingestrahlten Hochfrequenz und den präzedierenden Kernmomenten auf, sog. „wiggles", die das erste Mal von JACOBSOHN und WANGSNESS [1]) berechnet wurden. Abb. 9 zeigt den typischen Verlauf der $u$- und $v$-Kurven bei verschiedenen Modulationsfrequenzen. Im allgemeinen versucht man, derartige Erscheinungen zu vermeiden. Aus (15) bzw. (17) folgt ferner, daß bei größeren HF-Feldstärken die Signale kleiner werden; es treten Sättigungserscheinungen auf. Das bedeutet, daß die präzedierenden Kernmomente bereits weitgehend in Phase mit dem äußeren Störfeld sind oder — quantenmechanisch gesprochen — die Kernspins zum größten Teil in das höhere Niveau umgeklappt sind; dann wird dem HF-Feld weniger Energie entzogen. Bei einer $Fe^{+++}$-Konzentration von $10^{20}$ $cm^{-3}$ in Wasser ist z. B. $T_1 \cdot T_2 = 3 \cdot 10^{-8}$ $sec^2$. Ein Wechselfeld mit $H_1 = 0{,}2$ Oe setzt dann bereits durch Sättigung die Absorption im Resonanzfalle auf die Hälfte herab.

Wir müssen nun noch etwas über die bisher rein phänomenologisch eingeführten Relaxationszeiten sagen. Als BLOCH und PURCELL ihre Versuche begannen, wußte man über die Größenordnung der Zeitkonstanten noch sehr wenig. Alle theoretischen Überlegungen, wie sie etwa im Anschluß an Arbeiten von HEITLER, TELLER über Abkühlungseffekte durch Entmagnetisierung bei tiefen Temperaturen angestellt wurden, ergaben sehr lange Zeiten, die für die Messung nach obigem Prinzip wenig Erfolg versprachen. Nun war aber bekannt, daß die Umwandlung von Ortho- in Parawasserstoff durch die Anwesenheit paramagnetischer Ionen beschleunigt wird. Man kann sich diesen Effekt leicht vorstellen, wenn man bedenkt, daß diese Ionen von einem relativ starken Magnetfeld umgeben werden und dadurch sehr störend auf die Bewegung der Kernmomente einwirken. Die Vermutung, daß dieselbe katalytische Wirkung paramagnetischer Salze auch bei der Kerninduktion eine Rolle spielt, wurde experimentell bestätigt. Durch Zusatz von Ferro- oder Ferri-Ionen konnten die Relaxationszeiten der Protonen, die bei destilliertem Wasser rd. 2,3 sec betragen, bis auf Werte von rd. $10^{-5}$ sec herabgesetzt werden. Man wird vermuten, daß $T_1$ und $T_2$ um so mehr verringert werden, je häufiger Zusammenstöße zwischen Protonen und Ionen stattfinden, d. h. je höher die Ionenkonzentration ist; man erhält in einem relativ großen Bereich einen linearen Zusammenhang zwischen der Konzentration paramagnetischer Ionen und $1/T_1$ bzw. $1/T_2$ (Abb. 10). Erst zwei Jahre später gelang es BLOEMBERGEN [2]), diesen Effekt mit Hilfe der statistischen Bewegungen der Moleküle in der Flüssigkeit quantitativ zu erfassen. Wir sehen bereits hier eine Möglichkeit, molekulare Vorgänge in Flüssigkeiten mit dieser neuen Methode zu verfolgen.

---

[1]) JACOBSOHN, WANGSNESS, Phys. Rev. (73) 942, 1948.

[2]) BLOEMBERGEN, Dissertation Leiden 1948.

Weitere Möglichkeiten müßten sich ergeben, wenn man den Ionen durch zusätzliche elektrische Felder bestimmte Bewegungen aufzwingt. Experimentelle und theoretische Untersuchungen dieser Art werden z. Zt. im Leipziger Institut von Herrn Dr. Pfeifer vorbereitet. Die transversale Relaxationszeit $T_2$ spielt bei den stationären Abtastverfahren die Rolle eines Linienbreitenparameters. Kleines $T_2$ setzt die Größe der Effekte herab und erhöht die Linienbreite. In reinem Wasser würden nach dem bisher Gesagten sehr starke Linien mit einer Breite von wenigen Hertz auftreten, die allerdings wegen des Sättigungsgliedes nur mit extrem niedrigen $H_1$-Feldern beobachtbar wären. Doch selbst von dieser letzten Schwierigkeit abgesehen, lassen sich derartig schmale Linien mit der bisher behandelten stationären Abtastmethode nur sehr schwer darstellen, da es schwierig ist, Magnetfelder in der Größenordnung von 10 000 Oe mit entsprechender Homogenität herzustellen; bereits eine Abweichung des Magnetfeldes um $^1/_{100}$ Oe im Bereich der Probe würde eine Breite der Resonanzlinie von rd. 100 Hz verursachen, so daß also die Linienform bei sehr langer transversaler Relaxationszeit nicht mehr durch $T_2$, sondern in der Hauptsache durch den örtlichen Verlauf von $H$ bestimmt wird.

### *4. Methoden der Spin-Echos*

Die letztgenannte Schwierigkeit wird bei einer anderen Erscheinungsform paramagnetischer Kernresonanzen umgangen, bei den sog. Spin-Echos, denen wir uns nunmehr zuwenden. Hierbei ist sogar eine gewisse Feldinhomogenität notwendig, um genügend großes Auflösungsvermögen zu erhalten.

Wir erinnern uns, daß im konstanten Magnetfeld jeder Kerndipol mit der Larmorfrequenz, die dem Magnetfeld am Ort des Kernes entspricht, präzediert. Nach außen ist jedoch nur eine in $z$-Richtung, äußerst geringe Magnetisierung $\mathfrak{M}_0 = \varkappa_I \cdot H$ nachweisbar. Durch ein in gleicher Weise wie bisher polarisiertes hochfrequentes Wechselfeld wird bei Resonanz eine rotierende Komponente der Magnetisierung erzeugt, die dadurch entsteht, daß ein großer Teil der Kernspins gleichphasig präzedieren; wir können auch sagen, der Magnetisierungsvektor wird durch ein vom Wechselfeld ausgeübtes Drehmoment aus der ursprünglich zu $H$ parallelen Richtung weggedreht, und zwar um die Richtung des Störfeldes $H_1$. Jedes einzelne Kernmoment führt also in der Nähe der Resonanz nicht nur eine schnelle Präzession um $H$ aus, sondern unterliegt gleichzeitig einer zweiten Larmorpräzession um die momentane Richtung von $H_1$ mit einer viel niedrigeren Frequenz $\omega_1 = \gamma_I H_1$.

Wir lassen $H_1$ nun nicht mehr kontinuierlich einwirken, sondern schalten es nach folgendem Zeitplan ein (Abb. 11). Man läßt zunächst das Hochfrequenzfeld nur während der kurzen Zeit $t_{w1}$ zwischen $A$ und $C$ wirken; diese soll so groß sein, daß $\mathfrak{M}$ aus der $z$-Richtung gerade um 90° heraus in die $x$-$y$-Ebene gedreht wird. Nach der Zeit $\tau$ wird das Wechselfeld nochmals $t_{w2}$ sec lang von $D$ bis $F$ eingeschaltet, so daß jedes einzelne Kernmoment 180° umgeklappt wird, also zwar wieder in der $x$-$y$-Ebene liegt, aber im entgegengesetzten Quadranten, bezogen auf die $x'$-Achse. Als Ergebnis dieser Impulsfolge beobachtet man bei $G$, also wenn wiederum $\tau$ sec nach dem zweiten Impuls verstrichen sind, ein in der die Probe umgebenden Spule induziertes Signal.

Zur Erklärung dieses Echos genügen die bisher gebrauchten Vorstellungen. Wir wissen, daß sich bei $C$ alle Momente in durch das äußere Feld erzwungener gleichphasiger Präzession befinden; dann hört aber diese äußere ausrichtende Kraft auf, und jeder einzelne Kern führt freie Präzessionen aus gemäß der auf ihn wirkenden

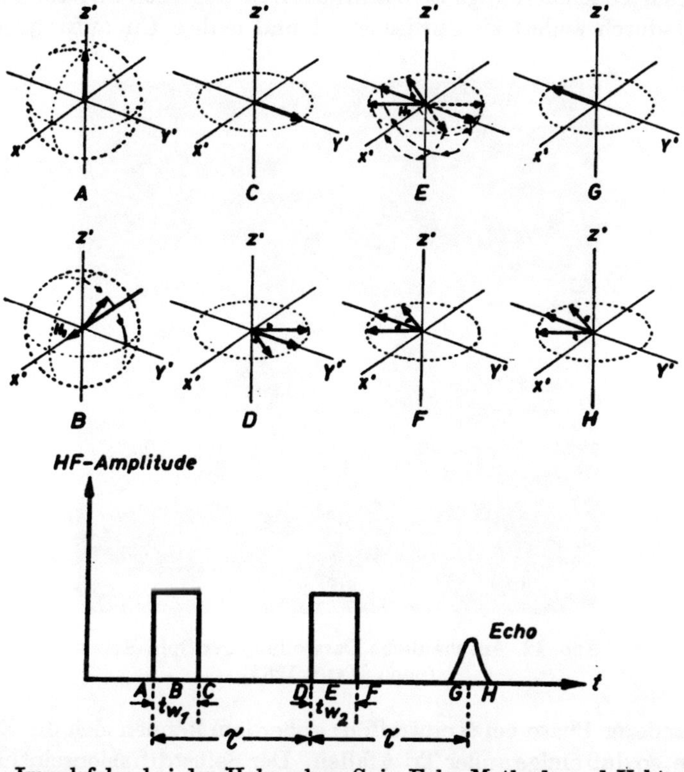


Abb. 11. Impulsfolge bei der Hahnschen Spin-Echo-Methode und Vektormodell (nach CARR, PURCELL 1954)

Bei dem angegebenen Koordinatensystem ist $z'$ parallel zu $H$, die $x'$-Achse zeigt in Richtung des Störfeldes $H_1$, rotiert also mit der Frequenz $\omega$ um $z'$

konstanten Feldstärke. Infolge von Feldinhomogenitäten über dem Probenbereich sind aber die Larmor-Frequenzen der Momente alle etwas voneinander verschieden, so daß die Gleichphasigkeit nach sehr kurzer Zeit aufhört; die Richtungen der Kernmomente sind gleichmäßig über die $x'$-$y'$-Ebene verteilt, und die resultierende Magnetisierung ist verschwunden. Während des zweiten HF-Impulses wird die ganze $x'$-$y'$-Ebene um die $H_1$-Achse gedreht. Dadurch werden die Kernmomente, die infolge ihres etwas größeren Magnetfeldes etwas schneller umliefen, den anderen gewissermaßen davonliefen, wieder hintenan gesetzt und umgekehrt. Das Ergebnis dieser 180° Drehung ist folgendes: Wenn jedes Kernmoment mit zur örtlichen Feldstärke gehörenden Larmorfrequenz weiter rotiert, müssen nach weiteren $\tau$ sec die schnellen, durch den zweiten Impuls nach hinten versetzten Spins die langsamen wieder eingeholt haben, d. h. bei $G$ existiert wieder für einen Augenblick eine resultierende, rotierende Kernmagnetisierung, die zu dem Echo-Signal Anlaß gibt; die Anzahl der bei $G$ wieder gleichphasigen Kerndipole und damit die Größe des Signales wird durch zwei Effekte herabgesetzt: einmal können Teilchen infolge Selbstdiffusion in Regionen anderer Feldstärke $H$ wandern; dadurch ändert sich zwischen $A$ und $G$ ihre Umlauffrequenz, und sie

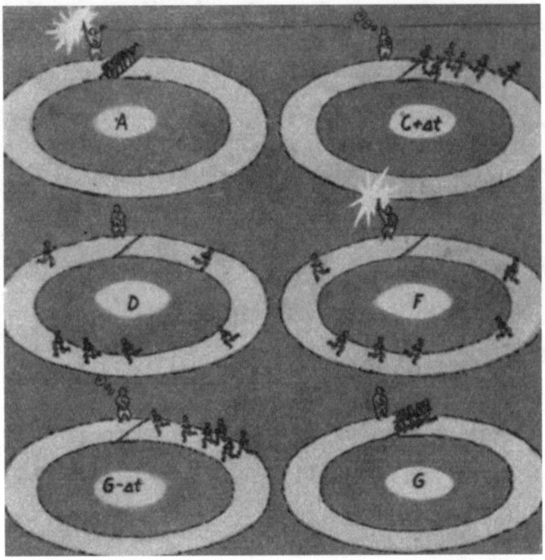


**Abb. 12. Anschauliche Darstellung der Spin-Echos (nach Hahn 1953)**

werden in anderer Phase bei $G$ eintreffen; außerdem können sich die Spins gegenseitig stören, so daß einige außer Tritt fallen. Der Selbstdiffusionseinfluß und auch die Spin-Spin-Wechselwirkung zeigen verschiedene Zeitabhängigkeiten; mißt man daher die Echo-Amplitude als Funktion des Impulsabstandes $\tau$, so lassen sich beide Effekte trennen, und man erhält bei bekannter Feldinhomogenität Selbstdiffusionskoeffizient und $T_2$. Hieran erkennt man sofort, daß man mit dieser Methode vor allem große Relaxationszeiten messen kann, denn $T_2$ muß größer als $\tau$ sein; $t_w$ liegt in der Größenordnung von einigen $\mu$sec, $\tau$ etwa bei einigen m sec.

Wir verdanken E. L. Hahn, der 1950 die erste Arbeit über Theorie und Experiment dieser Spin-Echos veröffentlichte, ein anschauliches Modell, das ich noch kurz zum besseren Verständnis einfügen will [1]) (Abb. 12). Die Momente werden durch eine Gruppe von Läufern dargestellt, die sich auf einer Kreisbahn bewegen. Durch den 1. Impuls werden sie in einer Linie gesammelt, und bei $A$ erfolgt der

---

[1]) Hahn, Physics Today (6) 4, 1953.

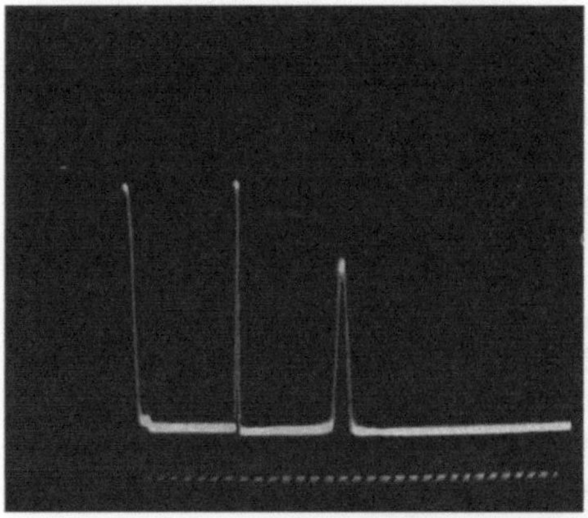

a)

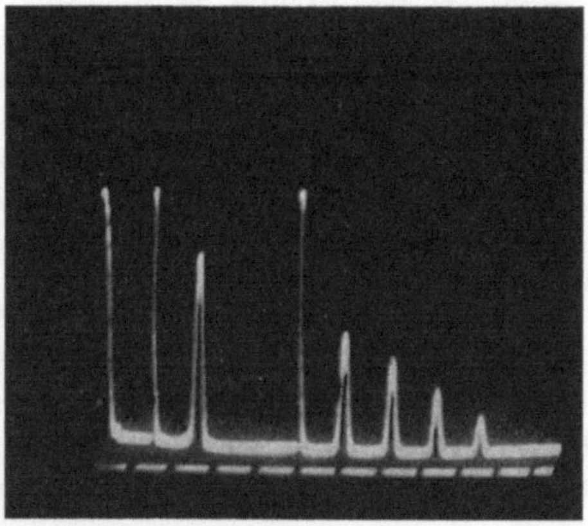

c)

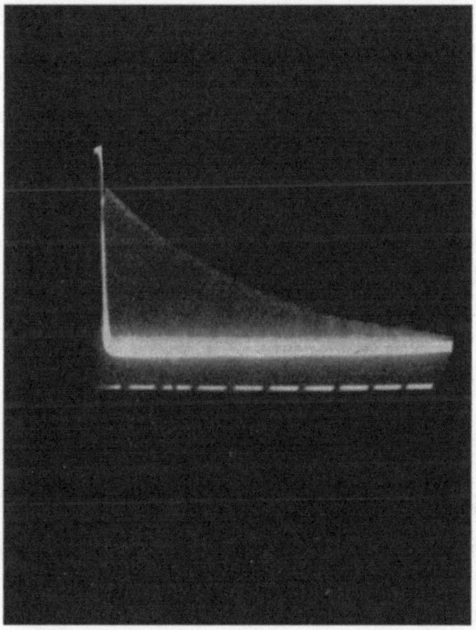

b)

Abb. 13. Spin-Echos von Protonen in Wasser mit $Fe^{+++}$-Ionen Zusatz ($^{1}/_{500}$ gesättigte Ferrinitrat-Lösung); $T_2 = 7{,}2$ m sec [1])

a) Echo bei 2 Impulsen (Zeitmarkenabstand 0,5 msec)

b) Mehrfachaufnahme mit kontinuierlich veränderlichem $\tau$. Die Auslösung der Zeitablenkung erfolgt durch den 2. Impuls, (linke Bildseite; Zeitmarkenabstand 2 msec). Aus dem exponentiellen Abfall der Echo-Amplituden erhält man sofort $T_2$

c) Echo-Folge bei 3 HF-Impulsen (bei 0, $\tau$, $T$; Zeitmarkenabstand 2 msec)

[1]) Diese Aufnahmen wurden freundlicherweise von Herrn Dr. Pfeifer zur Verfügung gestellt; sie entstanden in einem Spin-Echo-Spektrometer im Physikalischen Institut der Karl-Marx-Universität Leipzig.

Startschuß. Infolge ihrer verschiedenen Geschwindigkeiten geht die geschlossene Front bald verloren, sie sind bei *D* gleichmäßig über die ganze Bahn verteilt. Auf ein neues Kommando bei *F* drehen sie sich um 180° und laufen wieder zurück; die ersten sind jetzt die letzten, haben aber bei gleichbleibender Geschwindigkeit nach derselben Zeit, die zwischen dem Start- und dem Umkehrsignal verstrich, alle anderen wieder eingeholt, so daß schließlich wieder eine geschlossene Front die Startlinie überschreitet. Auch Relaxations- und Diffusionseffekte sind leicht in dieses Modell einzubauen.

Eine gewisse Feldinhomogenität, die bei dem stationären Verfahren linienverbreitend wirkt und stört, ist jetzt notwendig. Man sieht auch sofort ein, daß das Echo-Signal schmaler wird, je inhomogener das Feld ist. Dieses Verfahren ergänzt daher die stationäre Abtastmethode in wertvoller Weise vor allem bei Untersuchungen größerer Spin-Spin-Relaxationszeiten, wie sie in Flüssigkeiten auftreten.

Durch weitere Hochfrequenzimpulse kann man eine Vielfalt von Echo-Signalen haben, aus deren Verhältnissen man auch $T_1$ bestimmen kann (Abb. 13). Man kann — Versuche in dieser Richtung wurden von mehreren Gruppen [1]) unternommen — eine große Anzahl von HF-Impulsen auf die Kernspins einwirken lassen. Durch einen Ableseimpuls erhält man dann dieselben Impulsfolgen als Spin-Echos wieder. Je nach der Länge des Ableseimpulses treten die ursprünglichen Signale in gleicher oder in umgekehrter Reihenfolge auf. Das Spin-System wirkt also als eine Art Speicher, wie sie z. B. in Rechenmaschinen benötigt werden. Die Speicherzeit wird allerdings durch $T_1$ beschränkt und beträgt bei den bisher untersuchten Flüssigkeiten günstigstenfalls rd. 1 sec. In dieser Zeit ließen sich aber bis zu 1000 Signalimpulse in Form von Echos speichern.

Die quantentheoretische Behandlung in 2.1 und 2.2 behandelten Erscheinungen erfolgte u. a. von Bloembergen [2]); sie führte im wesentlichen zu denselben Ergebnissen. Eine genaue Abgrenzung des Gültigkeitsbereiches klassischer Vorstellung unternahmen Wangsness, Bloch [3]).

### 5. *Grundlagen der experimentellen Technik*

Ehe wir Anwendungsmöglichkeiten besprechen, wollen wir noch kurz auf die Grundzüge experimenteller Technik eingehen [4]). Der wesentliche Vorteil der behandelten HF-spektroskopischen Methode ergibt sich dadurch, daß die Ausmessung der einzelnen Energieniveaus auf Frequenzmessungen zurückgeführt wird; diese sind auf $\pm 10^{-6}$ und genauer möglich. Es ist offensichtlich, daß die stationären Verfahren und die Spin-Echo-Technik etwas verschiedene Anforderungen stellen. Wir wollen zuerst auf die der erstgenannten Methode eingehen und danach nur einige Besonderheiten der Spin-Echo-Technik hervorheben.

---

[1]) Anderson, Garwin, Hahn, Hatton, Tucker, Walker, Phys. Rev. (98) 283, 1953; Fernbach, Proctor, J. appl. Phys. (26) 170, 1953.

[2]) Bloembergen, l. c.

[3]) Wangsness, Bloch, Phys. Rev. (89) 728, 1953.

[4]) Vgl. auch Lösche, Exp. Techn. d. Physik, (1), 19, 69, 128, 1953.

Wie wir bereits sahen, arbeitet man — um die Vorteile der NF-Verstärkung ausnutzen zu können — mit periodisch sich ändernden Magnetfeldern. (Im Prinzip wäre natürlich auch ein frequenzmodulierter Sender zu gebrauchen, doch das bringt in vielen Fällen neue technische Schwierigkeiten mit sich), d. h. man überlagert dem konstanten Magnetfeld $H$ noch ein mit Hilfe von Zusatzspulen erzeugtes Wechselfeld $H_m \cos \Omega t$. Macht man $H_m$ so groß, daß damit die ganze Resonanzlinie überstrichen wird (Größenordnung einige Oe), dann erscheint nach entsprechender Verstärkung auf dem Oszillographenschirm in jeder Modulationsperiode das Signal zweimal. Um eine formgetreue Abbildung der Linie zu erhalten — die Form gibt uns ja Aufschlüsse über die verschiedenen Wechselwirkungsmechanismen — muß der Verstärker eine Bandbreite haben, die mindestens 10 $\Omega$ ist, also bei den üblichen Modulationsfrequenzen 500 Hz bis 2000 Hz beträgt. Damit lassen sich aber nur Linien in Flüssigkeiten oder von Festkörpern mit flüssigkeitsähnlichem Verhalten nachweisen, d. h. von Proben, in denen sich die einzelnen Atome oder Atomgruppen so schnell bewegen, daß die am Ort eines Kernes wirkenden Störfelder der Nachbaratome sich während einer Larmorsperiode gegenseitig ausmitteln. In Kristallen dagegen können durch statische Wechselwirkungen die Linien mehrere Oe breit werden; das entspricht einem sehr kleinen $T_2$ und ergibt nach obigen Gleichungen ein sehr kleines Signal. Die von den Kernmomenten induzierten Spannungen sind dann im allgemeinen viel kleiner als die Rauschamplituden der verwendeten Schaltelemente; wir haben ein sehr kleines Signal-Rausch-Verhältnis. Zur Verbesserung desselben gibt es nur eine Methode: man muß die Bandbreite des Übertragungssystems einengen. Um trotzdem eine naturgetreue Wiedergabe der Linie erreichen zu können, geht man zur differentiellen Abtastung über: man macht $H_m$ kleiner als die Linienbreite; dann enthält das Signal im wesentlichen nur die Grundwellen, deren Amplitude proportional der Steigung ist; wir sprechen in diesem Falle von differentieller Abtastung. Die Signalamplitude ist hierbei natürlich kleiner als bei großer Modulation; da aber nur eine Frequenz $\Omega$ zu verstärken ist, kann man die Bandbreite des Verstärkersystems gegenüber dem ersten Fall sehr stark einengen, so daß man das Signal-Rausch-Verhältnis — auf das kommt es hier nur an — wesentlich verbessert. Durch besondere elektronische Schalter, die nach dem sog. „lock-in"-Prinzip arbeiten, lassen sich Bandbreiten von $^1/_{100}$ Hz und weniger erreichen, womit auch sehr schwache Signale noch sichtbar gemacht werden können. Die Aufzeichnung erfolgt dann nicht mehr mit Oszillograph, sondern mit einem Schreibgerät, wobei man durch Verändern von $H$ oder $\omega$ die Linien langsam abtastet. Das eigentliche Signal ergibt sich aus der registrierten Kurve als zugehörige Integralfunktion. Das sich somit ergebende Blockschaltbild ist in Abb. 14 wiedergegeben. Das HF-Nachweisgerät kann hierbei die besprochene Blochsche Anordnung oder eine der nachfolgenden Schaltungen sein.

Da Bandbreite und Zeitkonstante, d. h. die Einstellzeit, einander umgekehrt proportional sind, darf die Abtastgeschwindigkeit eine bestimmte Größe nicht überschreiten; dadurch steigen die Anforderungen an die zeitliche Konstanz des Magnetfeldes. Man verwendet daher Elektromagnete, deren Strom elektronisch geregelt wird oder die durch Akku-Batterien großer Kapazität gespeist werden. (Bei großer Modulationsamplitude sind die Anforderungen geringer.) In manchen Fällen reicht das auch noch nicht aus; dann verwendet man Kerninduktionssignale selbst zur Stabilisierung. Sehr gute Erfahrungen haben wir auch mit Dauermagneten gemacht [1]). Diese haben zwar einen relativ großen Temperaturkoeffizienten; doch dieser macht bei üblicher Meßdauer infolge der großen Wärmekapazität im allgemeinen nichts aus.

Die Homogenität erreicht man durch ein möglichst großes Verhältnis von Durchmesser: Länge des Luftspaltes. Man ist hierbei bis zu 30 cm Polschuhdurchmesser bei 2 cm Polschuhabstand gegangen; größere Inhomogenitäten (Abfall am

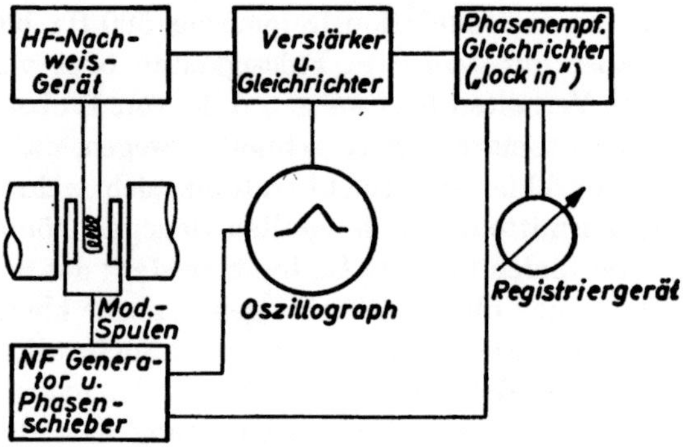


Abb. 14. Gesamtanordnung eines *K-I*-Spektrometers (aus Lösche, 1953)

Rande) lassen sich durch dünne Eisen- oder Nickelfolien (sog. Shims) ausgleichen; ferner ist auf möglichst feinkristalline Struktur des Polschuhmaterials zu achten. Nach diesen Regeln hat man Magnetfelder mit einem Auflösungsvermögen von $10^6$ bis $10^7$ hergestellt, d. h. über den Probenbereich ändert sich das Magnetfeld um weniger als $10^{-4}$ bis $10^{-5}$%, oder bei üblichen Feldstärken von 8000 Oe variiert $H$ über ein Volumen von etwa 10 mm³ um weniger als $10^{-3}$ Oe. Eine Überprüfung derartiger Felder ist natürlich nur mit Hilfe von Kerninduktionssignalen selbst möglich.

Eisenfreie Magnete bis zu 1000 Oe werden in Helmholtz-Dimensionen gebaut, d. h. sie bestehen aus zwei getrennten Spulen, deren mittlerer Radius gleich dem mittleren Abstand der beiden Windungsebenen ist.

Das Prinzip der eigentlichen Nachweisapparatur für die Blochsche Anordnung wurde bereits erläutert. Man kann auch — darauf wurde bereits hingewiesen — Brückenschaltungen verwenden. Da die Suszeptibilitätsänderungen aber periodisch erfolgen, kann man nicht mit dem sonst bei Brücken üblichen Nullabgleich arbeiten, sondern muß — wie bei der Blochschen Methode — um eindeutige, d. h. reine Absorptions- oder Dispersionssignale zu erhalten, von vornherein ein Brückenungleichgewicht zulassen. Je nach der Phasenlage dieser „Ungleichgewichts-

[1]) Hierfür geeignete Magnete wurden von der Firma Efem, Berlin, gebaut.

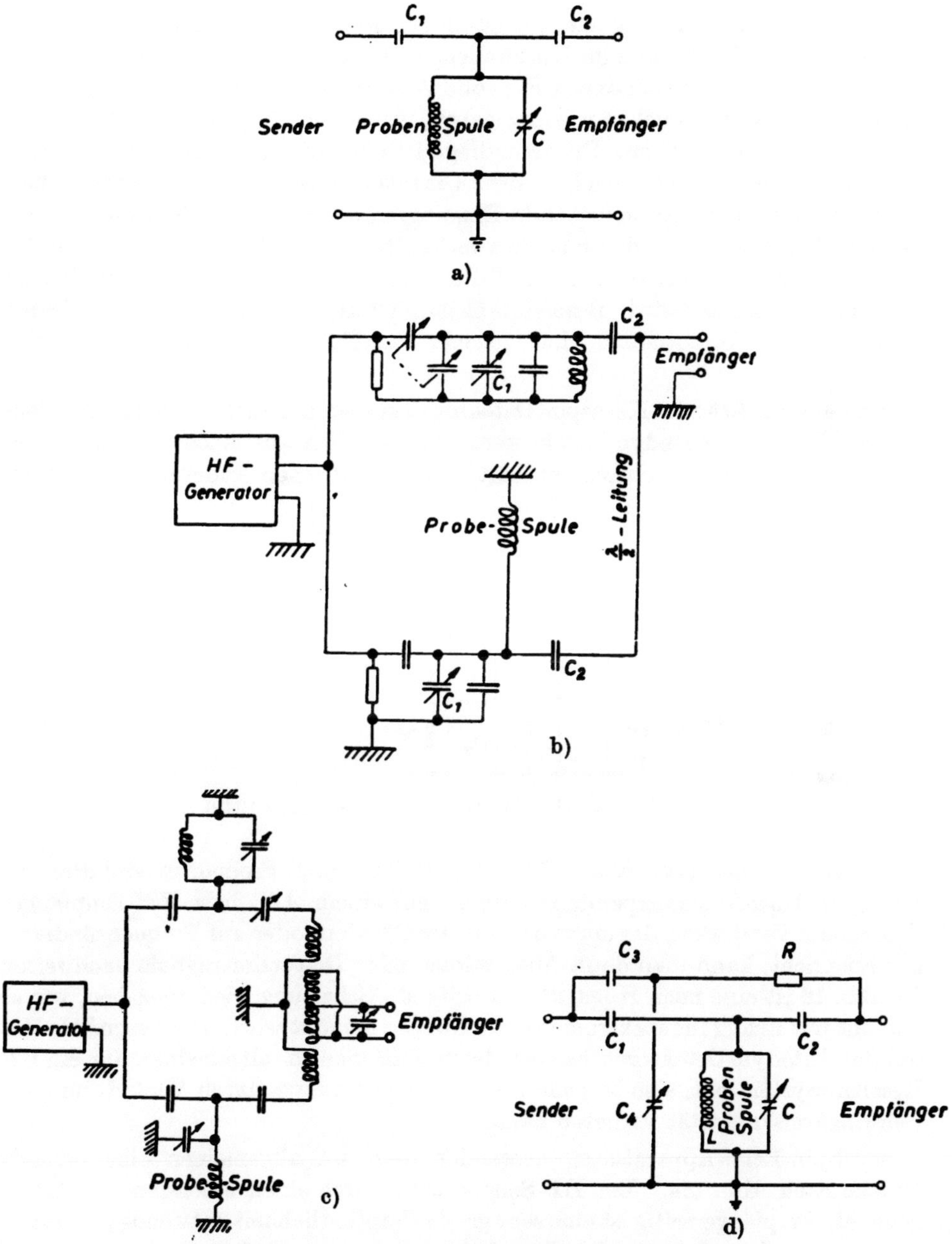


**Abb. 15.** *HF*-Brücken für Kerninduktionsuntersuchungen.

a) einfacher Resonanzkreis.

b) Brücke (nach BLOEMBERGEN, PURCELL, POUND 1948).

c) Differentialbrücke (nach PACKE 1948).

d) Doppel-*T*-Brücke (nach GRIVET, SOUTIF, GABILLARD 1951).

spannung“ erhält man Signale, die proportional $\varkappa'$ oder $\varkappa''$ sind. Da die Meßfrequenzen im allgemeinen im Kurzwellengebiet liegen, ist es zweckmäßig, Schaltungen zu verwenden, bei denen Ein- und Ausgang einseitig geerdet sind. In der Abb. 15 sind einige Brücken wiedergegeben, wie sie sich für Kerninduktionsuntersuchungen bewährt haben. Die Grundlage ist ein einfacher Parallelschwingkreis, in dessen Spule die Probe sich befindet. Die relativ große Ausgangsspannung kann man entweder durch entsprechende Eingangsschaltung des nachfolgenden Empfängers ($C$-Betrieb) oder durch einen zweiten Brückenzweig unterdrücken, in dem durch eine $\lambda/2$-Leitung oder einen Differential-Übertrager die richtige Phasenbeziehung hergestellt wird. Besonders elegant ist die Doppel-$T$-Brücke, in der sich Phasen- und Amplitudenungleichgewicht unabhängig voneinander einstellen lassen.

Eine andere Art von Kernspin-Detektoren stellen schwach schwingende Generatoren dar, sog. Autodyn-Detektoren. Sie bestehen aus einem Sender, dessen Resonanzkreis die Probenspule enthält. Die periodischen Änderungen der Kern-

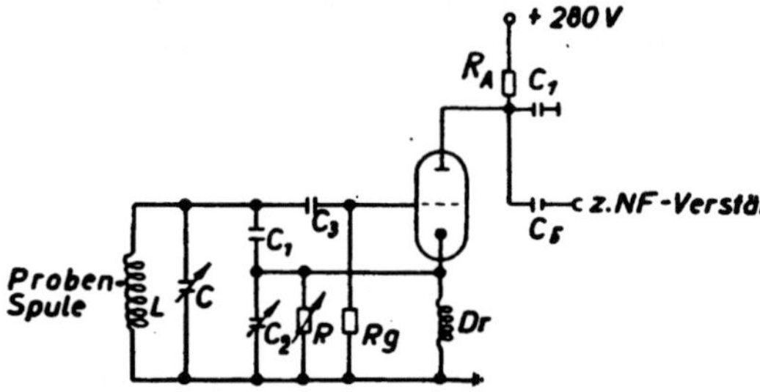


Abb. 16. Autodyn-Detektor (nach Hopkins 1949)

suszeptibilität bei Resonanz rufen Amplituden- und Frequenzmodulation der erzeugten Hochfrequenzspannung hervor; mit einem $AM$- bzw. $FM$-Empfänger, d. h. einem Verstärker, der entweder auf Amplituden- oder auf Frequenzänderungen anspricht, kann man dann Absorptions- oder Dispersionssignale nachweisen. In Abb. 16 ist eine nach Hopkins [1]) arbeitende Schaltung wiedergegeben, wie sie von uns mit Erfolg für spektrometrische Zwecke benutzt wird. Der besondere Vorteil der Autodyn-Detektoren besteht darin, daß man im allgemeinen nur ein HF-Resonanzsystem hat, also bequem die Meßfrequenz etwa durch Veränderung der Schwingkreiskapazität variieren kann.

Bei Spin-Echo-Apparaturen verwendet man im allgemeinen eine einfache Brücke nach Abb. 15a. Der HF-Sender wird durch einen besonderen Zeitgeber getastet. Empfängerseitig ist eine sehr große Empfindlichkeit notwendig. Andererseits müssen die relativ großen Impulsamplituden verarbeitet werden. Die Aufzeichnung geschieht oszillographisch, wobei der 1. oder der 2. HF-Impuls die Zeitablenkung des Elektronenstrahls auslöst.

---

[1]) Hopkins, Rev. Sc. Instr. (20) 401, 1949.

Auf nähere Einzelheiten, auf besondere Anforderungen an die Detektoren und sonstigen elektronischen Geräte kann im Rahmen dieser Einführung nicht eingegangen werden.

## Ergebnisse und Anwendungen der paramagnetischen Kernresonanz

### 6. *Absolutbestimmung des gyromagnetischen Verhältnisses und des Kernmomentes*

Wir wollen nunmehr auf einzelne Ergebnisse und Anwendungsmöglichkeiten eingehen. Um genaue Werte für $\gamma_I$ bzw. $\mu_I$ zu erhalten, muß zumindest für ein Isotop die Resonanzfrequenz und das zugehörige Magnetfeld $H$ gemessen werden; die entsprechenden Werte für alle anderen Isotope können dann durch Messung von Frequenzverhältnissen gewonnen werden. Als Normalisotop ist das Proton am geeignetsten, da es das relativ stärkste Signal erzeugt und außerdem in den verschiedensten Verbindungen auftritt. Die Frequenz kann dabei ohne allzu großen Aufwand bequem auf $\pm 10^{-6}$ bis $\pm 10^{-7}$ genau gemessen werden; schwierig ist eine genaue Feldstärkebestimmung. Man kann hierzu eine Art Stromwaage verwenden; zum anderen kann man Luftspulen genau bekannter Abmessungen verwenden, deren Magnetfeld sich aus der Stromstärke berechnen läßt. Der erste Weg wurde von THOMAS, DRISCOLL, HIPPLE [1]), der zweite z. B. Anfang dieses Jahres von KIRCHNER, WILHELMY [2]) beschritten. Als sichersten Wert kann man unter Berücksichtigung weiterer Arbeiten und verschiedener Korrekturen (vgl. später)

$$\gamma_P = (2{,}67527 \pm 0{,}00008) \cdot 10^4 \sec^{-1} G^{-1}$$

ansehen. Hieraus läßt sich bei bekanntem Kernspin $I = {}^1/_2$ sofort das magnetische Moment berechnen.

Daneben gibt es aber noch eine andere, elegantere Methode, um das Kernmoment direkt als Verhältnis zweier Frequenzen zu erhalten. Wir schreiben das Kernmoment $\mu_I$ in Einheiten des Kernmagnetons $\mu_K = \frac{e\hbar}{2Mc}$ auf.

$$\mu_I = g_I \cdot I \cdot \mu_K = g \cdot \mu_K \,.$$

Aus (2) und (9) folgt dann weiter

$$\omega_L = \frac{g}{I} \cdot \frac{e}{2Mc} \cdot H \,, \tag{18}$$

bzw. für Protonen mit $I = {}^1/_2$

$$\omega_{L,P} = g \cdot \frac{e}{Mc} \cdot H \,. \tag{19}$$

Andererseits ist die Zyklotron-Frequenz, also die Kreisfrequenz, mit der Protonen im Magnetfeld kreisen,

$$\omega_{Z,P} = \frac{e}{Mc} \cdot H \,. \tag{20}$$

---

[1]) THOMAS, DRISCOLL, HIPPLE, Phys. Rev. (75) 902, 1949.
[2]) KIRCHNER, WILHELMY, Z. Naturforschung (10a) 657, 1955.

Vergleicht man also $\omega_{L,P}$ und $\omega_{Z,P}$ im gleichen Magnetfeld, dann wird das Kernmoment, in Kernmagnetonen gemessen, für das Proton

$$g = \omega_{L,P}/\omega_{Z,P} \,. \tag{21}$$

Messungen dieser Art wurden von Bloch, Jeffries,[1] Hipple, Sommer, Thomas[2]) und in letzter Zeit von Collington, Dellis, Sanders, Turberfield[3]) mit etwas verschiedener „Zyklotron-Technik“ durchgeführt. Als genauesten, korrigierten Wert kann man

$$g = 2{,}79277 \pm 0{,}00006$$

ansehen.

Darüber hinaus läßt sich natürlich $H$ auch noch mit Hilfe anderer magnetischer Resonanzeffekte, z. B. paramagnetischer Resonanz, Elektronen-Zyklotron-Frequenz u. ä. eliminieren. Diese Methoden führen alle in den Grenzen der Meßgenauigkeit zu demselben Ergebnis. Setzt man diesen Wert aber in die Formel für die Hyperfeinstrukturaufspaltung des $H$-Atoms ein, dann erhält man gegenüber

**TABELLE 1**

| Isotope | Resonanz-Frequenz bei $H = 10\,000$ Oe in MHz | Magnet. Moment in Kernmagneton. | Kernspin | $1 - \sigma$ (Abschirmkonstante) |
|---|---|---|---|---|
| $H^1$ | 42.57 | 2.79245 | 1/2 | 0.9999740 |
| $H^2$ | 6.535 | 0.85732 | 1 | 0.9999740 |
| $Li^6$ | 6.267 | 0.8221 | 1 | 0.9999192 |
| $Li^7$ | 16.55 | 3.257 | 3/2 | 0.9999192 |
| $Be^9$ | 5.987 | —1.178 | 3/2 | 0.9998785 |
| $B^{10}$ | 4.576 | 1.801 | 3 | 0.999832 |
| $N^{14}$ | 3.077 | 0.4037 | 1 | 0.999744 |
| $N^{15}$ | 4.316 | —0.2831 | 1/2 | 0.999744 |
| $Na^{23}$ | 11.267 | 2.217 | 3/2 | 0.999456 |
| $Cl^{35}$ | 4.173 | 0.8210 | 3/2 | 0.998877 |
| $Cl^{37}$ | 3.474 | 0.6835 | 3/2 | 0.998877 |
| $Cu^{63}$ | 11.31 | 2.226 | 3/2 | 0.997612 |
| $Cu^{65}$ | 12.13 | 2.386 | 3/2 | 0.997612 |
| $Ag^{107}$ | 1.31 | $-8.6\times10^{-2}$ | 1/2 | 0.99538 |
| $Ag^{109}$ | 2.42 | —0.159 | 1/2 | 0.99538 |
| $Tl^{203}$ | 24.56 | 1.611 | 1/2 | 0.990170 |
| $Tl^{205}$ | 24.80 | 1.627 | 1/2 | 0.990170 |

[1]) Bloch, Jeffries, Phys. Rev. (80) 305, 1950.
[2]) Hipple, Sommer, Thomas, Phys. Rev. (76) 1877, 1949.
[3]) Collington, Dellis, Sanders, Turberfield, Phys. Rev. (99) 1622, 1955.

dem experimentell aus Molekularstrahlresonanzen bestimmten Wert eine Diskrepanz. Diese kann nur so gedeutet werden, daß man für den $g$-Faktor des freien Elektrons nicht 2 annimmt, wie es die Diracsche Theorie fordert, sondern $g_0 = 2 \cdot 1{,}001146$; diese Annahme konnte durch SCHWINGER, KARPLUS und KROLL theoretisch begründet werden. So hat die Genauigkeit der modernen HF-Spektroskopie bereits Korrekturen an den Grundanschauungen der Quantenmechanik notwendig gemacht.

In Tab. 1 sind einige Zahlenwerte für Resonanzfrequenzen bei $H_0 = 10\,000$ G wiedergegeben.

### 7. *Durch die Elektronenhülle bedingte Korrekturen: Molekülstrukturbestimmung*

Die große Genauigkeit derartiger Messungen macht es erforderlich, noch einige Korrekturen anzubringen, die wir bisher übergingen. Wir hatten angenommen, daß das Feld der Elektronenhülle abgeschlossener Schalen am Kernort verschwindet. Das ist aber nur ohne äußeres Magnetfeld richtig. Bei Anlegen eines Magnetfeldes beginnt — nach unseren bisherigen anschaulichen Vorstellungen — die Elektronenhülle als Ganzes zu rotieren, und zwar so, daß das durch diese Rotation hervorgerufene zusätzliche Feld die ursprüngliche Feldstärke schwächt, den Kern gewissermaßen gegen das äußere Feld abschirmt. Es handelt sich hier um eine Auswirkung des Diamagnetismus. Das am Kernort wirksame Feld ist also stets kleiner als das äußere; wir messen daher im allgemeinen zu kleine gyromagnetische Verhältnisse und bekommen zu kleine Kernmomente. Die Berechnung der anzubringenden Korrekturen wurde das erste Mal 1941 von LAMB bei der Auswertung von Molekülstrahlresonanzen ausgeführt; sie setzt die genaue Kenntnis der Ladungsverteilung und Elektronenbewegung in der Atomhülle voraus und ist vor allem bei schwereren Atomen schwierig. Weitere Rechnungen von RAMSEY, DICKINSON u. a. ergaben Korrekturfaktoren zwischen 0,9999 740 (Protonen in Wasser) und 0,989 808 (Bi), die ebenfalls in Tabelle 1 mit aufgenommen wurden.

Bei Molekülen waren quantitative Angaben noch nicht möglich; es ist daher üblich, die Lamb-Korrektur nur auf das Einzelatom zu beziehen.

Eine wesentlich größere Differenz, die bis zu einigen Zehntel Prozent bei Natrium, Aluminium, Kupfer und anderen Metallen aufsteigt, wurde von KNIGHT [1]) zwischen den Resonanzfrequenzen gefunden, wenn die Kerne einmal als metallische Probe, das andere Mal in gelösten Salzen untersucht werden. THOMAS und andere vermuten, daß hierbei der Paramagnetismus der Leitungselektronen eine Rolle spielt. Diese Annahme wurde — mit Ausnahme von Li — durch Vergleich zwischen Theorie und Experiment bestätigt.

DICKINSON [2]) und PROCTOR, YU [3]) entdeckten unabhängig von den bisher genannten Einflüssen eine Abhängigkeit der Resonanzfrequenz vom Bindungszustand des betreffenden Atoms im Molekülverband. Die Unterschiede liegen z. B.

[1]) KNIGHT, Phys. Rev. (76) 1259, 1949.
[2]) DICKINSON, Phys. Rev. (77) 736, 1950.
[3]) PROCTOR, YU, Phys. Rev. (77) 717, 1950.

bei Protonen in Wasser, Mineralöl und $H_2$ bei einigen $10^{-4}\%$ und steigen z. B. bei Stickstoff auf 0,015% an. So findet man für $NH_4NO_3$, Ammonium-Nitrat, zwei Stickstoff-Resonanzlinien; die eine davon stammt vom Stickstoff der $NH_4$-Gruppe, die andere von dem der $NO_3$-Gruppe.

Diese Effekte sind auch von praktischer Bedeutung. So wird man leicht einsehen, daß für die chemischen Bindungseffekte jeweils die im Molekül unmittelbar

TABELLE 2

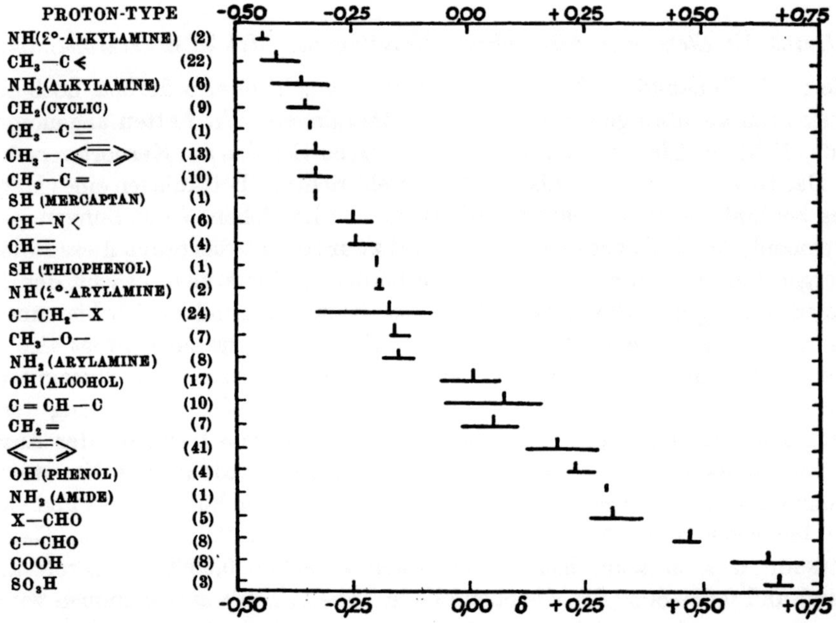


Charakteristische Verschiebungen der Protonenresonanzlinien in verschiedenen Gruppen (nach GUTOWSKY, Prospekt der Varian Associates, USA) gemessen in $\delta = \frac{H_L - H}{H_L} \cdot 10^5$

Insgesamt wurden über 100 Verbindungen ausgemessen. Die horizontalen Linien geben die Variationsbreite von $\delta$, der senkrechte Strich den mittleren Wert an

benachbarten Atome maßgebend sind, d. h. sie werden jeweils für bestimmte Gruppen charakteristisch sein. So hat man z. B. die Frequenzverschiebungen des Protons für die verschiedensten Gruppen gemessen (Tab. 2) und kann somit aus der Lage der Resonanz, bezogen auf eine bestimmte Gruppe, direkt Auskunft erhalten, um welche Atomgruppe es sich handelt, hat also einen Anhaltspunkt für die chemische Struktur des betreffenden Moleküls. Untersuchungen dieser Art werden vor allem bei Kohlenwasserstoffen, bei Erdölanalysen u. ä. angewandt. Das halbempirische Verfahren ähnelt rein äußerlich in manchen Zügen der Ultrarot-Spektroskopie. Man gibt einige mm³ der zu untersuchenden Substanz in das Feinstruktur-Spektrometer. Dieses schreibt in etwa 10 sec die magnetische Kernresonanzlinien auf. Durch Vergleich mit bekannten Typen läßt sich dann die Zu-

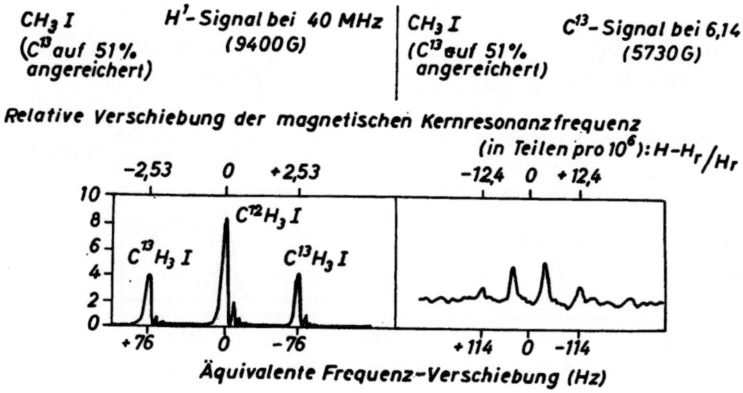


Abb. 17a

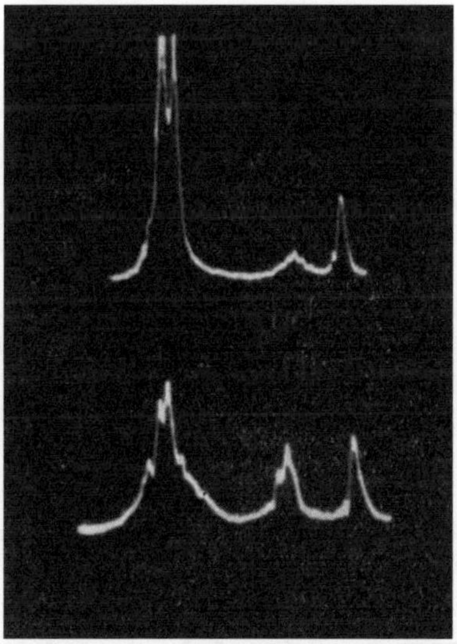

*Isopropyl-Alkohol*

*n-Propyl-Alkohol*

Abb. 17b

sammensetzung des Öles feststellen. In Abb. 17 sind einige Beispiele derartiger Spektrogramme wiedergegeben. In Abb. 17a sieht man links die Aufspaltung der Protonenlinien durch das Kernmoment von $C^{13}$ in ein Dublett ($I_{C\,13} = {}^1/_2$); die rechte Seite gibt die Rückwirkung der Protonenmomente auf die Resonanzlinien des $C^{13}$-Kernes wieder.

Wir wollen diese Befunde speziell an Spektren des Äthylalkoholes erläutern, das zuerst von Arnold, Dharmatti, Packard [1]) aufgelöst wurde. Es ergaben sich drei Linien (Abb. 17d), von denen die größte den Protonen der $CH_3$-Gruppe, die mittlere denen der $CH_2$-Gruppe und die kleinste der OH-Gruppe zuzuschreiben

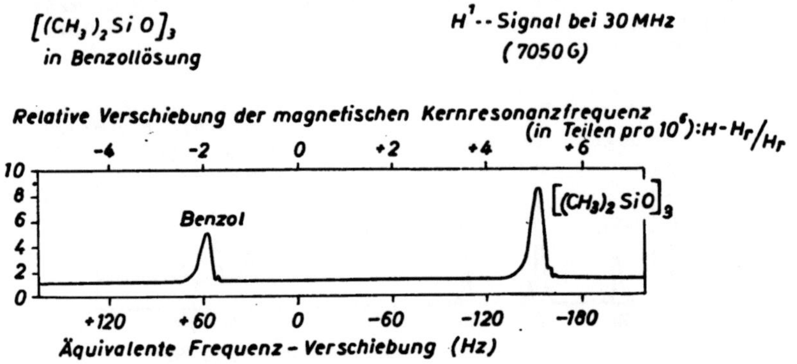


Abb. 17c

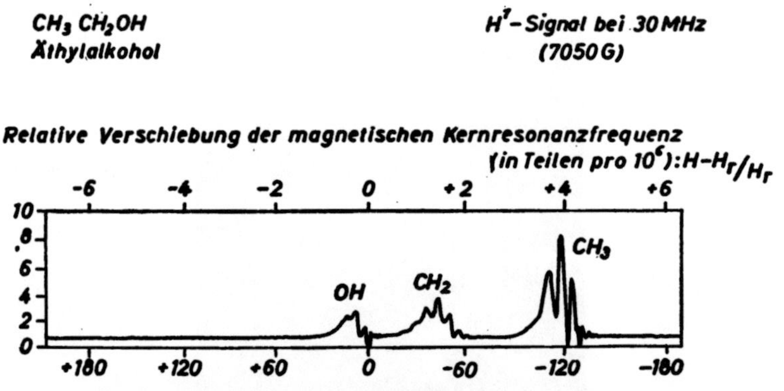


Abb. 17d

Abb. 17. Feinstrukturspektren der paramagnetischen Protonenresonanzabsorption einiger organischer Verbindungen (aus einem Prospekt der Varian Associates, Cal.)

ist. Die Frequenzunterschiede entstehen dadurch, daß die Atome, an welche die Wasserstoffatome gebunden sind, verschiedenartige Bindungen haben; das Verhältnis der Amplituden entspricht etwa dem der jeweiligen Protonenzahl. Der Abstand zwischen den beiden ersten Komponenten beträgt etwa 20 mOe bei einer Feldstärke von rd. 7 000 Oe, d. h. rund $^1/_{350\,000}$. Treibt man das Auflösungsvermögen etwa bis zu $10^7$, dann werden die einzelnen Linien nochmals aufgespalten.

[1]) Arnold, Dharmatti, Packard, Journ. Chem. Phys. (19) 507, 1951.

Eine quantitative Berechnung der Abstände ist, wie gesagt, nicht möglich. Man erhält aber die Anzahl der weiteren Linienaufspaltungen aus relativ einfachen Überlegungen. Diese ergeben Multipletts, wenn Wechselwirkungen zwischen Protonengruppen bestehen; und zwar wird eine ursprünglich einfache Linie durch eine Gruppe von $n$ Protonen in $n + 1$ Linien als Folge zwischennuclearer Wechselwirkung aufgespalten. Die beiden äußeren Linien haben jeweils die $CH_2$-Gruppe als Nachbarn, müssen also in je 3 Linien aufspalten; die mittlere Linie liegt zwischen der $CH_3$-Gruppe und der OH-Gruppe, muß also in $4 \times 2 = 8$ Komponenten aufspalten. Durch diese Überlegung ist die oben ausgesprochene Zuordnung auch vollkommen eindeutig. (Die kleinen Linien jeweils auf der rechten Seite der drei Hauptgruppen sind „wiggles"; die Abtastgeschwindigkeit war etwas zu groß.)

### *8. Bestimmung von Festkörper- und Flüssigkeitsstrukturen*

Die bisherigen Erscheinungen betrafen alle das einzelne Atom bzw. Molekül; wir setzten Flüssigkeiten voraus, bei denen die Wechselwirkungen zwischen den Molekülen infolge schneller Brownscher Bewegungen keinen Einfluß auf die Lage der Resonanzfrequenz haben. In Kristallen liegen die einzelnen Kerne fest. Wir wollen hier die Verhältnisse wieder an einem ganz einfachen Beispiel erläutern.

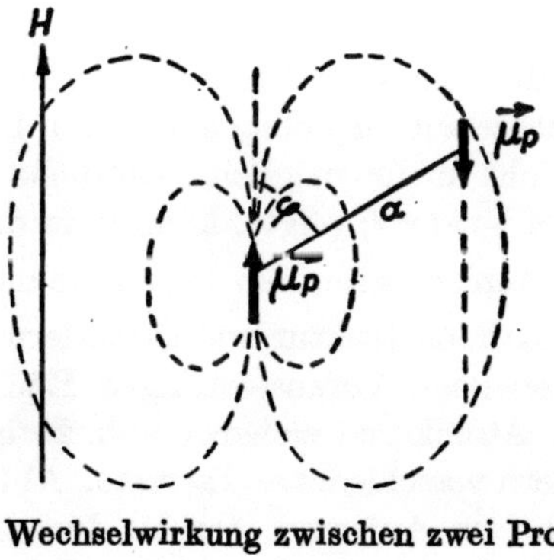


Abb. 18. Magnetische Wechselwirkung zwischen zwei Protonen im Magnetfeld

Wir nehmen nur zwei Protonen an, die in bestimmter Lage zueinander und zum äußeren Magnetfeld fixiert sind (Abb. 18). Da $I = 1/2$ ist, können sich die Kernspins nur parallel oder antiparallel zueinander einstellen. Unter diesen Voraussetzungen läßt sich leicht das zusätzliche Magnetfeld, das ein Kern am Ort des anderen in Richtung des äußeren Feldes ausübt, berechnen. Man erhält

$$\Delta H = \pm \alpha \,(3 \cos^2 \varphi - 1)\,, \qquad (22)$$

wobei $\alpha = \frac{3}{2} \mu_I \cdot a^{-3}$ ist; das $\pm$ Vorzeichen hängt von der Stellung der Spins ab. An Stelle einer Linie tritt also in einem Einkristall, das aus zueinander parallelen Zwei-Protonen-Systemen besteht, ein Dublett auf, dessen Abstand $2\Delta H$ beträgt, und das von der Orientierung im Magnetfeld abhängt. Legt man etwa für $a = 1{,}58$ Å zugrunde, das ist der Proton-Proton-Abstand in einem Wasser-Molekül, dann wird $\alpha = 10{,}8$ Oe, und der maximale Dublettabstand beträgt, wenn die beiden Protonen in Richtung von $H$ hintereinander liegen, 21,6 Oe. Das ist eine gut meßbare Größe. Man kann demnach aus der Orientierung des Einkristalles im Magnetfeld bei maximaler Aufspaltung und aus der Größe derselben die Lage und den Abstand derartiger Proton-Proton-Systeme bestimmen. Diese Möglichkeit ist deshalb besonders wichtig, weil die sonst üblichen Methoden der Elektronen- oder Röntgenstrahlzeugung beim Wasserstoff wegen des geringen Streuvermögens versagen.

Diese Lagebestimmung ist auch in komplizierten Fällen möglich, wenn im Einkristall verschiedene Proton-Proton-Systeme unterschiedlicher Orientierung vorhanden sind. Abb. 19 zeigt Veränderungen der Linienform der Protonenresonanz eines Seignettesalz-Einkristalls in Abhängigkeit vom Drehwinkel um eine zu $H$ senkrechte Achse. Die maximale Dublettaufspaltung tritt auf, wenn die $b$-Achse des Kristalls parallel zur Feldrichtung verläuft; in den anderen Stellungen verschwindet dieses Dublett in der breiten Mittellinie, die von den übrigen, bei diesem Kristallschnitt nicht aufgelösten Linien herrührt. Mit Hilfe weiterer Kristallschnitte anderer Orientierung war es uns [1]) möglich, die Orientierungen sämtlicher 16 Kristallwassermoleküle, die in einer Elementarzelle des Seignettesalzes vorhanden sind, festzulegen. Auf weitere Ergebnisse dieser Untersuchungen müssen wir hier verzichten.

Etwas schwieriger werden die Verhältnisse, wenn nicht nur jeweils zwei Protonen miteinander in Wechselwirkung stehen, sondern beliebig viele. Dann ist es im allgemeinen Falle nicht mehr möglich, sämtliche Resonanzfrequenzen zu berechnen. Wie aber van Vleck [2]) zeigte, kann man das mittlere Quadrat und die mittlere 4. Potenz der Linienbreite, also das zweite und vierte Moment $\overline{\Delta\nu^2}$ und $\overline{\Delta\nu^4}$ in Abhängigkeit von Kristallstruktur und Orientierung im Magnetfeld berechnen und daraus unter gewissen Voraussetzungen Rückschlüsse auf die gegenseitigen Lagen einzelner Atomkerne ziehen. Abb. 20 gibt einige Beispiele von Untersuchungen an Pulvern verschiedener Tartrate. Abb. 21 und 22 zeigen — um ein Bild von dem apparativen Aufwand, der für derartige Untersuchungen notwendig ist, zu geben — die Anordnung der Sondenspule mit der Drehvorrichtung für den Kristall und einen Gesamtüberblick über eine derartige Apparatur.

Doch selbst wenn quantitative Methoden wegen der Unübersichtlichkeit des Aufbaues versagen, lassen Linienbreitenbeobachtungen noch Rückschlüsse auf Strukturänderungen zu. So kann man z. B. das Auftauen von Rotationsfreiheitsgraden einzelner Gruppen an der Abnahme der Linienbreiten verfolgen, Kristallisationsvorgänge bei Kaltverstreckung hochpolymerer Kunststoffe oder Polymerisationsprozesse an der sich ändernden Linienform feststellen usw.

Einige Aussagemöglichkeiten bei Untersuchungen an flüssigen Proben hatten wir bereits bei der Besprechung der Relaxationszeiten gestreift. Allerdings sind

[1]) Lösche, Exp. Technik d. Phys. (3) 18, 1956.

[2]) Van Vleck, Phys. Rev. (74) 1168, 1948.

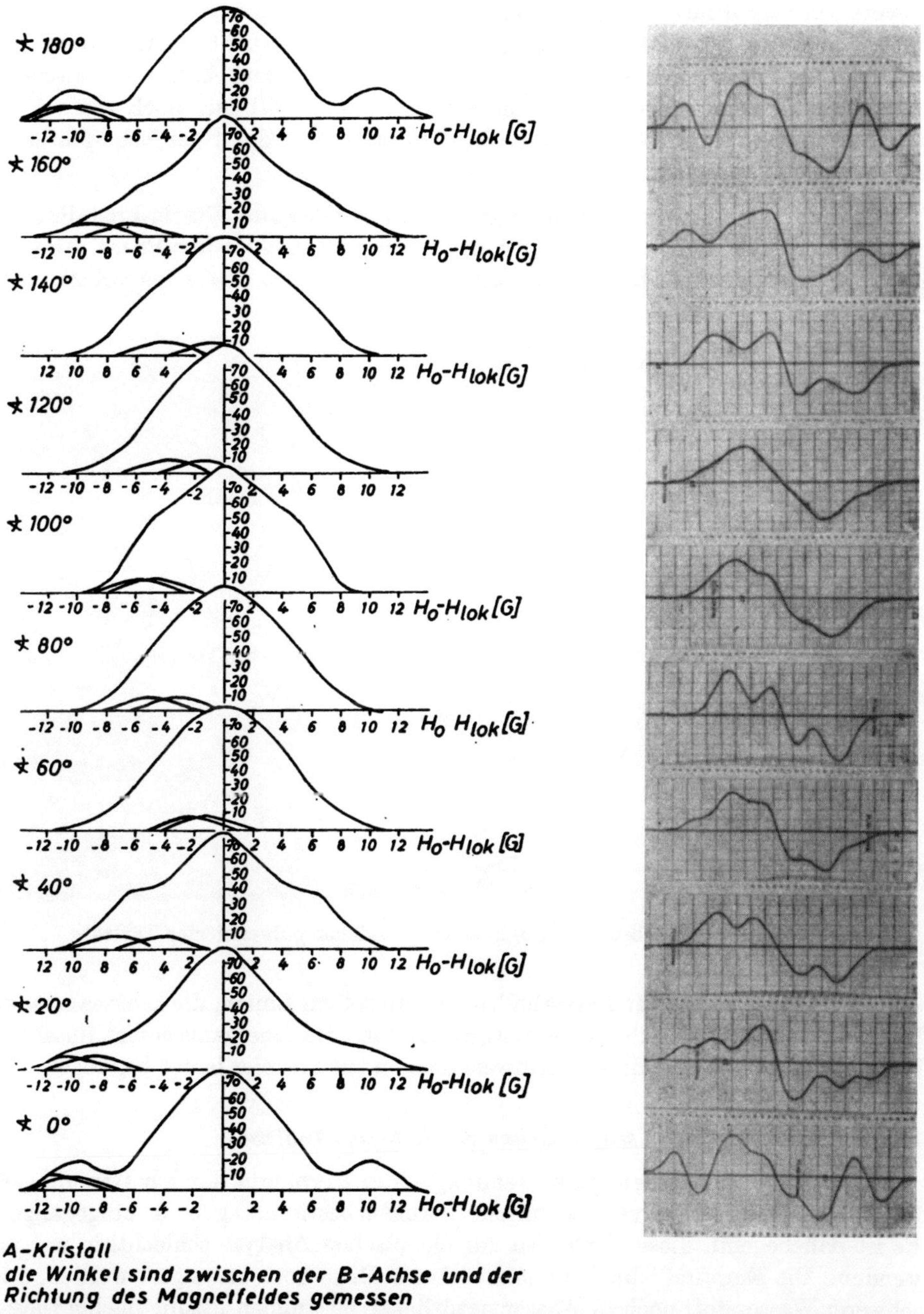


Abb. 19. Formen des Protonenabsorptionssignals in einem Seignette-Einkristall bei verschiedener Orientierung im Magnetfeld (rechts sind die bei differentieller Abtastung registrierten Kurven, links die durch numerische Integration gewonnenen Absorptionssignale)

hierbei die Verhältnisse insofern komplizierter, als der flüssige Zustand an sich noch recht wenig bekannt ist. Aber gerade deshalb ist es wichtig, daß man in den Kerninduktionsverfahren eine neue Methode an der Hand hat, um zwischenmolekulare Wechselwirkungen zu untersuchen. Ich will nur noch einmal an die Bestimmung des Selbstdiffusionskoeffizienten mit der Spin-Echo-Methode erinnern.

Besonders interessant ist in dieser Hinsicht der Übergang flüssig-kristallin bei den kristallinen Flüssigkeiten in der nematischen und smektischen Phase. Abb. 23 zeigt das Protonentriplett, wie es in der kristallin flüssigen Phase des *p*-Azoxyani-

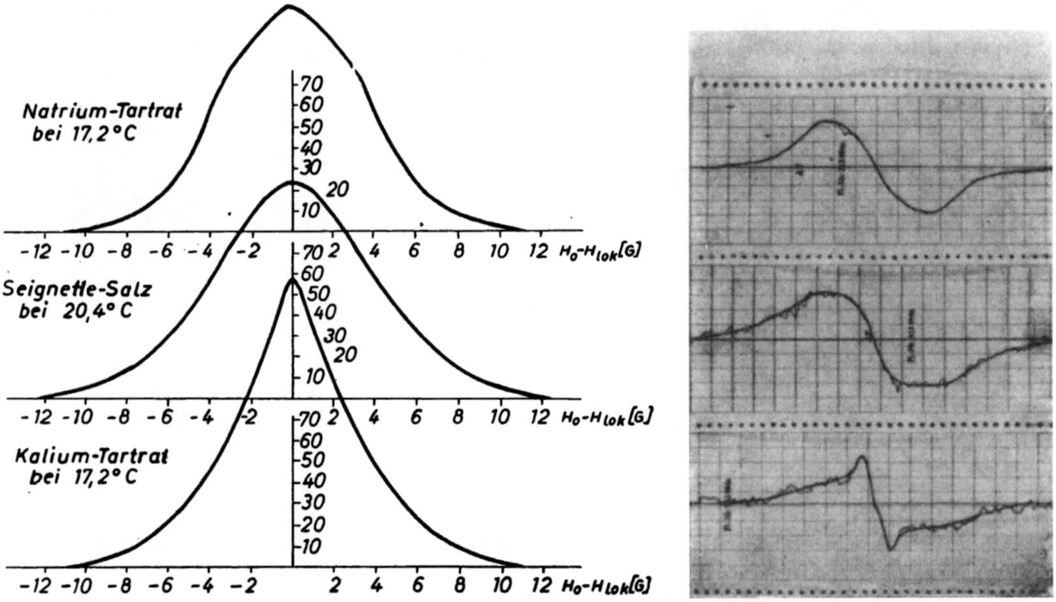


**Abb. 20. Protonenabsorptionssignale verschiedener pulverisierter Tartrate**

sols entsteht. Das Amplitudenverhältnis der einzelnen Linien, die Linienabstände lassen Rückschlüsse auf den Orientierungsgrad in dem Übergangsgebiet flüssig zu kristallin zu. Doch mit diesem Hinweis müssen wir uns hier leider begnügen.

### *9. Möglichkeiten der Isotopen-Analyse*

Ich bin bisher nur auf einige Anwendungen der Kerninduktion zur Grundlagenforschung, Strukturanalyse, chemische Strukturbestimmung u. ä. eingegangen. Es ist naheliegend, diese Verfahren zur chemischen Analyse schlechthin zu verwenden. Die Empfindlichkeit konnte bisher z. B. so hoch gesteigert werden, daß schwerer Wasserstoff noch in Wasser natürlicher Zusammensetzung nachgewiesen werden konnte. Dieser Anwendung sind aber in zweierlei Hinsicht Grenzen gesetzt. Zunächst haben nicht alle Isotopen einen Kernspin. Viel einschneidender ist aber noch die Tatsache, daß die Signalamplituden durch geringe Beimengungen paramagnetischer Verunreinigungen sehr stark beeinflußt werden, so daß quantitative Aussagen nicht ohne weiteres möglich sind.

Abb. 21. Anordnung der Sondenspule im Magnetfeld

Abb. 22. Gesamtanordnung eines Kerninduktionsspektrometers im Autodyn-Detektor

### *10. Messung kleiner Suszeptibilitäten*

Die Einflüsse des Diamagnetismus hatten wir bisher nur insofern berücksichtigt, als er das Feld innerhalb des einzelnen Atoms oder Moleküls abschirmt, verändert. Gleichzeitig wirkt er sich als diamagnetische Suszeptibilität auch auf die Probe als Ganzes aus. Derartig kleine Suszeptibilitäten lassen sich messen, wenn man nicht kugelförmige Proben wählt. Dann hängt bekanntlich der Entmagnetisierungsfaktor und damit das resultierende Magnetfeld als Ganzes innerhalb der Probe von der Form des Probekolbens und dessen Lage im Magnetfeld ab. Man kann nun Suszeptibilitäten in der Größenordnung von $10^{-6}$ dadurch messen, daß man die Lage einer bestimmten Resonanzlinie in zylinderförmiger Probe bestimmt, wenn die Längsachse des Zylinders parallel und senkrecht zur Magnetfeldrichtung verläuft. Diese Methode ist den sonst üblichen Verfahren in dem oben genannten Meßbereich an Genauigkeit etwas überlegen.

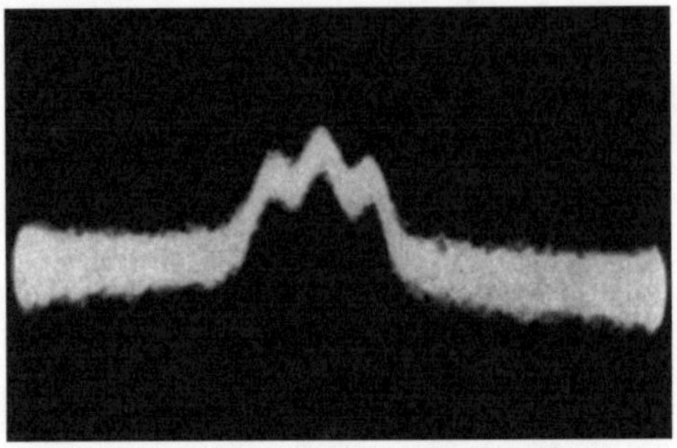

Abb. 23. Protonentriplett von *p*-Azoxyanisol in der kristallin-flüssigen Phase [1])

### *11. Messung und Stabilisierung von Magnetfeldern*

#### *a) Messung starker Felder*

Ein sehr wichtiges Anwendungsgebiet des Kernmagnetismus ist rein technischer Art, nämlich die Messung und Regulierung magnetischer Felder. Die klassischen Verfahren, mittels rotierender Spulen oder mit Hilfe des Hall-Effektes, aus der Widerstandsänderung von Wismut magnetische Feldstärken zu bestimmen, sind nicht sehr genau. Durch die paramagnetische Kernresonanz wird die Messung auf die Bestimmung einer im normalen Rundfunkwellengebiet liegenden Frequenz zurückgeführt. Als Probesubstanz nimmt man hierzu Wasser, benutzt also die Protonenresonanz; das hat den Vorteil, daß man einmal relativ große Signalamplituden hat; außerdem kann man die Linienbreiten durch verschieden starke Zusätze paramagnetischer Ionen verändern und dadurch den durch die Inhomogenität von $H$ und die Art des Kernspindetektors bedingten Verhältnissen Rechnung tragen. Das Prinzip derartiger Magnetfeldmesser ist in den vorangegangenen Ausführungen erläutert worden. Man wird natürlich Einspulenanordnungen bevorzugen und kann auch auf einige der Zusatzgeräte verzichten, die speziell für spektrometrische Arbeiten und kleine Signalamplituden notwendig sind. Man umgibt die Probenspule unmittelbar mit einem Paar Helmholtz-Spulen, um das Magnetfeld am Ort der Atomkerne zu modulieren. Diese Anordnung erfordert naturgemäß einen gewissen Raum; Magnetfelder in Luftspalten, die schmaler als 1 cm sind, sind diesem Verfahren kaum zugängig.

---

[1]) Diese Aufnahme wurde freundlicherweise von Herrn Dipl.-Phys. Lippmann, Physikalisches Institut der Karl-Marx-Universität Leipzig, zur Verfügung gestellt.

Die Absolutgenauigkeit, mit der $H$ bestimmt werden kann, ist durch die Genauigkeit begrenzt, mit der $\gamma_p$ bekannt ist, und liegt bei einer Fehlergrenze von rd. $10^{-5}$; Relativmessungen, d. h. zeitliche oder räumliche Feldstärkeänderungen, lassen sich dagegen viel genauer durchführen; dort liegt die Fehlergrenze — das hängt natürlich von der Homogenität der Felder und anderen Versuchsbedingungen ab — bei $10^{-6}$ bis $10^{-7}$. Feldgradienten kann man einmal aus der Linienbreite berechnen (bei stationären Abtastverfahren wächst die Linienbreite mit dem Feldgradienten, die Breite von Spin-Echos nimmt dagegen mit zunehmendem Feldgradienten ab), bei größeren räumlichen Feldstärkeschwankungen (Größenordnung 1 Oe) kann man [1]) auch die Probenspule in zwei räumlich getrennten Spulen aufteilen; sind die magnetischen Feldstärken an den Stellen der beiden Proben verschieden, dann erhält man auf dem Oszillographenschirm zwei getrennte Signale, deren Abstand ein direktes Maß für die Feldstärkedifferenz ist.

### b) *Stromstärkemessungen*

Wird das Magnetfeld durch eisenfreie Luftspulen erzeugt, aus deren geometrischen Dimensionen sich andererseits die Feldstärke in Abhängigkeit von der Stromstärke berechnen läßt, dann hat man im Kerninduktionsexperiment eine weitere Möglichkeit, elektrische Ströme zu messen. Diese Tatsache allein wäre nicht entscheidend. Man kann aber die Geometrie der Feldspule sehr genau festlegen. Damit wird letzten Endes die Stromstärkenmessung auf eine Frequenzbestimmung zurückgeführt; als „Normal" fungieren Kernmomente, an deren zeitlicher Konstanz zu zweifeln wir im Augenblick noch keine Ursache haben. Es liegt also nahe, eine Kerninduktionsapparatur als sekundäres Stromstärkenormal zu verwenden. Auf weitere technische Einzelheiten können wir hier nicht eingehen; es mag vielmehr der Hinweis genügen, daß im Zusammenhang mit derartigen Experimenten bereits Fragen, wie das Verhältnis vom absoluten zum internationalen Ampere, aufgeworfen wurden.

Bei diesen Untersuchungen ist es natürlich notwendig, alle störenden äußeren Felder — dazu gehört auch das Erdfeld — zu eliminieren. Das kann einmal durch geeignete Aufstellung der Meßspule erfolgen oder durch Kommutierung des Spulenstromes. Dann mißt man einmal $H_{sp} + H_{Erd}$, das andere Mal $H_{sp} - H_{Erd}$. Aus beiden Ergebnissen läßt sich sowohl $H_{sp}$ als auch das Erdfeld bestimmen. [2]) Da das Erdfeld andererseits auch nach der klassischen Gaußschen Methode bestimmt werden kann, ergibt sich hier eine weitere Anschlußmöglichkeit der Magnetfeldbestimmung an das *cgs*-System. [3])

### c) *Erdfeldmessung*

Eine direkte Bestimmung des erdmagnetischen Feldes durch stationäre Abtastung scheint wegen der sehr rasch mit der Frequenz abnehmenden Signal-

[1]) Dolega, Pfeifer, Lösche, Z. angew. Phys. (7) 12, 1955.
[2]) Schmidt, H., Exp. Techn. Phys. (1) 121, 1953.
Pfeifer, Nachrichtentechnik (3) 371, 1953.
[3]) Diesen Hinweis verdanke ich Herrn Dr. H. Schmidt, Niemegk.

amplitude im Augenblick noch nicht möglich; die kleinsten Felder, welche auf diese Weise bisher gemessen wurden, liegen bei 3 Oe. Eine andere Erscheinung hat man aber bereits zur Ausmessung von Erdfeldern ausgenutzt. Legt man an eine Protonenprobe (Wasser) ein relativ starkes Magnetfeld von etwa 200 Oe, dann ergibt sich eine resultierende Kernmagnetisierung in dieser Richtung $M = \chi_I \cdot H$. Schaltet man plötzlich dieses große Feld ab, so daß die Protonen nur noch dem Erdfeld ausgesetzt sind, dann nimmt $M$ nach Maßgabe der longitudinalen Relaxationszeit $T_1$ allmählich bis zu dem viel kleineren Wert ab, führt dabei aber freie Präzessionsbewegungen aus, deren Frequenz allein durch das Magnetfeld der Erde bestimmt ist. Diese in Zeiten von 1 bis 2 sec abklingenden freien Präzessionen des Magnetisierungsvektors induzieren in einer die Probe umgebenden Spule eine Wechselspannung, deren Frequenz bequem gemessen werden kann. Mit Apparaten dieser Art, die an Flugzeugen hängen, kann man sehr schnell die Feldverteilung an der Erdoberfläche ausmessen. Der besondere Vorteil ist hierbei, daß derartige Geräte keiner Eichung bedürfen; die Präzessionsfrequenz ist ein absolutes Maß für die Feldstärke.

### d) *Spin-Generator*

Auf eine andere Art der Messung vor allem starker Magnetfelder möchte ich noch kurz eingehen. Wir denken uns eine Blochsche Zweispulenanordnung (Abb. 24),

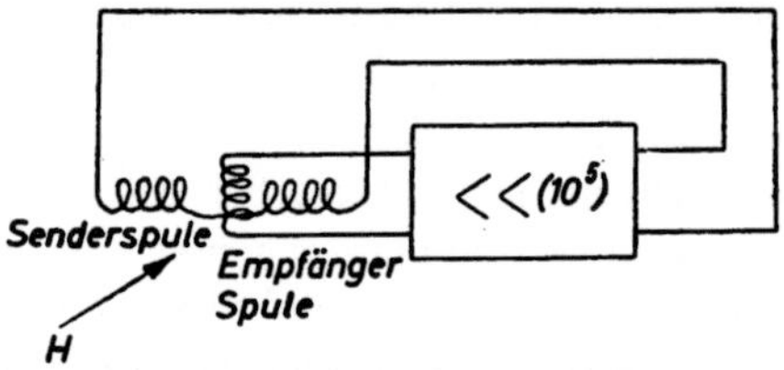


Abb. 24. Spin-Generator (nach Schmelzer 1953)

bei der die Spulen aber nicht Teile von Resonanzkreisen sind. Die Empfängerspule liegt am Eingang eines Breitbandverstärkers mit $V \geqq 10^5$, die Senderspule an dessen Ausgang. Dieses elektronische System ist zunächst vollständig in Ruhe. Befinden sich jetzt die Spulen mit der Protonenprobe in einem Magnetfeld, dann wird, als Folge statistischer Schwankungen der Spinorientierungen, einmal eine zunächst sehr kleine Signalspannung in der Empfängerspule induziert, diese wird verstärkt und wirkt über die Senderspule auf die präzedierenden Momente weiter orientierend ein; dadurch vergrößert sich das Signal, bis schließlich eine durch Sättigungserscheinungen bestimmte Amplitude erreicht ist. Wir haben also einen Generator, dessen Sendefrequenz durch das einzige, in ihm enthaltene Resonanzsystem, nämlich die präzedierenden Atomkerne, bestimmt ist. Man kann also aus der Frequenzmessung unmittelbar $H$ berechnen; man braucht keine Modulation des Magnetfeldes mehr. Derartige Spin-Generatoren spielen überall dort eine Rolle, wo man eine zu einem Magnetfeld oder zu einer Stromstärke in bestimmtem Verhältnis stehende Hochfrequenz benötigt; das ist z. B. bei modernen Beschleunigungsmaschinen der Fall, bei denen das magnetische Führungsfeld und das beschleunigende Wechselfeld in bestimmter Weise geregelt werden müssen.

### e) *Magnetfeldstabilisierung*

Schließlich sei noch auf die Möglichkeit der Magnetfeldregelung mit Hilfe der Kerninduktion hingewiesen. Die Stabilisierung der Stromstärke oder der Spannung von Elektromagneten läßt immer noch Schwankungen der Feldstärke als Folge von Permeabilitätsänderungen des Eisens durch Erwärmung u. ä. zu. Benutzt man dagegen ein Kerninduktionssignal zur Auslösung von Regelimpulsen, dann wird die Feldstärke unmittelbar stabilisiert. Man benutzt zu diesem Zwecke differentielle Abtastung der Absorptionslinie ($v$); dies gibt ein Signal, das bei genauem Feldabgleich verschwindet, dessen Phase aber bei kleinen Verstimmungen von der Richtung der Feldstärkeänderung abhängt. Durch phasenempfindliche Gleichrichtung kann man dann in einem Hilfsstromkreis Zusatzströme erzeugen, welche die ursprüngliche Feldänderung weitgehend wieder ausgleichen. Auch dieses Verfahren hat bei der Stabilisierung von Zyklotron-Magneten bereits große Bedeutung erlangt.

### *Schlußbemerkung*

Gerade diese letzten Beispiele zeigen, welche Fortschritte auf dem Gebiete des Kernmagnetismus in den letzten 9 Jahren erzielt wurden. Bis 1939 konnte man die Existenz magnetischer Kernmomente aus Hyperfeinstrukturanalysen und aus der Ablenkung von Atom- oder Molekularstrahlen gerade nachweisen. Seit 1939 kann man die gyromagnetischen Verhältnisse von Atomkernen mit der Molekülstrahlresonanztechnik sehr genau messen, und heute werden große Elektromagneten von 35 t und mehr Eisengewicht durch Kernspins geregelt. Man bestimmt Abstände zwischen Atomkernen aus der genau ausmeßbaren zwischennuclearen Wechselwirkung und hat neue Anhaltspunkte für Rückschlüsse auf die Elektronenkonfiguration und damit Möglichkeiten zur Bestimmung von Molekülstrukturen.

Die Untersuchungen des Kernmagnetismus stellen nicht mehr ein Spezialgebiet dar, das nur einen relativ kleinen Kreis von Physikern interessiert; sie sind in den vergangenen 9 Jahren zu einer Methode angewachsen, die bereits in vielen Zweigen der Physik, Chemie und Technik erfolgreich angewandt wird.

### *Quellen-Nachweis der Abbildungen*

Abb. 3. Ramsey, Nuclear Moments, New York 1953.
Abb. 4. Kellog, Millman, Rev. mod. Phys. (18) 341, 1946.
Abb. 7b. Proctor, Phys. Rev. (79) 35, 1950.
Abb. 9. Jacobsohn, Wangsness, Phys. Rev. (73) 942, 1948.
Abb. 10, 15b. Bloembergen, Purcell, Pound, Phys. Rev. (73) 679, 1948.
Abb. 11. Carr, Purcell, Phys. Rev. (94) 632, 1954.
Abb. 12. Hahn, Physics Today (6) 4, 1953.
Abb. 14. Lösche, Exp. Tech. d. Phys. (1) 69, 1953.
Abb. 15c. Packe, Journ. Chem. Phys. (16) 327, 1948.
Abb. 15d. Grivet, Soutif, Gabillard, Physica (17) 420, 1951.
Abb. 16. Hopkins, Rev. Sc. Instr. (20) 401, 1949.
Abb. 24. Schmelzer, Lectures on the theory and design of an alternating gradient protonsynchroton, Genf 1953.

Bei Fragen zur Produktsicherheit wenden Sie sich bitte an:
If you have any questions regarding product safety,
please contact:

Walter de Gruyter GmbH
Genthiner Straße 13
10785 Berlin
productsafety@degruyterbrill.com